초등 수해력

도형·측정

다음 학년 수학이 쉬워지는

6단계

| 초등 6학년 권장 |

정답과 풀이는 EBS 초등사이트(primary.ebs.co.kr)에서 다운로드 받으실 수 있습니다.

교재 내용 문의 교재 내용 문의는 EBS 초등사이트 (primary.ebs.co.kr)의 교재 Q&A 서비스를 활용하시기 바랍니다.

교재 정오표 공지 발행 이후 발견된 정오 사항을 EBS 초등사이트 정오표 코너에서 알려 드립니다. 강좌/교재 → 교재 로드맵 → 교재 선택 → 정오표

교재 정정 신청 공지된 정오 내용 외에 발견된 정오 사항이 있다면 EBS 초등사이트를 통해 알려 주세요. 강좌/교재 → 교재 로드맵 → 교재 선택 → 교재 Q&A

강화 단원으로 키우는
초등 수해력

수학 교육과정에서의 **중요도와 영향력**, 학생들이 특히 **어려워하는 내용을 분석**하여
다음 학년 수학이 더 쉬워지도록 선정하였습니다.

향후 수학 학습에 **영향력이 큰 개념 요소를 선정**했습니다.
탄탄한 개념 이해가 가능하도록 꼭 집중하여 학습해 주세요.

무엇보다 문제 풀이를 반복하는 것이 중요한 단원을 의미합니다.
충분한 반복 연습으로 계산 실수를 줄이도록 학습해 주세요.

실생활 활용 문제가 자주 나오는, **응용 실력**을 길러야 하는 단원입니다.
다양한 유형으로 **문제 해결 능력**을 길러 보세요.

수·연산과 도형·측정을 함께 학습하면 학습 효과 상승!

수·연산

수의 특성과 연산을 학습하는 영역으로 자연수, 분수, 소수 등
수의 체계 확장에 따라 수와 사칙 연산을 익히며
수학의 기본기와 응용력을 다져야 합니다.

수와 연산은 학년마다 개념이 점진적으로 확장되므로
개념 연결 구조를 이용하여 사고를 확장하며 나아가는 나선형 학습이 필요합니다.

도형·측정

여러 범주의 도형이 갖는 성질을 탐구하고, 양을 비교하거나 단위를 이용하여
수치화하는 학습 영역입니다.
논리적인 사고력과 현상을 해석하는 능력을 길러야 합니다.

도형과 측정은 여러 학년에서 조금씩 배워 휘발성이 강하므로 도출되는 원리
이해를 추구하고, 충분한 연습으로 익숙해지는 과정이 필요합니다.

초등 수해력

도형·측정

다음 학년 수학이 쉬워지는

6단계

| 초등 6학년 권장 |

수해력 향상을 위한 **학습법 안내**

수학은 왜 어렵게 느껴질까요?

가장 큰 이유는 수학 학습의 특성 때문입니다.
수학은 내용들이 유기적으로 연결되어 학습이 누적된다는 특징을 갖고 있습니다.
내용 간의 위계가 확실하고 학년마다 개념이 점진적으로 확장되어 나선형 구조라고도 합니다.
이 때문에 작은 부분에서도 이해를 제대로 하지 못하고 넘어가면,
작은 구멍들이 모여 커다란 학습 공백을 만들게 됩니다.
이로 인해 수학에 대한 흥미와 자신감까지 잃을 수 있습니다.

수학 실력은 한 번에 길러지는 것이 아니라 꾸준한 학습을 통해 향상됩니다.
하지만 단순히 문제를 반복적으로 풀기만 한다면 사고의 폭이 제한될 수 있습니다.
따라서 올바른 방법으로 수학을 학습하는 것이 중요합니다.

EBS 초등 **수해력** 교재를 통해 학습 효과를 극대화할 수 있는 올바른 수학 학습을 안내하겠습니다.

1 걸려 넘어지기 쉬운 내용 요소를 알고 대비해야 합니다.

학습은 효율이 중요합니다. 무턱대고 시작하면 힘만 들 뿐 실력은 크게 늘지 않습니다.
쉬운 내용은 간결하게 넘기고, 중요한 부분은 강화 단원의 안내에 따라 집중 학습하세요.

* 학교 선생님들이 모여 학생들이 자주 걸려 넘어지는 내용을 선별하고, 개념 강화/연습 강화/응용 강화 단원으로 구성했습니다.

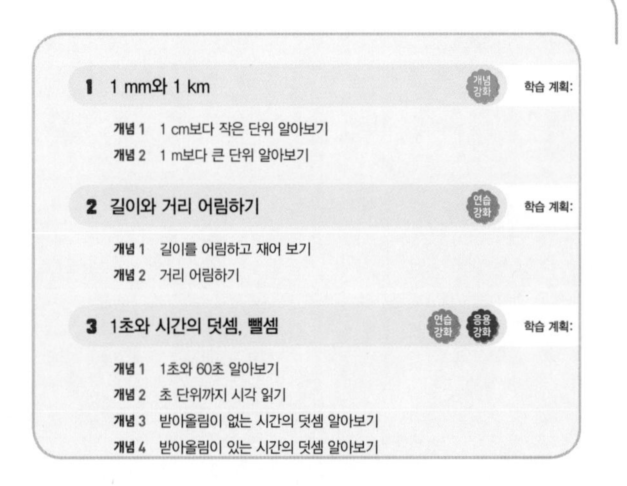

2 새로운 개념은 이미 아는 것과 연결하여 익혀야 합니다.

학년이 올라갈수록 수학의 개념은 점차 확장되고 깊어집니다. 아는 것과 모르는 것을 비교하여 학습하면 새로운 것이 더 쉬워지고, 개념의 핵심 원리를 이해할 수 있습니다.

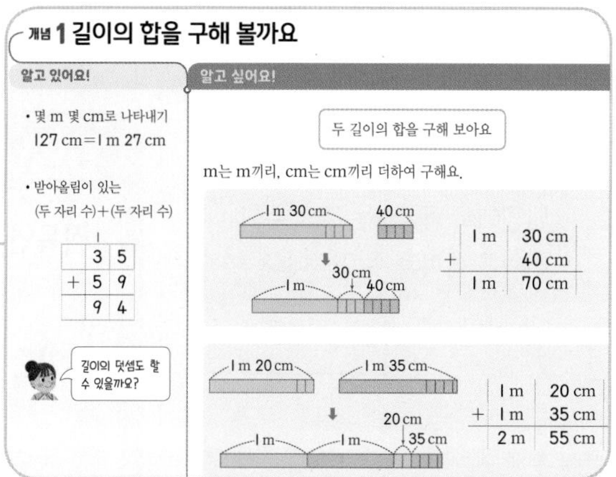

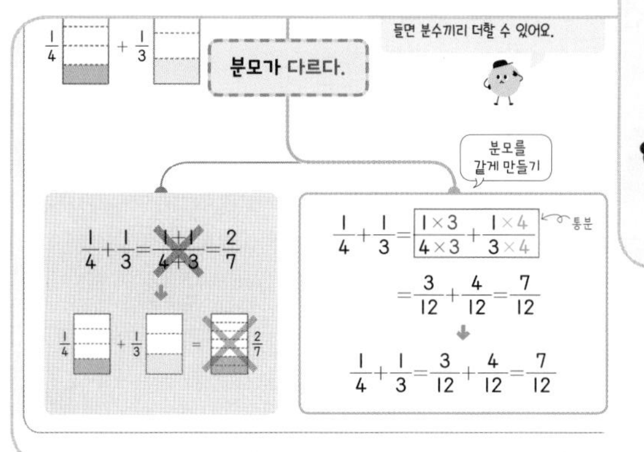

특히, 오개념을 형성하기 쉬운 개념은 잘못된 풀이와 올바른 풀이를 비교하며 확실하게 이해하고 넘어가세요.

3 문제 적응력을 길러 기억에 오래 남도록 학습해야 합니다.

단계별 문제를 통해 기초부터 응용까지 체계적으로 학습하며 문제 해결 능력까지 함께 키울 수 있습니다.

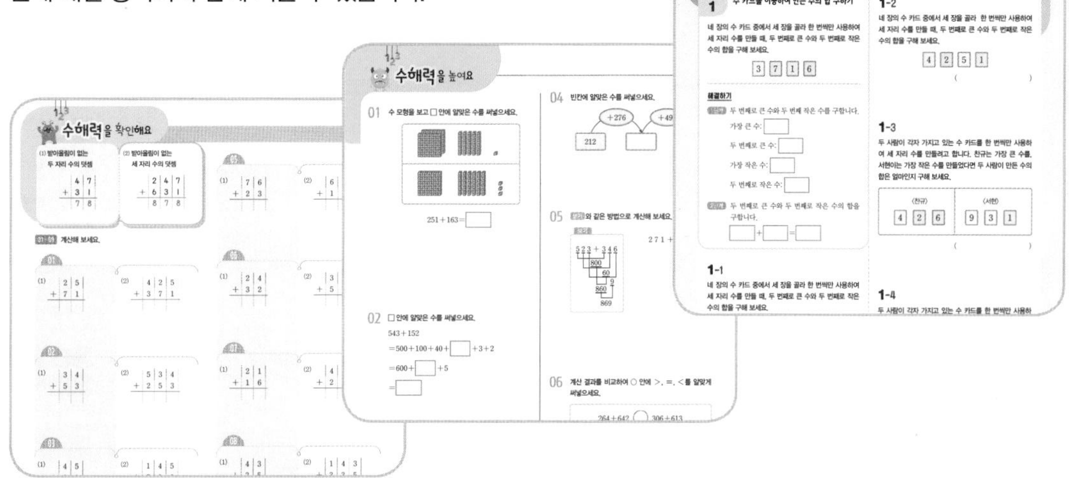

넘어지지 않는 것보다 중요한 것은, 넘어졌을 때 포기하지 않고 다시 나아가는 힘입니다.
EBS 초등 수해력과 함께 꾸준한 학습으로 수학의 기초 체력을 튼튼하게 길러 보세요.
어느 순간 수학이 쉬워지는 경험을 할 수 있을 거예요.

이 책의 구성과 특징

단원 열기

이번 단원에서 배울 내용을 만화를 통해 확인할 수 있습니다.

단원에서 등장하는 주요 수학 어휘를 살펴볼 수 있습니다.

중단원별로 강화된 부분을 확인할 수 있습니다.

학습 계획 날짜를 체크하며 과정을 스스로 관리할 수 있습니다.

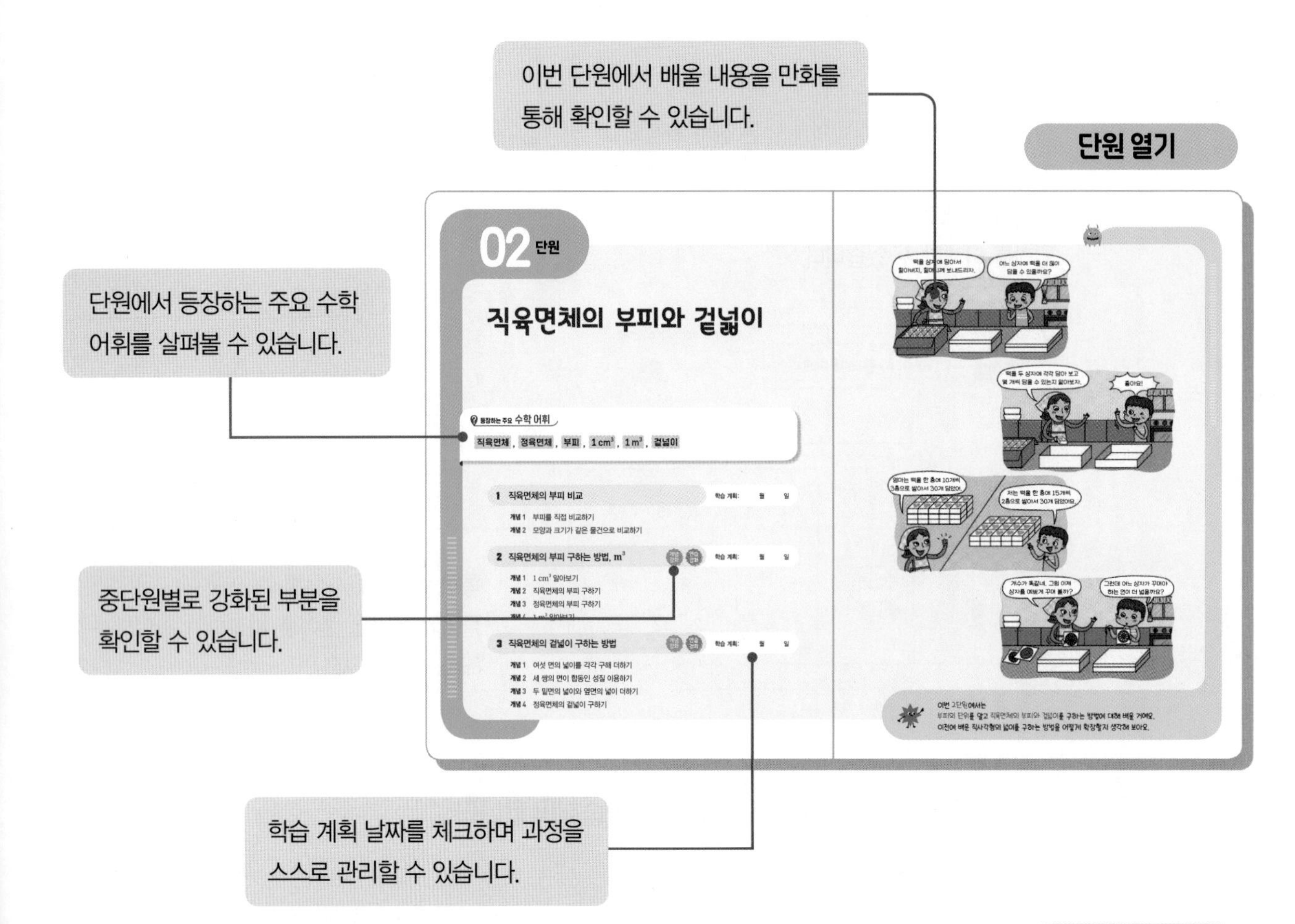

개념 학습

이전에 배운 내용과 새로 배울 내용을 한눈에 보면서 개념을 확장할 수 있습니다.

개념의 구조와 핵심 내용을 시각적으로 파악할 수 있습니다.

보조 설명을 통해 혼자서도 충분히 이해하며 학습할 수 있습니다.

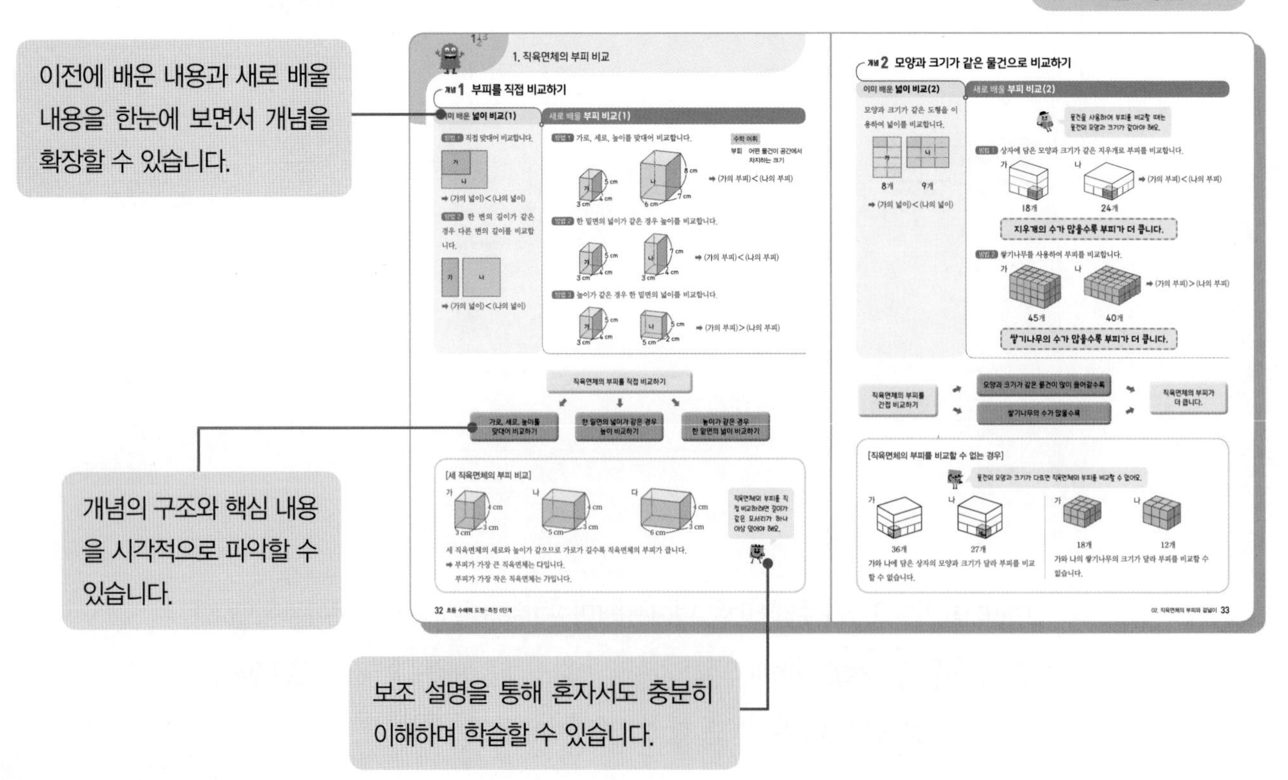

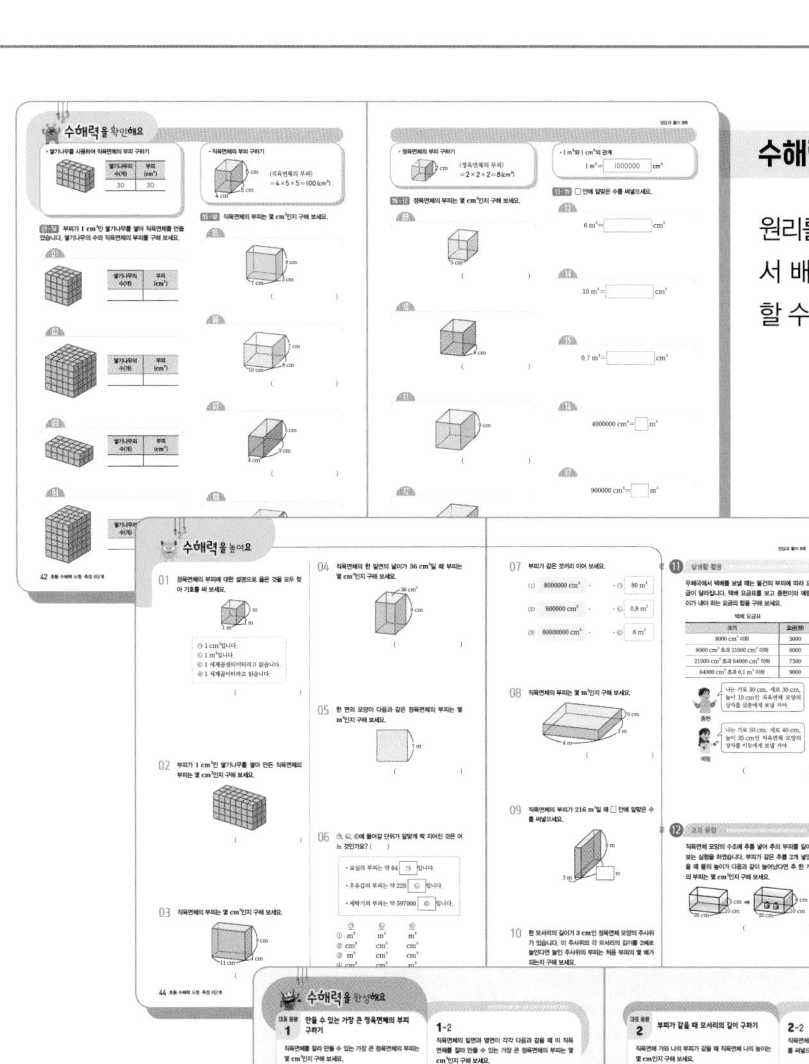

수해력을 확인해요

원리를 담은 문제를 통해 앞에서 배운 개념을 확실하게 이해할 수 있습니다.

수해력을 높여요

실생활 활용, 교과 융합을 포함한 다양한 유형의 문제를 풀어 보면서 문제 해결 능력을 키울 수 있습니다.

수해력을 완성해요

대표 응용 예제와 유제를 통해 응용력뿐만 아니라 고난도 문제에 대한 자신감까지 키울 수 있습니다.

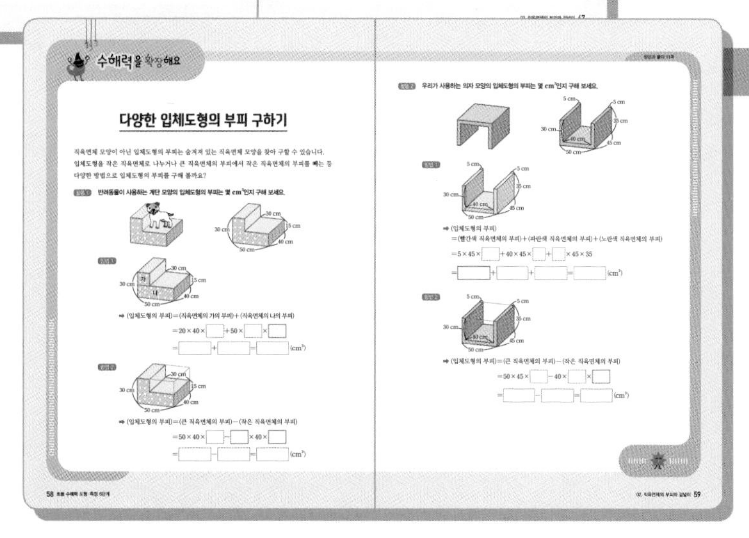

수해력을 확장해요

사고력을 확장할 수 있는 다양한 활동에 학습한 내용을 적용해 보면서 단원을 마무리할 수 있습니다.

초등 수학 **학습** 로드맵

EBS 초등 수해력은 '수·연산', '도형·측정'의 두 갈래의 영역으로 나누어져 있으며,
각 영역별로 예비 초등학생을 위한 P단계부터 6단계까지 총 7단계로 구성했습니다.
총 14권의 체계적인 교재 구성으로 꾸준하게 학습을 진행할 수 있습니다.

수·연산

	1단원	2단원	3단원	4단원	5단원
P단계	수 알기 →	모으기와 가르기 →	더하기와 빼기		
1단계	9까지의 수 →	한 자리 수의 덧셈과 뺄셈 →	100까지의 수 →	받아올림과 받아내림이 없는 두 자리 수의 덧셈과 뺄셈 →	세 수의 덧셈과 뺄셈
2단계	세 자리 수 →	네 자리 수 →	덧셈과 뺄셈 →	곱셈 →	곱셈구구
3단계	덧셈과 뺄셈 →	곱셈 →	나눗셈 →	분수와 소수	
4단계	큰 수 →	곱셈과 나눗셈 →	규칙과 관계 →	분수의 덧셈과 뺄셈 →	소수의 덧셈과 뺄셈
5단계	자연수의 혼합 계산 →	약수와 배수, 약분과 통분 →	분수의 덧셈과 뺄셈 →	수의 범위와 어림하기, 평균 →	분수와 소수의 곱셈
6단계	분수의 나눗셈 →	소수의 나눗셈 →	비와 비율 →	비례식과 비례배분	

도형·측정

	1단원	2단원	3단원	4단원	5단원
P단계	위치 알기 →	여러 가지 모양 →	비교하기 →	분류하기	
1단계	여러 가지 모양 →	비교하기 →	시계 보기		
2단계	여러 가지 도형 →	길이 재기 →	분류하기 →	시각과 시간	
3단계	평면도형 →	길이와 시간 →	원 →	들이와 무게	
4단계	각도 →	평면도형의 이동 →	삼각형 →	사각형 →	다각형
5단계	다각형의 둘레와 넓이 →	합동과 대칭 →	직육면체		
6단계	각기둥과 각뿔 →	직육면체의 부피와 겉넓이 →	공간과 입체 →	원의 넓이 →	원기둥, 원뿔, 구

이 책의 차례

01 단원

각기둥과 각뿔

등장하는 주요 수학 어휘

각기둥 , 전개도 , 각뿔

1 각기둥 학습 계획: 월 일

개념 1 각기둥 알아보기(1)

개념 2 각기둥 알아보기(2)

2 각기둥의 전개도 학습 계획: 월 일

개념 1 각기둥의 전개도 알아보기

개념 2 각기둥의 전개도 그리기

3 각뿔 학습 계획: 월 일

개념 1 각뿔 알아보기(1)

개념 2 각뿔 알아보기(2)

이번 1단원에서는
각기둥과 각뿔의 개념을 알고 각기둥의 전개도를 그리는 방법에 대해 배울 거예요.
이전에 배운 직육면체와 정육면체의 개념을 어떻게 확장할지 생각해 보아요.

개념 1 각기둥 알아보기(1)

이미 배운 직육면체

• 직사각형 6개로 둘러싸인 도형을 직육면체라고 합니다.

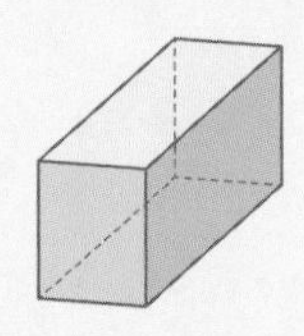

• 직육면체의 밑면과 옆면

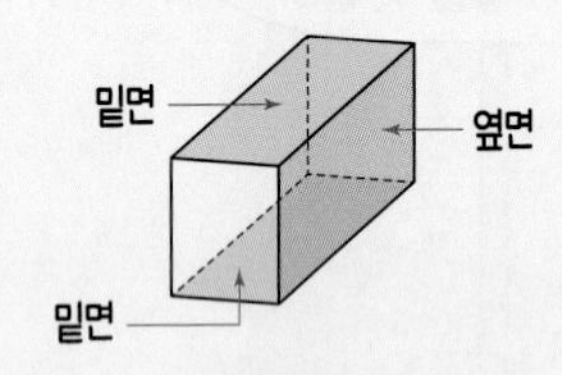

밑면: 서로 평행한 두 면

옆면: 밑면과 수직인 면

새로 배울 각기둥

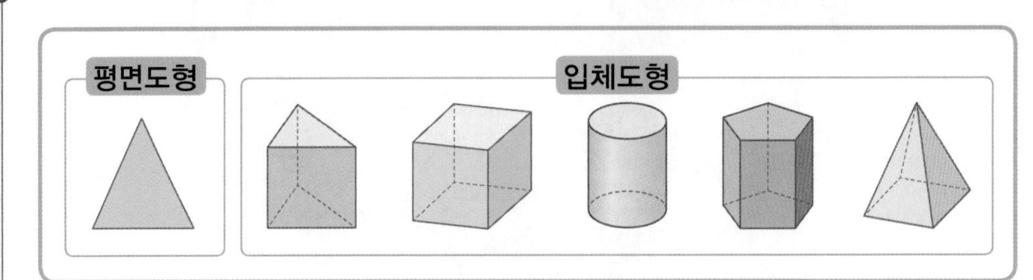

두 면이 서로 평행하고 합동인 다각형으로 이루어진 입체도형을 각기둥이라고 합니다.

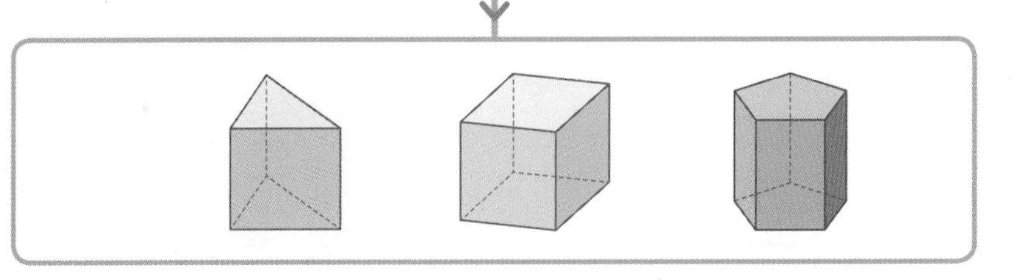

• 각기둥의 밑면과 옆면

밑면: 서로 평행하고 합동인 두 면

옆면: 두 밑면과 만나는 면

– 각기둥의 옆면은 모두 직사각형입니다.

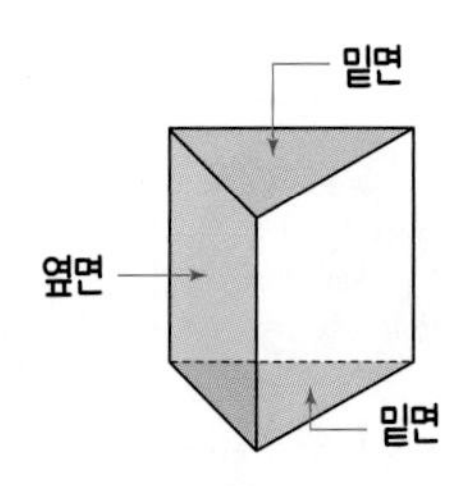

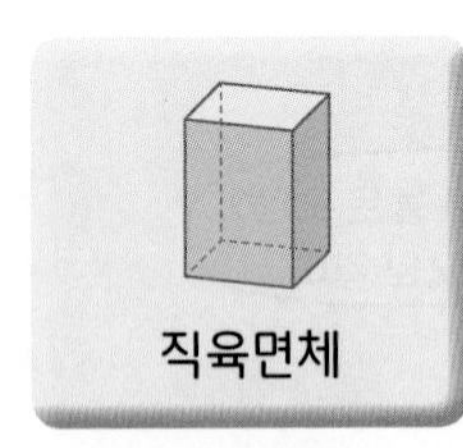

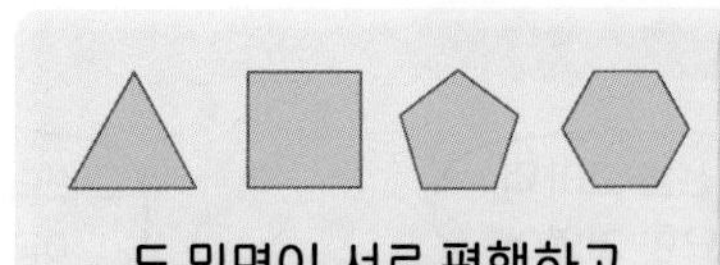

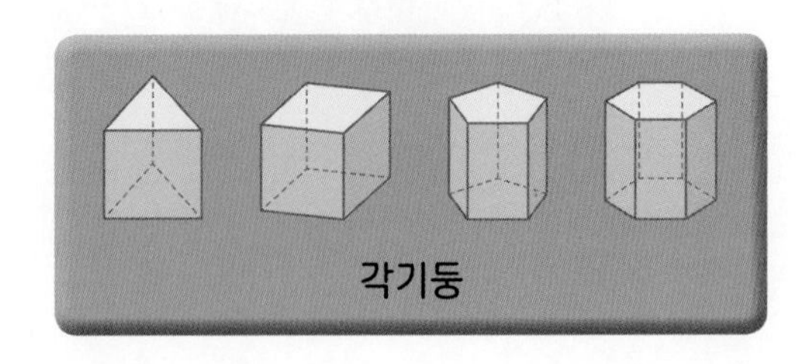

각기둥은 밑면이 다각형이고 옆면이 직사각형입니다.

[각기둥의 밑면과 옆면 알아보기]

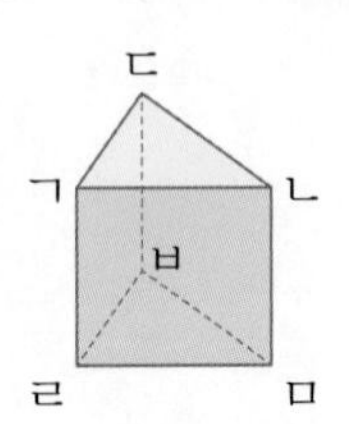

밑면	밑면의 모양	옆면	옆면의 모양
면 ㄱㄴㄷ, 면 ㄹㅁㅂ	삼각형	면 ㄱㄹㅁㄴ, 면 ㄴㅁㅂㄷ, 면 ㄱㄹㅂㄷ	직사각형

개념 2 각기둥 알아보기(2)

이미 배운 직육면체의 구성 요소

꼭짓점
면
모서리

면: 선분으로 둘러싸인 부분

모서리: 면과 면이 만나는 선분

꼭짓점: 모서리와 모서리가 만나는 점

새로 배울 각기둥의 구성 요소

• 각기둥은 밑면의 모양에 따라 **삼각기둥**, **사각기둥**, **오각기둥**, ...이라고 합니다.

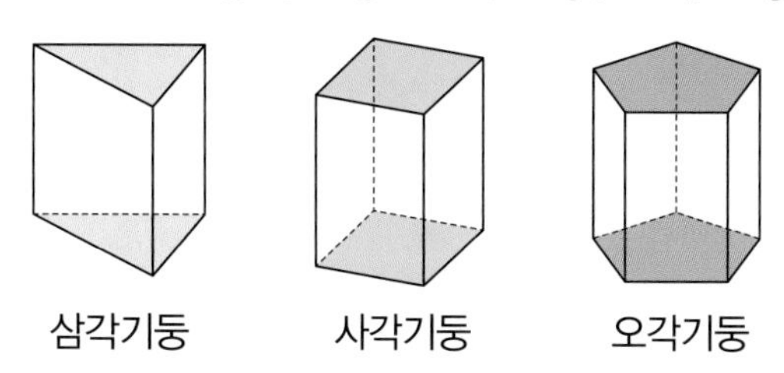

• 각기둥의 구성 요소

모서리: 면과 면이 만나는 선분

꼭짓점: 모서리와 모서리가 만나는 점

높이: 두 밑면 사이의 거리

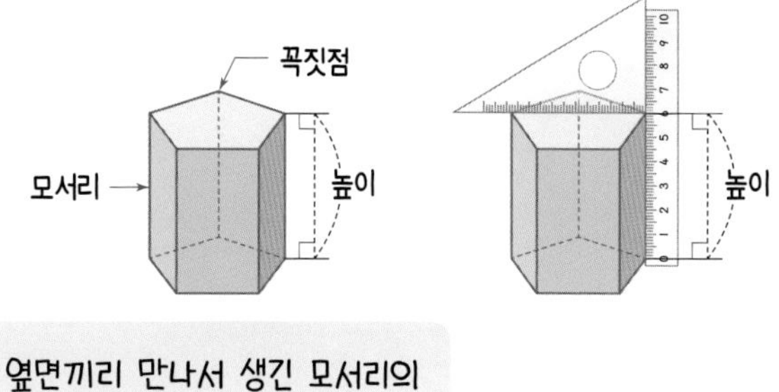

옆면끼리 만나서 생긴 모서리의 길이로 높이를 알 수 있어요.

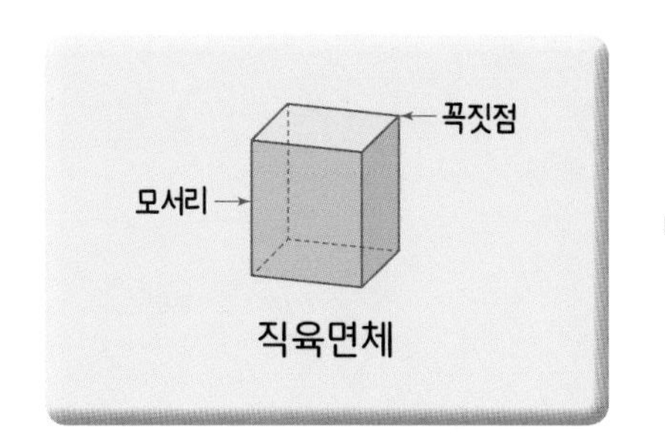

직육면체

➡ 입체도형의 두 밑면 사이의 거리가 높이이므로 ➡

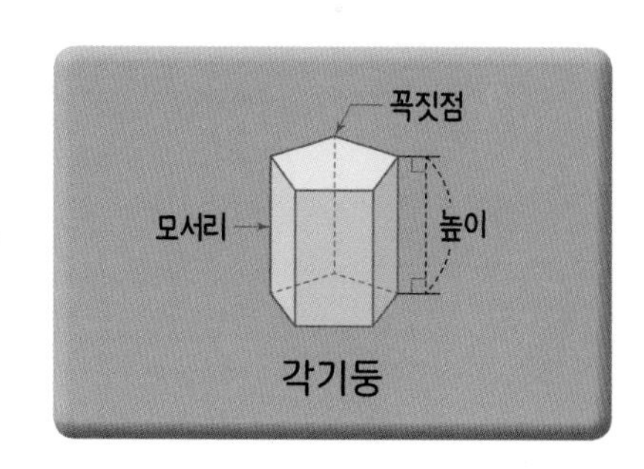

각기둥

[각기둥의 면의 수, 모서리의 수, 꼭짓점의 수]

각기둥	한 밑면의 변의 수(개)	면의 수(개)	모서리의 수(개)	꼭짓점의 수(개)
(삼각기둥 그림)	3	5	9	6
(육각기둥 그림)	6	8	18	12
■각기둥	■	■+2	■×3	■×2

수해력을 확인해요

• 각기둥 찾기

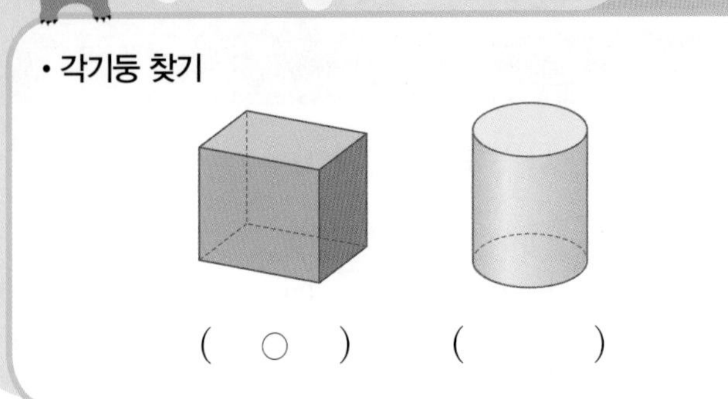

(○) ( )

• 각기둥의 면의 수, 모서리의 수, 꼭짓점의 수

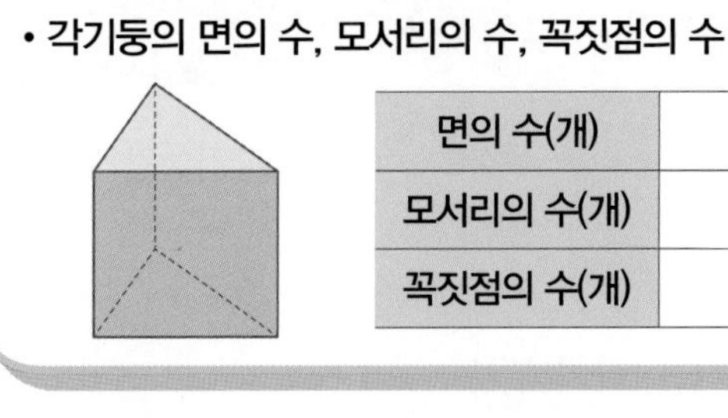

면의 수(개)	5
모서리의 수(개)	9
꼭짓점의 수(개)	6

01~04 각기둥을 찾아 ○표 하세요.

01

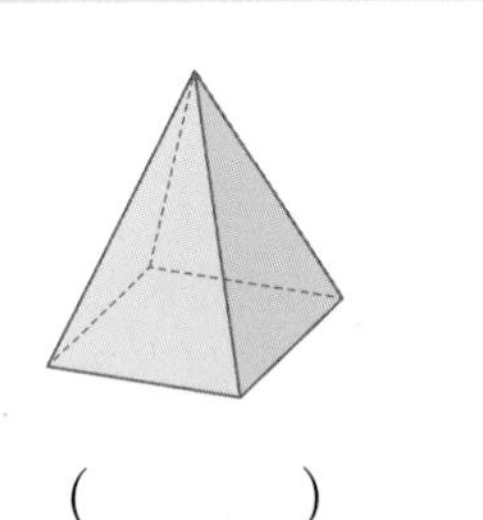
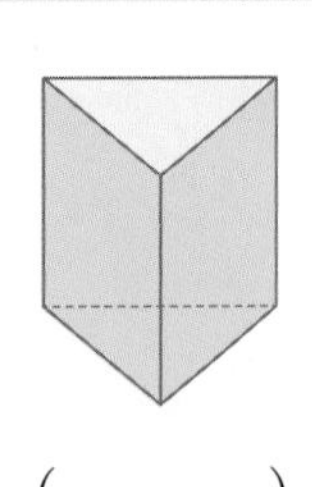

( ) ( )

02

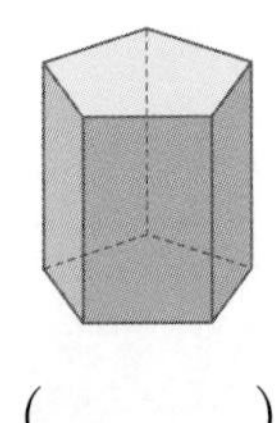
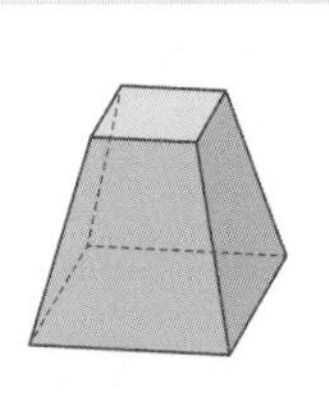

( ) ( )

03

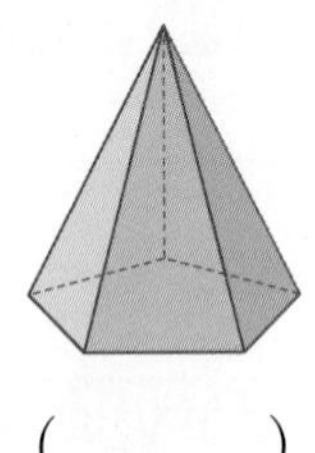
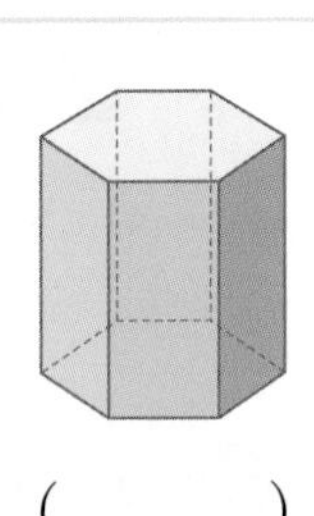

( ) ( )

04

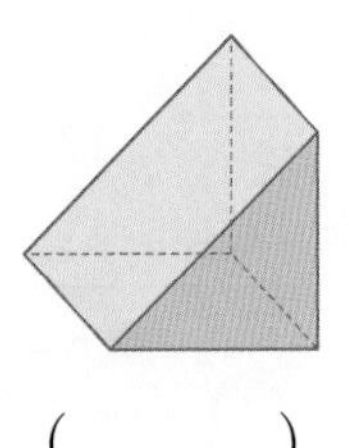
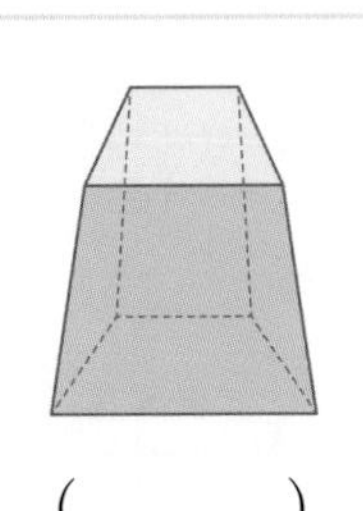

( ) ( )

05~08 각기둥의 면의 수, 모서리의 수, 꼭짓점의 수를 각각 구해 보세요.

05

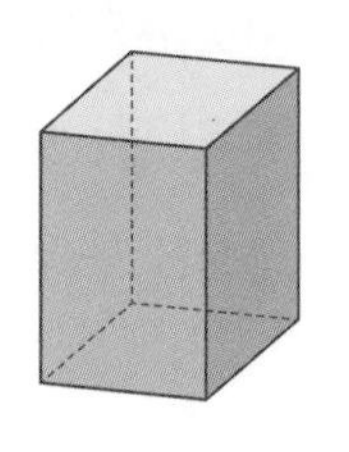

면의 수(개)	
모서리의 수(개)	
꼭짓점의 수(개)	

06

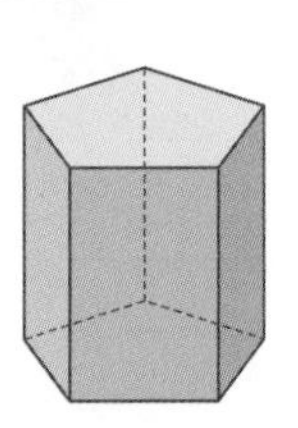

면의 수(개)	
모서리의 수(개)	
꼭짓점의 수(개)	

07

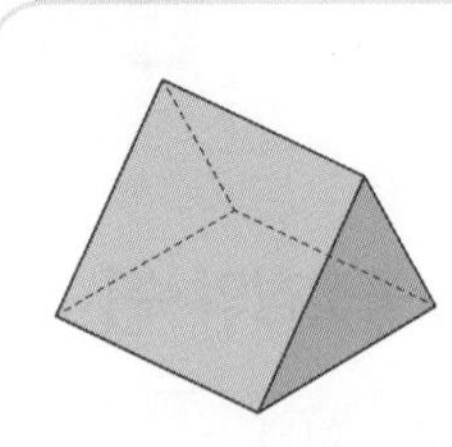

면의 수(개)	
모서리의 수(개)	
꼭짓점의 수(개)	

08

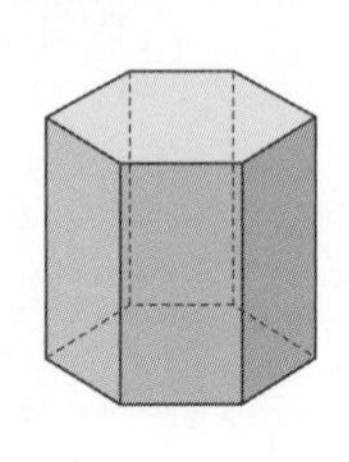

면의 수(개)	
모서리의 수(개)	
꼭짓점의 수(개)	

수해력을 높여요

01~02 도형을 보고 물음에 답하세요.

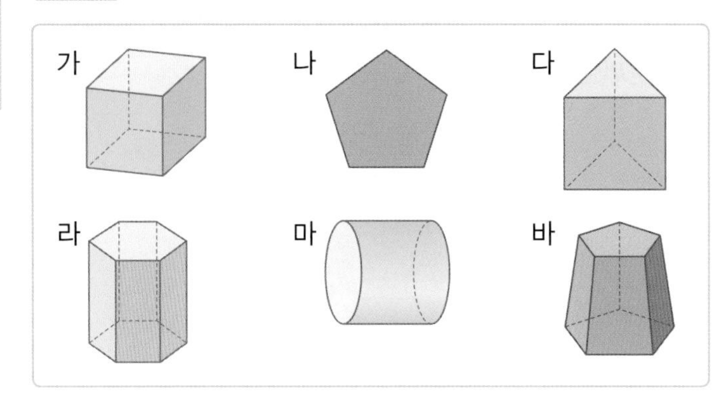

01 입체도형을 모두 찾아 기호를 써 보세요.

( )

02 각기둥을 모두 찾아 기호를 써 보세요.

( )

03 오른쪽 각기둥을 보고 밑면과 옆면을 모두 찾아 써 보세요.

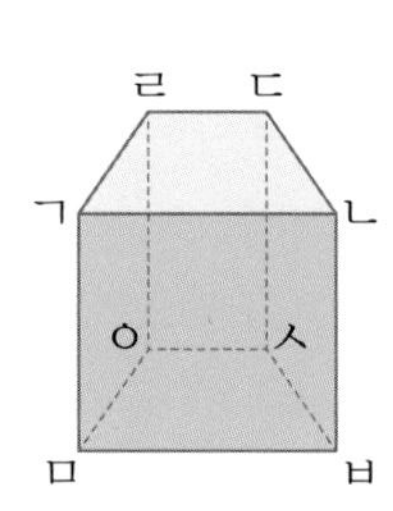

밑면	옆면

04 각기둥의 높이는 몇 cm인지 구해 보세요.

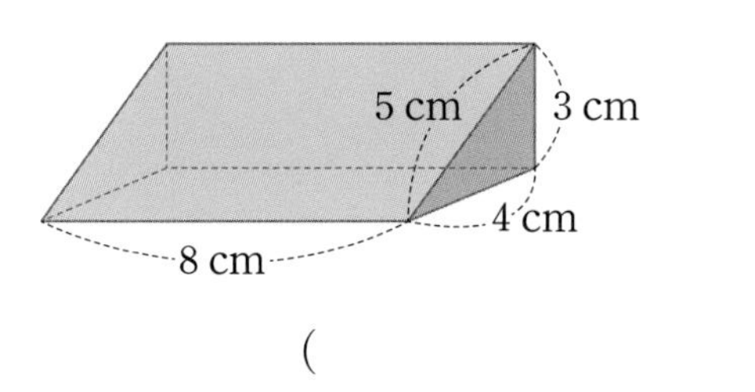

( )

05 칠각기둥에 대한 설명 중 잘못된 것은 어느 것인가요? ( )

① 두 밑면은 서로 평행하고 합동입니다.
② 옆면은 모두 직사각형입니다.
③ 모서리는 21개입니다.
④ 꼭짓점은 14개입니다.
⑤ 높이를 잴 수 있는 모서리는 1개입니다.

06 실생활 활용

하은이는 자석블럭을 이용하여 밑면과 옆면이 각각 다음과 같은 입체도형을 만들었습니다. 만든 입체도형의 이름을 써 보세요.

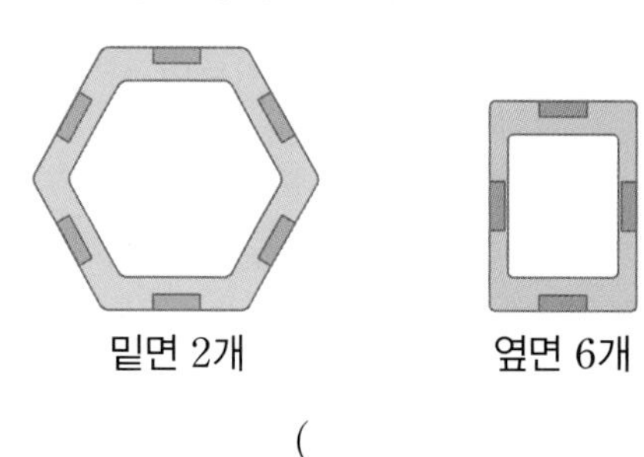

( )

07 교과 융합

나전칠기는 옻칠한 그릇이나 가구의 표면 위에 얇게 간 조개껍데기를 여러 모양으로 오려 박아넣거나 붙인 공예품입니다. 다음과 같은 팔각기둥 모양의 나전칠기의 면의 수, 모서리의 수, 꼭짓점의 수의 합은 몇 개인지 구해 보세요.

( )

수해력을 완성해요

대표 응용 1 밑면의 모양을 알 때 각기둥의 구성 요소의 수 구하기

밑면의 모양이 다음과 같은 각기둥의 면은 몇 개인지 구해 보세요.

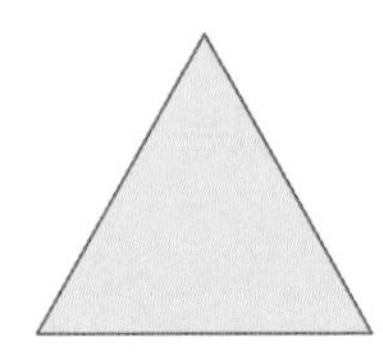

해결하기

1단계 밑면의 모양이 ☐이므로 각기둥의 이름은 ☐입니다.

2단계 1단계에서 구한 각기둥의 한 밑면의 변의 수는 ☐개입니다.

3단계 밑면의 모양이 위와 같은 각기둥의 면은 ☐$+2=$☐(개)입니다.

1-1

밑면의 모양이 다음과 같은 각기둥의 면은 몇 개인지 구해 보세요.

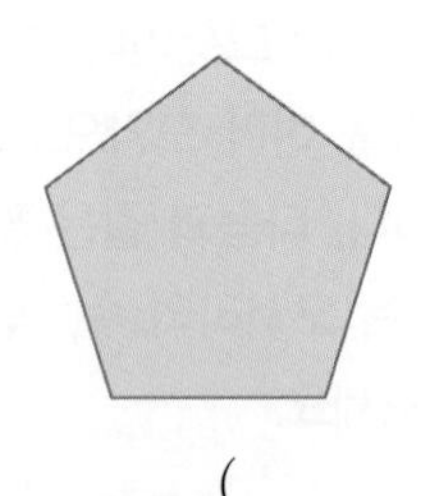

(　　　　　　　　)

1-2

밑면의 모양이 다음과 같은 각기둥의 모서리는 몇 개인지 구해 보세요.

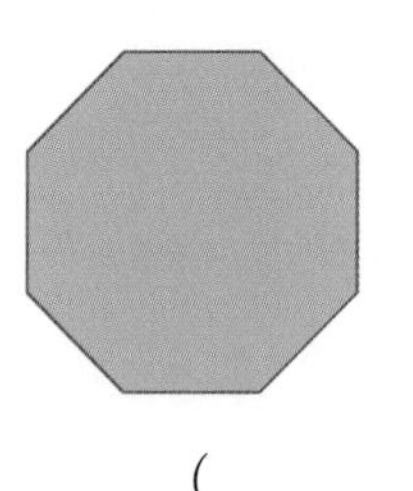

(　　　　　　　　)

1-3

밑면의 모양이 다음과 같은 각기둥의 모서리의 수와 꼭짓점의 수의 합은 몇 개인지 구해 보세요.

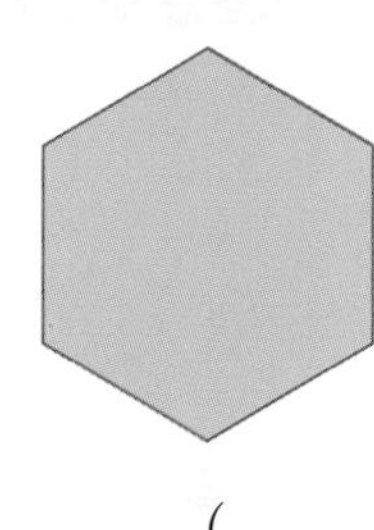

(　　　　　　　　)

1-4

가를 밑면으로 하는 각기둥의 꼭짓점의 수와 나를 밑면으로 하는 각기둥의 면의 수의 차는 몇 개인지 구해 보세요.

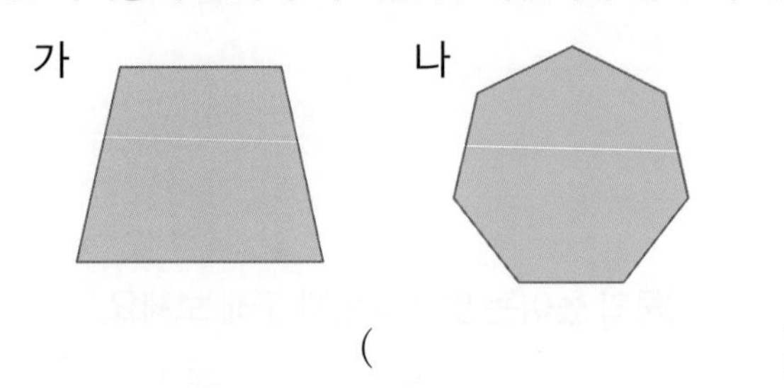

(　　　　　　　　)

대표 응용 2 각기둥의 한 구성 요소의 수를 알 때 다른 구성 요소의 수 구하기

면이 8개인 각기둥의 모서리는 몇 개인지 구해 보세요.

해결하기

1단계 각기둥의 한 밑면의 변의 수를 ■개라 하면 면이 8개이므로 ■+☐=8, ■=☐입니다.

2단계 밑면의 모양이 ☐이므로 각기둥의 이름은 ☐입니다.

3단계 2단계에서 구한 각기둥의 모서리는 ☐×3=☐(개)입니다.

2-1

면이 10개인 각기둥의 모서리는 몇 개인지 구해 보세요.

(　　　　　　)

2-2

모서리가 27개인 각기둥의 꼭짓점은 몇 개인지 구해 보세요.

(　　　　　　)

2-3

꼭짓점이 24개인 각기둥의 면은 몇 개인지 구해 보세요.

(　　　　　　)

2-4

면이 12개인 각기둥의 모서리의 수와 어떤 각기둥의 꼭짓점의 수가 같습니다. 어떤 각기둥의 이름을 써 보세요.

(　　　　　　)

개념 1 각기둥의 전개도 알아보기

이미 배운 직육면체의 전개도

직육면체의 모서리를 잘라서 펼친 그림을 직육면체의 전개도라고 합니다.

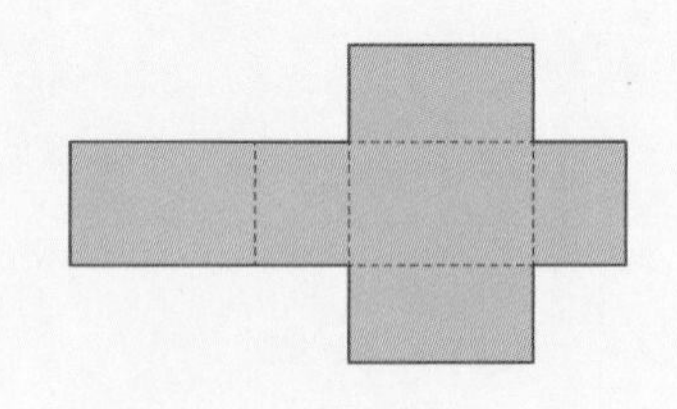

새로 배울 각기둥의 전개도

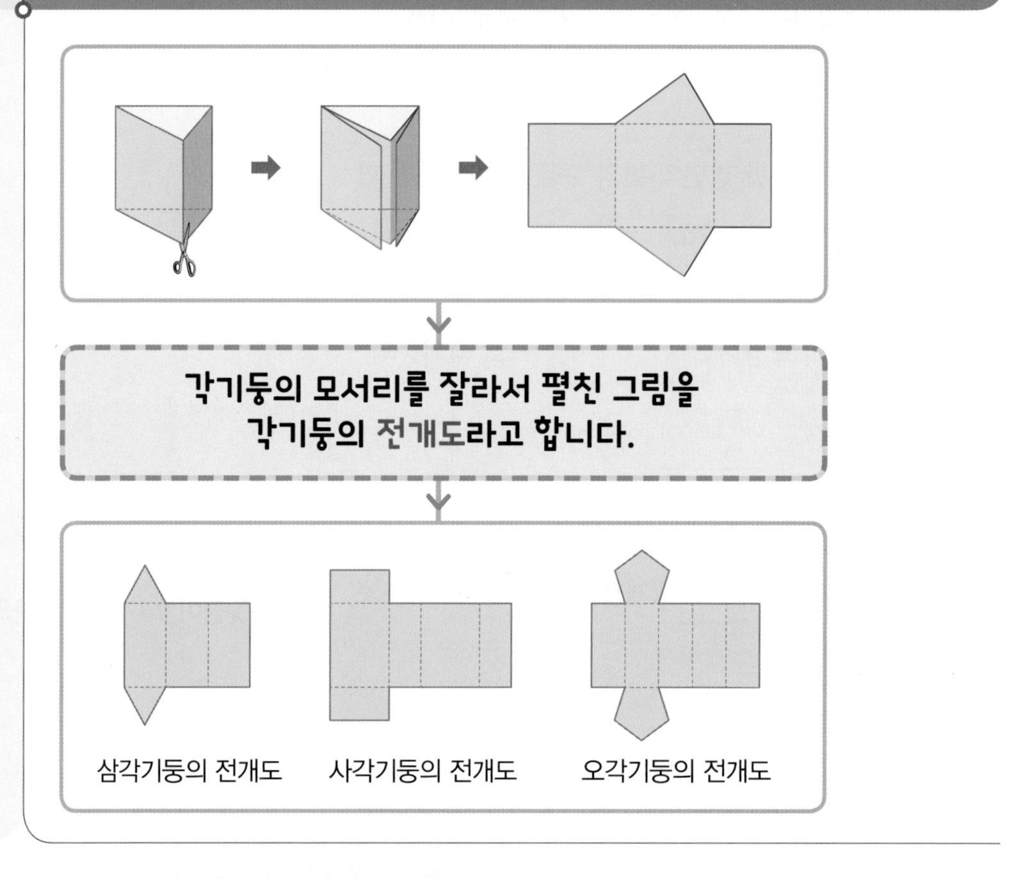

각기둥 ➡ 각기둥의 모서리를 잘라서 펼치기 ➡ 각기둥의 전개도

[각기둥의 전개도의 특징]

- 두 밑면의 모양과 크기가 같습니다.
- 접었을 때 서로 겹치는 면이 없습니다.
- 접었을 때 맞닿는 선분의 길이가 같습니다.
- 전개도의 면의 수와 각기둥의 면의 수가 같습니다.

각기둥의 전개도는 어느 모서리를 자르는가에 따라 여러 가지 모양이 나와요.

[각기둥을 만들 수 없는 전개도]

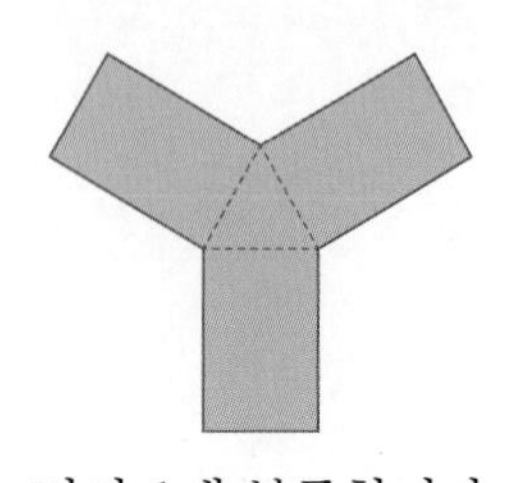

면이 1개 부족합니다.

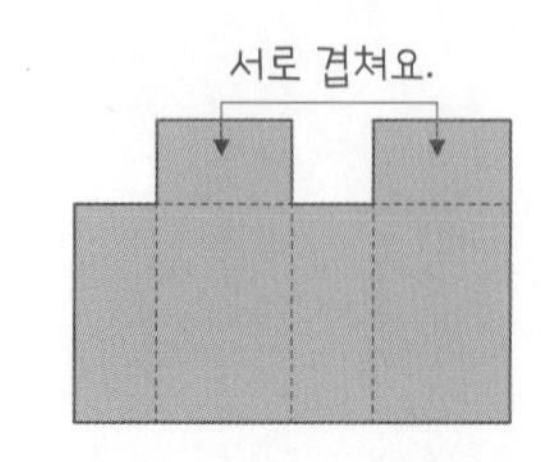

접었을 때 서로 겹치는 면이 있습니다.

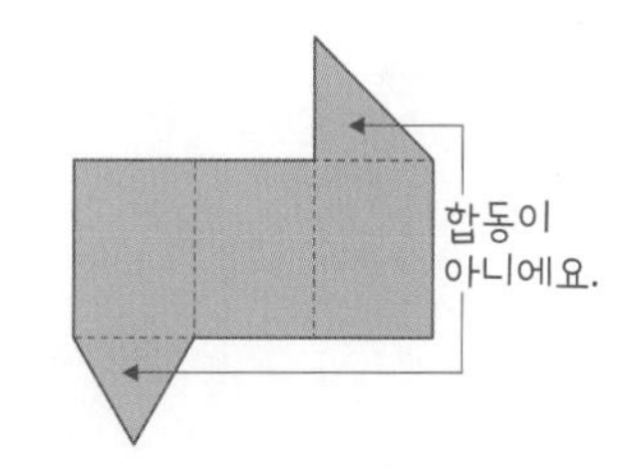

두 밑면이 합동이 아닙니다.

개념 2 각기둥의 전개도 그리기

이미 배운 직육면체의 전개도 그리기

직육면체의 전개도를 그릴 때 잘린 모서리는 실선으로, 잘리지 않은 모서리는 점선으로 그립니다.

예

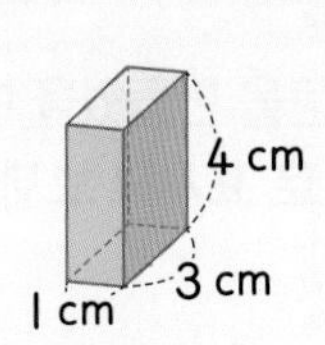

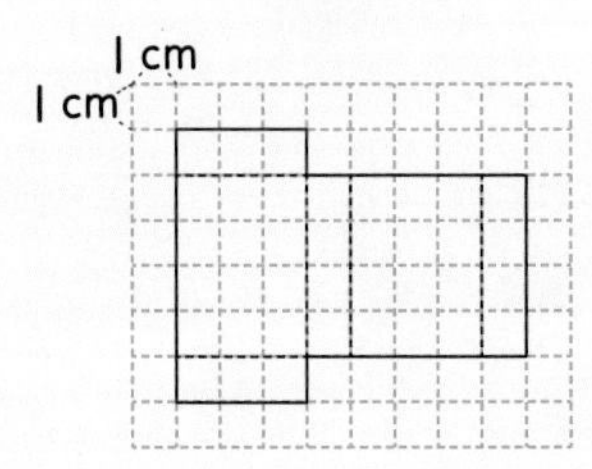

새로 배울 각기둥의 전개도 그리기

각기둥의 전개도 그리는 방법

① 잘린 모서리는 실선으로, 잘리지 않은 모서리는 점선으로 그립니다.
② 접었을 때 서로 겹치는 면이 없게 그립니다.
③ 접었을 때 맞닿는 선분의 길이가 같게 그립니다.
④ 두 밑면은 합동이 되도록 그립니다.

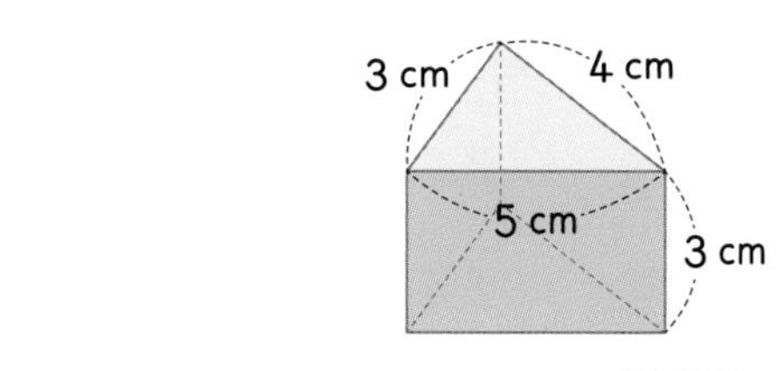

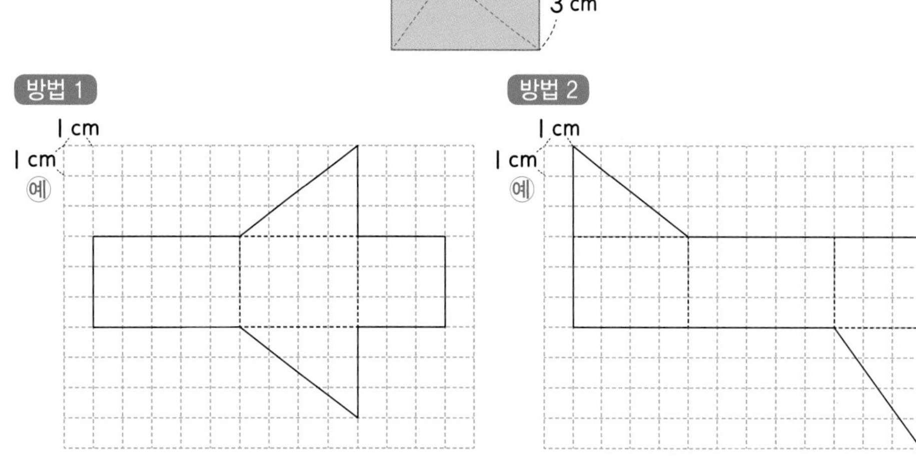

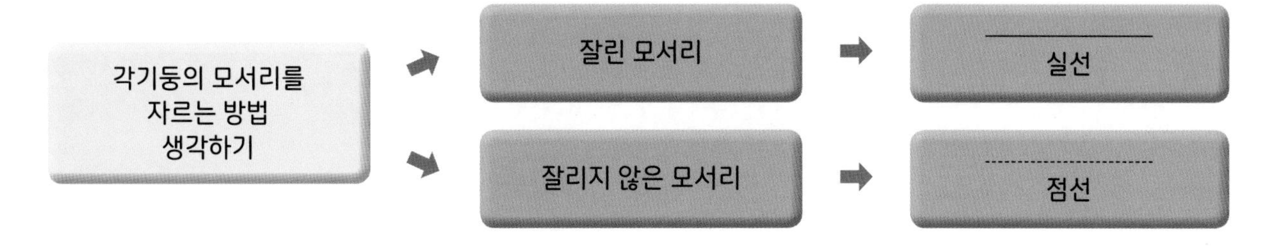

[밑면의 모양이 사다리꼴인 각기둥의 전개도 그리기]

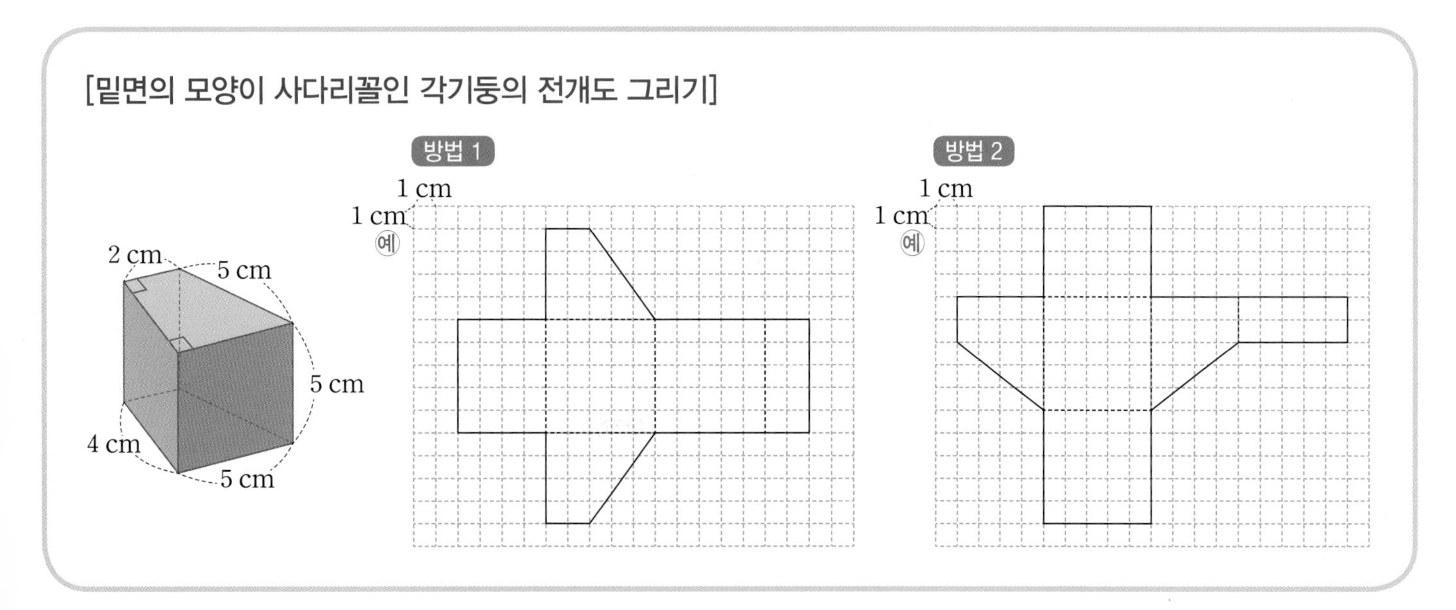

수해력을 확인해요

• 각기둥의 전개도 찾기

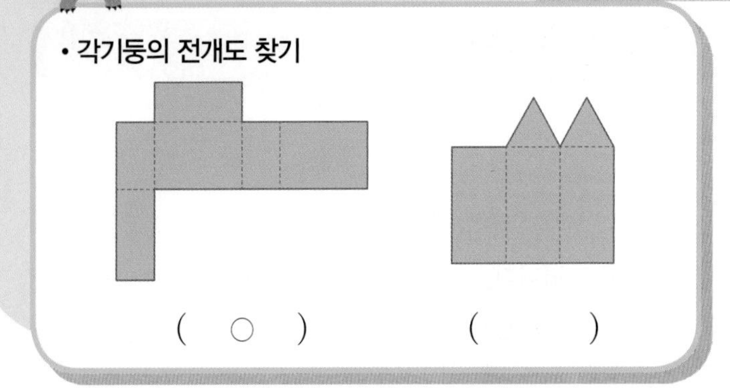

(○) ( )

• 전개도를 접었을 때 파란색 선분과 맞닿는 선분 찾기

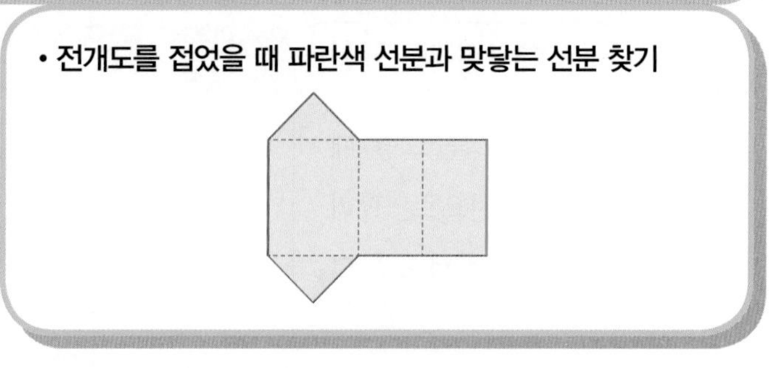

01~04 각기둥의 전개도를 찾아 ○표 하세요.

05~08 전개도를 접어서 각기둥을 만들었을 때 빨간색 선분과 맞닿는 선분을 찾아 파란색으로 표시해 보세요.

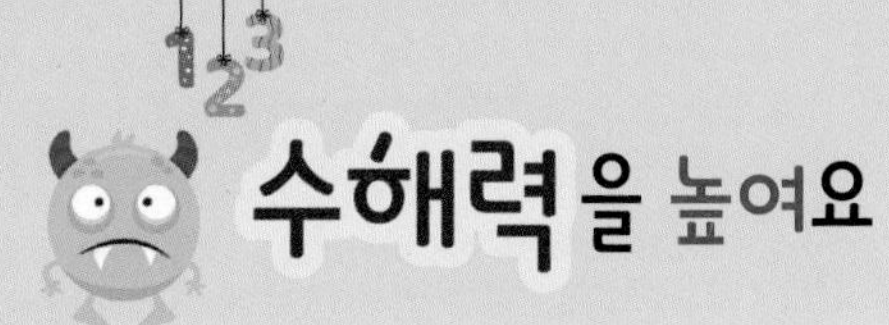

01 각기둥의 전개도를 찾아 기호를 써 보세요.

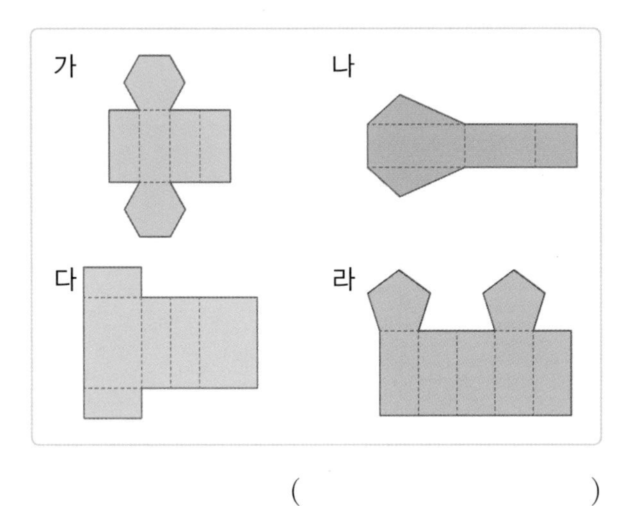

( )

02 전개도를 접었을 때 만들어지는 각기둥의 이름을 써 보세요.

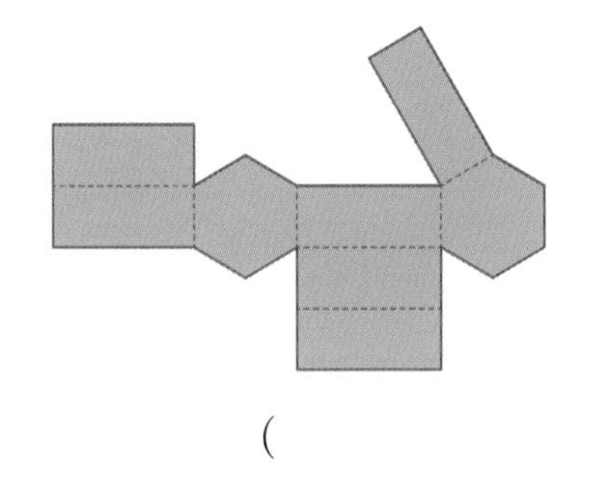

( )

03 전개도를 접어서 각기둥을 만들었을 때 면 ㄷㄹㅁ과 수직으로 만나는 면을 모두 찾아 써 보세요.

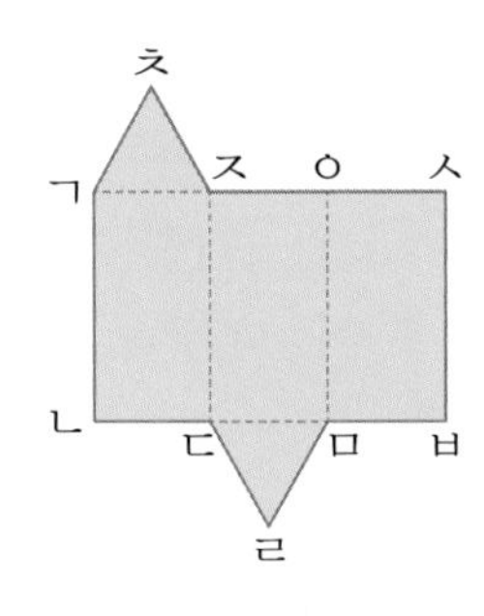

( )

04 전개도를 접어서 각기둥을 만들었습니다. □ 안에 알맞은 수를 써넣으세요.

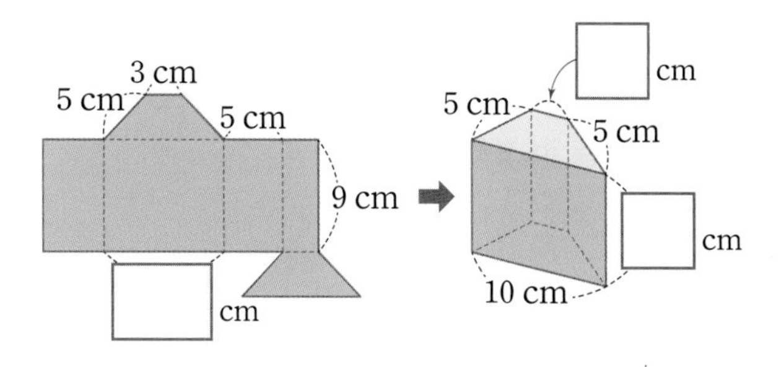

05 실생활 활용

만화경은 거울을 이용하여 여러 가지 색채무늬를 볼 수 있도록 만든 장난감입니다. 밑면이 오른쪽과 같고 높이가 5 cm인 사각기둥 모양의 만화경을 만들기 위한 전개도를 그려 보세요.

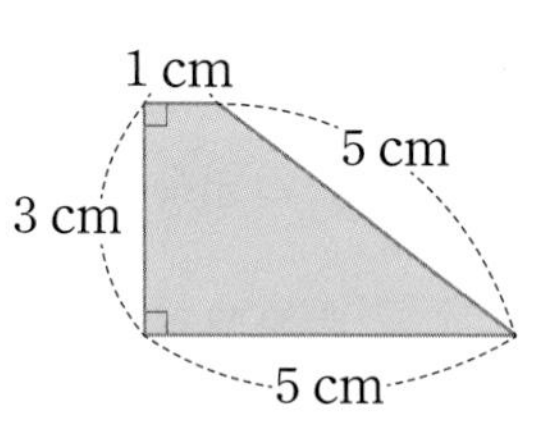

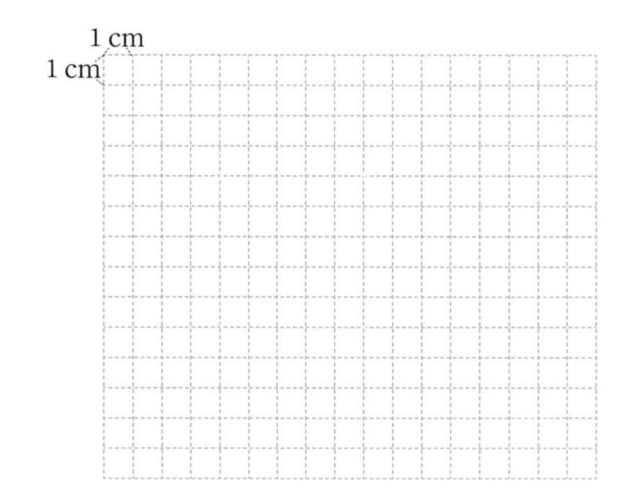

06 교과 융합

주상절리는 용암이 빠르게 식을 때 수축하면서 생기는 기둥 모양의 구조입니다. 왼쪽 육각기둥 모양 주상절리의 전개도를 완성해 보세요.

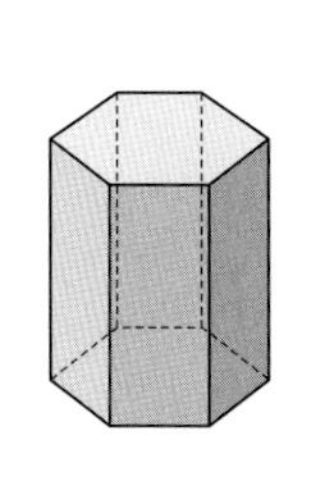

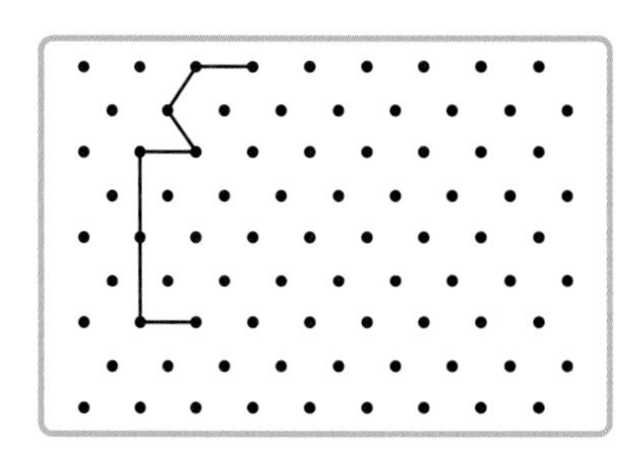

수해력을 완성해요

대표 응용 1 전개도의 일부분을 보고 각기둥 알기

어떤 각기둥의 전개도의 옆면만 그린 것입니다. 이 각기둥의 이름을 써 보세요.

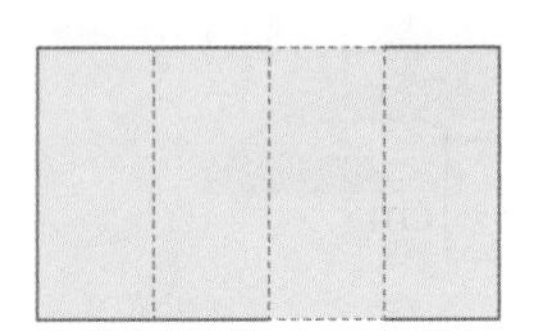

해결하기

1단계 전개도에서 옆면은 ☐개입니다.

2단계 각기둥의 한 밑면의 변의 수는 옆면의 수와 같으므로 ☐개입니다.

3단계 밑면의 모양이 ☐이므로 각기둥의 이름은 ☐입니다.

1-1

어떤 각기둥의 전개도의 옆면만 그린 것입니다. 이 각기둥의 이름을 써 보세요.

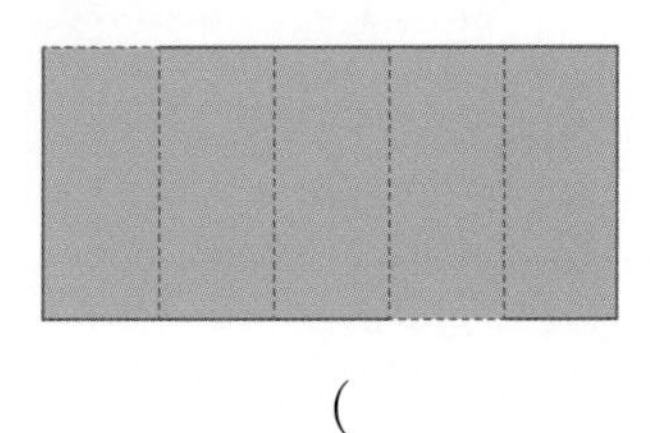

( )

1-2

어떤 각기둥의 전개도의 옆면만 그린 것입니다. 이 각기둥의 이름을 써 보세요.

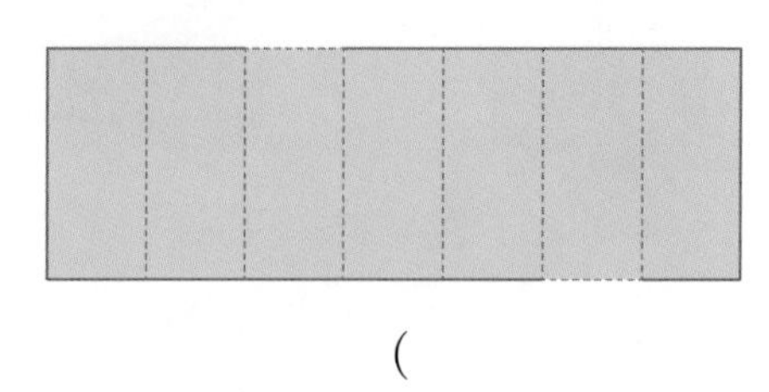

( )

1-3

어떤 각기둥의 전개도의 일부분입니다. 이 각기둥의 면은 몇 개인지 구해 보세요.

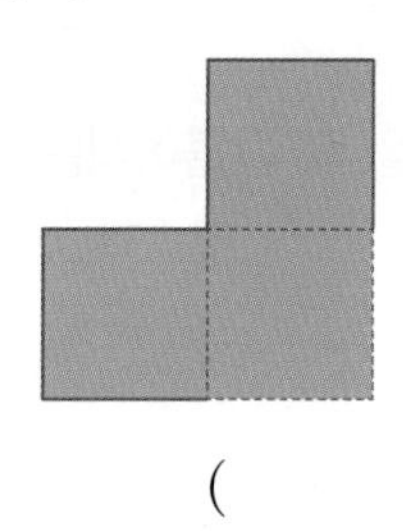

( )

1-4

어떤 각기둥의 전개도의 일부분입니다. 이 각기둥의 꼭짓점은 몇 개인지 구해 보세요.

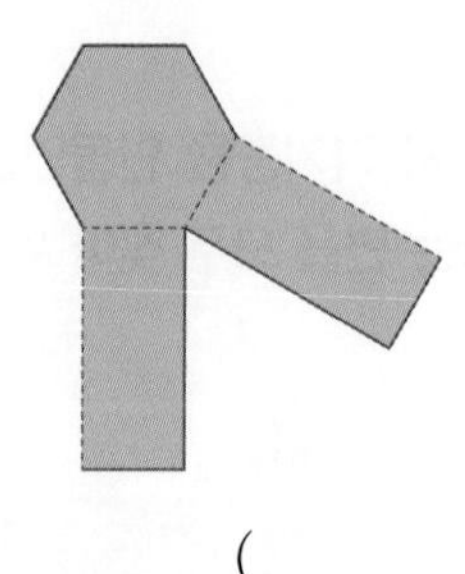

( )

대표 응용 2 전개도를 접었을 때 만들어지는 각기둥의 모든 모서리의 길이의 합 구하기

전개도를 접었을 때 만들어지는 각기둥의 모든 모서리의 길이의 합은 몇 cm인지 구해 보세요.

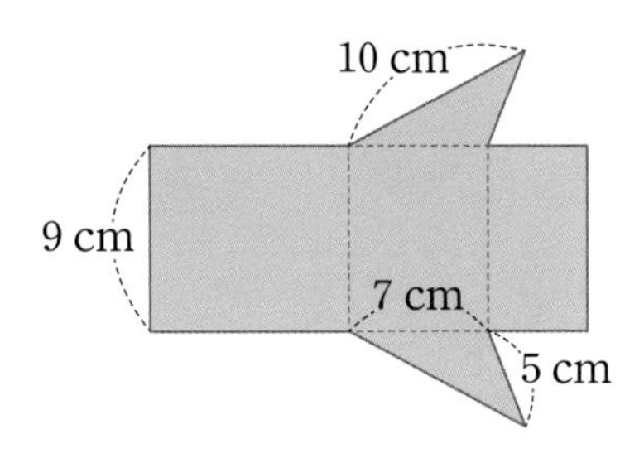

해결하기

1단계 밑면의 모양이 ☐ 이므로 만들어지는 각기둥의 이름은 ☐ 입니다.

2단계 (각기둥의 모든 모서리의 길이의 합)
=(한 밑면의 둘레)×2+(높이)×3
=(10+☐+☐)×2+☐×3
=☐+☐=☐ (cm)

2-1

전개도를 접었을 때 만들어지는 각기둥의 모든 모서리의 길이의 합은 몇 cm인지 구해 보세요.

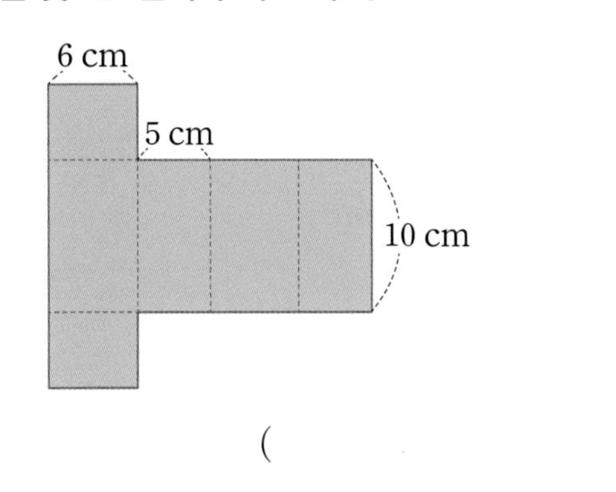

(　　　　　　　　)

2-2

전개도를 접었을 때 만들어지는 각기둥의 모든 모서리의 길이의 합은 몇 cm인지 구해 보세요. (단, 밑면은 정다각형입니다.)

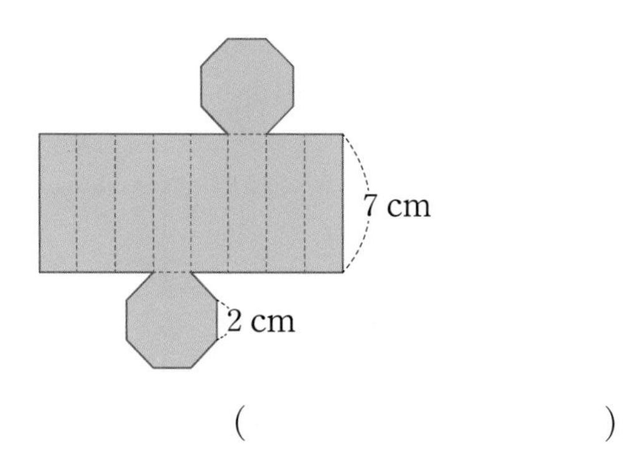

(　　　　　　　　)

2-3

전개도를 접었을 때 만들어지는 각기둥의 모든 모서리의 길이의 합은 몇 cm인지 구해 보세요. (단, 밑면은 정다각형입니다.)

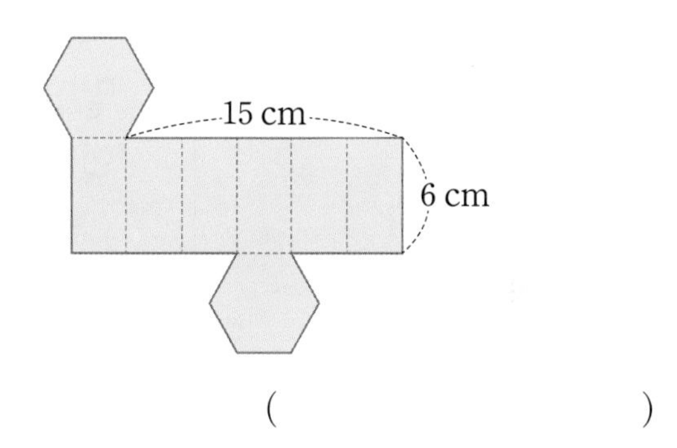

(　　　　　　　　)

2-4

각기둥의 전개도에서 사각형 ㄴㄷㅅㅇ의 넓이는 $96\ cm^2$입니다. 전개도를 접었을 때 만들어지는 각기둥의 모든 모서리의 길이의 합은 몇 cm인지 구해 보세요.

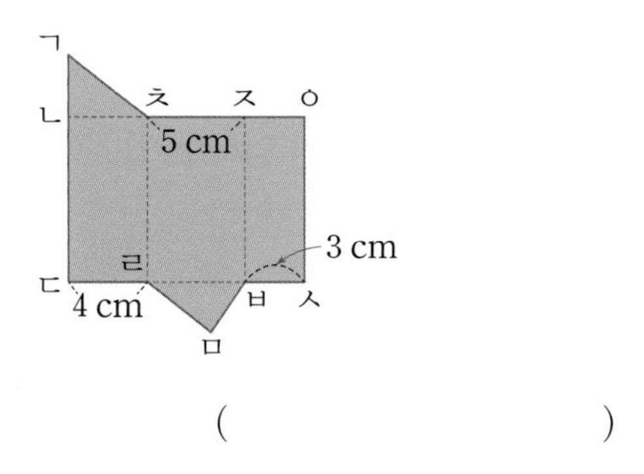

(　　　　　　　　)

개념 1 각뿔 알아보기(1)

이미 배운 각기둥

• 두 면이 서로 평행하고 합동인 다각형으로 이루어진 입체도형을 각기둥이라고 합니다.

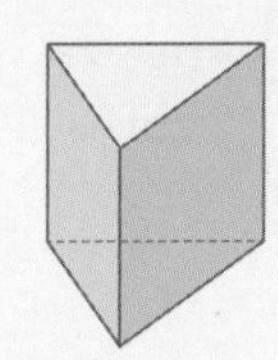

• 각기둥의 밑면과 옆면

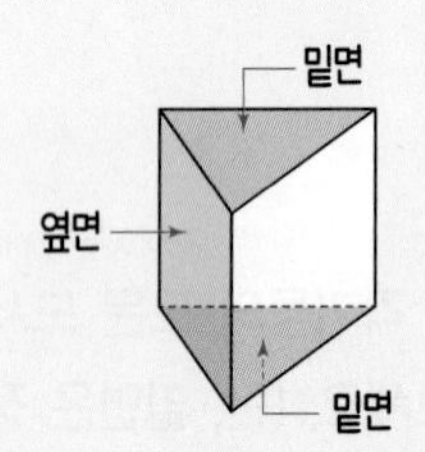

밑면: 서로 평행하고 합동인 두 면

옆면: 두 밑면과 만나는 면

새로 배울 각뿔

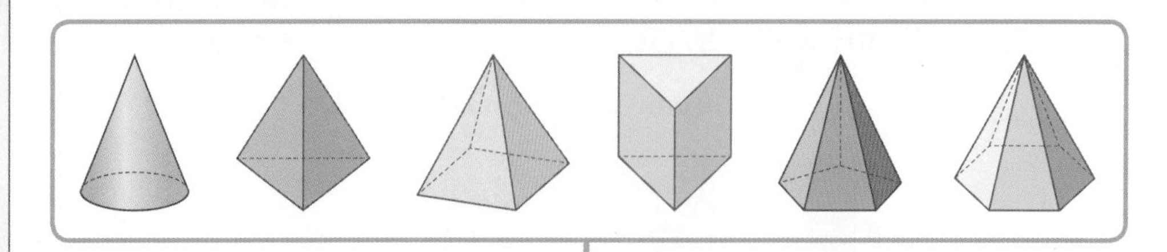

한 면이 다각형이고 다른 면이 모두 삼각형인 입체도형을 각뿔이라고 합니다.

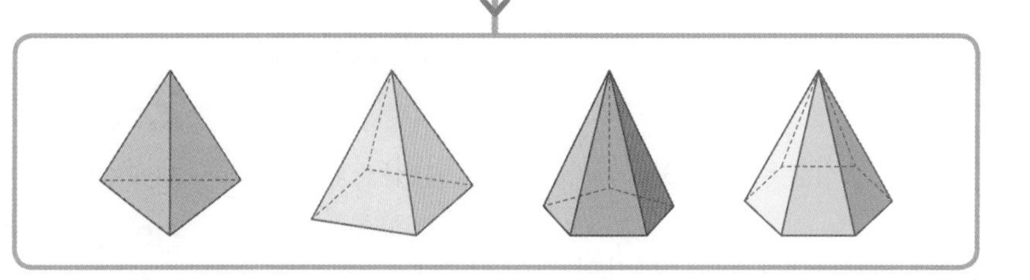

• 각뿔의 밑면과 옆면

밑면: 기준이 되는 면

옆면: 밑면과 만나는 면

– 각뿔의 옆면은 모두 삼각형입니다.

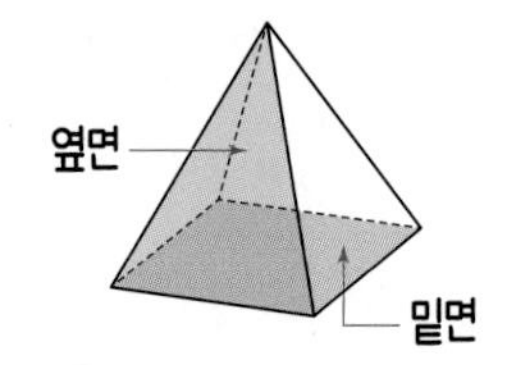

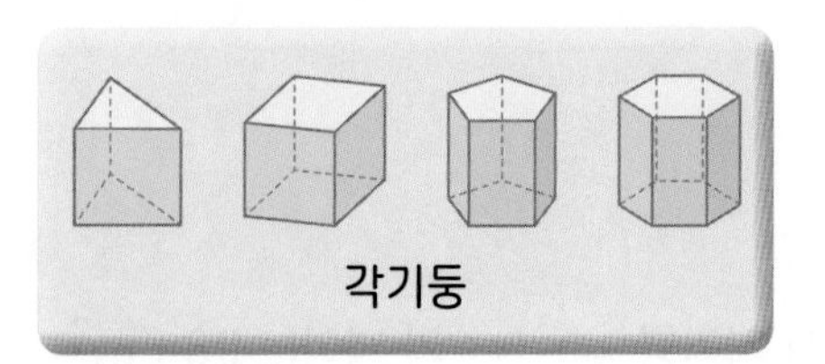

➡ 옆면이 삼각형인 뿔 모양이면? ➡

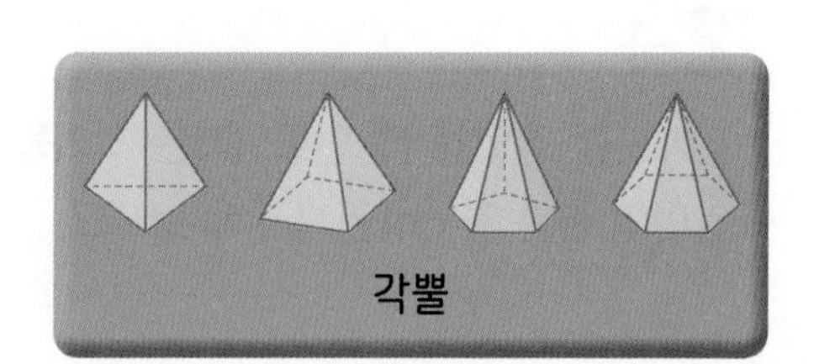

각뿔은 밑면이 다각형이고 옆면이 삼각형입니다.

[각뿔의 밑면과 옆면 알아보기]

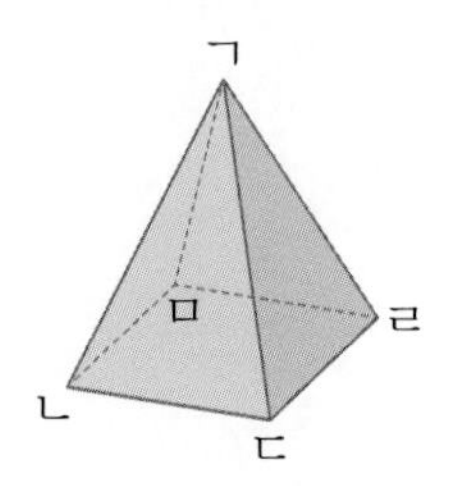

밑면	밑면의 모양	옆면	옆면의 모양
면 ㄴㄷㄹㅁ	사각형	면 ㄱㄴㄷ, 면 ㄱㄷㄹ, 면 ㄱㅁㄹ, 면 ㄱㄴㅁ	삼각형

개념 2 각뿔 알아보기(2)

이미 배운 각기둥의 구성 요소

모서리: 면과 면이 만나는 선분

꼭짓점: 모서리와 모서리가 만나는 점

높이: 두 밑면 사이의 거리

새로 배울 각뿔의 구성 요소

• 각뿔은 밑면의 모양에 따라 **삼각뿔**, **사각뿔**, **오각뿔**, ...이라고 합니다.

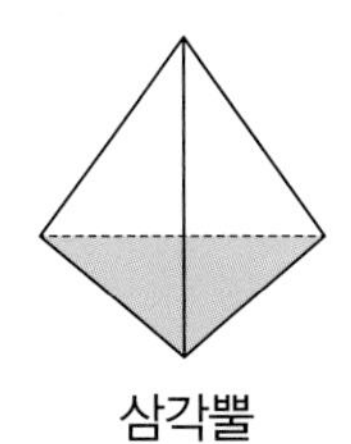
삼각뿔

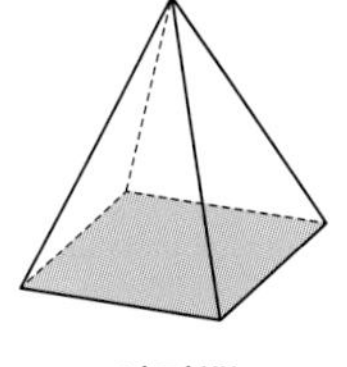
사각뿔

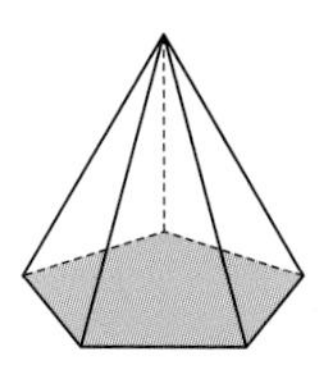
오각뿔

• 각뿔의 구성 요소

모서리: 면과 면이 만나는 선분

꼭짓점: 모서리와 모서리가 만나는 점

각뿔의 꼭짓점: 꼭짓점 중에서도 옆면이 모두 만나는 점

높이: 각뿔의 꼭짓점에서 밑면에 수직으로 내린 선분의 길이

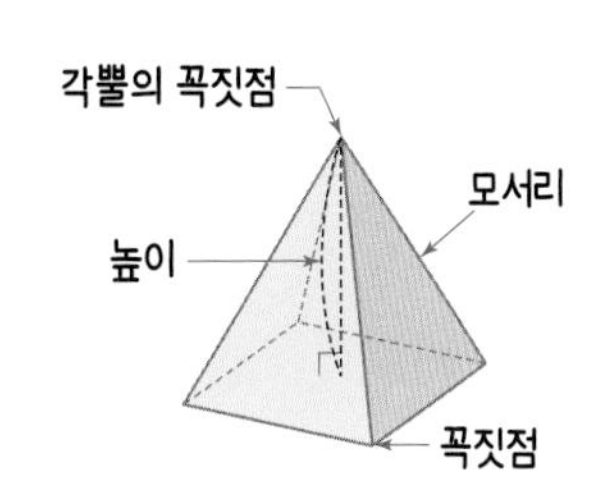

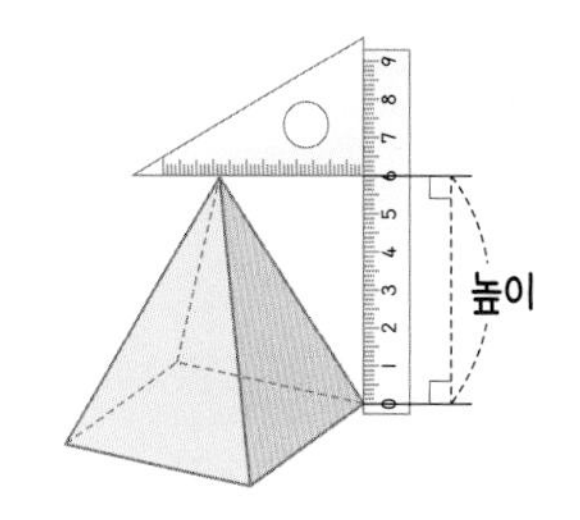

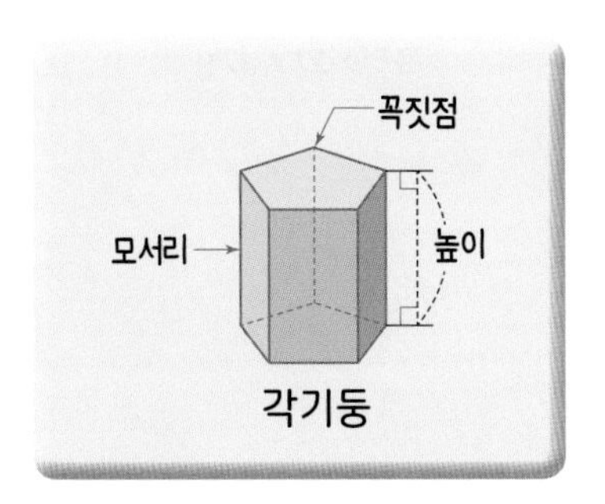

각기둥

➡ 옆면이 모두 한 점에서 만난다면? ➡

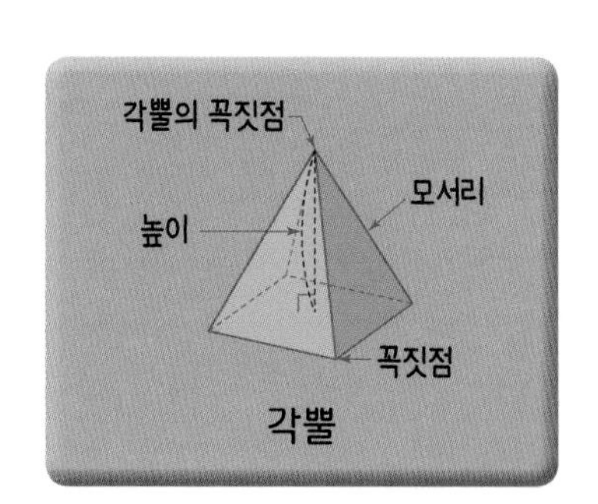

각뿔

[각뿔의 면의 수, 모서리의 수, 꼭짓점의 수]

각뿔	밑면의 변의 수(개)	면의 수(개)	모서리의 수(개)	꼭짓점의 수(개)
(삼각뿔 그림)	3	4	6	4
(육각뿔 그림)	6	7	12	7
■각뿔	■	■+1	■×2	■+1

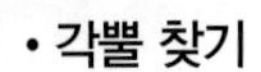

수해력을 확인해요

• 각뿔 찾기

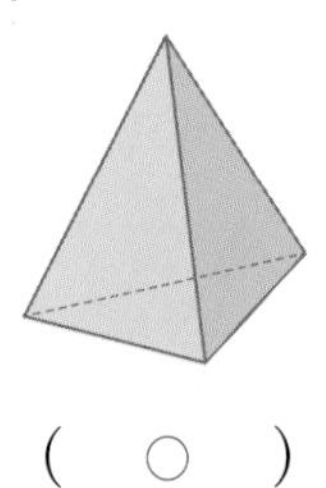 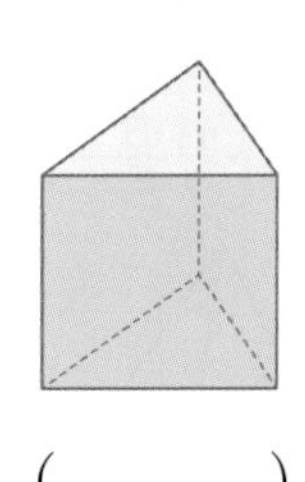

(○) ( )

• 각뿔의 면의 수, 모서리의 수, 꼭짓점의 수

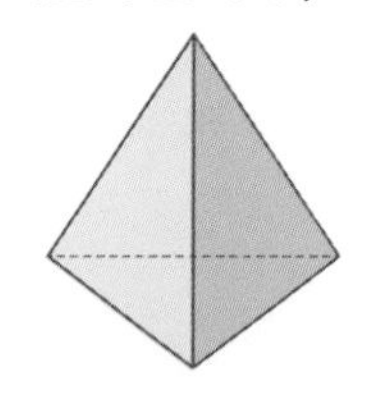

면의 수(개)	4
모서리의 수(개)	6
꼭짓점의 수(개)	4

01~04 각뿔을 찾아 ○표 하세요.

01

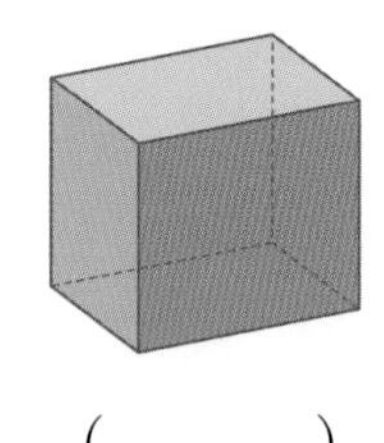 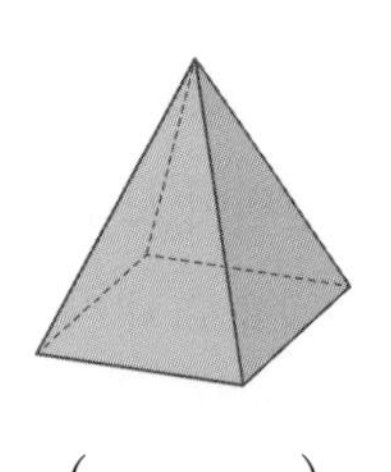

( ) ( )

02

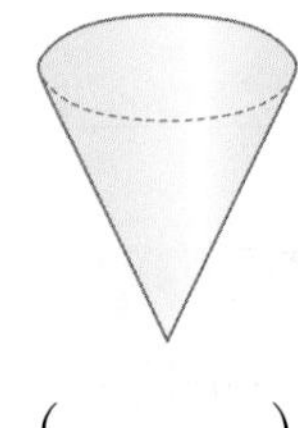 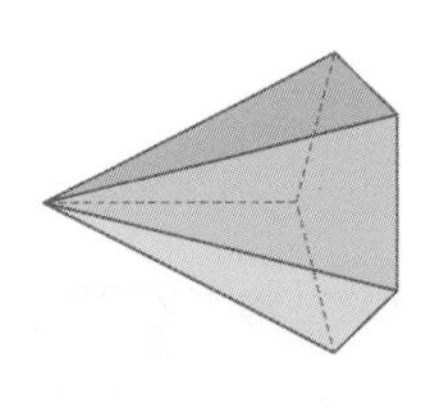

( ) ( )

03

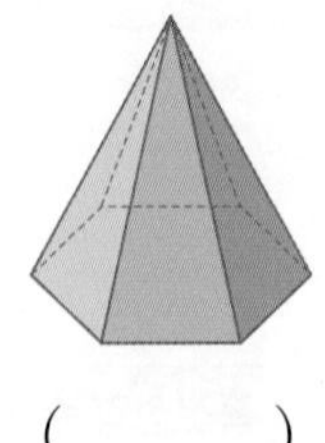 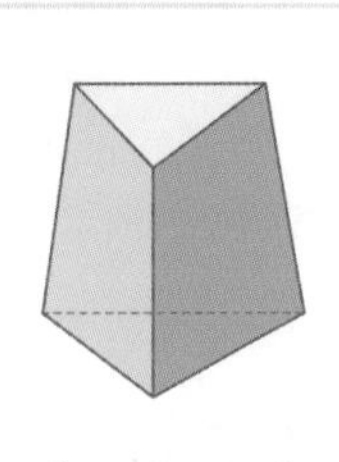

( ) ( )

04

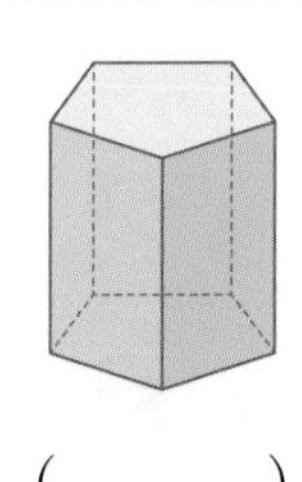 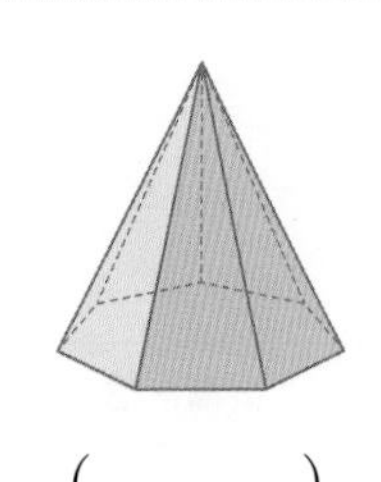

( ) ( )

05~08 각뿔의 면의 수, 모서리의 수, 꼭짓점의 수를 각각 구해 보세요.

05

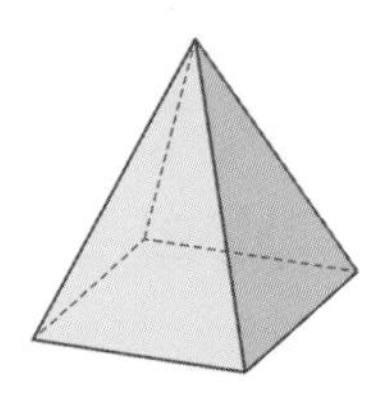

면의 수(개)	
모서리의 수(개)	
꼭짓점의 수(개)	

06

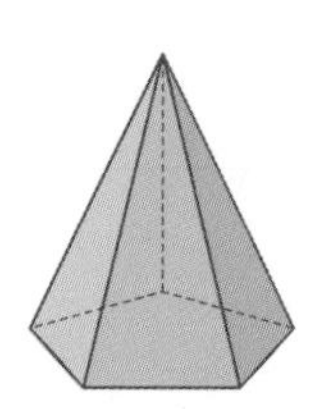

면의 수(개)	
모서리의 수(개)	
꼭짓점의 수(개)	

07

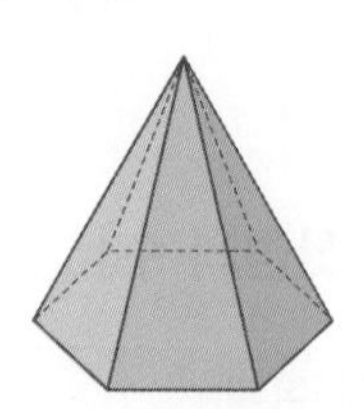

면의 수(개)	
모서리의 수(개)	
꼭짓점의 수(개)	

08

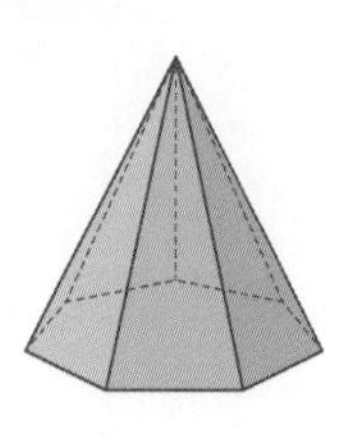

면의 수(개)	
모서리의 수(개)	
꼭짓점의 수(개)	

수해력을 높여요

정답과 풀이 4쪽

01 각뿔을 모두 찾아 기호를 써 보세요.

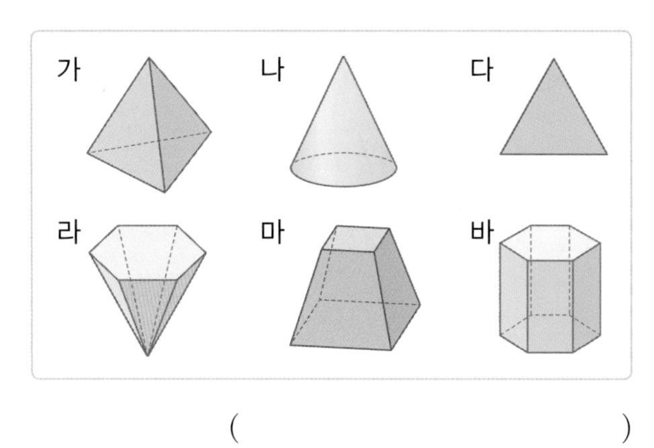

(　　　　　　　　　　)

02 오른쪽 도형이 각뿔이 아닌 이유를 써 보세요.

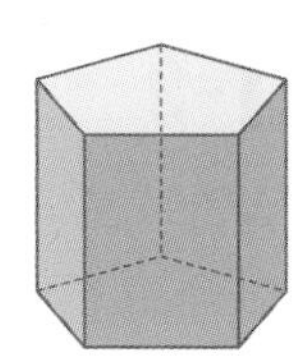

이유

03 각뿔의 이름을 써 보세요.

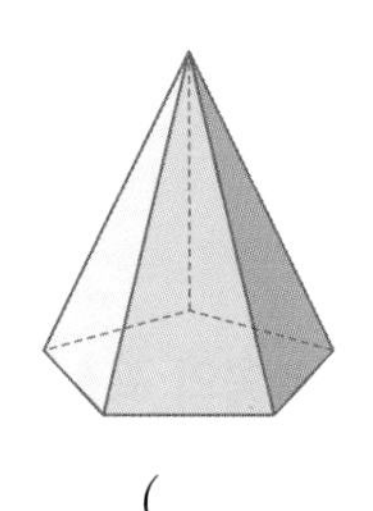

(　　　　　　　　　　)

04 각뿔의 높이는 몇 cm인지 구해 보세요.

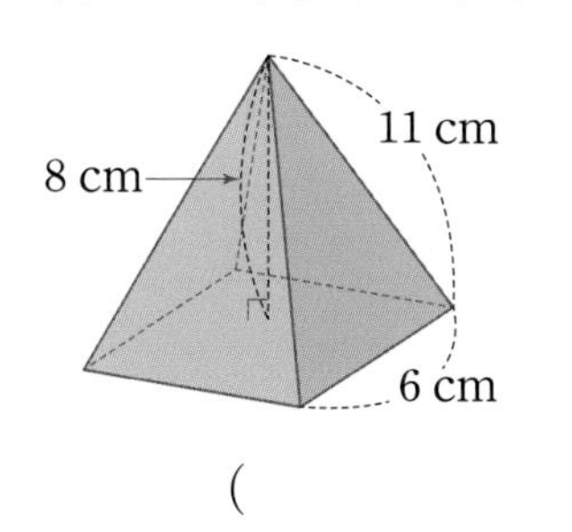

(　　　　　　　　　　)

05 팔각기둥과 팔각뿔에서 같은 것을 모두 고르세요.

(　　　　　　　　　　)

① 밑면의 모양　② 옆면의 모양
③ 밑면의 수　④ 옆면의 수
⑤ 모서리의 수

06 실생활 활용

지민이는 문화센터에서 오른쪽과 같은 사각뿔 모양의 양초를 만들었습니다. 만든 양초의 밑면의 수와 옆면의 수의 차는 몇 개인지 구해 보세요.

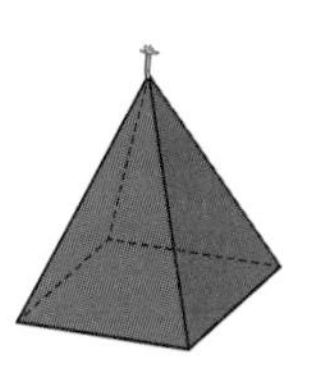

(　　　　　　　　　　)

07 교과 융합

유동석은 구리가 들어 있는 광물의 하나로 결정은 모든 면이 삼각형인 뿔 모양입니다. 유동석 결정의 면의 수, 모서리의 수, 꼭짓점의 수의 합은 몇 개인지 구해 보세요.

유동석 결정

(　　　　　　　　　　)

수해력을 완성해요

대표 응용 1 밑면의 모양을 알 때 각뿔의 구성 요소의 수 구하기

밑면의 모양이 다음과 같은 각뿔의 면은 몇 개인지 구해 보세요.

해결하기

1단계 밑면의 모양이 [ ] 이므로 각뿔의 이름은 [ ] 입니다.

2단계 1단계 에서 구한 각뿔의 밑면의 변의 수는 [ ] 개입니다.

3단계 밑면의 모양이 위와 같은 각뿔의 면은 [ ] $+1=$ [ ] (개)입니다.

1-1

밑면의 모양이 다음과 같은 각뿔의 면은 몇 개인지 구해 보세요.

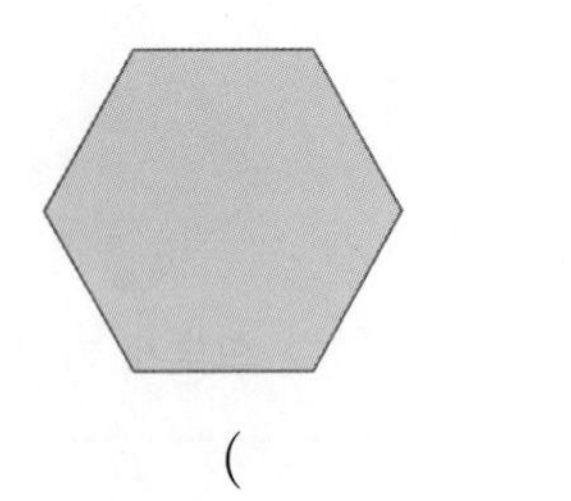

( )

1-2

밑면의 모양이 다음과 같은 각뿔의 모서리는 몇 개인지 구해 보세요.

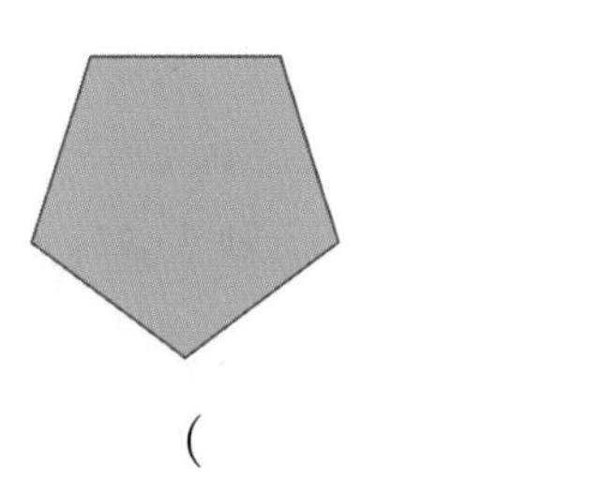

( )

1-3

밑면의 모양이 다음과 같은 각뿔의 모서리의 수와 꼭짓점의 수의 합은 몇 개인지 구해 보세요.

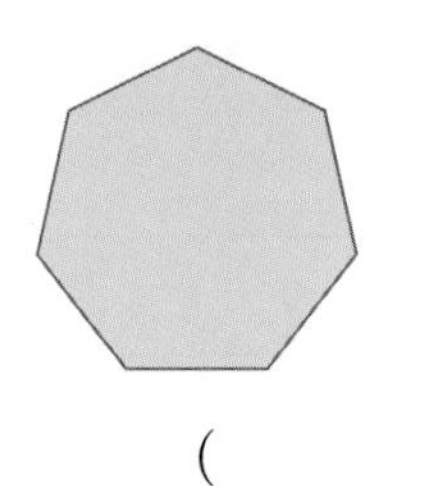

( )

1-4

가를 밑면으로 하는 각뿔의 꼭짓점의 수와 나를 밑면으로 하는 각뿔의 면의 수의 차는 몇 개인지 구해 보세요.

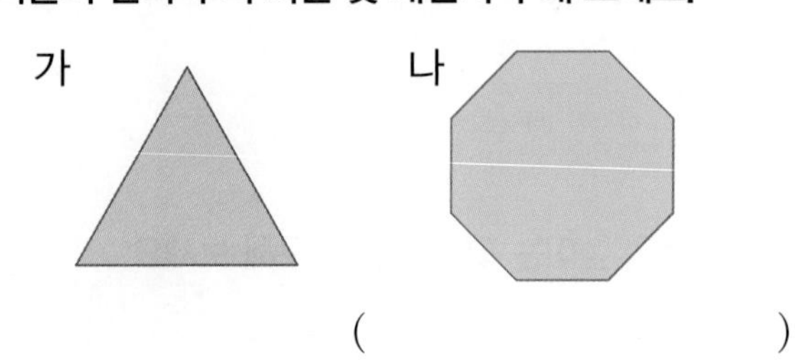

( )

대표 응용 2

각뿔의 한 구성 요소의 수를 알 때 다른 구성 요소의 수 구하기

면이 6개인 각뿔의 모서리는 몇 개인지 구해 보세요.

해결하기

1단계 각뿔의 밑면의 변의 수를 ■개라 하면 면이 6개이므로 ■+□=6, ■=□입니다.

2단계 밑면의 모양이 □이므로 각뿔의 이름은 □입니다.

3단계 2단계에서 구한 각뿔의 모서리는 □×2=□(개)입니다.

2-1

면이 8개인 각뿔의 모서리는 몇 개인지 구해 보세요.

(　　　　　　　　)

2-2

모서리가 18개인 각뿔의 꼭짓점은 몇 개인지 구해 보세요.

(　　　　　　　　)

2-3

꼭짓점이 13개인 각뿔의 면의 수와 모서리의 수의 합은 몇 개인지 구해 보세요.

(　　　　　　　　)

2-4

모서리의 수와 꼭짓점의 수의 합이 31개인 각뿔의 이름을 써 보세요.

(　　　　　　　　)

수해력을 확장해요

놀이 속의 각기둥과 각뿔

주사위는 정육면체의 각 면에 점이나 수를 표시한 놀이 도구로 마주 보는 면에 그려진 눈이나 수의 합이 7이 되도록 만듭니다. 주사위의 전개도는 어떻게 생겼을까요? 주사위는 정육면체이면서 사각기둥이에요. 따라서 사각기둥의 전개도를 그리는 방법을 생각해 보면 알 수 있어요. 주사위의 각 면에 1부터 6까지의 수를 쓴 주사위의 모서리를 잘라 펼치면 다음과 같은 모양이에요.

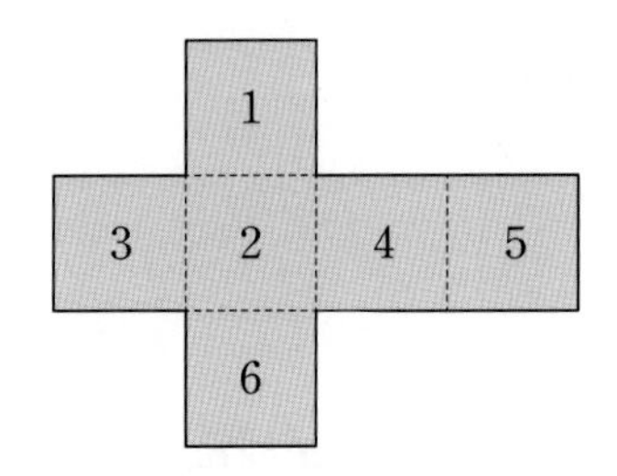

활동 1 **각 면에 1부터 6까지의 눈이 그려진 주사위의 모서리를 잘라 펼쳤을 때 가, 나에 알맞은 눈을 각각 그려 보세요.**

(1)

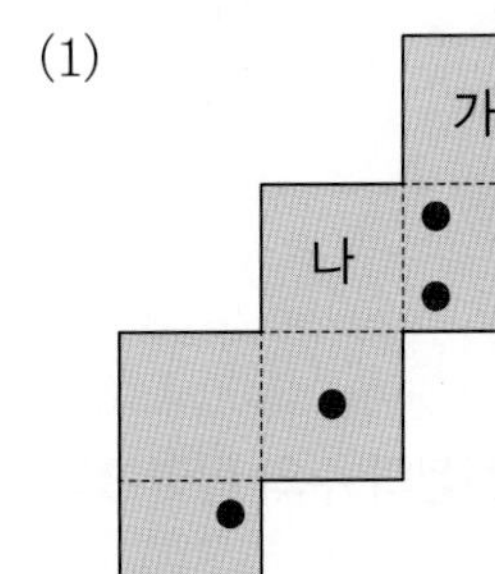

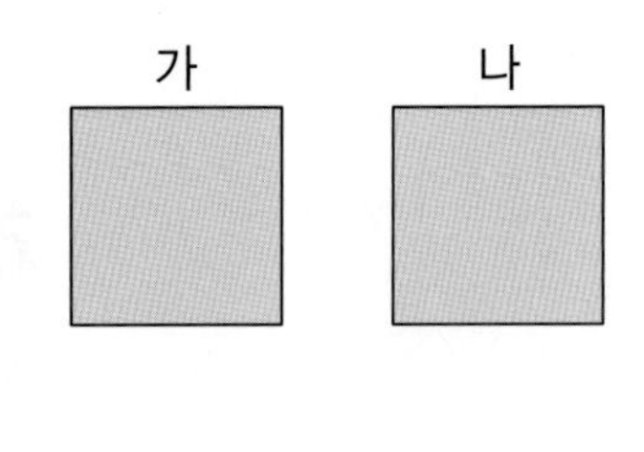

(2)

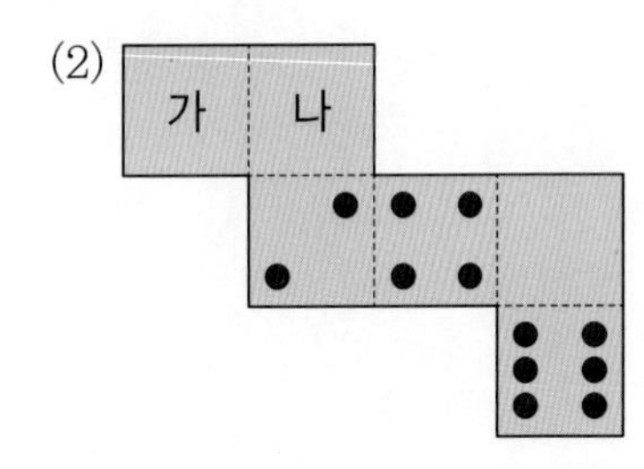

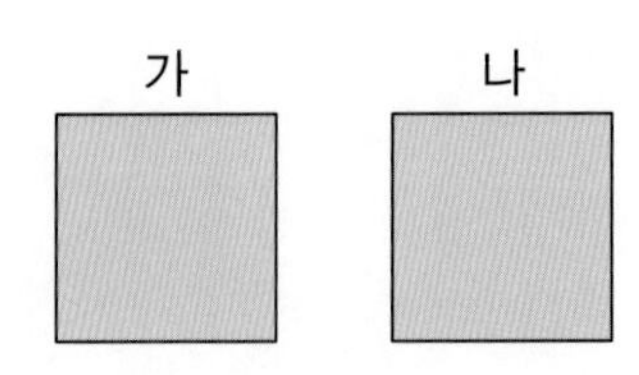

정답과 풀이 6쪽

주사위는 면의 수와 면의 모양이 다양해요. 다음과 같이 모든 면의 모양과 크기가 같은 삼각뿔 모양의 주사위도 있어요. 이 주사위들은 수가 표시된 모양에 따라 읽는 방법이 달라요.

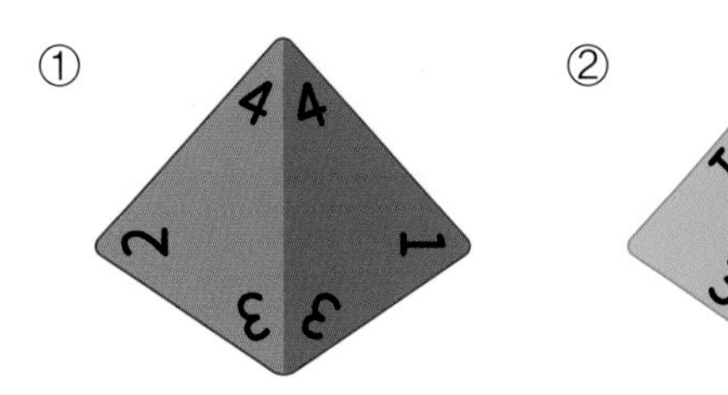

한 꼭짓점 주변에 같은 수가 있는 ①번 주사위는 주사위를 굴려 바닥에 닿는 면을 밑면으로 할 때 각뿔의 꼭짓점 주변에 쓰여진 수를 읽어요. 또 ②번 주사위는 주사위를 굴렸을 때 보이는 수 중 바닥에 가까운 수가 같으므로 그 수를 읽어요.

[부록]의 자료를 사용하세요.

활동 2 **①번 주사위의 세 면에 쓰여진 수를 보고 나머지 한 면을 완성해 보세요.**

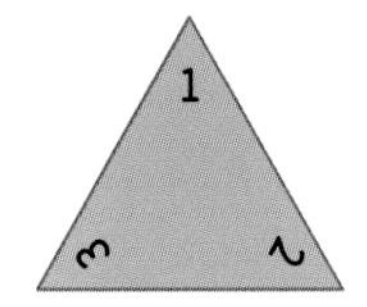
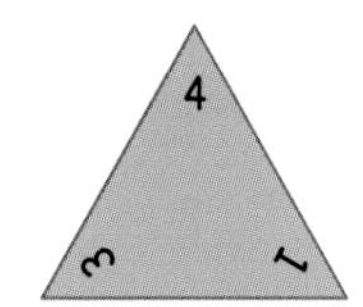
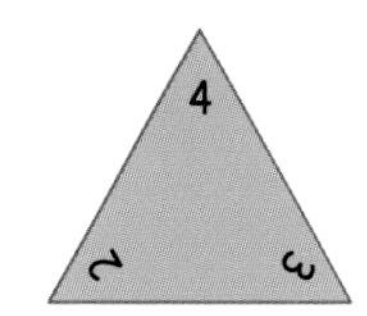
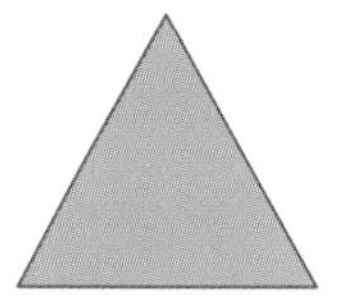

[부록]의 자료를 사용하세요.

활동 3 **②번 주사위의 모서리를 잘라 펼쳐 놓은 그림입니다. 나머지 한 면을 완성해 보세요.**

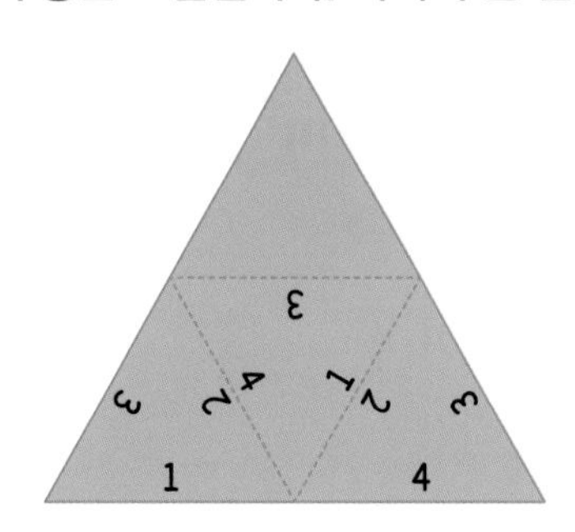

02 단원

직육면체의 부피와 겉넓이

등장하는 주요 수학 어휘

직육면체, 정육면체, 부피, 1 cm^3, 1 m^3, 겉넓이

1 직육면체의 부피 비교

학습 계획: 월 일

개념 1 부피를 직접 비교하기

개념 2 모양과 크기가 같은 물건으로 비교하기

2 직육면체의 부피 구하는 방법, m^3

학습 계획: 월 일

개념 1 1 cm^3 알아보기

개념 2 직육면체의 부피 구하기

개념 3 정육면체의 부피 구하기

개념 4 1 m^3 알아보기

3 직육면체의 겉넓이 구하는 방법

학습 계획: 월 일

개념 1 여섯 면의 넓이를 각각 구해 더하기

개념 2 세 쌍의 면이 합동인 성질 이용하기

개념 3 두 밑면의 넓이와 옆면의 넓이 더하기

개념 4 정육면체의 겉넓이 구하기

이번 2단원에서는

부피의 단위를 알고 직육면체의 부피와 겉넓이를 구하는 방법에 대해 배울 거예요.

이전에 배운 직사각형의 넓이를 구하는 방법을 어떻게 확장할지 생각해 보아요.

개념 1 부피를 직접 비교하기

이미 배운 넓이 비교(1)

방법 1 직접 맞대어 비교합니다.

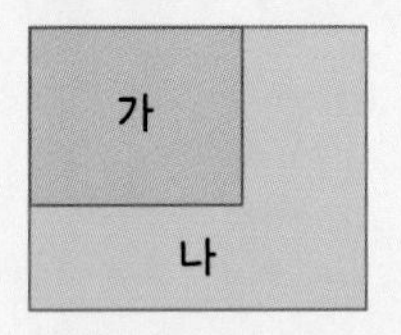

➡ (가의 넓이)<(나의 넓이)

방법 2 한 변의 길이가 같은 경우 다른 변의 길이를 비교합니다.

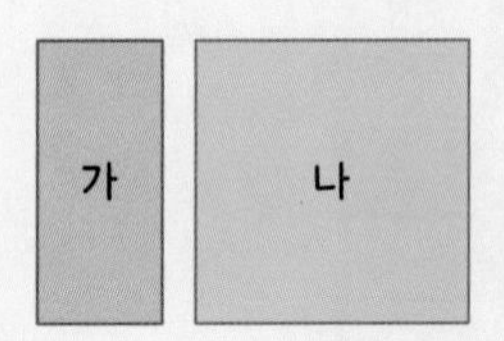

➡ (가의 넓이)<(나의 넓이)

새로 배울 부피 비교(1)

방법 1 가로, 세로, 높이를 맞대어 비교합니다.

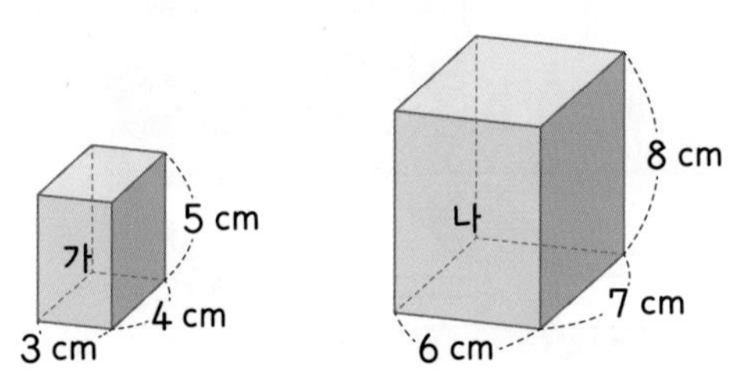

➡ (가의 부피)<(나의 부피)

수학 어휘

부피 어떤 물건이 공간에서 차지하는 크기

방법 2 한 밑면의 넓이가 같은 경우 높이를 비교합니다.

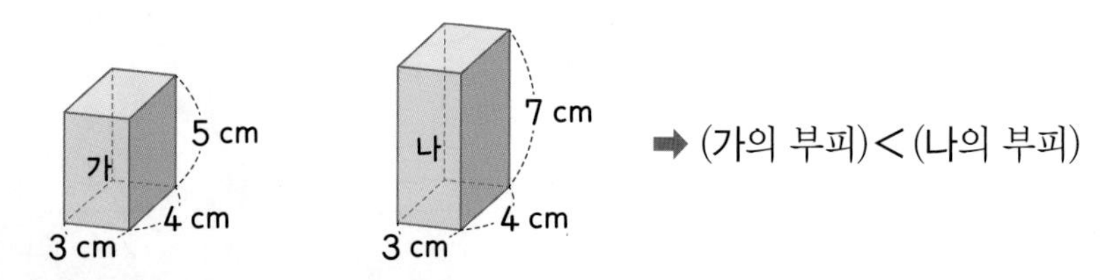

➡ (가의 부피)<(나의 부피)

방법 3 높이가 같은 경우 한 밑면의 넓이를 비교합니다.

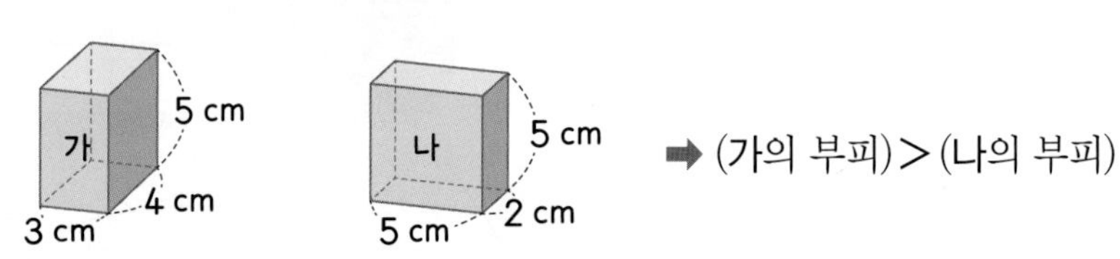

➡ (가의 부피)>(나의 부피)

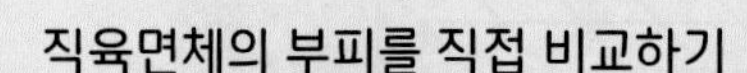

가로, 세로, 높이를 맞대어 비교하기	한 밑면의 넓이가 같은 경우 높이 비교하기	높이가 같은 경우 한 밑면의 넓이 비교하기

[세 직육면체의 부피 비교]

가

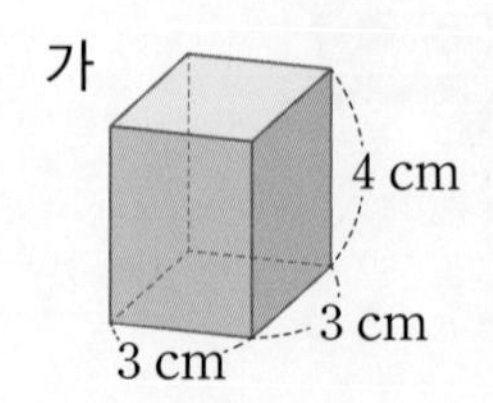

나

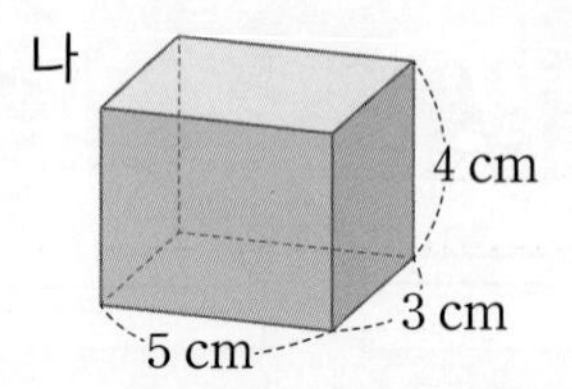

다

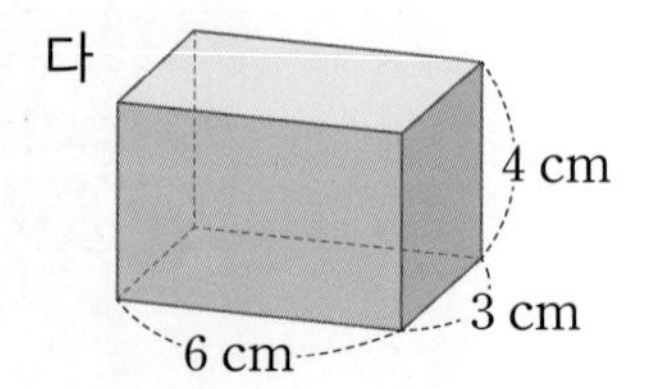

세 직육면체의 세로와 높이가 같으므로 가로가 길수록 직육면체의 부피가 큽니다.

➡ 부피가 가장 큰 직육면체는 다입니다.

부피가 가장 작은 직육면체는 가입니다.

직육면체의 부피를 직접 비교하려면 길이가 같은 모서리가 하나 이상 있어야 해요.

개념 2 모양과 크기가 같은 물건으로 비교하기

이미 배운 넓이 비교(2)

모양과 크기가 같은 도형을 이용하여 넓이를 비교합니다.

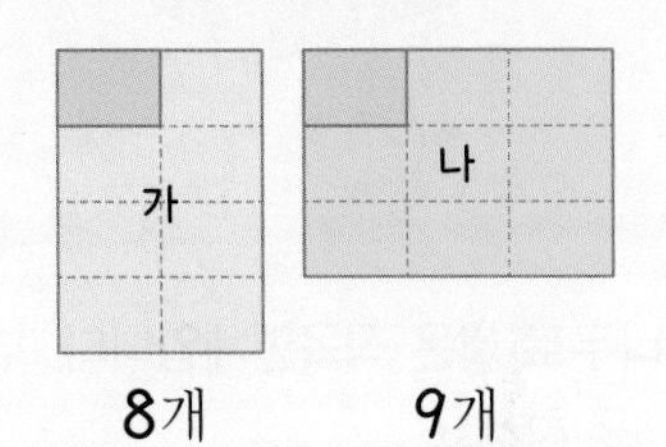

8개 9개

➡ (가의 넓이)$<$(나의 넓이)

새로 배울 부피 비교(2)

물건을 사용하여 부피를 비교할 때는 물건의 모양과 크기가 같아야 해요.

방법 1 상자에 담은 모양과 크기가 같은 지우개로 부피를 비교합니다.

가 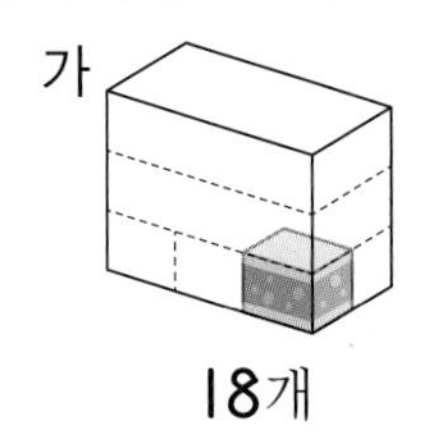 나 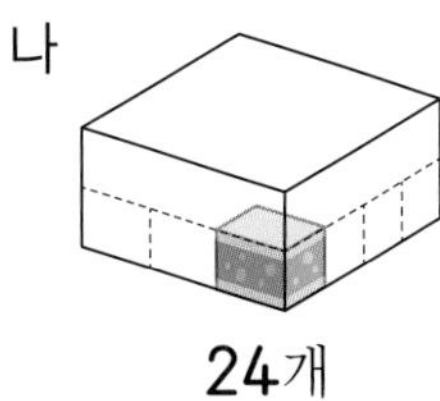

18개 24개

➡ (가의 부피)$<$(나의 부피)

지우개의 수가 많을수록 부피가 더 큽니다.

방법 2 쌓기나무를 사용하여 부피를 비교합니다.

가 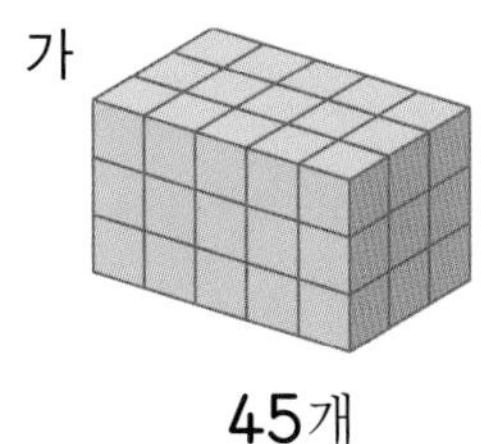 나 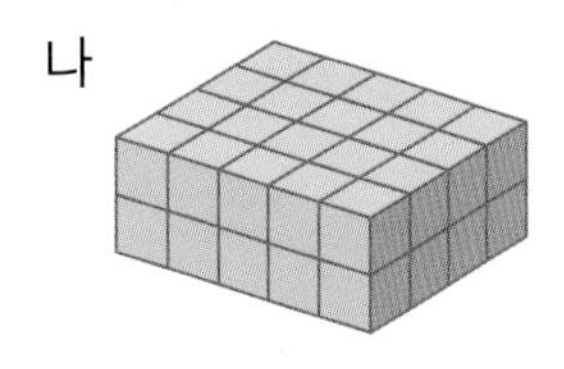

45개 40개

➡ (가의 부피)$>$(나의 부피)

쌓기나무의 수가 많을수록 부피가 더 큽니다.

직육면체의 부피를 간접 비교하기  모양과 크기가 같은 물건이 많이 들어갈수록 / 쌓기나무의 수가 많을수록  직육면체의 부피가 더 큽니다.

[직육면체의 부피를 비교할 수 없는 경우]

물건의 모양과 크기가 다르면 직육면체의 부피를 비교할 수 없어요.

가 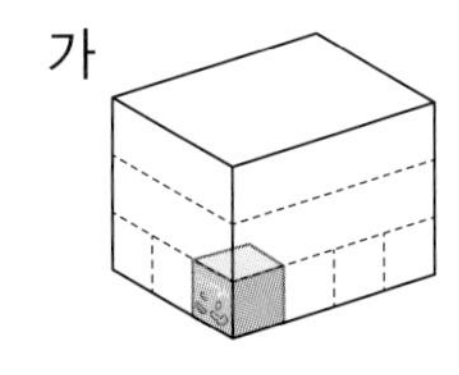 나 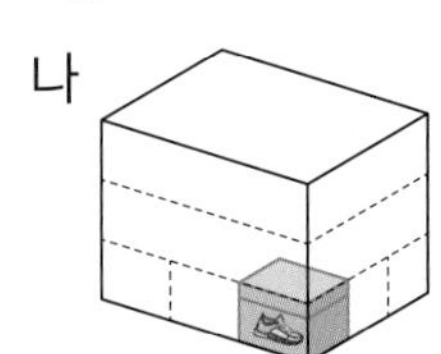

36개 27개

가와 나에 담은 상자의 모양과 크기가 달라 부피를 비교할 수 없습니다.

가 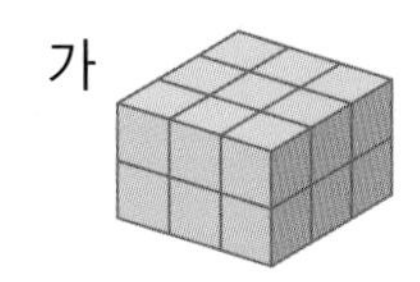 나 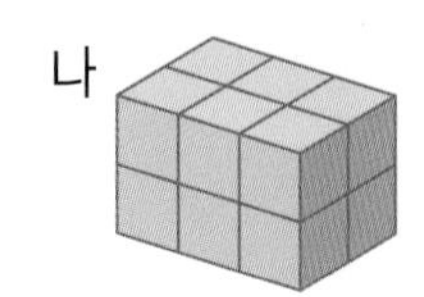

18개 12개

가와 나의 쌓기나무의 크기가 달라 부피를 비교할 수 없습니다.

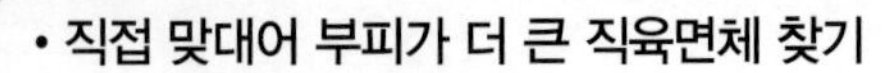

수해력을 확인해요

• 직접 맞대어 부피가 더 큰 직육면체 찾기

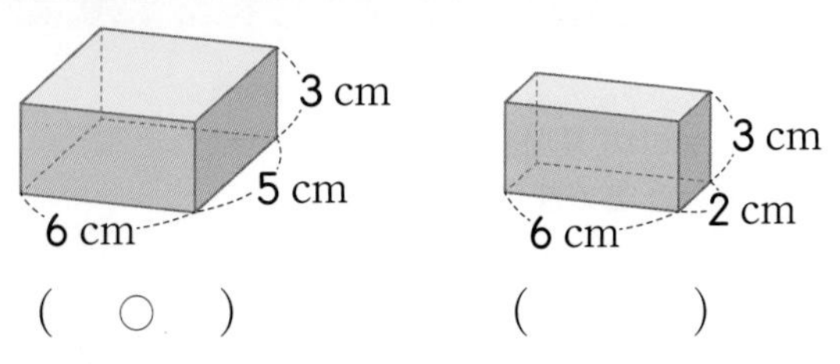

• 쌓기나무를 사용하여 부피가 더 큰 직육면체 찾기

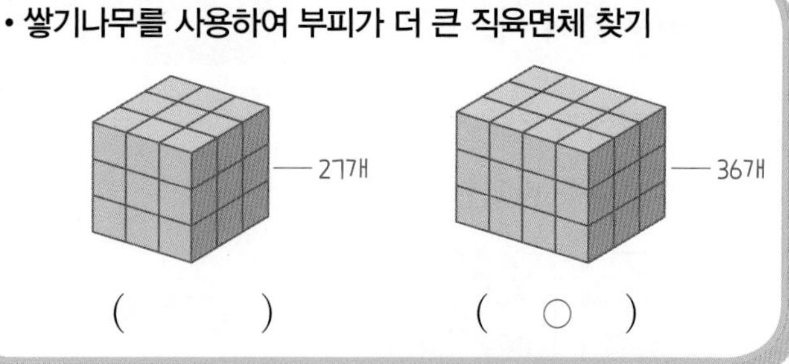

01~04 부피가 더 큰 직육면체를 찾아 ○표 하세요.

05~08 크기가 같은 쌓기나무로 쌓은 직육면체입니다. 부피가 더 큰 직육면체를 찾아 ○표 하세요.

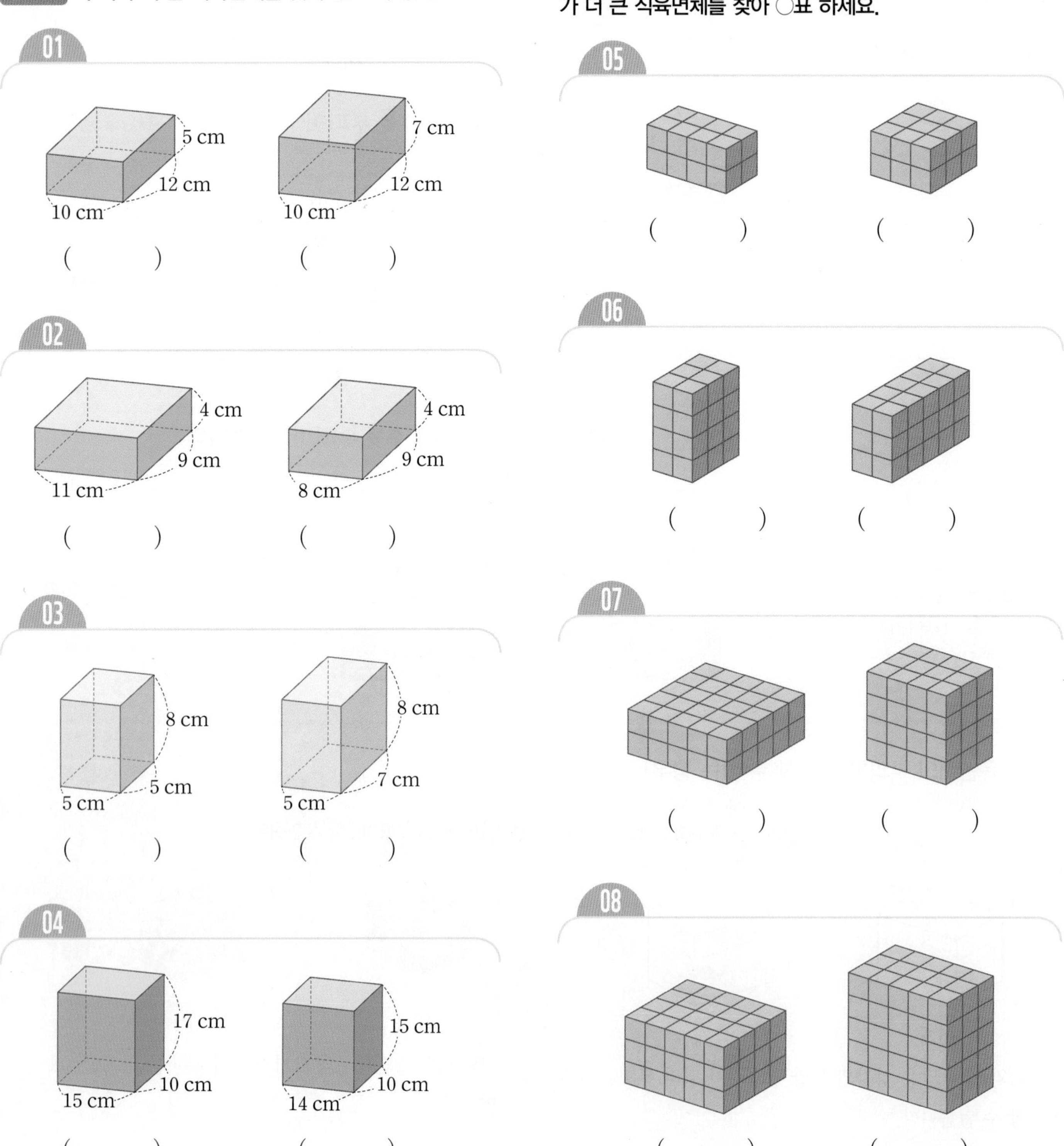

수해력을 높여요

01 부피가 더 작은 직육면체를 찾아 기호를 써 보세요.

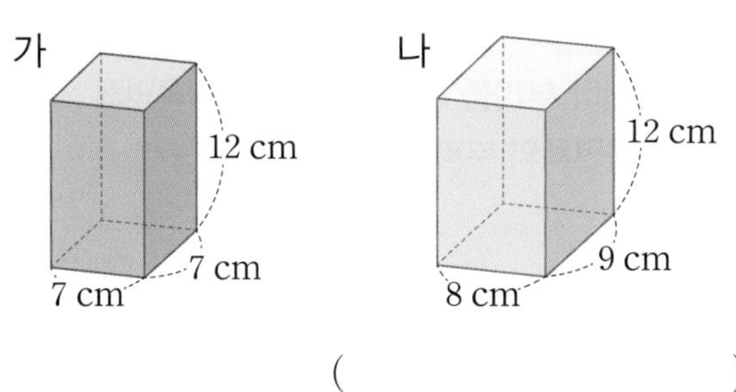

( )

02 상자에 다음과 같이 모양과 크기가 같은 지우개와 모양과 크기가 같은 주사위를 빈틈없이 넣었습니다. 부피를 비교할 수 있는 상자 2개를 찾아 기호를 써 보세요.

상자 가: 지우개를 22개 넣었습니다.
상자 나: 주사위를 28개 넣었습니다.
상자 다: 지우개를 30개 넣었습니다.

( )

03 크기가 같은 쌓기나무로 쌓은 직육면체 가와 나의 부피를 비교하여 ○ 안에 >, =, <를 알맞게 써넣으세요.

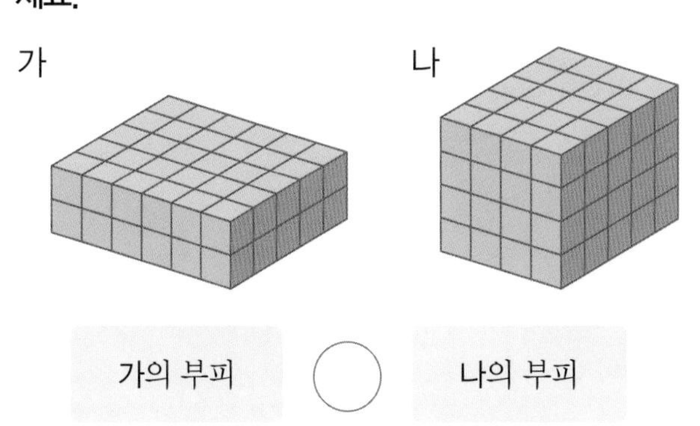

가의 부피 ○ 나의 부피

04 크기가 같은 쌓기나무를 사용하여 상자 가와 나의 부피를 비교하려고 합니다. 부피가 더 큰 상자를 찾아 기호를 써 보세요.

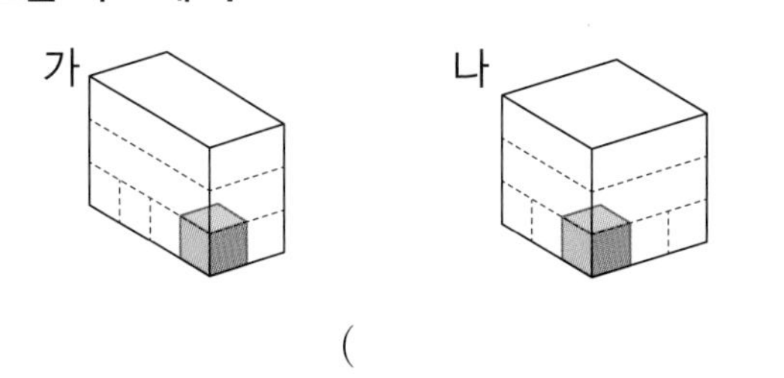

( )

05 실생활 활용

민재와 도은이가 모양과 크기가 같은 과자를 상자에 빈틈없이 담았습니다. 더 큰 상자에 과자를 담은 사람을 찾아 이름을 써 보세요.

( )

06 교과 융합

폐식용유로 비누를 만들어 사용하면 환경오염을 줄일 수 있습니다. 직육면체 모양의 재생비누의 부피가 큰 순서대로 기호를 써 보세요.

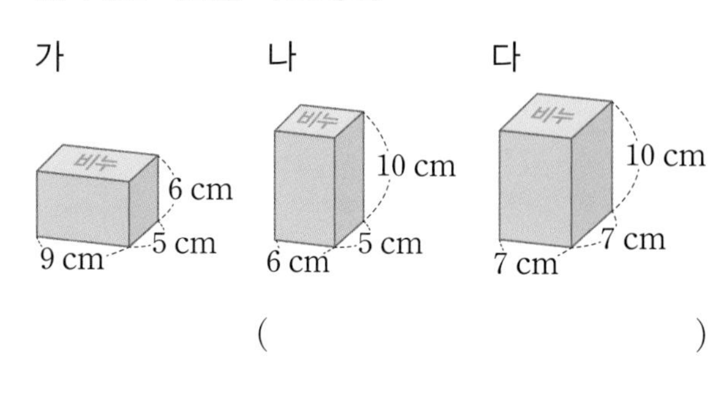

( )

수해력을 완성해요

대표 응용 1

직육면체의 부피를 직접 비교하기

직접 맞대어 부피를 비교할 수 있는 직육면체 2개를 찾아 어느 직육면체의 부피가 더 큰지 구해 보세요.

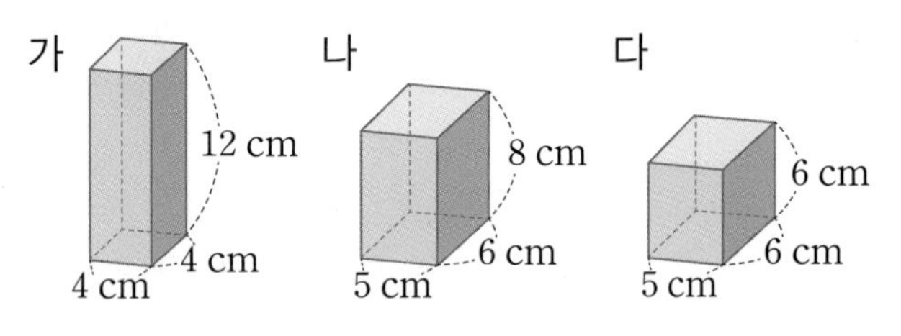

해결하기

1단계 가와 ☐, ☐와 ☐는 직접 맞대어 부피를 비교할 수 없습니다.

2단계 ☐와 ☐의 한 밑면의 넓이가 같으므로 높이가 더 높은 ☐의 부피가 ☐의 부피보다 더 큽니다.

1-1

직접 맞대어 부피를 비교할 수 있는 직육면체 2개를 찾아 어느 직육면체의 부피가 더 큰지 구해 보세요.

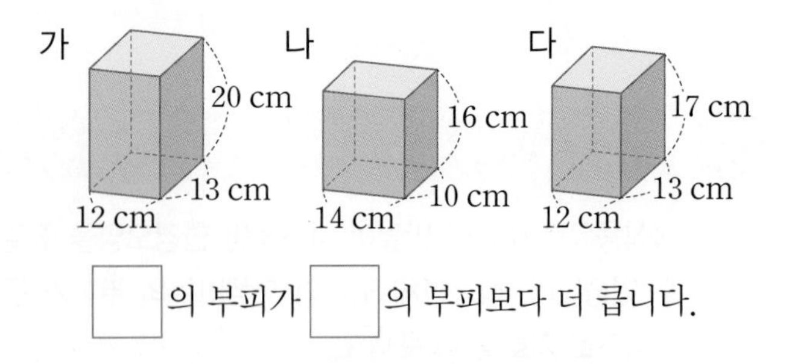

☐의 부피가 ☐의 부피보다 더 큽니다.

1-2

직접 맞대어 부피를 비교할 수 있는 직육면체 2개를 찾아 어느 직육면체의 부피가 더 큰지 구해 보세요.

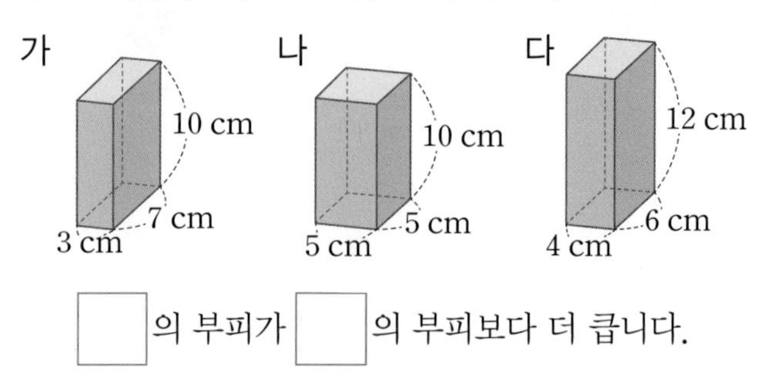

☐의 부피가 ☐의 부피보다 더 큽니다.

1-3

직육면체의 부피를 비교하여 부피가 큰 순서대로 기호를 써 보세요.

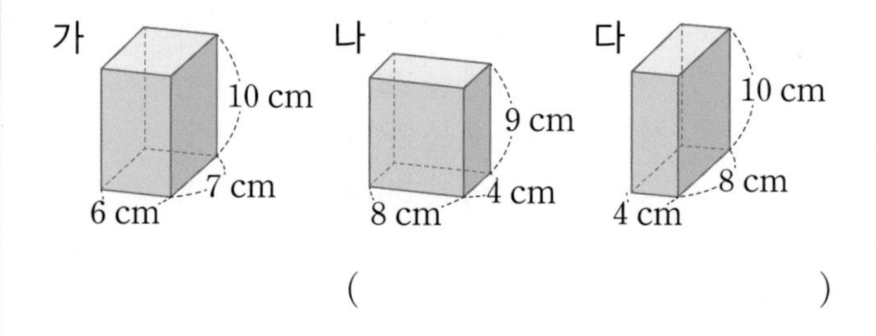

( )

1-4

직육면체의 부피를 비교하여 부피가 작은 순서대로 기호를 써 보세요.

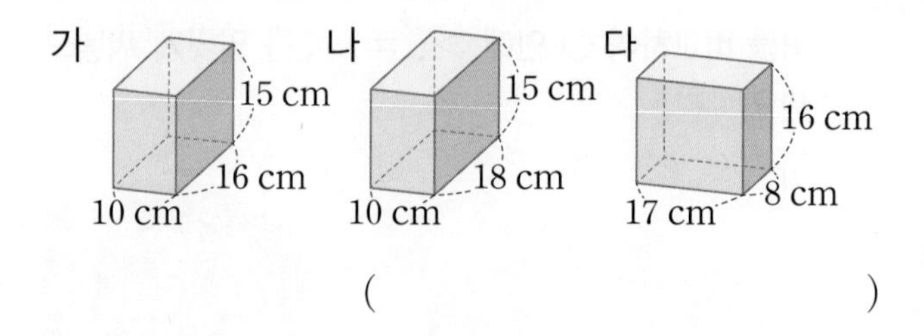

( )

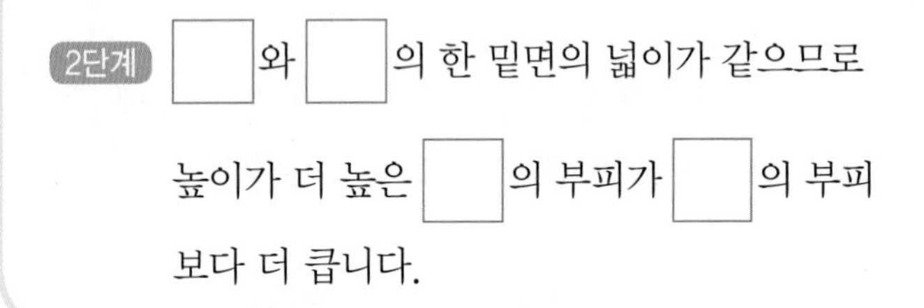

대표 응용 2 모양과 크기가 같은 물건으로 직육면체의 부피 비교하기

모양과 크기가 같은 상자를 쌓아 직육면체를 만들었습니다. 부피가 더 큰 직육면체를 찾아 기호를 써 보세요.

가
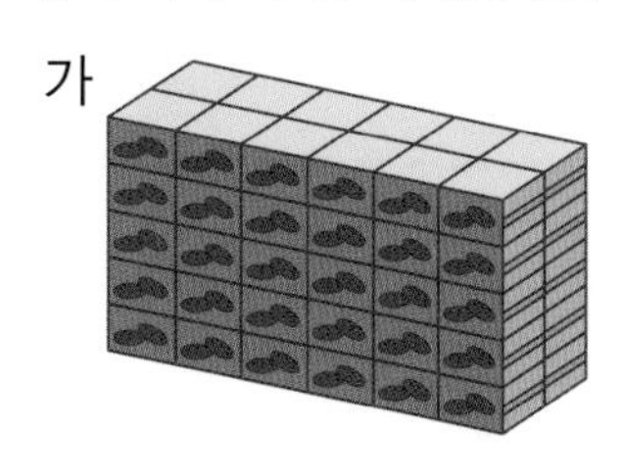
나
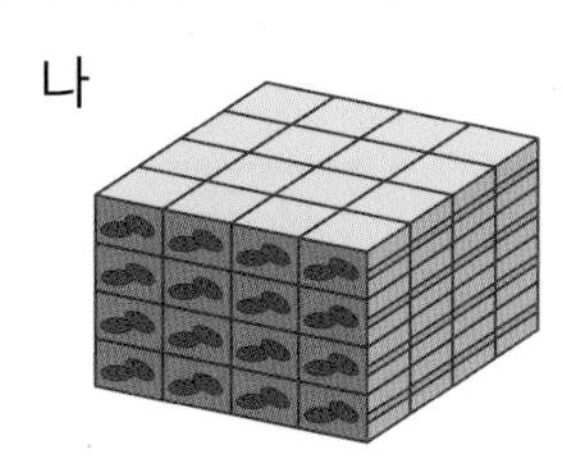

해결하기

1단계 가에 사용한 상자는

$6 \times \square \times \square = \square$(개)입니다.

2단계 나에 사용한 상자는

$4 \times \square \times \square = \square$(개)입니다.

3단계 사용한 상자는 □가 더 많으므로 부피가 더 큰 직육면체는 □입니다.

2-1

모양과 크기가 같은 상자를 쌓아 직육면체를 만들었습니다. 부피가 더 큰 직육면체를 찾아 기호를 써 보세요.

가
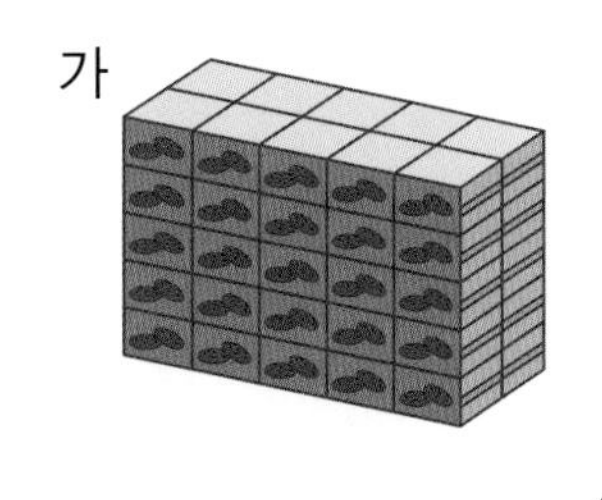
나
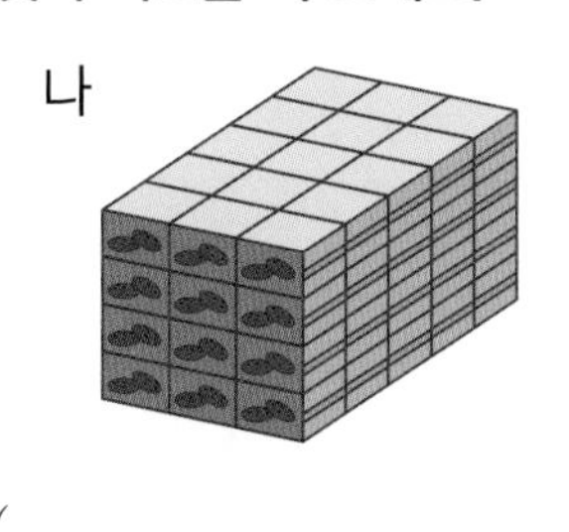

(　　　　　　　　)

2-2

크기가 같은 쌓기나무를 사용하여 상자 가와 나의 부피를 비교하려고 합니다. 부피가 더 큰 상자를 찾아 기호를 써 보세요.

가
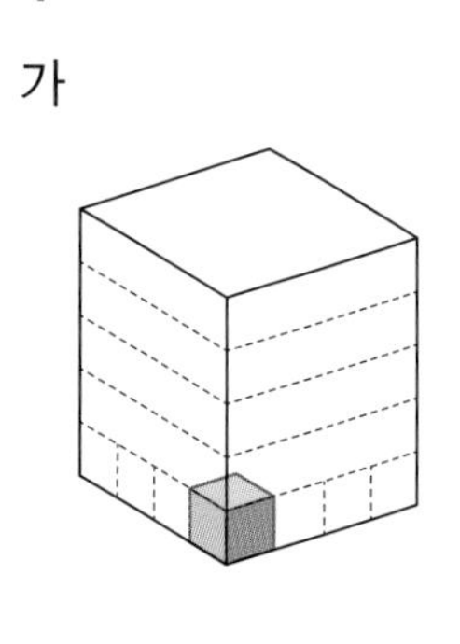
나
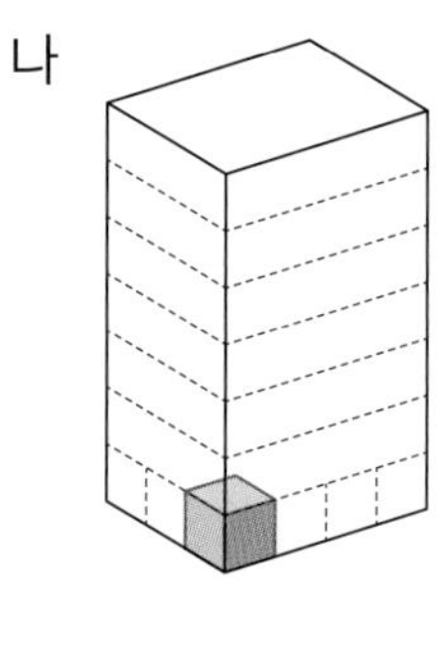

(　　　　　　　　)

2-3

크기가 같은 쌓기나무를 사용하여 상자 가와 나의 부피를 비교하려고 합니다. 부피가 더 큰 상자를 찾아 기호를 써 보세요.

가
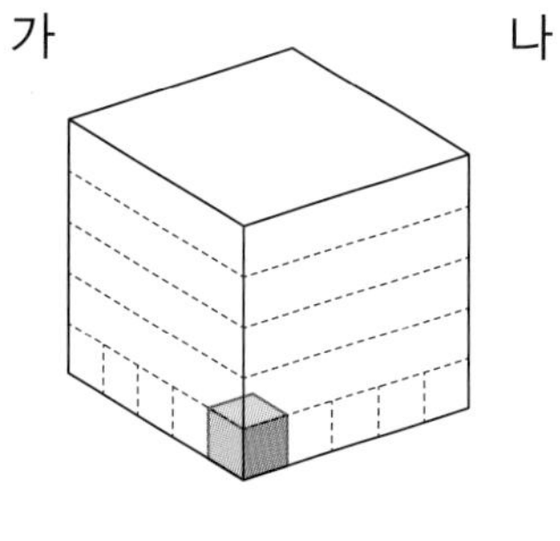
나
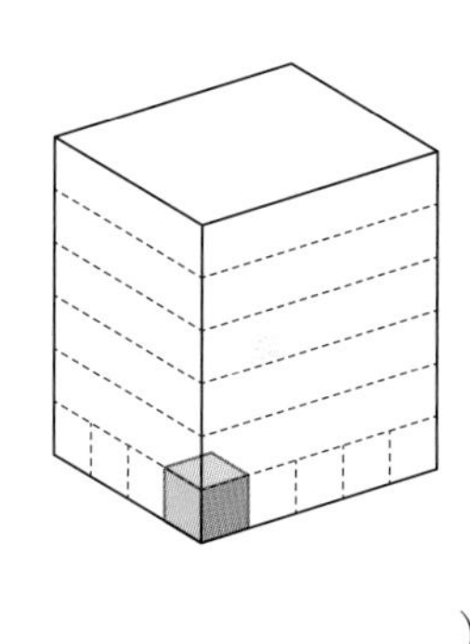

(　　　　　　　　)

2-4

모양과 크기가 같은 각설탕을 쌓아 직육면체를 만들었습니다. 직육면체의 부피가 큰 순서대로 기호를 써 보세요.

가
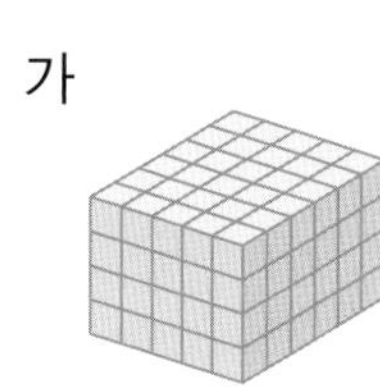
나
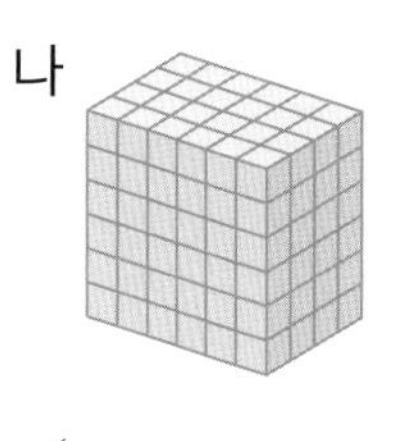
다
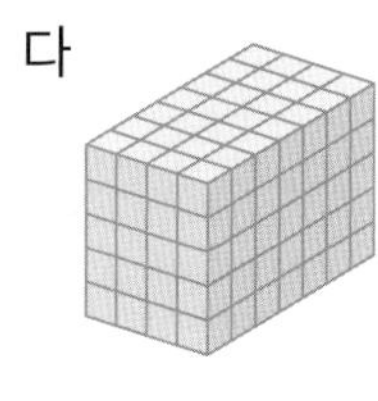

(　　　　　　　　)

개념 1 $1\ cm^3$ 알아보기

이미 배운 $1\ cm^2$

- 한 변의 길이가 1 cm인 정사각형의 넓이를 $1\ cm^2$라 쓰고, 1 제곱센티미터라고 읽습니다.

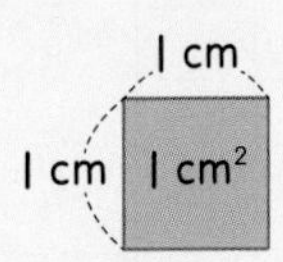

- 넓이가 $1\ cm^2$인 정사각형의 수를 세어 도형의 넓이 구하기

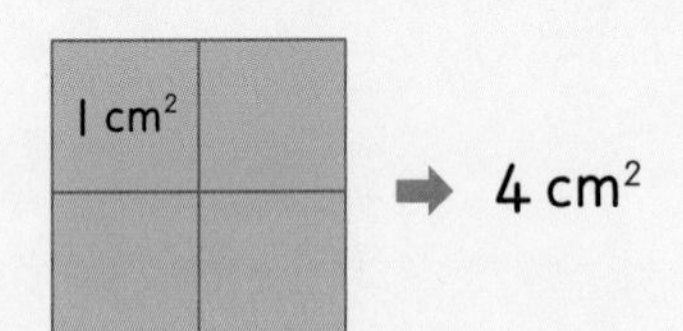

새로 배울 $1\ cm^3$

- 부피를 나타낼 때 한 모서리의 길이가 1 cm인 정육면체의 부피를 단위로 사용할 수 있습니다. 이 정육면체의 부피를 $1\ cm^3$라 쓰고, 1 세제곱센티미터라고 읽습니다.

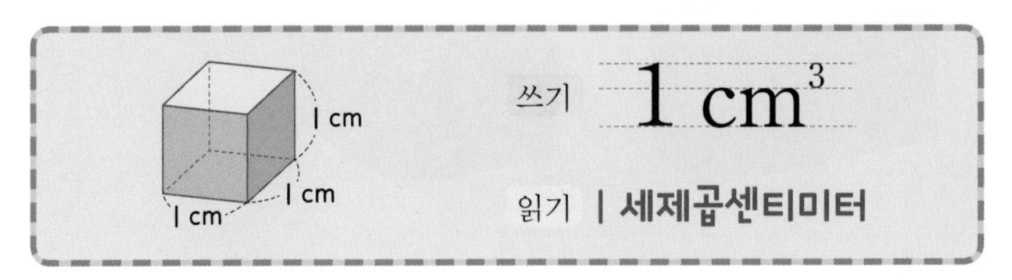

- 부피가 $1\ cm^3$인 쌓기나무의 수를 세어 직육면체의 부피를 구할 수 있습니다.

쌓기나무의 수(개)	12
부피(cm^3)	12

부피가 $1\ cm^3$인 쌓기나무가 ■개인 직육면체의 부피는 ■ cm^3예요.

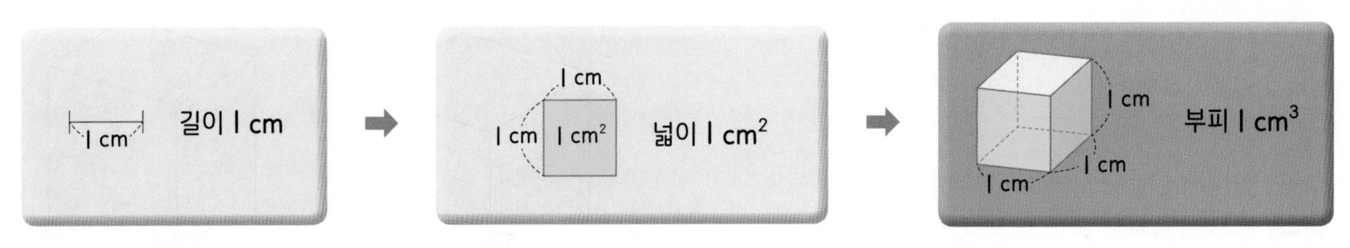

$1\ cm^3$는 한 모서리의 길이가 1 cm인 정육면체의 부피입니다.

[직육면체의 가로, 세로, 높이에 따른 부피의 변화]

1 cm, 1 cm, 1 cm				
쌓기나무의 수(개)	2	4	8	27
부피(cm^3)	2	4	8	27
	가로가 2배이면 부피도 2배	가로, 세로가 각각 2배이면 부피는 4배	가로, 세로, 높이가 각각 2배이면 부피는 8배	가로, 세로, 높이가 각각 3배이면 부피는 27배

개념 2 직육면체의 부피 구하기

이미 배운 직사각형의 넓이

- 넓이가 1 cm^2인 정사각형을 이용하여 직사각형의 넓이 구하기

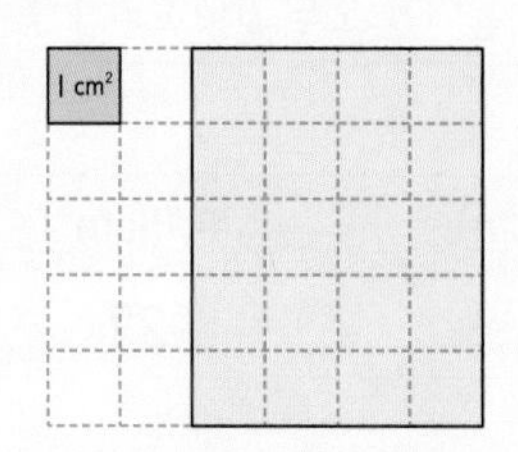

(직사각형의 넓이)
=(가로)×(세로)
=4×5=20 (cm^2)

새로 배울 직육면체의 부피

- 부피가 1 cm^3인 쌓기나무를 사용하여 직육면체의 부피를 구할 수 있습니다.

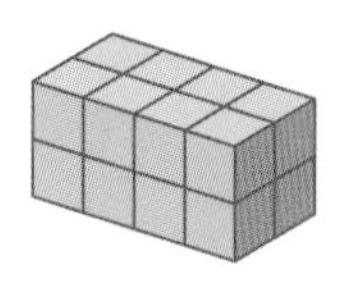

가로(cm)	세로(cm)	높이(cm)	부피(cm^3)
4	2	2	16

가로, 세로, 높이를 곱하니 직육면체의 부피가 나왔어요.

- 직육면체의 부피는 다음과 같은 방법으로 구합니다.

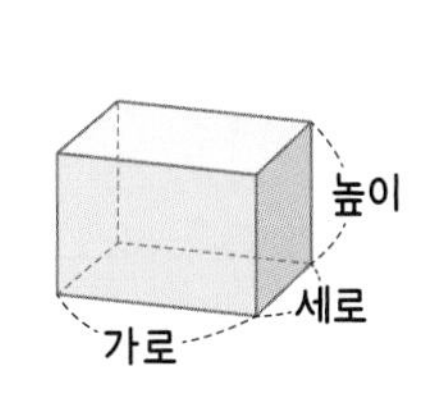

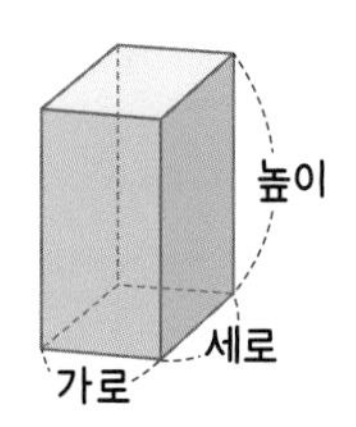

(직육면체의 부피)=(가로)×(세로)×(높이)
=(밑면의 넓이)×(높이)

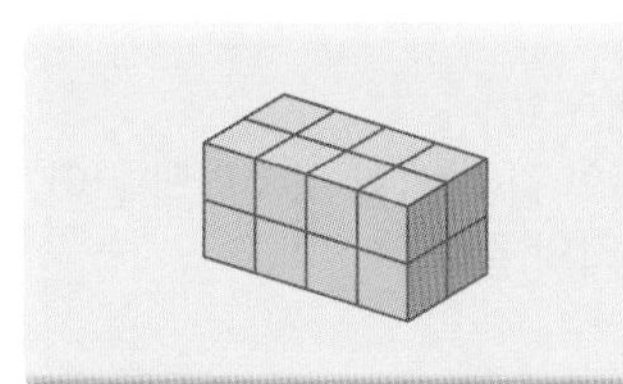

➡

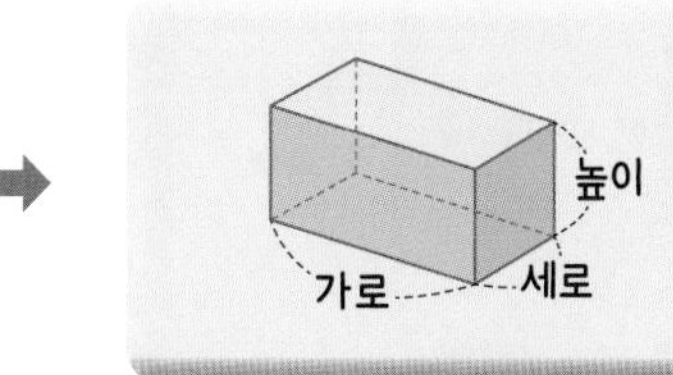

➡ (직육면체의 부피) =(가로)×(세로)×(높이)

[직육면체의 부피 구하기]

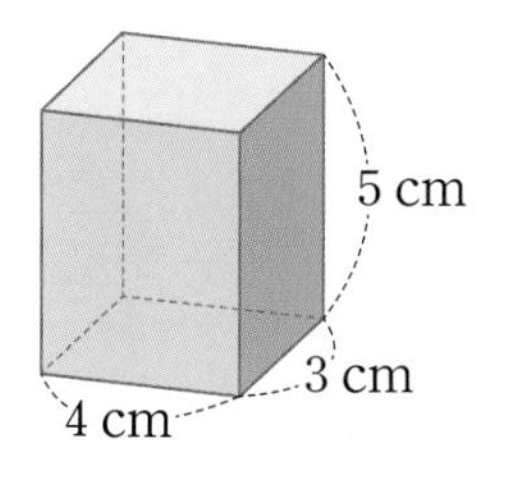

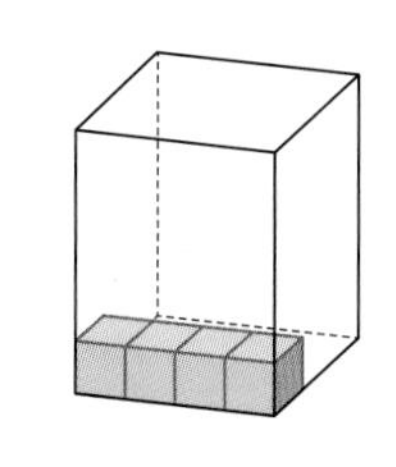

4 cm
가로

➡

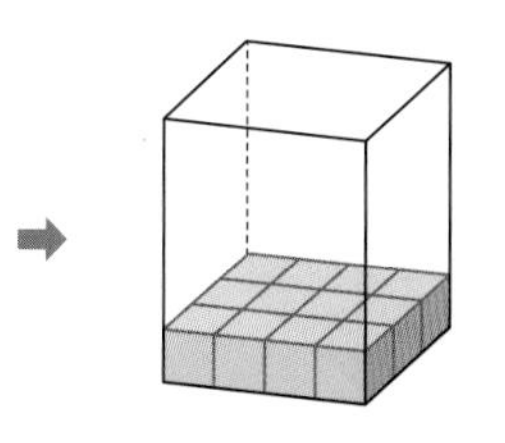

(4 × 3) cm^2
가로 세로

➡

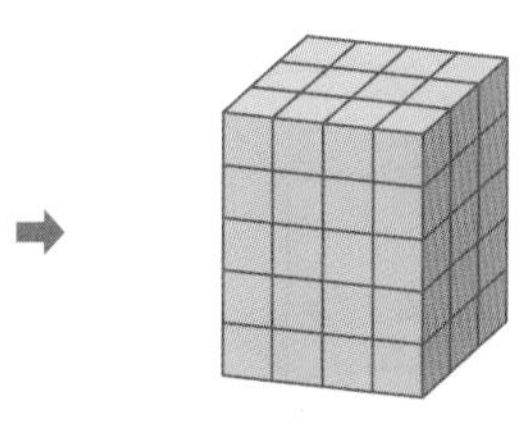

(4 × 3 × 5) cm^3
가로 세로 높이

➡ (직육면체의 부피)=(가로)×(세로)×(높이)
=4×3×5=60 (cm^3)

개념 3 정육면체의 부피 구하기

이미 배운 정사각형의 넓이

• 넓이가 1 cm^2인 정사각형을 이용하여 정사각형의 넓이 구하기

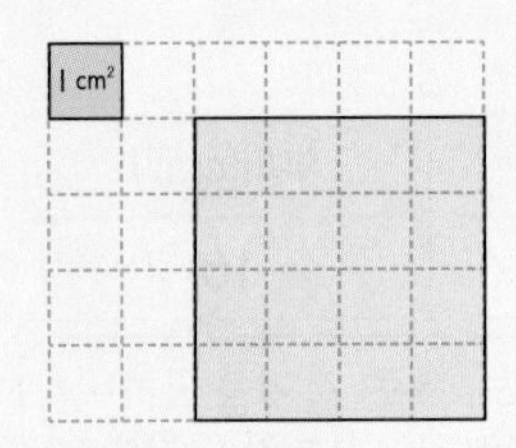

(정사각형의 넓이)
=(한 변의 길이)×(한 변의 길이)
=4×4=16(cm^2)

새로 배울 정육면체의 부피

• 부피가 1 cm^3인 쌓기나무를 사용하여 정육면체의 부피를 구할 수 있습니다.

정육면체는 가로, 세로, 높이가 모두 같아요.

가로(cm)	세로(cm)	높이(cm)	부피(cm^3)
3	3	3	27

• 정육면체는 모서리의 길이가 모두 같으므로 부피는 다음과 같은 방법으로 구합니다.

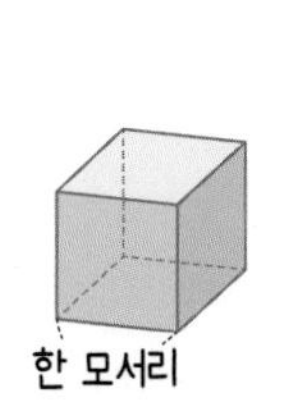

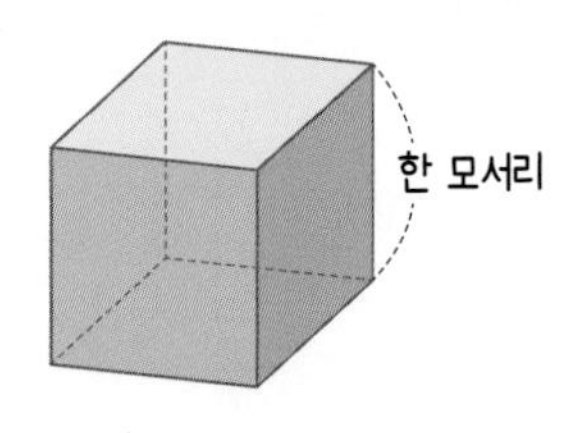

(정육면체의 부피)
=(한 모서리의 길이)×(한 모서리의 길이)×(한 모서리의 길이)

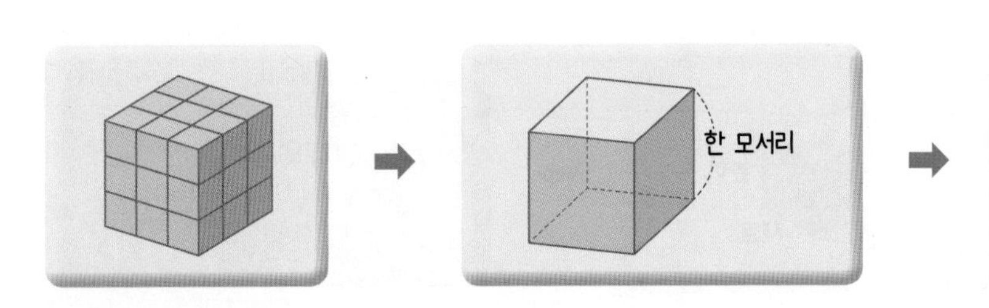

(정육면체의 부피)
=(한 모서리의 길이)×(한 모서리의 길이)
×(한 모서리의 길이)

[정육면체의 부피 구하기]

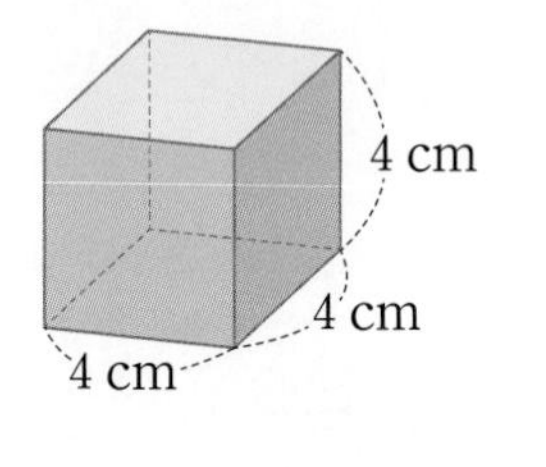

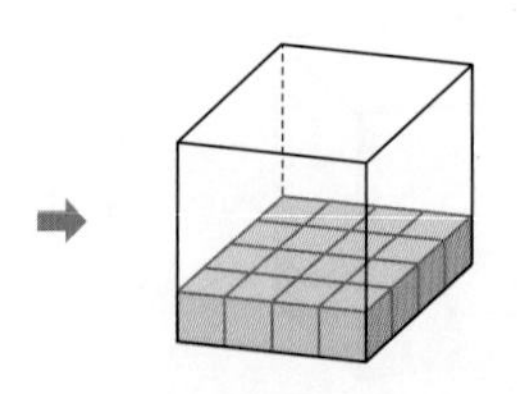

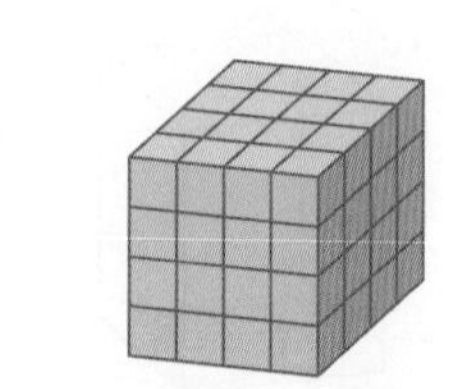

4 cm 가로	(4 × 4) cm^2 가로 세로	(4 × 4 × 4) cm^3 가로 세로 높이

➡ (정육면체의 부피)=(한 모서리의 길이)×(한 모서리의 길이)×(한 모서리의 길이)
=4×4×4=64(cm^3)

개념 4 1 m^3 알아보기

이미 배운 1 m^2

- 한 변의 길이가 1 m인 정사각형의 넓이를 1 m^2라 쓰고, 1 제곱미터라고 읽습니다.

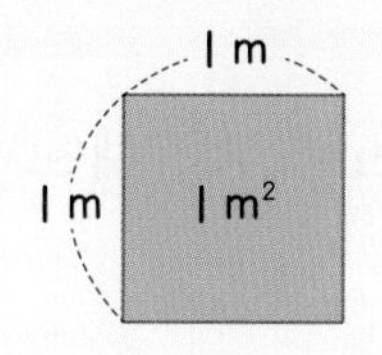

- 1 m^2와 1 cm^2의 관계

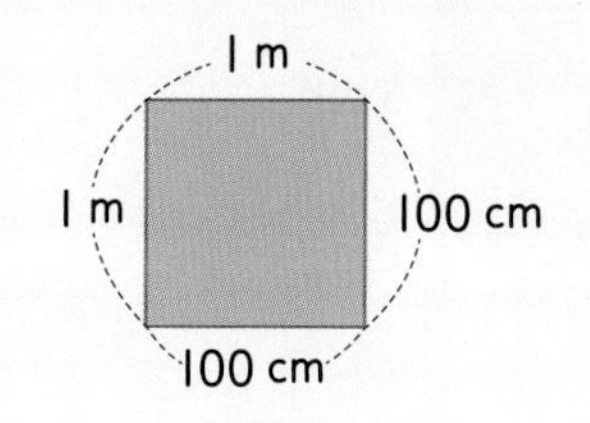

1 m^2=10000 cm^2

새로 배울 1 m^3

- 부피를 나타낼 때 한 모서리의 길이가 1 m인 정육면체의 부피를 단위로 사용할 수 있습니다. 이 정육면체의 부피를 1 m^3라 쓰고, 1 세제곱미터라고 읽습니다.

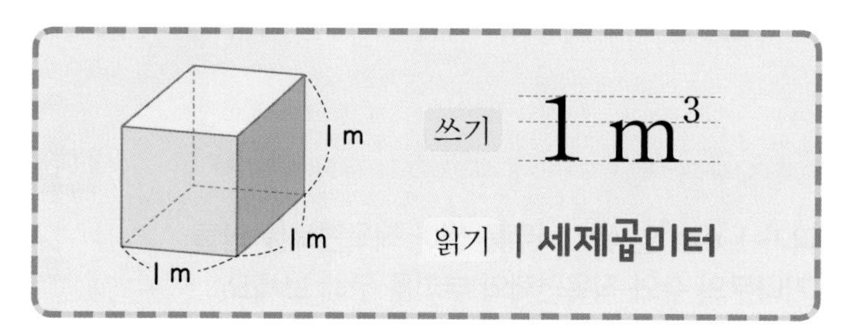

- 1 m^3와 1 cm^3의 관계

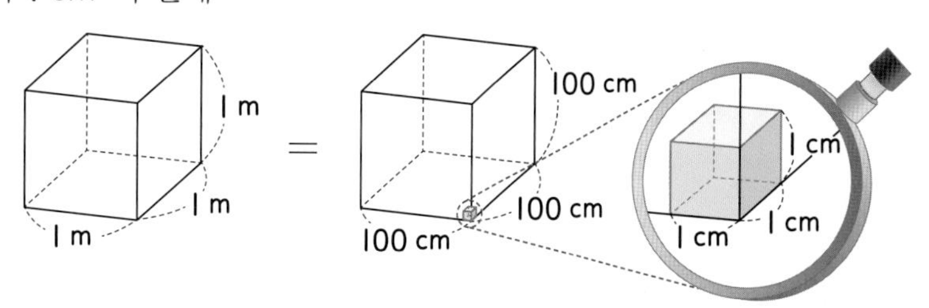

부피가 1 m^3인 정육면체에 부피가 1 cm^3인 정육면체가 가로에 100개, 세로에 100개, 높이에 100층으로 들어갑니다.
따라서 부피가 1 m^3인 정육면체에 부피가 1 cm^3인 정육면체가 1000000개 들어갑니다.

1 m^3=1000000 cm^3

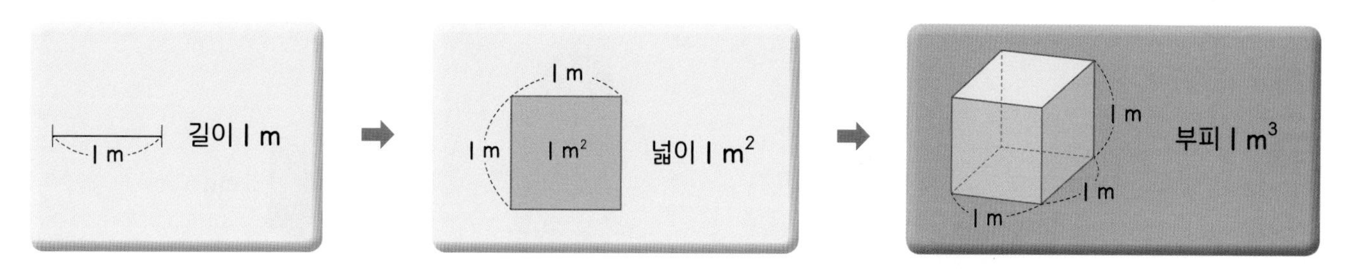

1 m^3는 한 모서리의 길이가 1 m인 정육면체의 부피입니다.

[알맞은 부피의 단위 알아보기]

cm^3로 나타내는 경우	주사위, 지우개, 필통, 우유갑 등
m^3로 나타내는 경우	옷장, 침대, 컨테이너, 교실 등

[단위 사이의 관계]

길이	1 m=100 cm
넓이	1 m^2=10000 cm^2
부피	1 m^3=1000000 cm^3

수해력을 확인해요

• 쌓기나무를 사용하여 직육면체의 부피 구하기

쌓기나무의 수(개)	부피 (cm^3)
30	30

• 직육면체의 부피 구하기

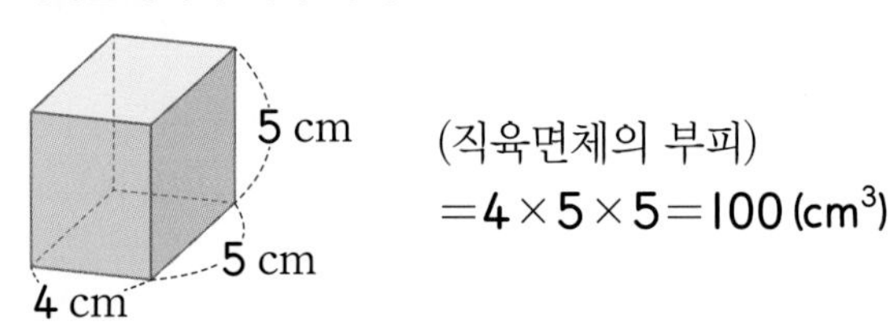

(직육면체의 부피)
$=4\times5\times5=100\,(cm^3)$

01 ~ 04 부피가 $1\ cm^3$인 쌓기나무를 쌓아 직육면체를 만들었습니다. 쌓기나무의 수와 직육면체의 부피를 구해 보세요.

01

쌓기나무의 수(개)	부피 (cm^3)

02

쌓기나무의 수(개)	부피 (cm^3)

03

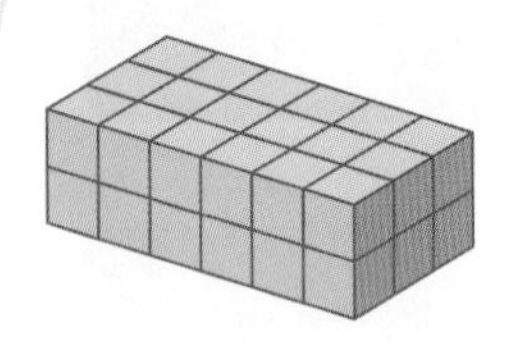

쌓기나무의 수(개)	부피 (cm^3)

04

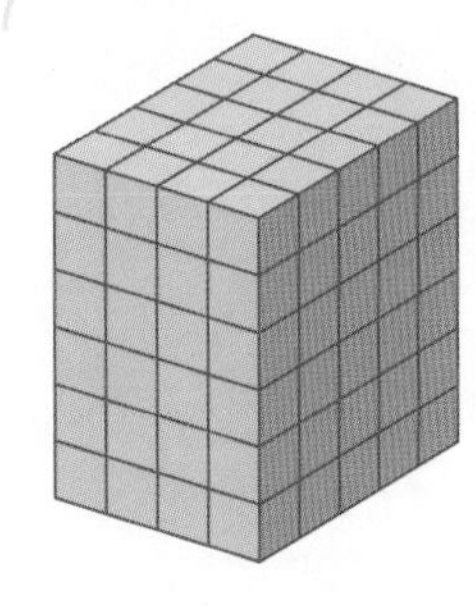

쌓기나무의 수(개)	부피 (cm^3)

05 ~ 08 직육면체의 부피는 몇 cm^3인지 구해 보세요.

05

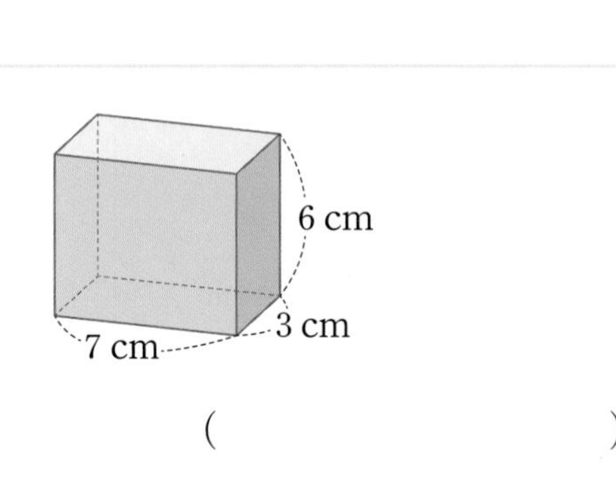

( )

06

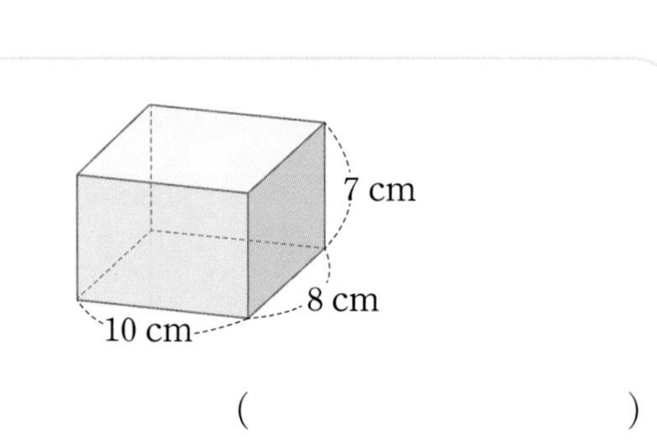

( )

07

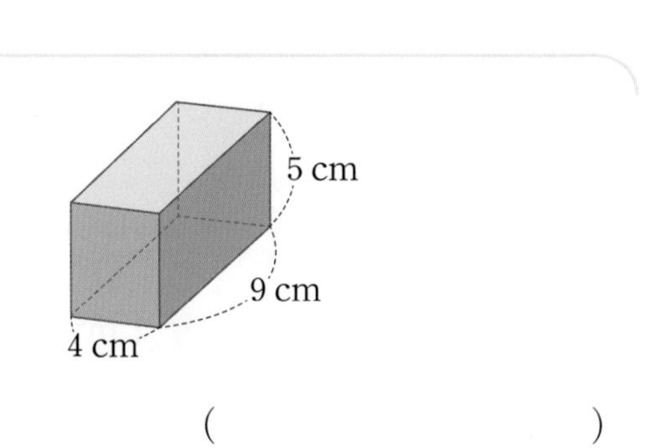

( )

08

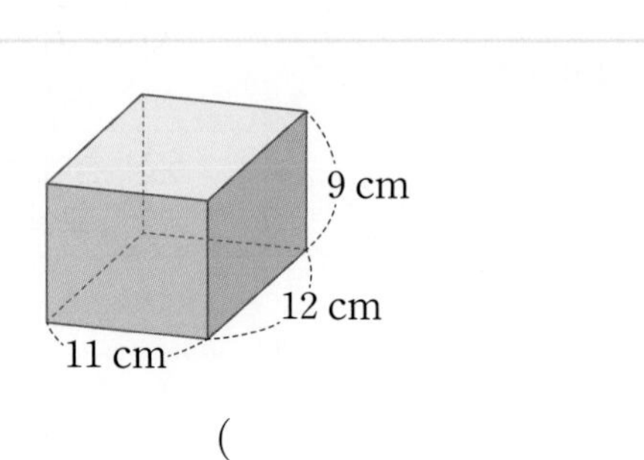

( )

- 정육면체의 부피 구하기

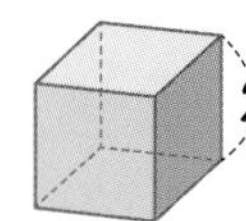

(정육면체의 부피)
$=2\times2\times2=8(cm^3)$

- $1\ m^3$와 $1\ cm^3$의 관계

$1\ m^3=$ 1000000 cm^3

09~12 정육면체의 부피는 몇 cm^3인지 구해 보세요.

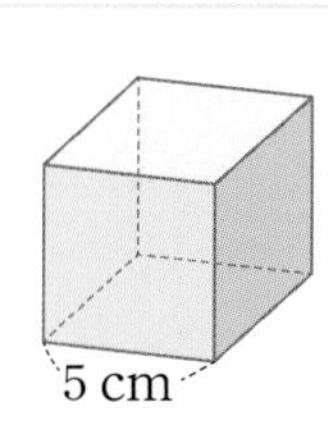

(　　　　　　　　)

10

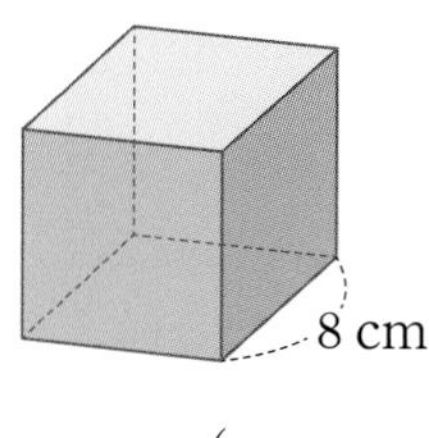

(　　　　　　　　)

11

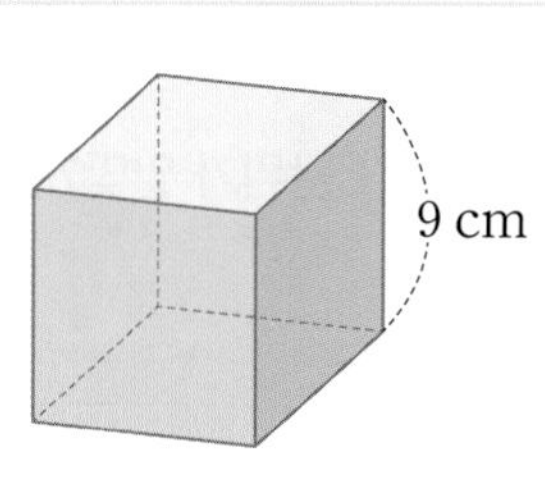

(　　　　　　　　)

12

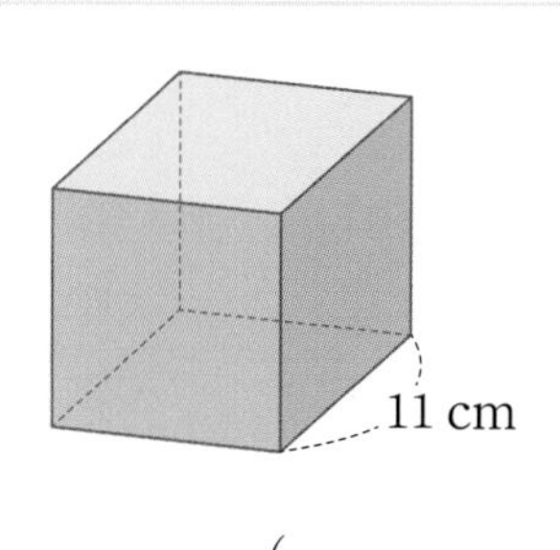

(　　　　　　　　)

13~18 □ 안에 알맞은 수를 써넣으세요.

13

$6\ m^3=$ □ cm^3

14

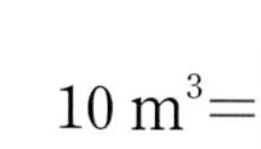

$10\ m^3=$ □ cm^3

15

$0.7\ m^3=$ □ cm^3

16

$4000000\ cm^3=$ □ m^3

17

$900000\ cm^3=$ □ m^3

18

$21000000\ cm^3=$ □ m^3

수해력을 높여요

01 정육면체의 부피에 대한 설명으로 옳은 것을 모두 찾아 기호를 써 보세요.

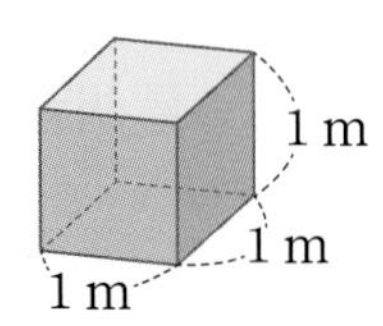

㉠ 1 cm^3입니다.
㉡ 1 m^3입니다.
㉢ 1 세제곱센티미터라고 읽습니다.
㉣ 1 세제곱미터라고 읽습니다.

( )

02 부피가 1 cm^3인 쌓기나무를 쌓아 만든 직육면체의 부피는 몇 cm^3인지 구해 보세요.

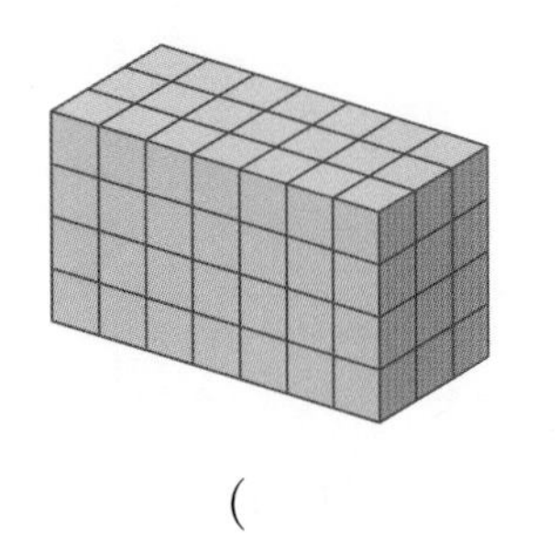

( )

03 직육면체의 부피는 몇 cm^3인지 구해 보세요.

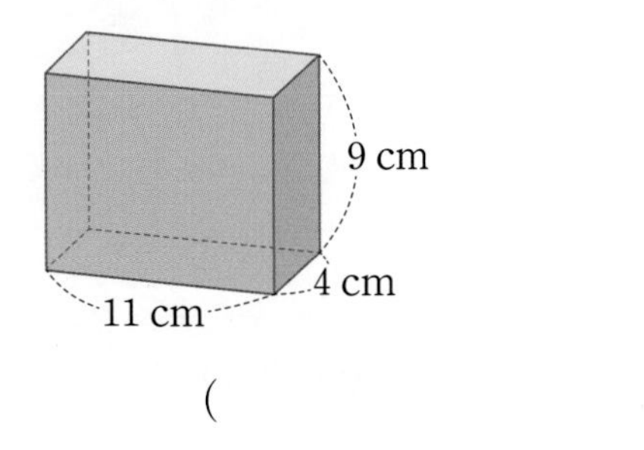

( )

04 직육면체의 한 밑면의 넓이가 36 cm^2일 때 부피는 몇 cm^3인지 구해 보세요.

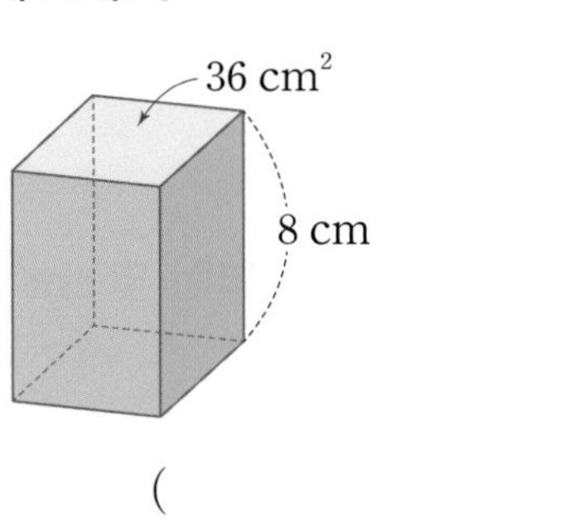

( )

05 한 면의 모양이 다음과 같은 정육면체의 부피는 몇 m^3인지 구해 보세요.

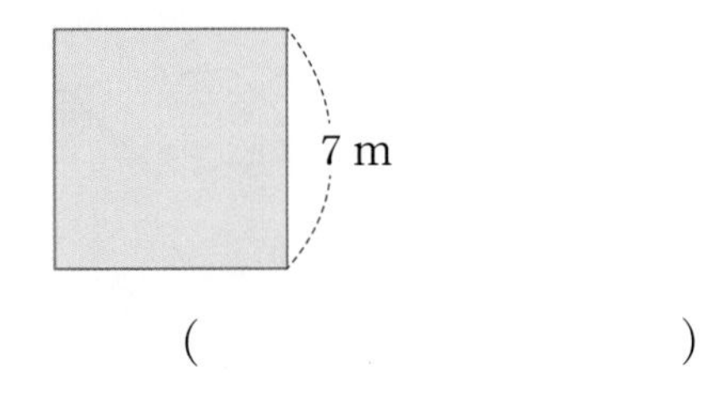

( )

06 ㉠, ㉡, ㉢에 들어갈 단위가 알맞게 짝 지어진 것은 어느 것인가요? ( )

• 교실의 부피는 약 64 [㉠]입니다.
• 우유갑의 부피는 약 225 [㉡]입니다.
• 세탁기의 부피는 약 597000 [㉢]입니다.

	㉠	㉡	㉢
①	m^3	m^3	m^3
②	cm^3	cm^3	cm^3
③	m^3	cm^3	cm^3
④	cm^3	cm^3	m^3
⑤	m^3	cm^3	m^3

07 부피가 같은 것끼리 이어 보세요.

08 직육면체의 부피는 몇 m^3인지 구해 보세요.

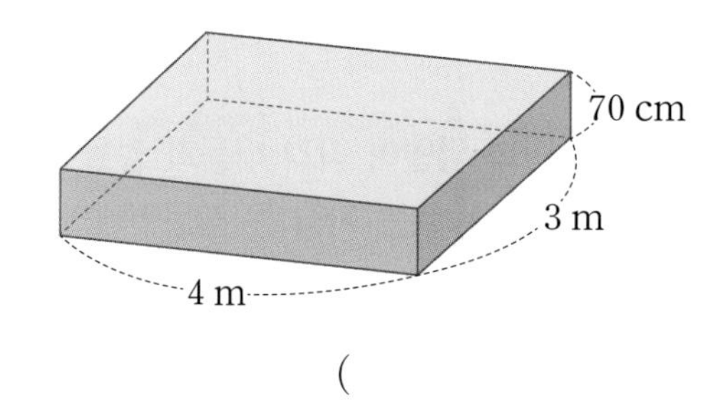

( )

09 직육면체의 부피가 216 m^3일 때 □ 안에 알맞은 수를 써넣으세요.

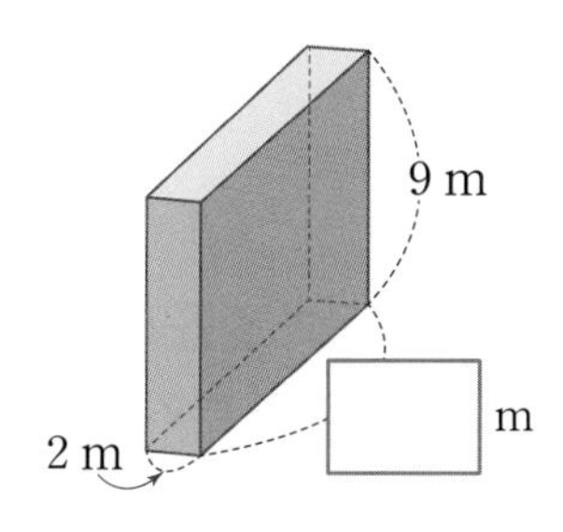

10 한 모서리의 길이가 3 cm인 정육면체 모양의 주사위가 있습니다. 이 주사위의 각 모서리의 길이를 2배로 늘인다면 늘인 주사위의 부피는 처음 부피의 몇 배가 되는지 구해 보세요.

( )

11 실생활 활용

우체국에서 택배를 보낼 때는 물건의 부피에 따라 요금이 달라집니다. 택배 요금표를 보고 종현이와 예림이가 내야 하는 요금의 합을 구해 보세요.

택배 요금표

크기	요금(원)
8000 cm^3 이하	5000
8000 cm^3 초과 21000 cm^3 이하	6000
21000 cm^3 초과 64000 cm^3 이하	7500
64000 cm^3 초과 0.1 m^3 이하	9000

종현

나는 가로 30 cm, 세로 30 cm, 높이 10 cm인 직육면체 모양의 상자를 삼촌에게 보낼 거야.

예림

나는 가로 50 cm, 세로 40 cm, 높이 35 cm인 직육면체 모양의 상자를 이모에게 보낼 거야.

( )

12 교과 융합

직육면체 모양의 수조에 추를 넣어 추의 부피를 알아보는 실험을 하였습니다. 부피가 같은 추를 2개 넣었을 때 물의 높이가 다음과 같이 늘어났다면 추 한 개의 부피는 몇 cm^3인지 구해 보세요.

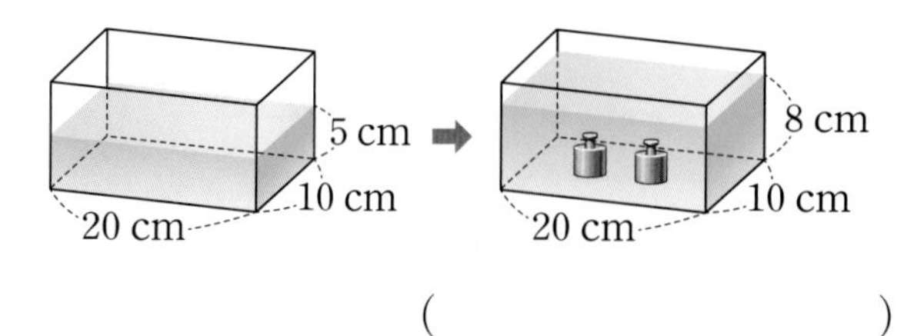

( )

수해력을 완성해요

대표 응용 1 만들 수 있는 가장 큰 정육면체의 부피 구하기

직육면체를 잘라 만들 수 있는 가장 큰 정육면체의 부피는 몇 cm^3인지 구해 보세요.

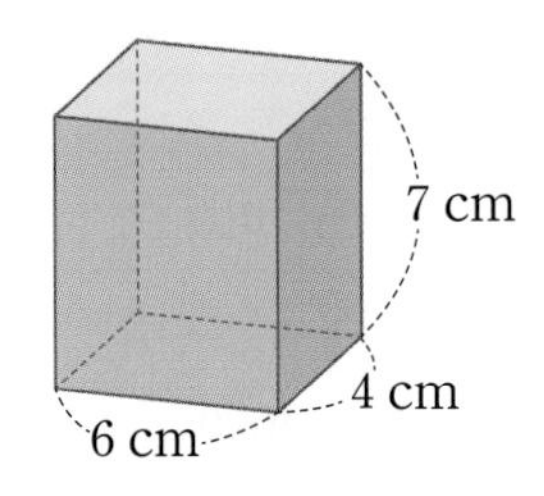

해결하기

1단계 만들 수 있는 가장 큰 정육면체의 한 모서리의 길이는 직육면체의 가장 (짧은 , 긴) 모서리의 길이인 □ cm입니다.

2단계 만들 수 있는 가장 큰 정육면체의 부피는 □ × □ × □ = □ (cm^3)입니다.

1-1

직육면체를 잘라 만들 수 있는 가장 큰 정육면체의 부피는 몇 cm^3인지 구해 보세요.

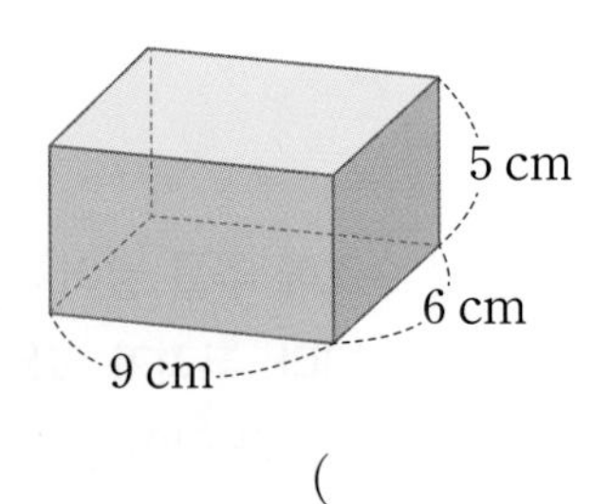

(　　　　　　　　　　)

1-2

직육면체의 밑면과 옆면이 각각 다음과 같을 때 이 직육면체를 잘라 만들 수 있는 가장 큰 정육면체의 부피는 몇 cm^3인지 구해 보세요.

밑면	옆면	
10 cm, 7 cm	10 cm, 9 cm	7 cm, 9 cm

(　　　　　　　　　　)

1-3

직육면체의 밑면과 옆면이 각각 다음과 같을 때 이 직육면체를 잘라 만들 수 있는 가장 큰 정육면체의 부피는 몇 cm^3인지 구해 보세요.

밑면	옆면	
8 cm, 11 cm	8 cm, 13 cm	11 cm, 13 cm

(　　　　　　　　　　)

1-4

색칠한 면의 넓이가 다음과 같을 때 직육면체를 잘라 만들 수 있는 가장 큰 정육면체의 부피는 몇 cm^3인지 구해 보세요.

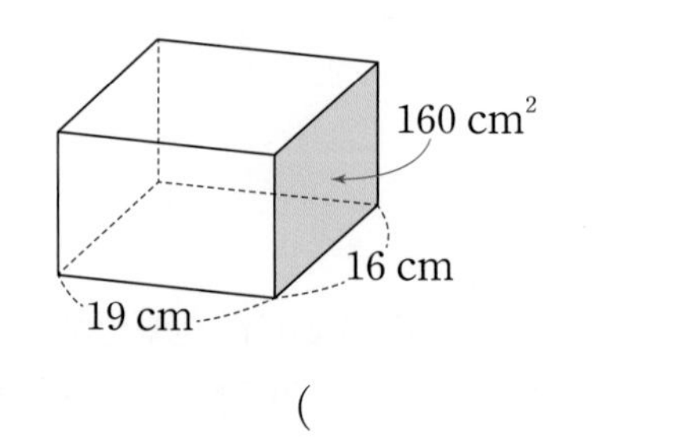

(　　　　　　　　　　)

대표 응용 **2**

부피가 같을 때 모서리의 길이 구하기

직육면체 가와 나의 부피가 같을 때 직육면체 나의 높이는 몇 cm인지 구해 보세요.

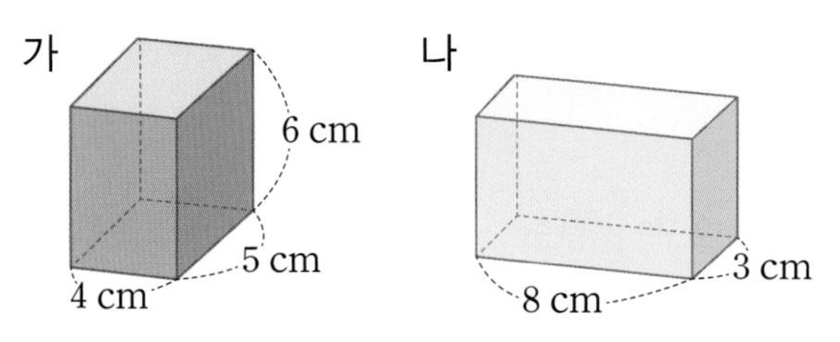

해결하기

1단계 직육면체 가의 부피는

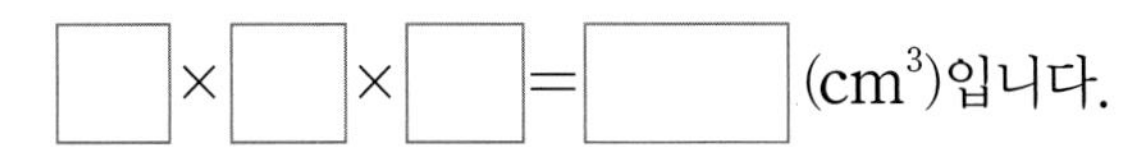

2단계 직육면체 나의 높이를 ■ cm라 하면

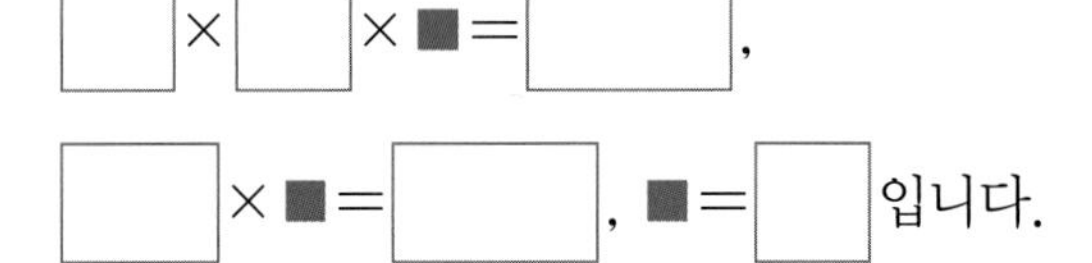

3단계 직육면체 나의 높이는 □ cm입니다.

2-1

직육면체 가와 나의 부피가 같을 때 직육면체 나의 높이는 몇 cm인지 구해 보세요.

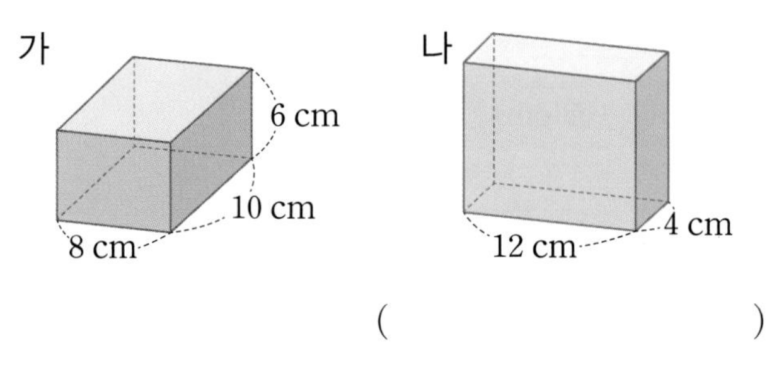

(　　　　　　　　)

2-2

직육면체와 정육면체의 부피가 같을 때 □ 안에 알맞은 수를 써넣으세요.

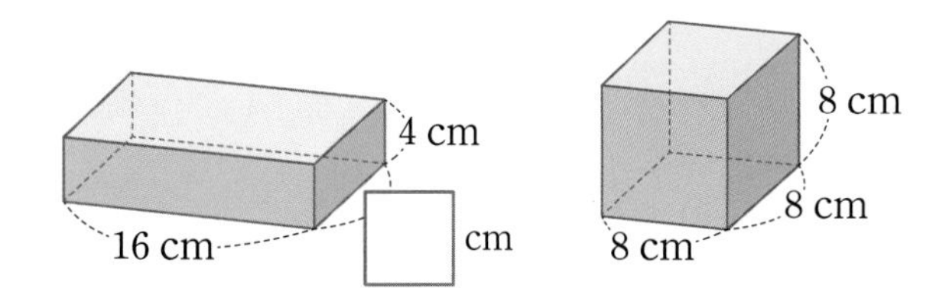

2-3

직육면체와 정육면체의 부피가 같을 때 정육면체의 한 모서리의 길이는 몇 m인지 구해 보세요.

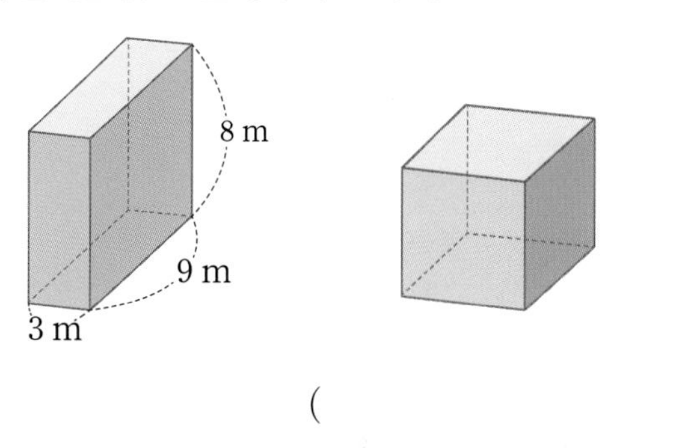

(　　　　　　　　)

2-4

직육면체와 정육면체의 부피가 같을 때 정육면체의 모든 모서리의 길이의 합은 몇 m인지 구해 보세요.

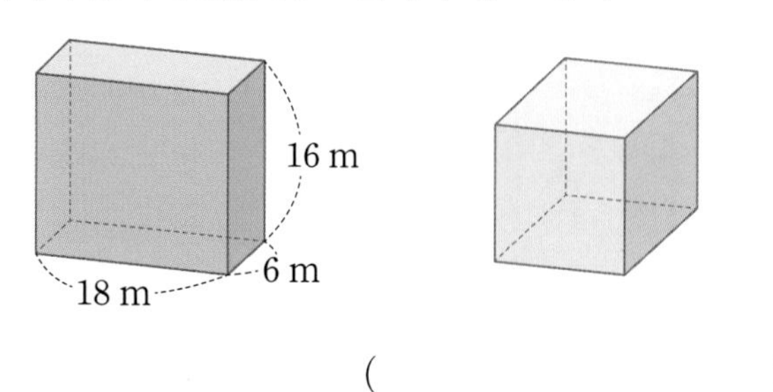

(　　　　　　　　)

3. 직육면체의 겉넓이 구하는 방법

개념 1 여섯 면의 넓이를 각각 구해 더하기

이미 배운 직육면체

직사각형 6개로 둘러싸인 도형을 직육면체라고 합니다.

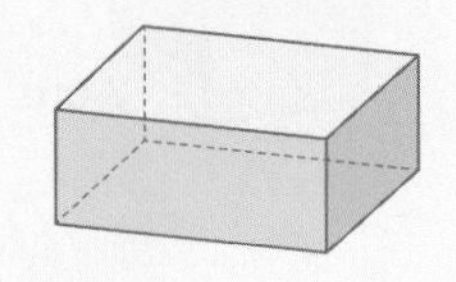

새로 배울 직육면체의 겉넓이(1)

직육면체의 겉넓이는 여섯 면의 넓이를 각각 구해 더합니다.

수학 어휘

겉넓이 물체의 겉면의 넓이

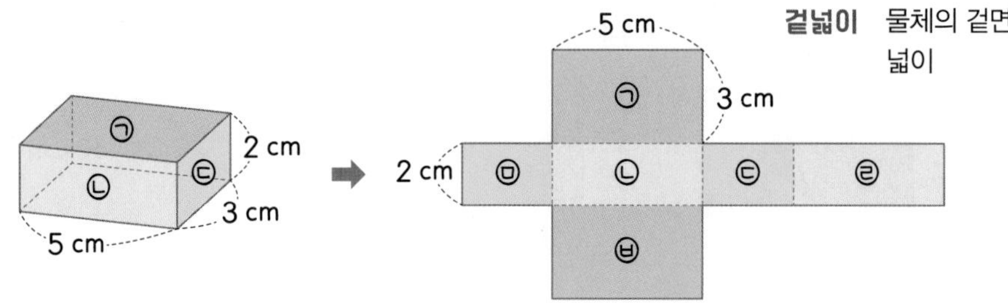

(직육면체의 겉넓이)

=(여섯 면의 넓이의 합)

=㉠+㉡+㉢+㉣+㉤+㉥

$=5\times3+5\times2+3\times2+5\times2+3\times2+5\times3$

$=15+10+6+10+6+15$

$=62(cm^2)$

직육면체는 직사각형 6개로 둘러싸인 도형입니다.  직육면체의 여섯 면의 넓이의 합 구하기  직육면체의 겉넓이

직육면체의 겉넓이는 여섯 면의 넓이의 합으로 구합니다.

[직육면체의 겉넓이 구하기]

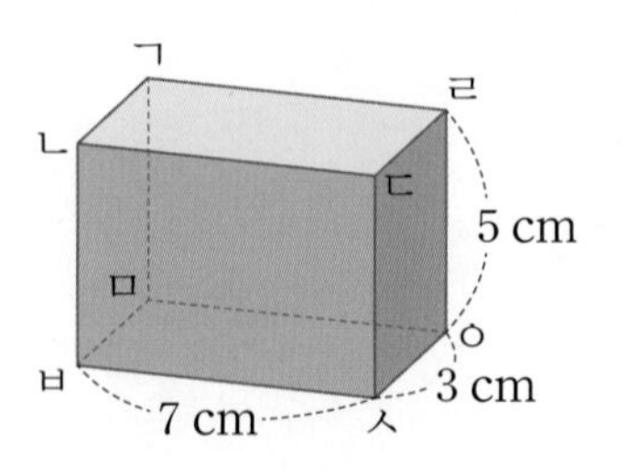

면	가로(cm)	세로(cm)	넓이(cm^2)
면 ㅁㅂㅅㅇ	7	3	21
면 ㄴㅂㅅㄷ	7	5	35
면 ㄷㅅㅇㄹ	3	5	15
면 ㄱㄴㄷㄹ	7	3	21
면 ㄱㅁㅇㄹ	7	5	35
면 ㄴㅂㅁㄱ	3	5	15

➡ (직육면체의 겉넓이)=(여섯 면의 넓이의 합)

$=21+35+15+21+35+15$

$=142(cm^2)$

개념 2 세 쌍의 면이 합동인 성질 이용하기

이미 배운 직육면체의 성질

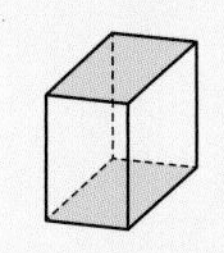
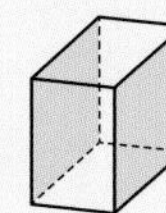
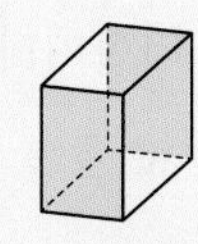

- 직육면체는 마주 보는 면끼리 합동입니다.
- 직육면체는 합동인 면이 3쌍 있습니다.

새로 배울 직육면체의 겉넓이(2)

직육면체의 겉넓이는 3쌍의 면이 합동인 성질을 이용하여 구합니다.

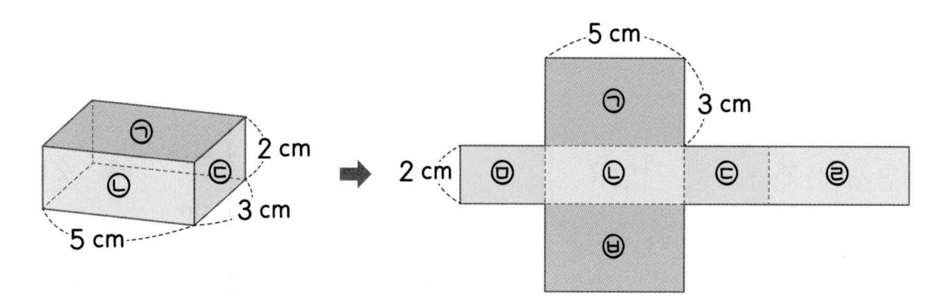

(직육면체의 겉넓이)

=(한 꼭짓점에서 만나는 세 면의 넓이의 합)×2

=(㉠+㉡+㉢)×2

$=(5\times3+5\times2+3\times2)\times2$

$=(15+10+6)\times2$

$=31\times2$

$=62(\text{cm}^2)$

면 ㉠과 면 ㉥, 면 ㉡과 면 ㉣, 면 ㉢과 면 ㉤은 서로 합동이에요.

직육면체는 3쌍의 면이 서로 합동입니다.  (한 꼭짓점에서 만나는 세 면의 넓이의 합)×2  직육면체의 겉넓이

직육면체의 겉넓이는 (한 꼭짓점에서 만나는 세 면의 넓이의 합)×2로 구합니다.

[직육면체의 겉넓이 구하기]

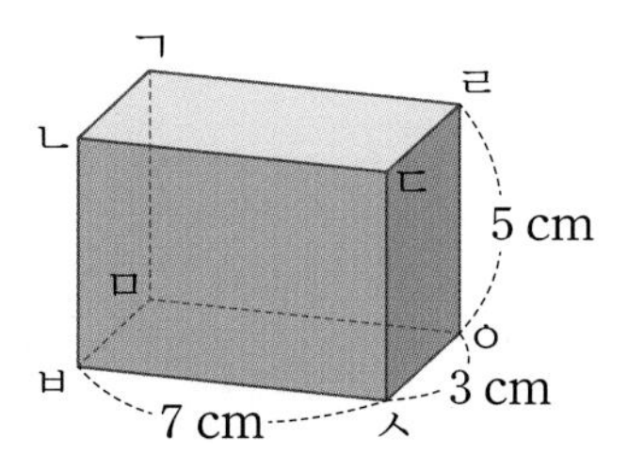

면	가로(cm)	세로(cm)	넓이(cm²)
면 ㅁㅂㅅㅇ	7	3	21
면 ㄴㅂㅅㄷ	7	5	35
면 ㄷㅅㅇㄹ	3	5	15

➡ (직육면체의 겉넓이)=(한 꼭짓점에서 만나는 세 면의 넓이의 합)×2

$=(21+35+15)\times2$

$=71\times2=142(\text{cm}^2)$

한 꼭짓점에서 만나는 세 면의 넓이를 각각 2배 해서 더한 넓이와 세 면의 넓이를 더한 후 2배 한 넓이는 같아요.

그럼 위 직육면체의 겉넓이는 $21\times2+35\times2+15\times2$ $=42+70+30=142(\text{cm}^2)$예요.

개념 3 두 밑면의 넓이와 옆면의 넓이 더하기

이미 배운 직육면체의 전개도

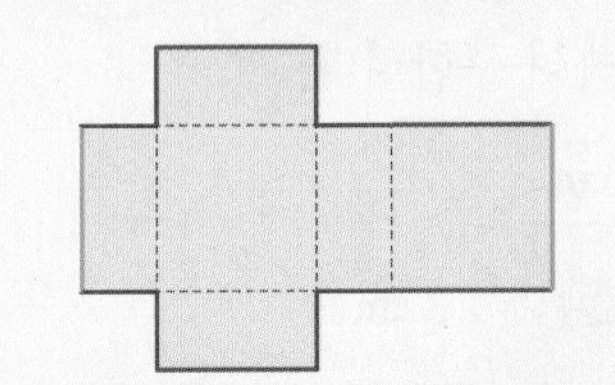

직육면체의 전개도를 접었을 때 겹치는 선분의 길이는 같습니다.

새로 배울 직육면체의 겉넓이(3)

직육면체의 겉넓이는 두 밑면의 넓이와 옆면의 넓이를 더합니다.

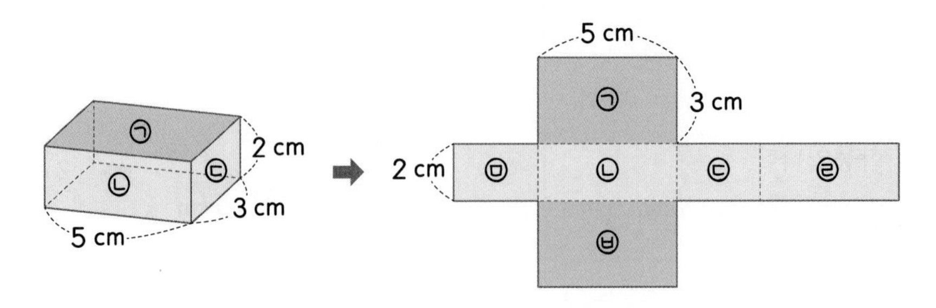

(직육면체의 겉넓이)

=(한 밑면의 넓이)×2+(옆면의 넓이)

=㉠×2+(㉡+㉢+㉣+㉤)
 (또는 ㉥×2)

$=5\times3\times2+(3+5+3+5)\times2$

$=30+32=62(\text{cm}^2)$

직육면체의 옆면은 밑면의 둘레를 가로로, 높이를 세로로 하는 하나의 직사각형으로 볼 수 있어요.

직육면체의 겉넓이는 (한 밑면의 넓이)×2+(옆면의 넓이)로 구합니다.

[직육면체의 겉넓이 구하기]

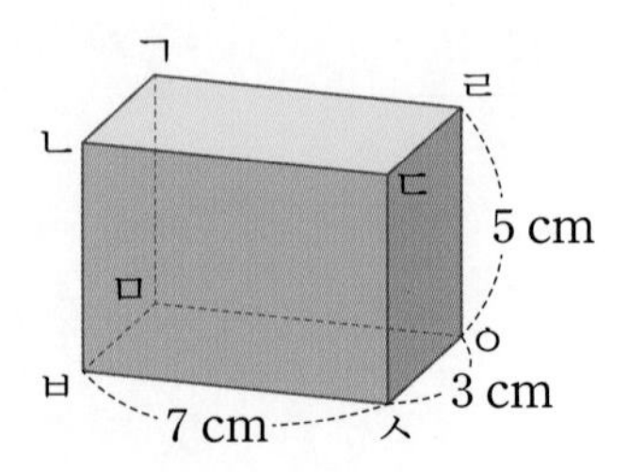

면	가로(cm)	세로(cm)	넓이(cm^2)
면 ㅁㅂㅅㅇ	7	3	21
(면 ㄴㅂㅅㄷ) +(면 ㄷㅅㅇㄹ) +(면 ㄱㅁㅇㄹ) +(면 ㄴㅂㅁㄱ)	7+3+7+3=20	5	100

➡ (직육면체의 겉넓이)=(한 밑면의 넓이)×2+(옆면의 넓이)

$=21\times2+100$

$=42+100=142(\text{cm}^2)$

개념 4 정육면체의 겉넓이 구하기

이미 배운 정육면체

정사각형 6개로 둘러싸인 도형을 정육면체라고 합니다.

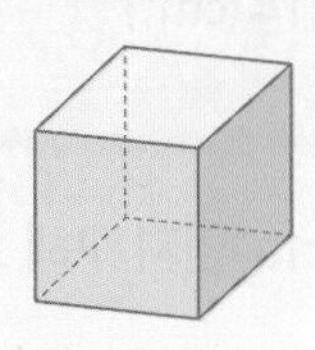

새로 배울 정육면체의 겉넓이

정육면체의 겉넓이는 서로 합동인 여섯 면의 넓이를 더합니다.

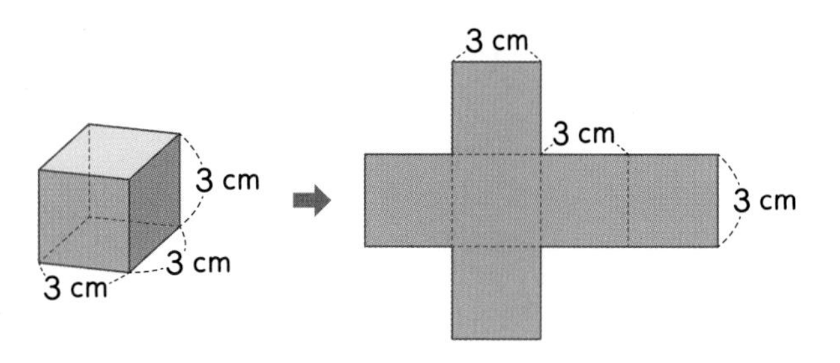

방법 1 **(정육면체의 겉넓이)**
=(여섯 면의 넓이의 합)
$=3\times3+3\times3+3\times3+3\times3+3\times3+3\times3$
$=9+9+9+9+9+9=54(\text{cm}^2)$

방법 2 **(정육면체의 겉넓이)**
=(한 면의 넓이)×6
$=3\times3\times6=54(\text{cm}^2)$

정육면체의 겉넓이는 (한 면의 넓이)×6으로 구합니다.

[정육면체의 한 모서리의 길이에 따른 겉넓이의 변화]

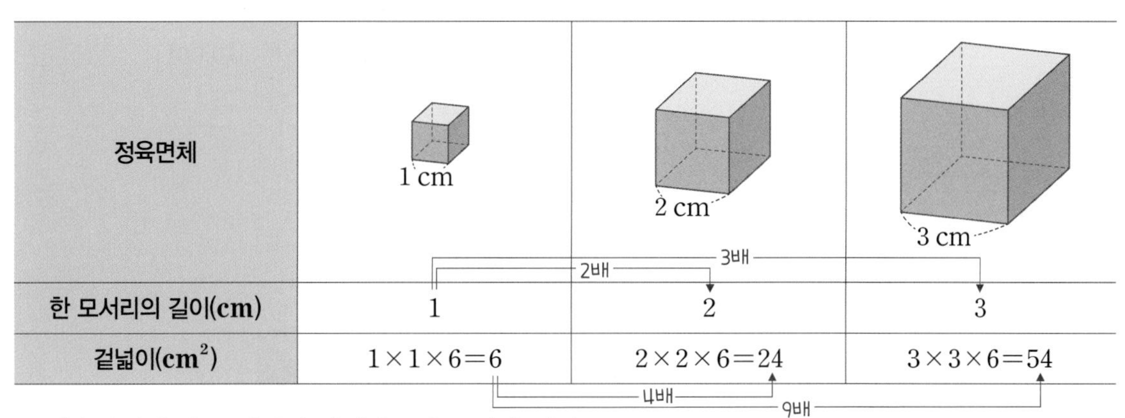

정육면체	1 cm	2 cm	3 cm
한 모서리의 길이(cm)	1	2	3
겉넓이(cm^2)	$1\times1\times6=6$	$2\times2\times6=24$	$3\times3\times6=54$

➡ 정육면체의 한 모서리의 길이가 2배, 3배가 되면 정육면체의 겉넓이는 4배, 9배가 됩니다.
(2×2)배 (3×3)배

수해력을 확인해요

• 전개도를 접어서 만들 수 있는 직육면체의 겉넓이 구하기

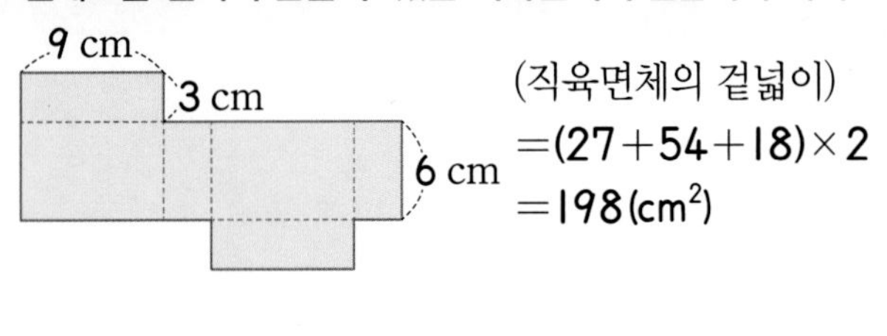

(직육면체의 겉넓이)
$=(27+54+18)\times2$
$=198(\text{cm}^2)$

• 직육면체의 겉넓이 구하기

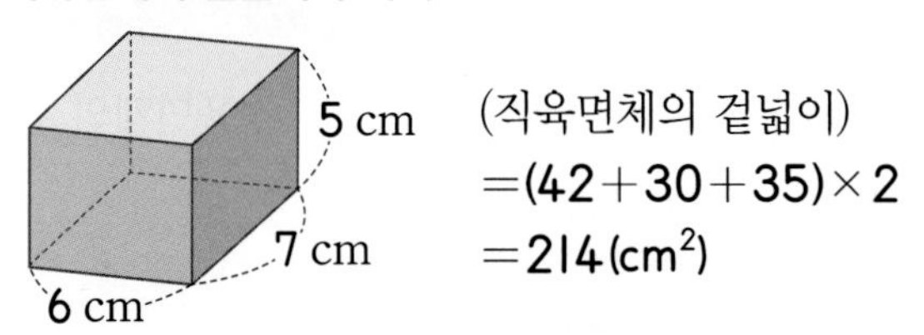

(직육면체의 겉넓이)
$=(42+30+35)\times2$
$=214(\text{cm}^2)$

01~04 전개도를 접어서 만들 수 있는 직육면체의 겉넓이는 몇 cm^2인지 구해 보세요.

01

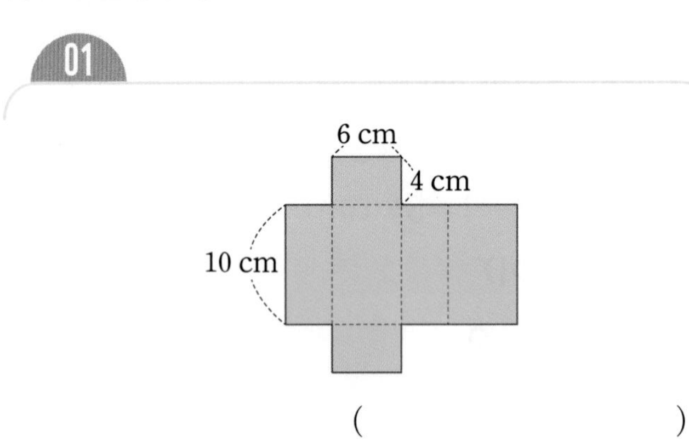

(　　　　　　　　　　)

02

8 cm
5 cm
9 cm

(　　　　　　　　　　)

03

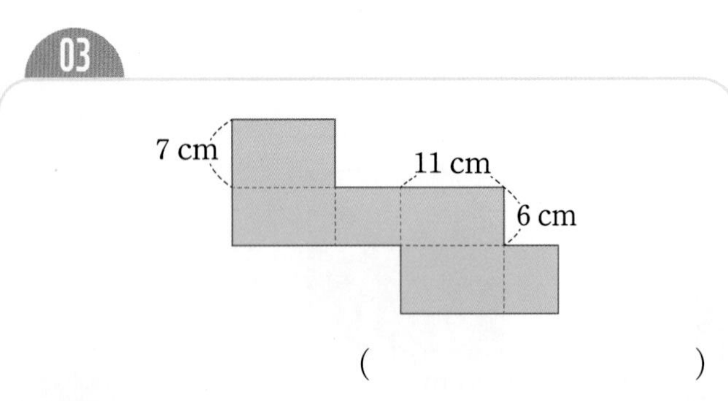

(　　　　　　　　　　)

04

13 cm
6 cm
5 cm

(　　　　　　　　　　)

05~08 직육면체의 겉넓이는 몇 cm^2인지 구해 보세요.

05

6 cm
8 cm
2 cm

(　　　　　　　　　　)

06

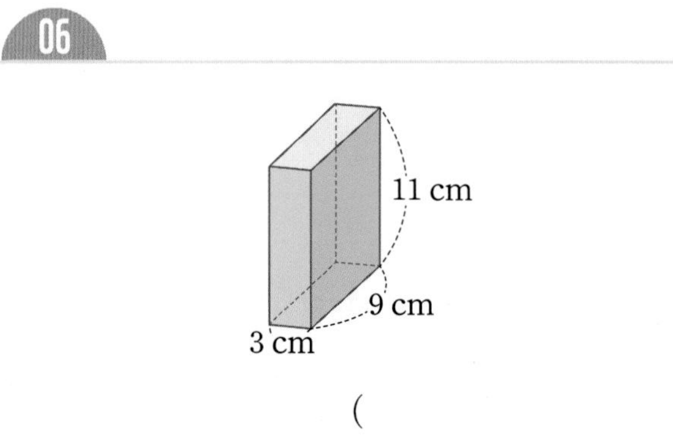

(　　　　　　　　　　)

07

4 cm
10 cm
7 cm

(　　　　　　　　　　)

08

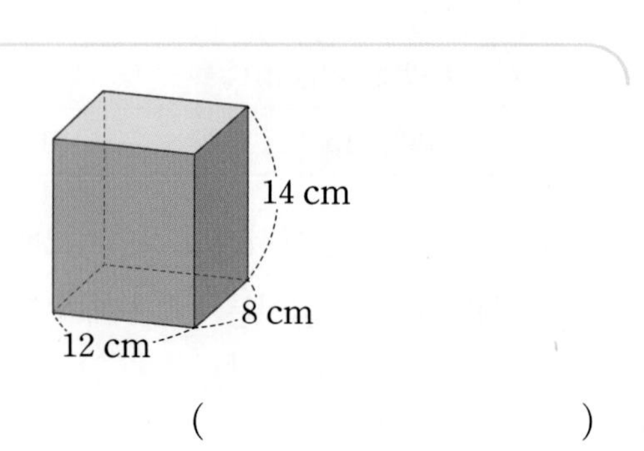

(　　　　　　　　　　)

• **전개도를 접어서 만들 수 있는 정육면체의 겉넓이 구하기**

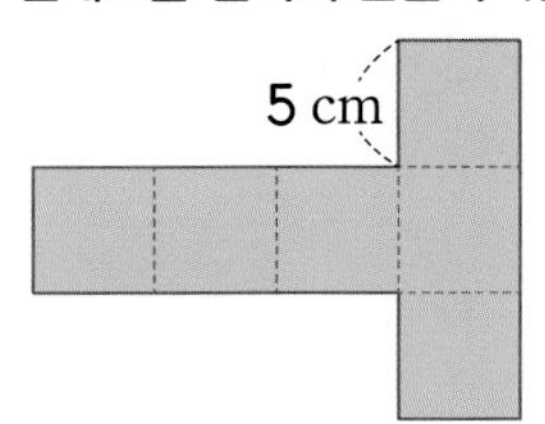

(정육면체의 겉넓이)
$=5\times5\times6=150(\text{cm}^2)$

• **정육면체의 겉넓이 구하기**

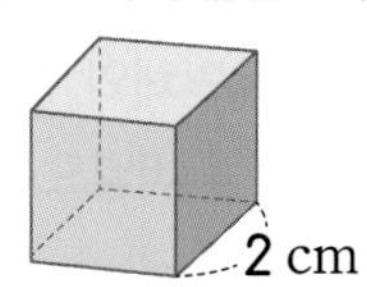

(정육면체의 겉넓이)
$=2\times2\times6=24(\text{cm}^2)$

09~12 전개도를 접어서 만들 수 있는 정육면체의 겉넓이는 몇 cm^2인지 구해 보세요.

09

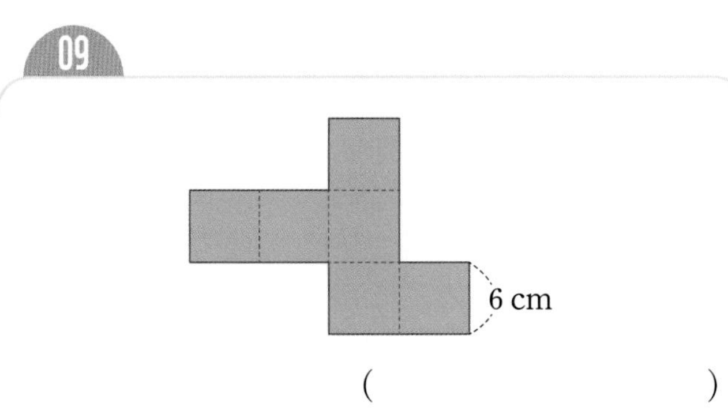

(　　　　　　　　　　)

10

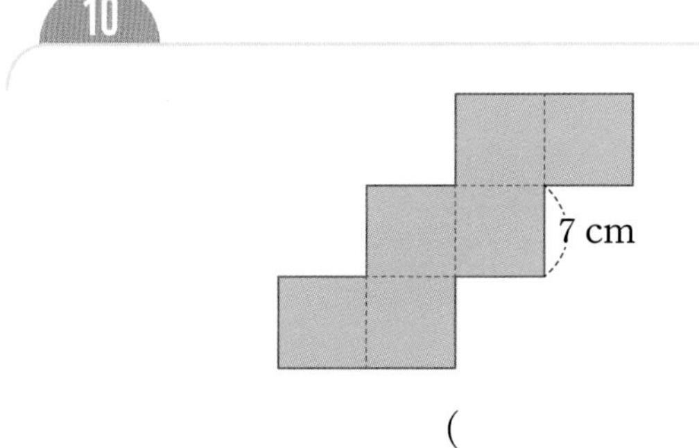

(　　　　　　　　　　)

11

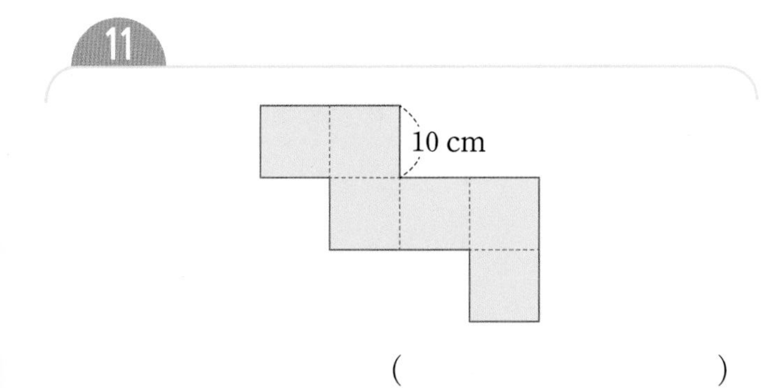

(　　　　　　　　　　)

12

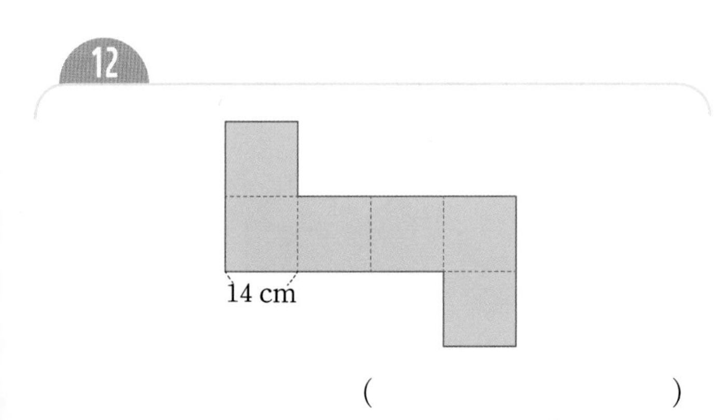

(　　　　　　　　　　)

13~16 정육면체의 겉넓이는 몇 cm^2인지 구해 보세요.

13

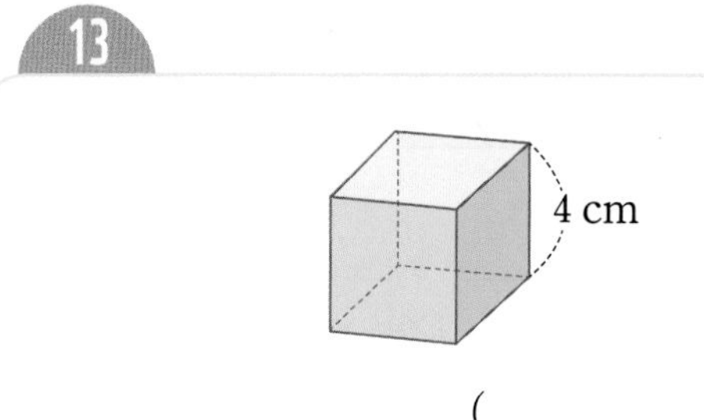

(　　　　　　　　　　)

14

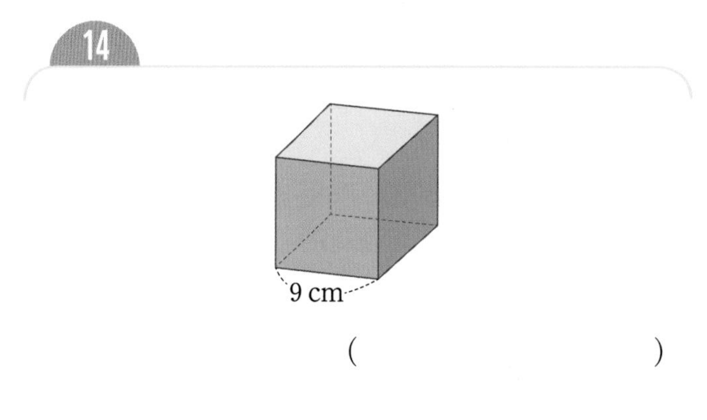

(　　　　　　　　　　)

15

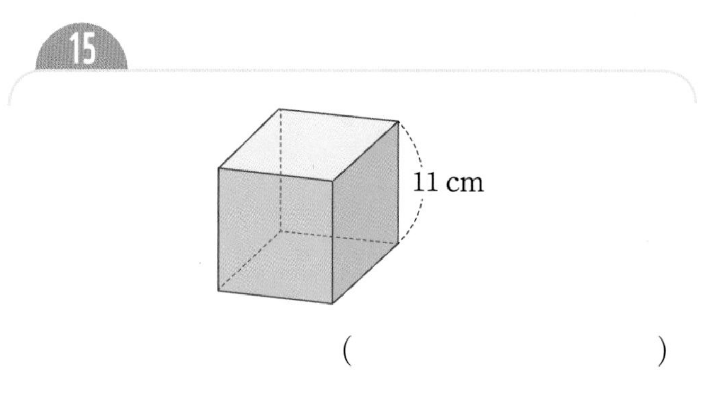

(　　　　　　　　　　)

16

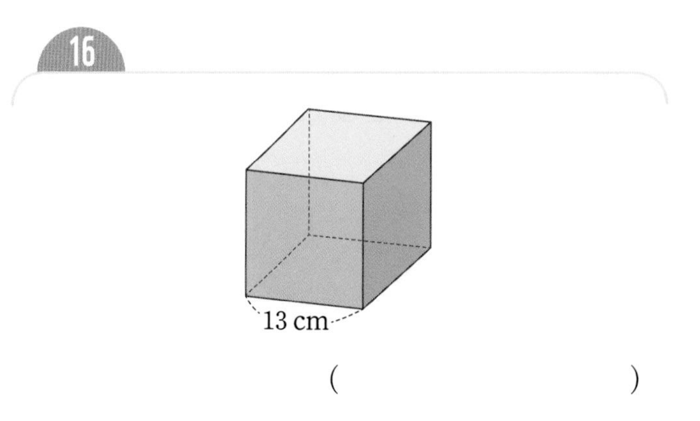

(　　　　　　　　　　)

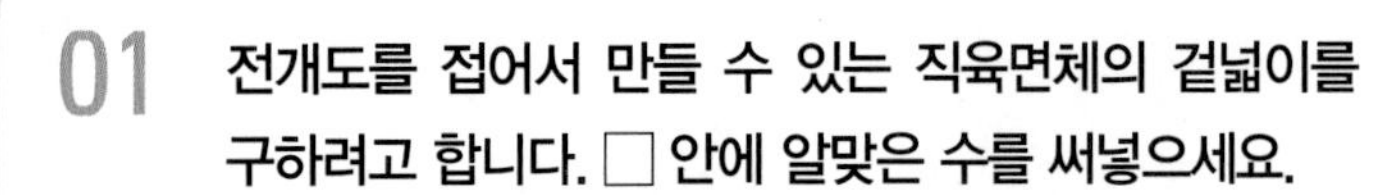

수해력을 높여요

01 전개도를 접어서 만들 수 있는 직육면체의 겉넓이를 구하려고 합니다. □ 안에 알맞은 수를 써넣으세요.

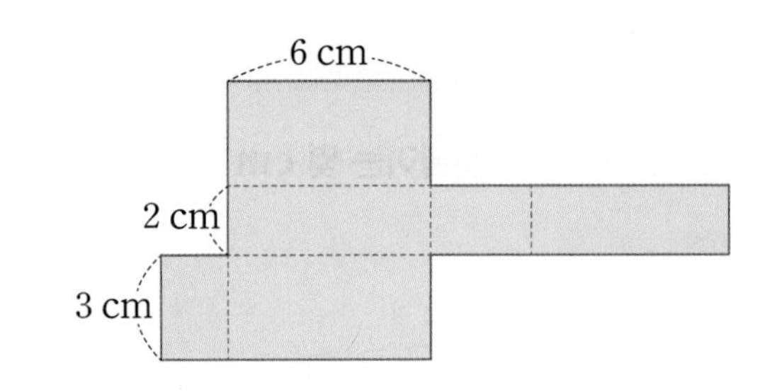

(직육면체의 겉넓이)

$=(18+\square+\square)\times\square=\square\,(cm^2)$

02 직육면체의 겉넓이를 구하는 방법을 바르게 말한 사람을 찾아 이름을 써 보세요.

(　　　　　　　　　)

03 정육면체의 겉넓이는 몇 cm^2인지 구해 보세요.

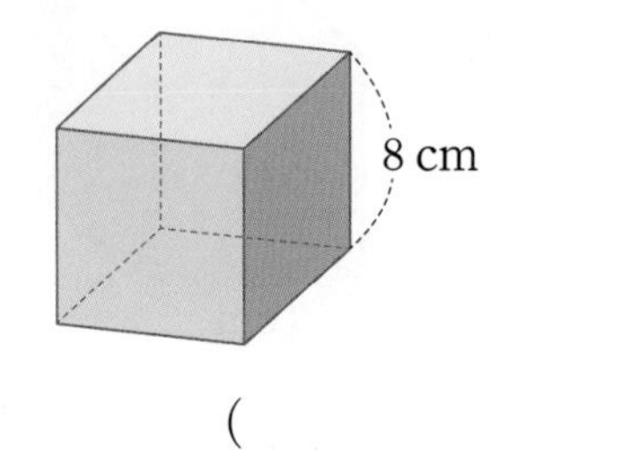

(　　　　　　　　　)

04 가로가 10 cm, 세로가 4 cm, 높이가 9 cm인 직육면체의 겉넓이는 몇 cm^2인지 구해 보세요.

(　　　　　　　　　)

05 정육면체의 전개도에서 색칠한 면의 넓이가 49 cm^2일 때 전개도를 접어서 만들 수 있는 정육면체의 겉넓이는 몇 cm^2인지 구해 보세요.

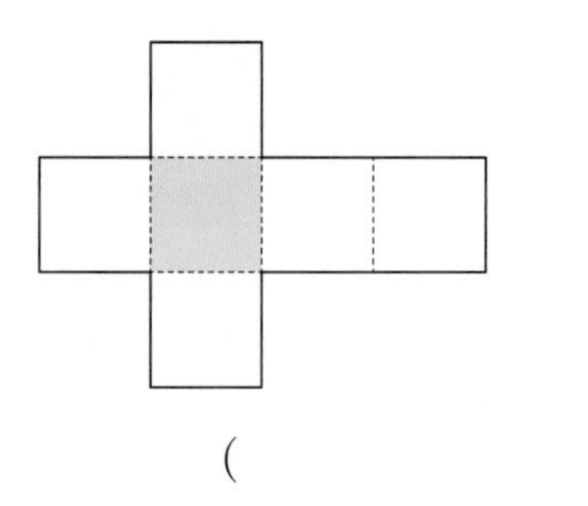

(　　　　　　　　　)

06 한 면의 둘레가 12 cm인 정육면체의 겉넓이는 몇 cm^2인지 구해 보세요.

(　　　　　　　　　)

07 정육면체의 겉넓이가 726 m^2일 때 한 모서리의 길이는 몇 m인지 구해 보세요.

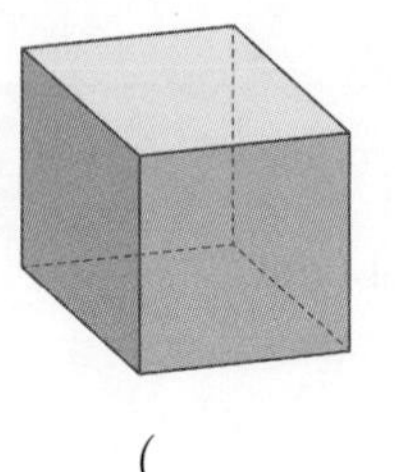

(　　　　　　　　　)

08 두 직육면체의 겉넓이의 차는 몇 cm^2인지 구해 보세요.

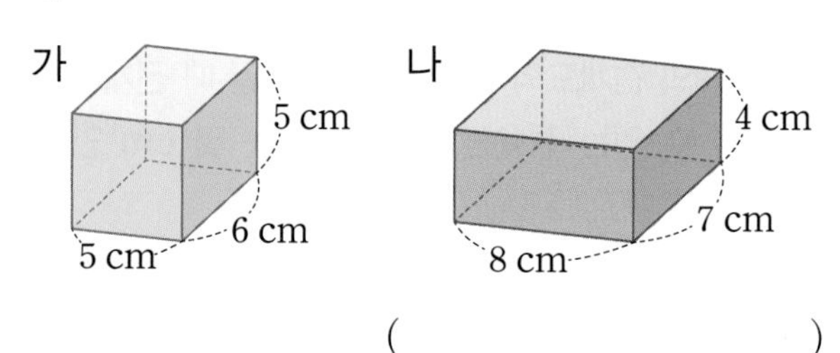

(　　　　　　　　　　)

09 전개도를 접어서 만들 수 있는 직육면체의 겉넓이가 $700\ cm^2$일 때 □ 안에 알맞은 수를 써넣으세요.

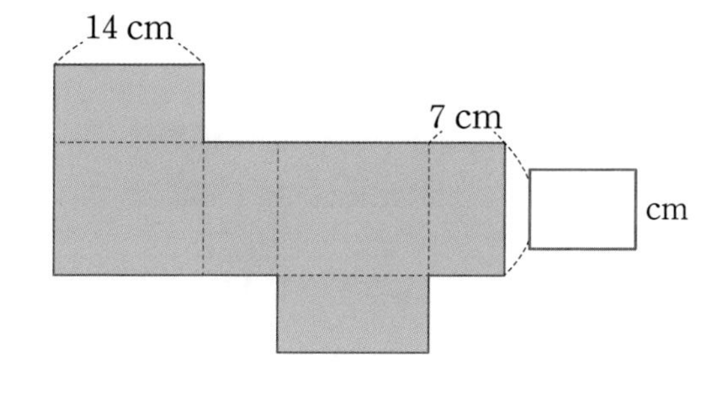

10 직육면체의 두 면이 다음과 같을 때 직육면체의 겉넓이는 몇 cm^2인지 구해 보세요.

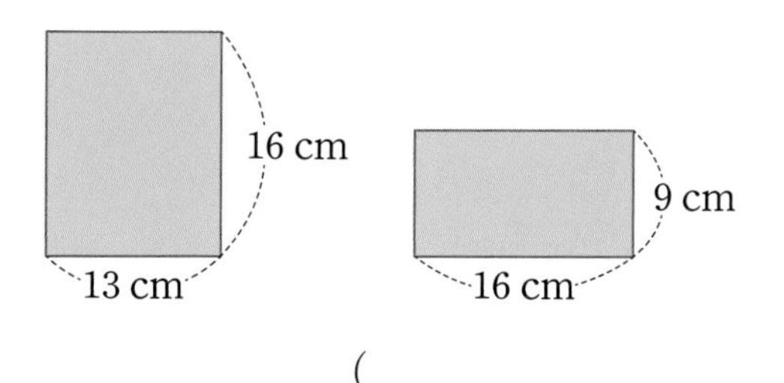

(　　　　　　　　　　)

11 실생활 활용

두부 한 모는 가로가 9 cm, 세로가 8 cm, 높이가 4 cm인 직육면체 모양입니다. 요리를 하기 위해 두부를 다음과 같이 똑같은 모양과 크기로 잘랐습니다. 잘린 두부 4조각의 겉넓이의 합은 몇 cm^2인지 구해 보세요.

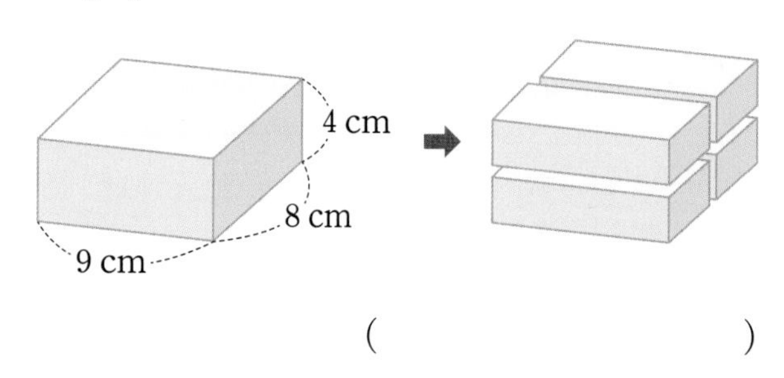

(　　　　　　　　　　)

12 교과 융합

높이뛰기는 정해진 높이의 장대를 뛰어넘는 육상 종목입니다. 높이뛰기를 할 때는 선수들의 안전을 위해 장대 너머에 매트를 설치합니다. 크기가 다음과 같은 직육면체 모양의 매트 2개를 가장 넓은 면끼리 맞닿게 쌓았을 때 전체 겉넓이는 몇 m^2인지 구해 보세요.

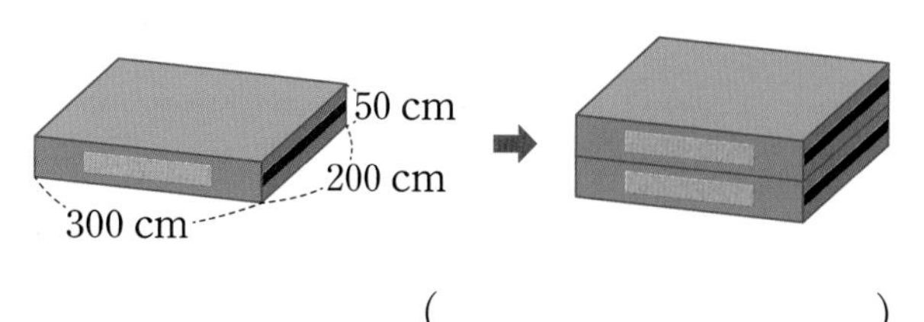

(　　　　　　　　　　)

수해력을 완성해요

대표 응용 1 전개도를 접어서 만들 수 있는 직(정)육면체의 겉넓이 구하기

전개도를 접어서 만들 수 있는 정육면체의 겉넓이는 몇 cm^2인지 구해 보세요.

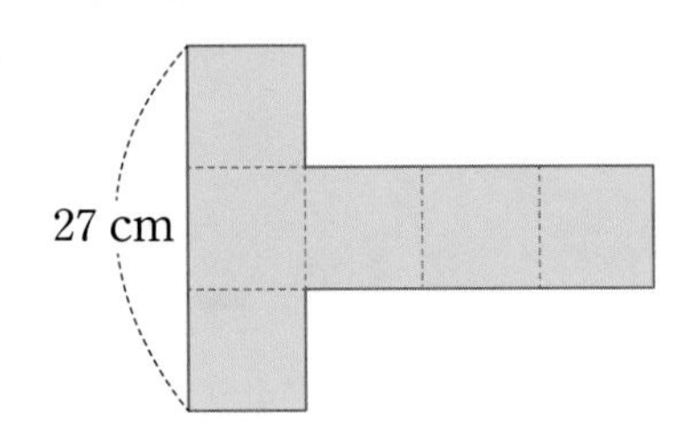

해결하기

1단계 정육면체의 한 모서리의 길이는

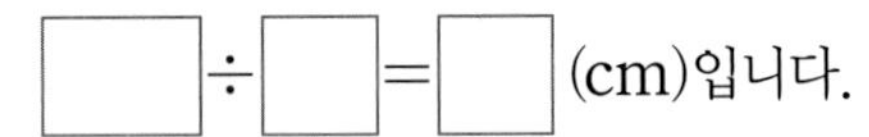

2단계 정육면체의 겉넓이는

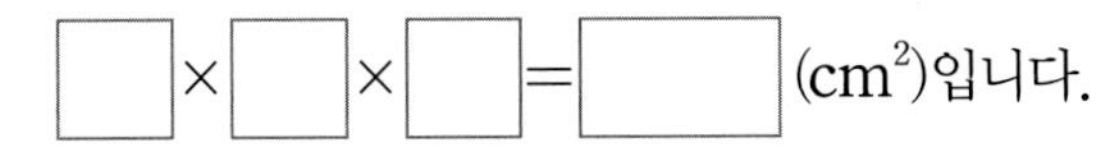

1-1

전개도를 접어서 만들 수 있는 정육면체의 겉넓이는 몇 cm^2인지 구해 보세요.

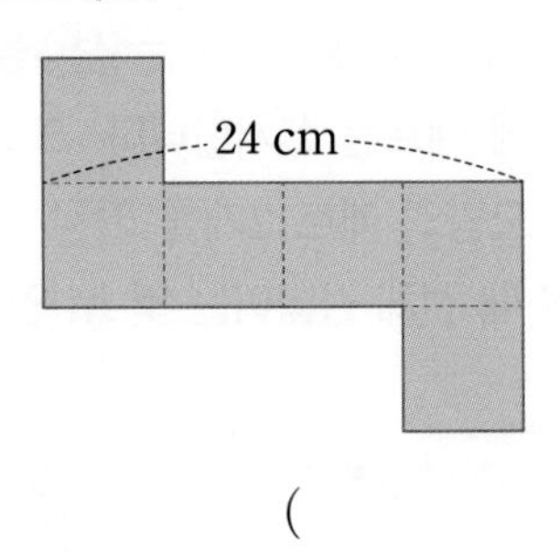

(　　　　　　　　)

1-2

정육면체의 전개도의 둘레가 56 cm일 때 전개도를 접어서 만들 수 있는 정육면체의 겉넓이는 몇 cm^2인지 구해 보세요.

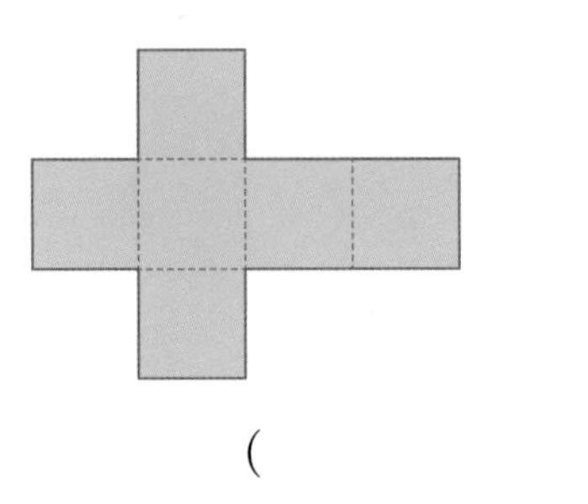

(　　　　　　　　)

1-3

전개도를 접어서 만들 수 있는 직육면체의 겉넓이는 몇 cm^2인지 구해 보세요.

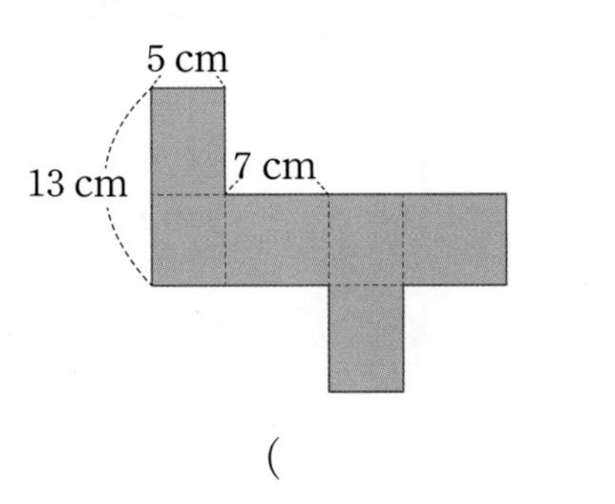

(　　　　　　　　)

1-4

직육면체의 전개도에서 선분 ㄱㄴ이 160 cm일 때 전개도를 접어서 만들 수 있는 직육면체의 겉넓이는 몇 cm^2인지 구해 보세요.

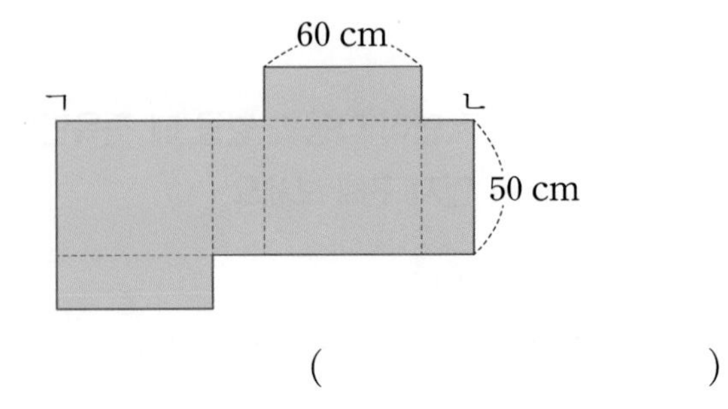

(　　　　　　　　)

대표 응용 2 부피(겉넓이)가 주어졌을 때 겉넓이(부피) 구하기

직육면체의 부피가 224 cm³일 때 겉넓이는 몇 cm²인지 구해 보세요.

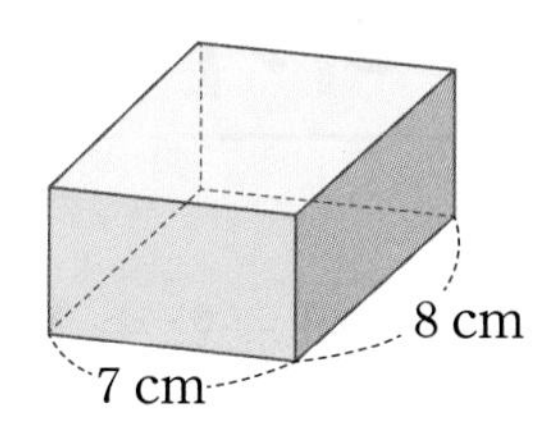

해결하기

1단계 직육면체의 높이를 ■ cm라 하면

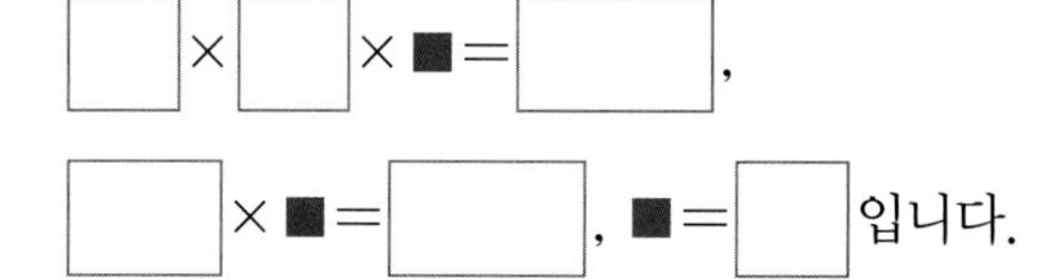

□×□×■=□,

□×■=□, ■=□입니다.

2단계 직육면체의 겉넓이는

(56+□+□)×□

=□(cm²)입니다.

2-1

직육면체의 부피가 216 cm³일 때 겉넓이는 몇 cm²인지 구해 보세요.

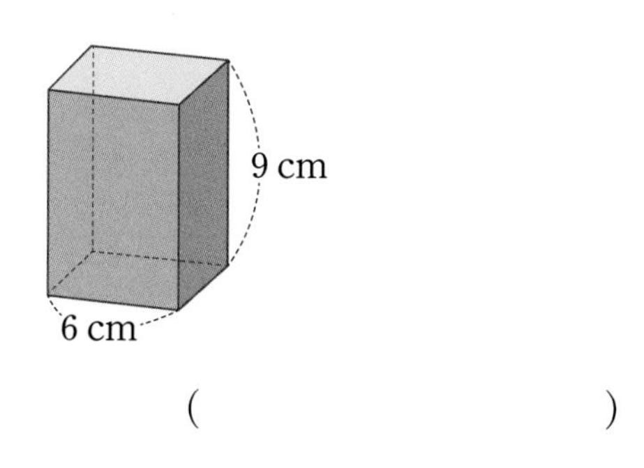

(　　　　　　　)

2-2

정육면체의 겉넓이가 384 cm²일 때 부피는 몇 cm³인지 구해 보세요.

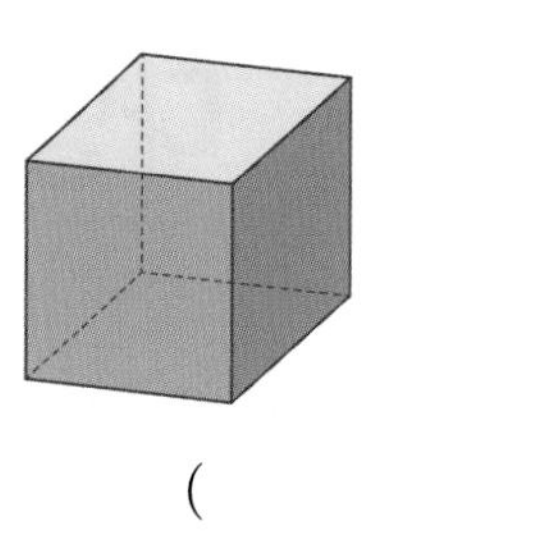

(　　　　　　　)

2-3

직육면체의 겉넓이가 616 cm²일 때 부피는 몇 cm³인지 구해 보세요.

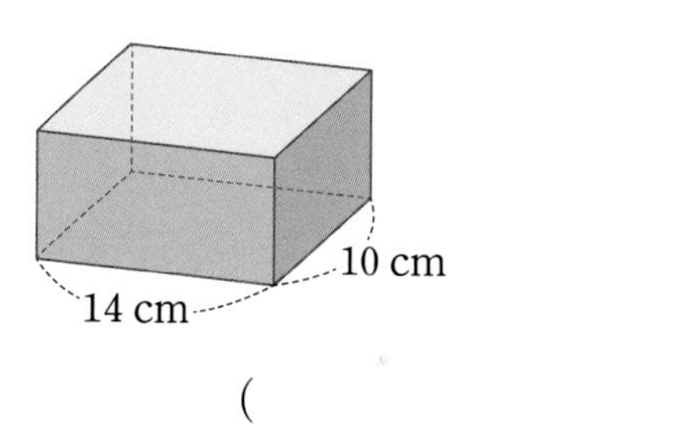

(　　　　　　　)

2-4

정육면체의 부피가 1331 cm³일 때 겉넓이는 몇 cm²인지 구해 보세요.

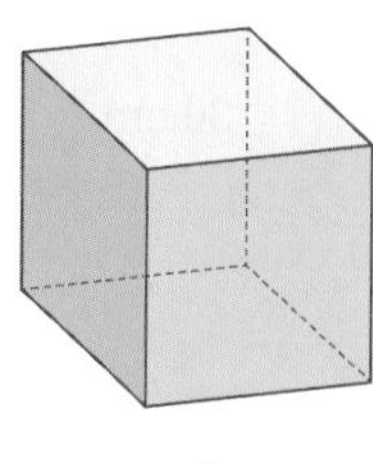

(　　　　　　　)

다양한 입체도형의 부피 구하기

직육면체 모양이 아닌 입체도형의 부피는 숨겨져 있는 직육면체 모양을 찾아 구할 수 있습니다. 입체도형을 작은 직육면체로 나누거나 큰 직육면체의 부피에서 작은 직육면체의 부피를 빼는 등 다양한 방법으로 입체도형의 부피를 구해 볼까요?

활동 1 **반려동물이 사용하는 계단 모양의 입체도형의 부피는 몇 cm^3인지 구해 보세요.**

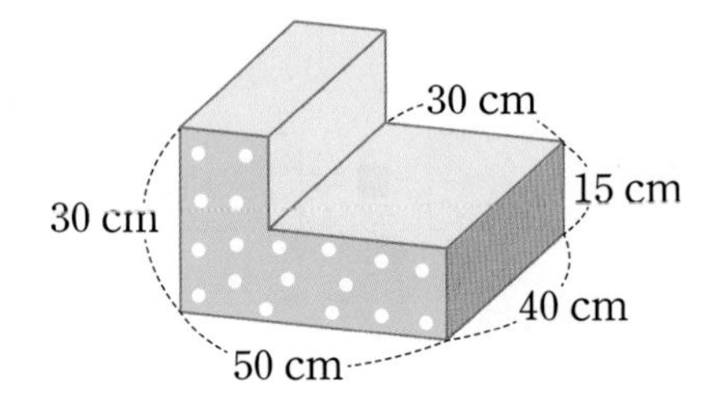

방법 1

30 cm
15 cm
30 cm
가
나
40 cm
50 cm

➡ (입체도형의 부피)=(직육면체의 가의 부피)+(직육면체의 나의 부피)

$=20\times40\times$□$+50\times$□$\times$□

$=$□$+$□$=$□(cm^3)

방법 2

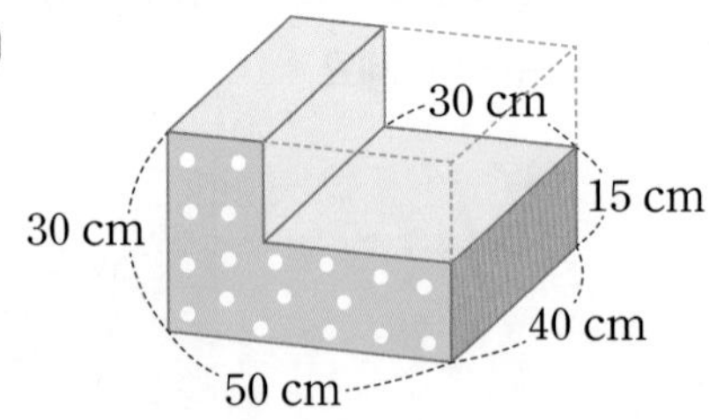

➡ (입체도형의 부피)=(큰 직육면체의 부피)−(작은 직육면체의 부피)

$=50\times40\times$□$-$□$\times40\times$□

$=$□$-$□$=$□(cm^3)

정답과 풀이 11쪽

활동 2 우리가 사용하는 의자 모양의 입체도형의 부피는 몇 cm^3인지 구해 보세요.

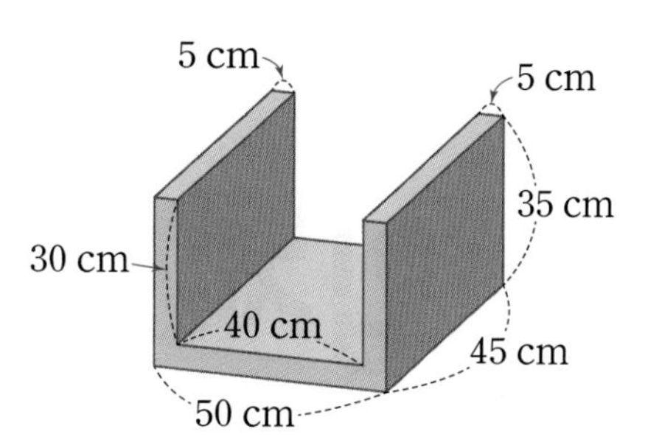

방법 1

5 cm
5 cm
35 cm
30 cm
40 cm
45 cm
50 cm

➡ (입체도형의 부피)

=(빨간색 직육면체의 부피)+(파란색 직육면체의 부피)+(노란색 직육면체의 부피)

$=5\times45\times\square+40\times45\times\square+\square\times45\times35$

$=\square+\square+\square=\square\,(cm^3)$

방법 2

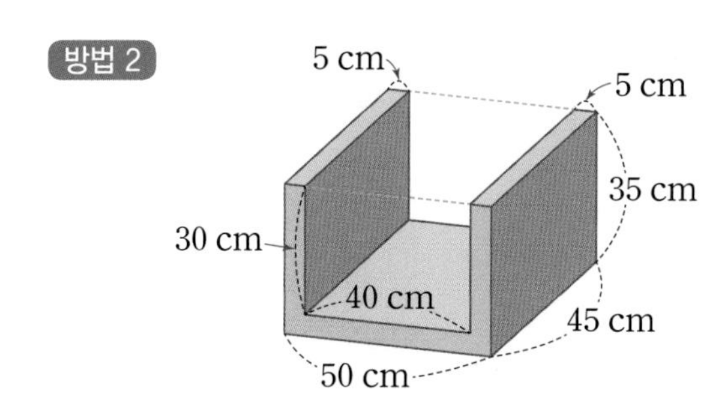

➡ (입체도형의 부피)=(큰 직육면체의 부피)−(작은 직육면체의 부피)

$=50\times45\times\square-40\times\square\times\square$

$=\square-\square=\square\,(cm^3)$

03 단원

공간과 입체

등장하는 주요 수학 어휘

쌓기나무, **위, 앞, 옆에서 본 모양**, **층별로 나타낸 모양**

이번 3단원에서는

어느 방향에서 본 모양인지 알아보고 여러 가지 방법으로 쌓기나무의 개수를 구하는 방법에 대해 배울 거예요. 이전에 배운 똑같이 쌓기의 원리를 어떻게 확장할지 생각해 보아요.

개념 1 건물을 여러 위치에서 본 모양 알아보기

이미 배운 쌓은 위치 설명하기

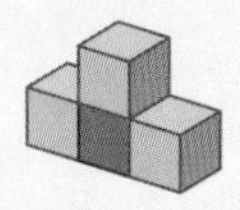

빨간색 쌓기나무 1개가 있고 그 왼쪽과 오른쪽, 위쪽에 쌓기나무가 각각 1개씩 있습니다.

새로 배울 여러 위치에서 본 모양

각 사진을 어느 위치에서 찍은 것인지 생각해 봅니다.

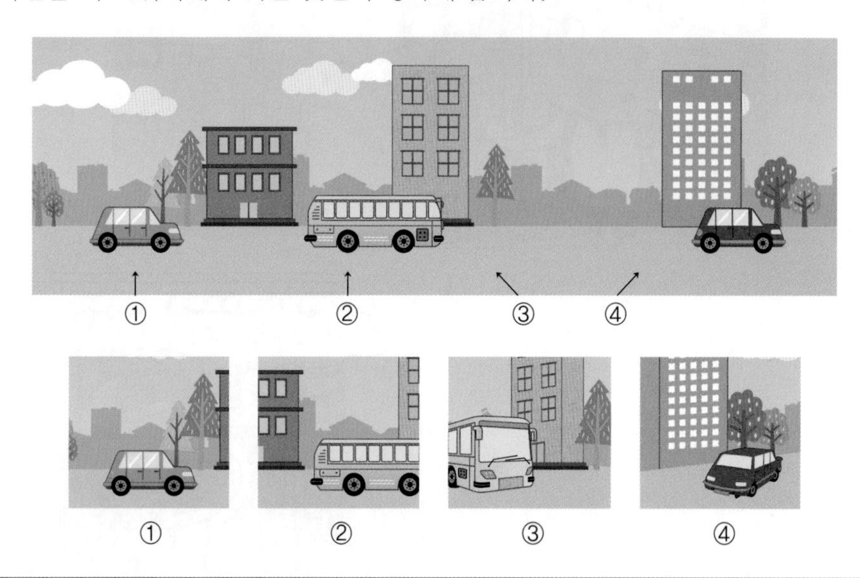

보이는 건물과 보이지 않는 건물 확인하기 → 건물의 보이는 방향 알아보기 → 바라본 위치 찾기

[사진을 보고 어느 위치에서 찍은 것인지 알아보기]

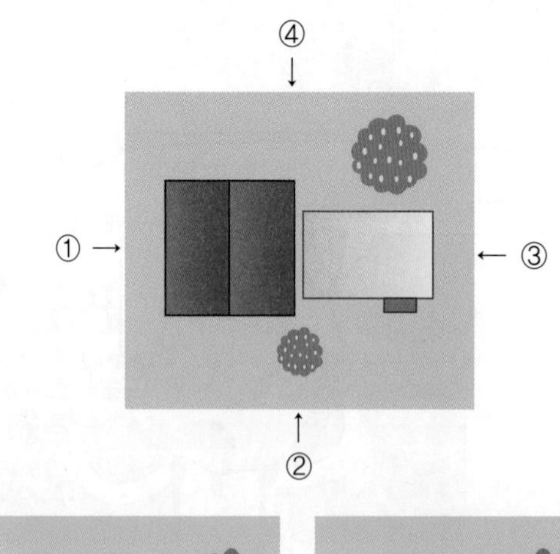

①

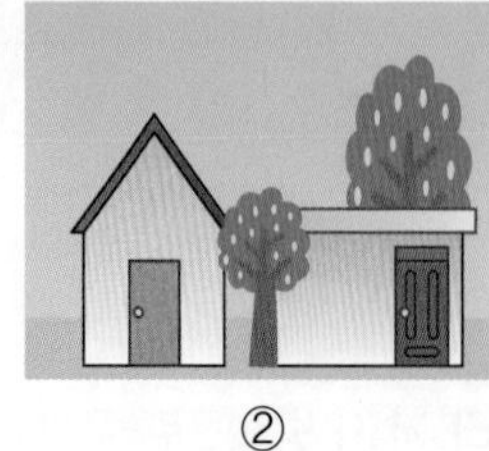
②

③

④

개념 2 물체를 여러 방향에서 본 모양 알아보기

이미 배운 쌓은 모양 설명하기

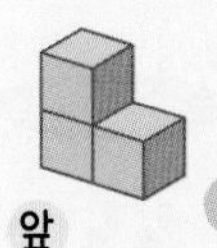

쌓기나무 2개가 옆으로 나란히 있고, 왼쪽 쌓기나무의 위에 쌓기나무가 1개 있습니다.

새로 배울 여러 방향에서 본 모양

각 모습은 어느 방향에서 본 것인지 생각해 봅니다.

①	②	③	④
앞에서 본 모습	오른쪽 옆에서 본 모습	뒤에서 본 모습	왼쪽 옆에서 본 모습

물체가 보이는 모습 확인하기 ➡ 앞, 뒤, 옆 모습 중 어떤 모습인지 알아보기 ➡ 물체를 본 방향 찾기

[사진을 보고 어느 카메라에서 찍은 것인지 알아보기]

①

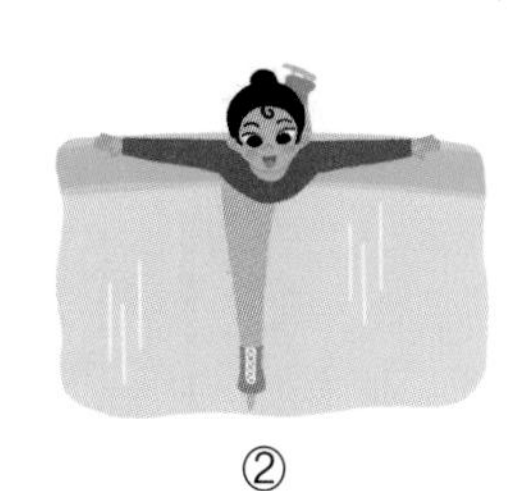
②

③

④

⑤

수해력을 확인해요

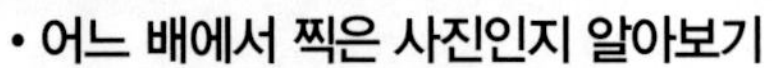

• 어느 배에서 찍은 사진인지 알아보기

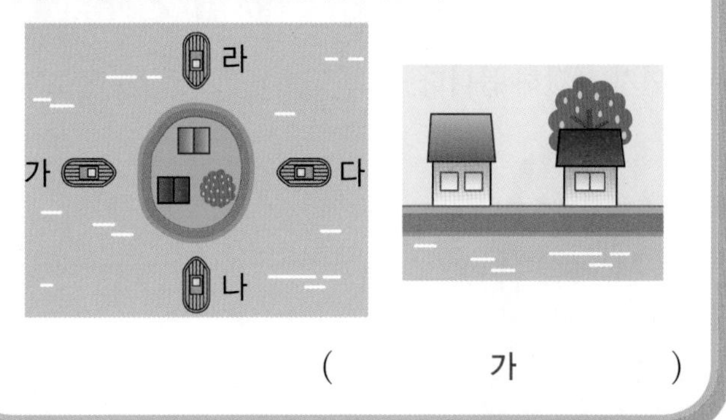

(가)

• 어느 방향에서 찍은 사진인지 알아보기

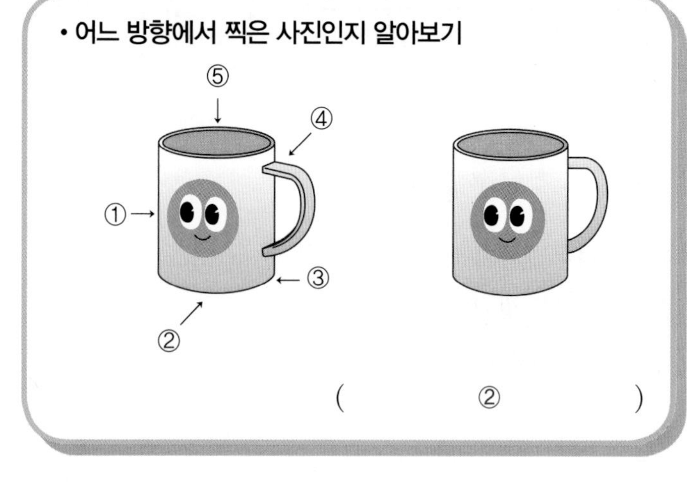

(②)

01~03 다음 사진은 어느 배에서 찍은 것인지 기호를 써 보세요.

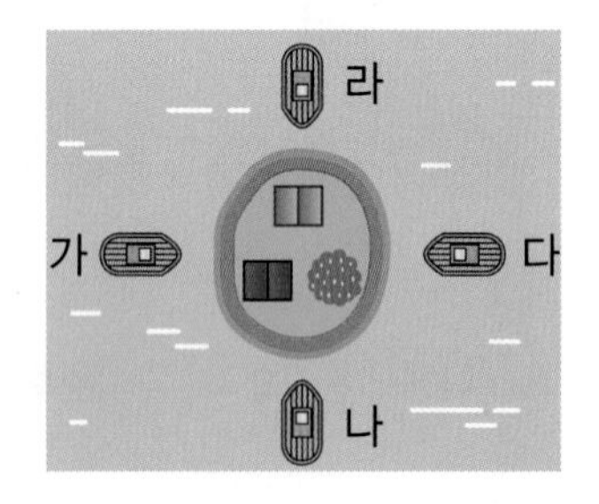

01

( )

02

( )

03

( )

04~06 다음 사진은 어느 방향에서 찍은 것인지 기호를 써 보세요.

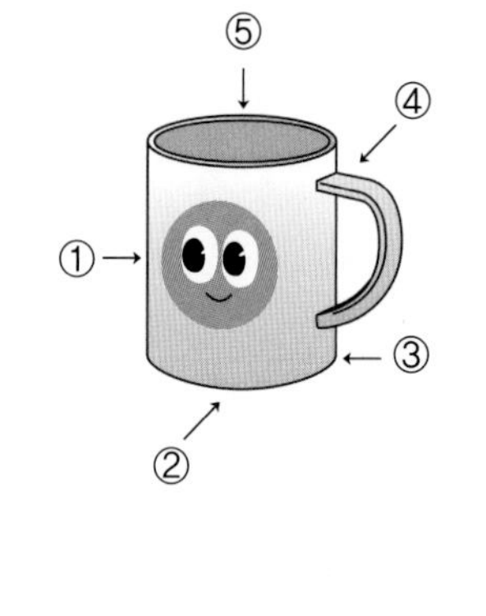

04

( )

05

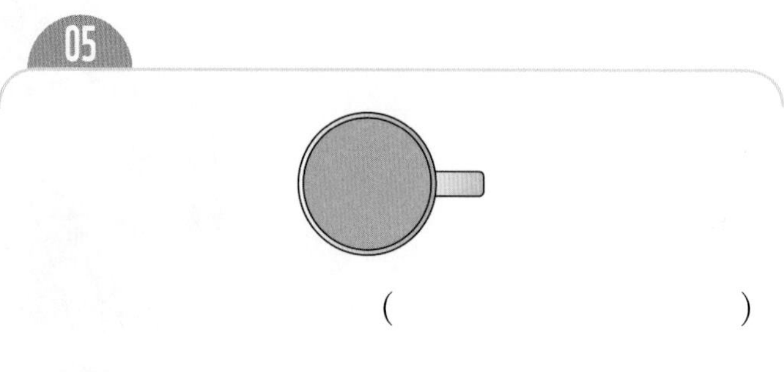

( )

06

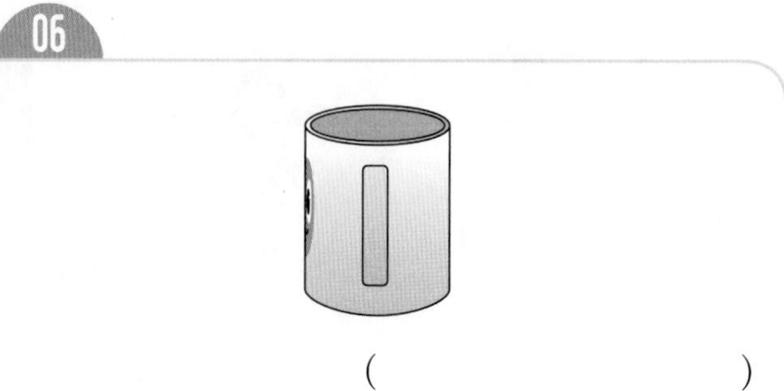

( )

01~02 조형물을 어느 방향에서 찍은 것인지 기호를 써 보세요.

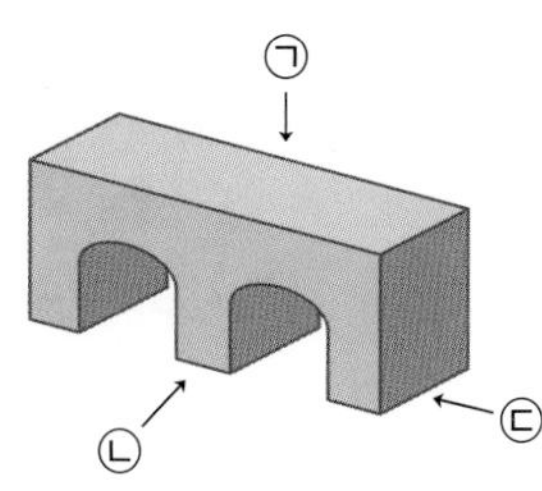

01

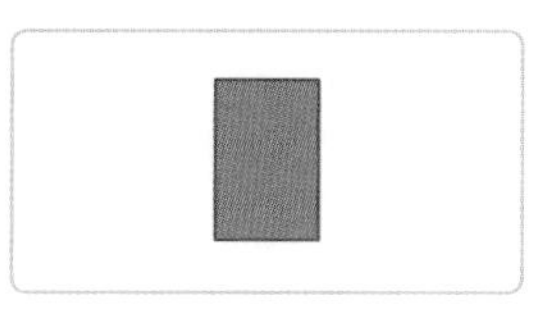

(　　　　　　　　　)

02

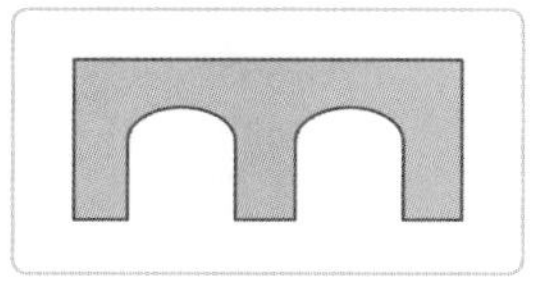

(　　　　　　　　　)

03 사진을 찍은 위치를 찾아 기호를 써 보세요.

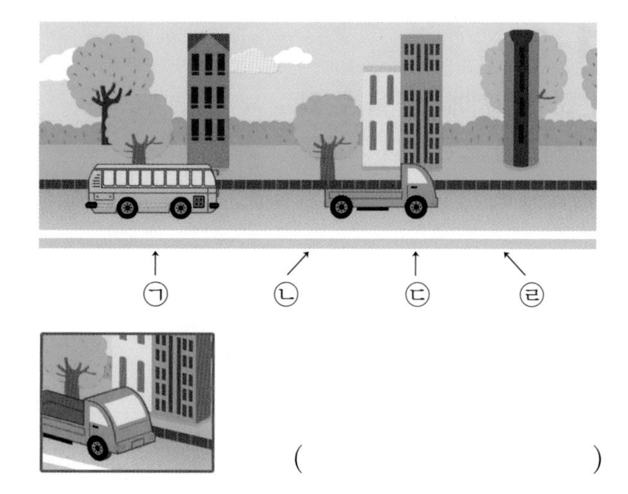

(　　　　　　　　　)

04 왼쪽 모양을 위에서 내려다보면 어떤 모양인지 찾아 ○표 하세요.

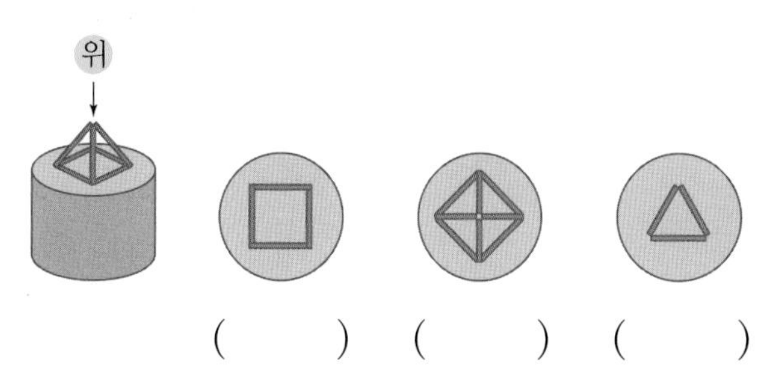

(　　) (　　) (　　)

05 실생활 활용

다음은 준상이가 그린 마을 지도입니다. 마을 지도를 보고 잘못 설명한 사람을 찾아 이름을 써 보세요.

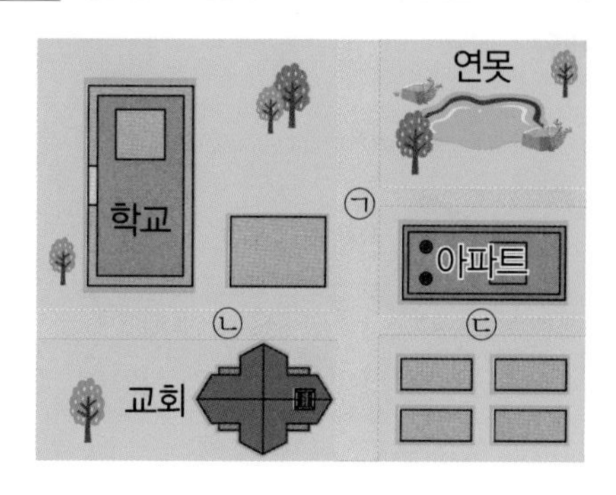

지은: ㉠에서 학교와 아파트를 모두 볼 수 있어.
소라: ㉡에서 교회 사진을 찍을 수 있어.
현우: ㉢에서 아파트와 연못을 모두 볼 수 있어.

(　　　　　　　　　)

06 교과 융합

정물화는 서양화의 한 종류로 여러 가지 일상생활의 사물을 주제로 한 그림입니다. 항아리, 사과, 컵, 꽃병을 다음과 같이 놓고 네 사람이 각 자리에서 정물화를 그렸습니다.

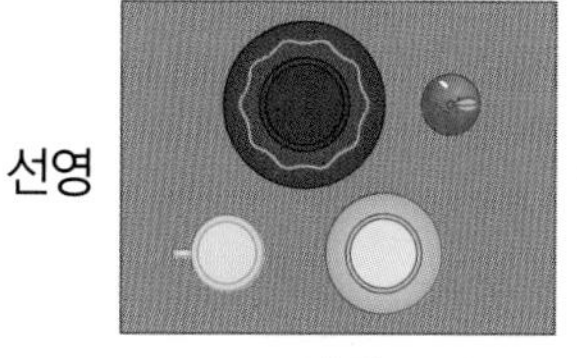

다음 그림은 누가 그린 것인지 이름을 써 보세요.

(　　　　　　　　　)

대표 응용 **1**

찍을 수 있는 사진 찾기

민영이의 위치에서 찍을 수 있는 사진을 모두 찾아 기호를 써 보세요.

가

나

다

라

해결하기

1단계 민영이의 위치에서 파란색 집을 보고 찍을 수 있는 사진은 ☐ 입니다.

2단계 민영이의 위치에서 분홍색 건물을 보고 찍을 수 있는 사진은 ☐ 입니다.

3단계 민영이의 위치에서 찍을 수 있는 사진은 ☐, ☐ 입니다.

1-1

지수의 위치에서 찍을 수 있는 사진을 모두 찾아 기호를 써 보세요.

가

나

다

라

(   )

1-2

은하의 위치에서 찍을 수 있는 사진을 모두 찾아 기호를 써 보세요.

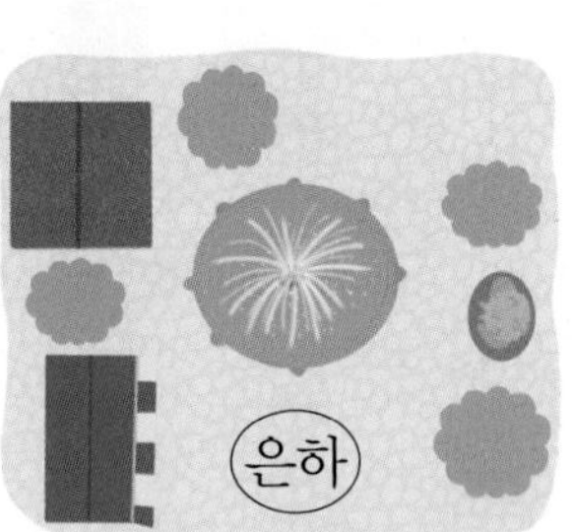

가

나

다

라

(   )

대표 응용 2 찍을 수 없는 사진 찾기

보기 와 같이 컵을 놓았을 때 찍을 수 없는 사진을 찾아 기호를 써 보세요.

보기

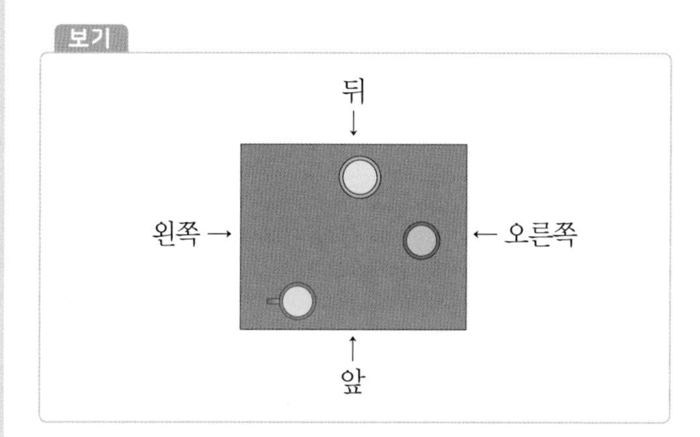

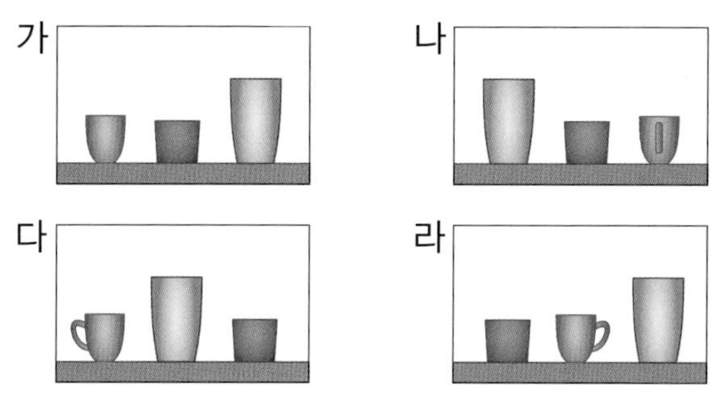

해결하기

1단계 왼쪽에서 찍을 수 있는 사진은 ☐ 입니다.

오른쪽에서 찍을 수 있는 사진은 ☐ 입니다.

앞에서 찍을 수 있는 사진은 ☐ 입니다.

2단계 찍을 수 없는 사진은 ☐ 입니다.

2-1

보기 와 같이 주전자, 컵, 냄비를 놓았을 때 찍을 수 없는 사진을 찾아 기호를 써 보세요.

보기

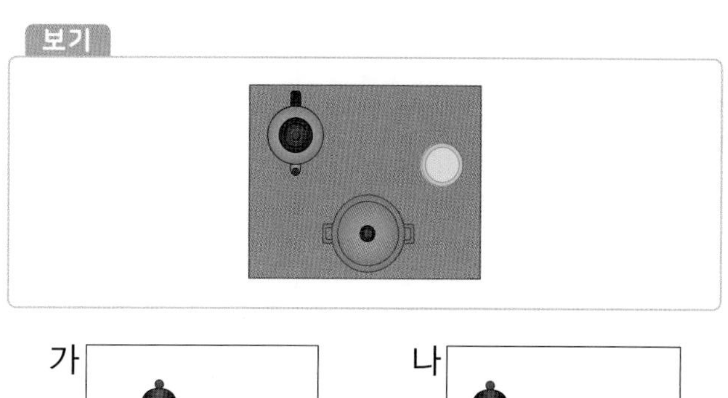

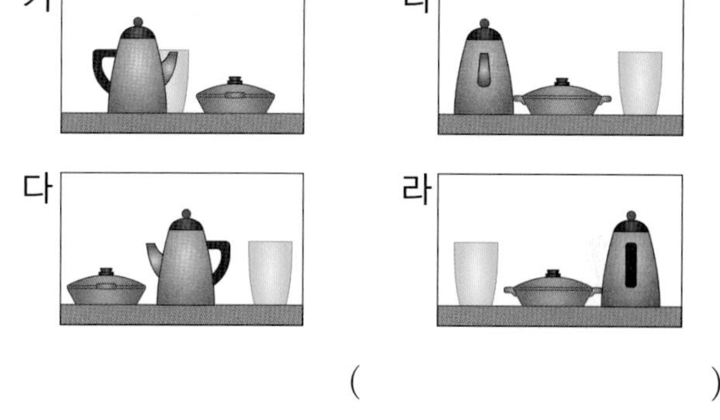

(　　　　　　　　)

2-2

보기 와 같이 케이크, 물병, 초를 놓았을 때 찍을 수 없는 사진을 찾아 기호를 써 보세요.

보기

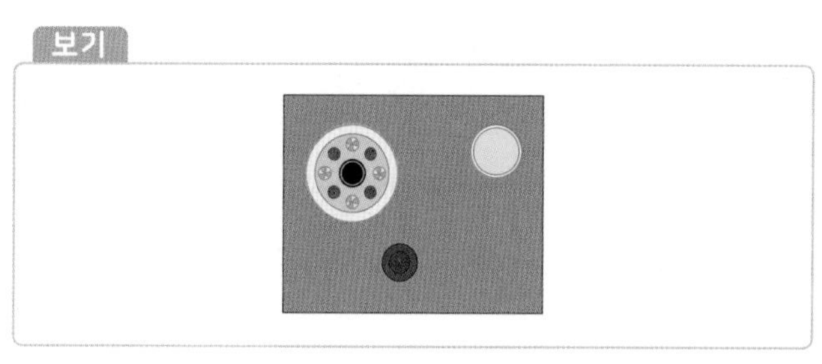

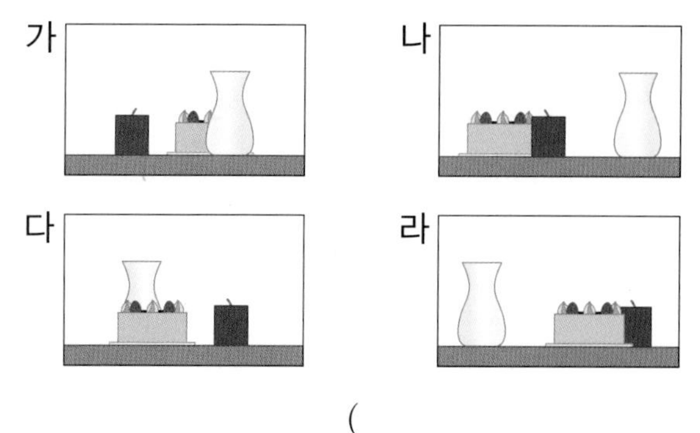

(　　　　　　　　)

개념 1 쌓은 모양과 위에서 본 모양으로 알아보기

이미 배운 똑같은 모양으로 쌓기

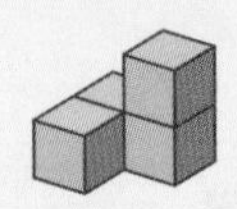

똑같은 모양으로 쌓으려면 쌓기나무가 4개 필요합니다.

새로 배울 위에서 본 모양

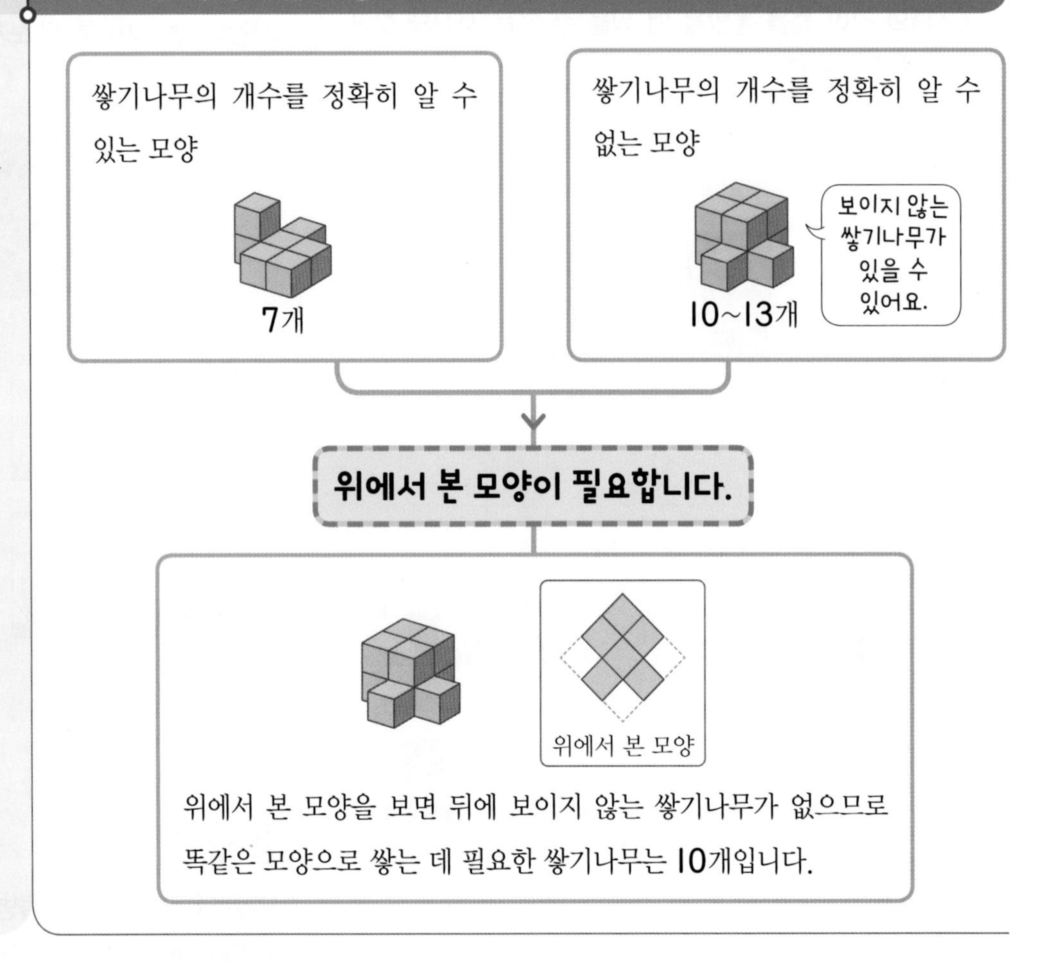

쌓기나무로 쌓은 모양 + 위에서 본 모양 ➡ 쌓기나무의 개수 구하기

위에서 본 모양을 알면 보다 정확한 쌓기나무의 개수를 알 수 있습니다.

[쌓기나무로 쌓은 모양과 위에서 본 모양을 보고 똑같은 모양으로 쌓기]

쌓은 모양과 위에서 본 모양을 보고도 쌓기나무로 쌓은 모양을 정확하게 알 수 없는 경우도 있습니다.

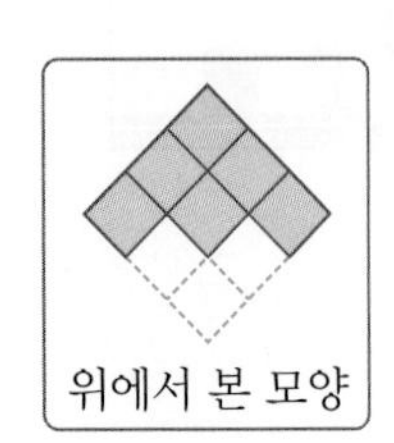

위에서 본 모양

뒤에서 본 모양 ➡

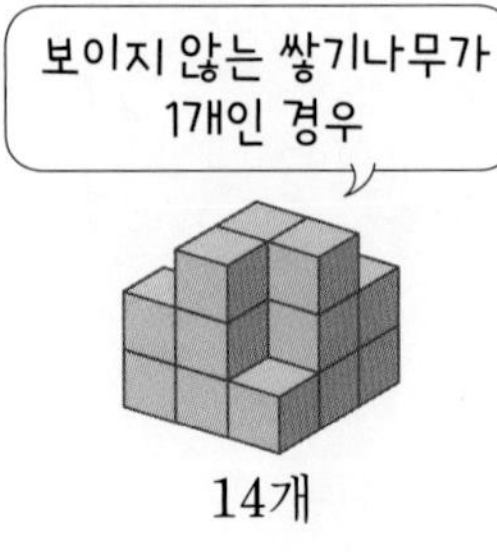

14개

15개

개념 2 위, 앞, 옆에서 본 모양으로 알아보기

이미 배운 여러 방향에서 본 모양

• 어느 방향에서 본 모양인지 알아보기

새로 배울 위, 앞, 옆에서 본 모양

쌓기나무로 쌓은 모양을 보고 위, 앞, 옆에서 본 모양 그리기

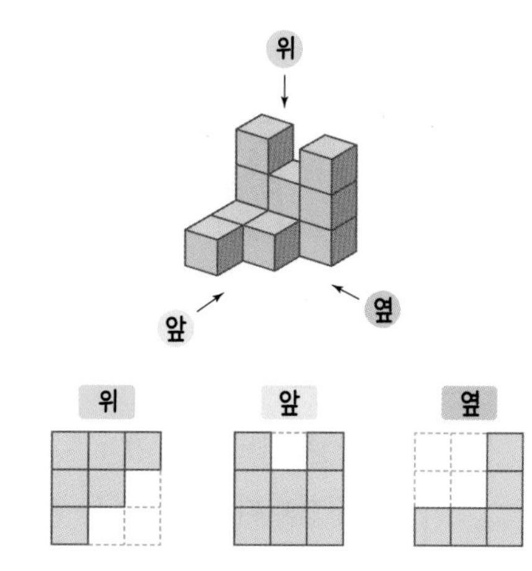

위 앞 옆

위와 아래, 앞과 뒤, 오른쪽과 왼쪽에서 본 모양이 서로 대칭이므로 위, 앞, 옆에서 본 모양만 나타내도 돼요.

• 위에서 본 모양은 바닥에 닿는 면의 모양과 같게 그립니다.
• 앞과 옆에서 본 모양은 각 방향에서 가장 높은 층의 모양과 같게 그립니다.

앞에서 본 모양은 왼쪽에서부터 3층, 2층, 3층이에요.

옆에서 본 모양은 왼쪽에서부터 1층, 1층, 3층이에요.

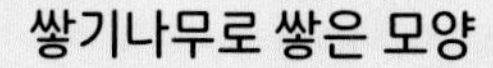

위에서 본 모양	앞에서 본 모양	옆에서 본 모양
➡ 바닥에 닿는 면의 모양	➡ 각 방향에서 가장 높은 층의 모양	➡ 각 방향에서 가장 높은 층의 모양

[위, 앞, 옆에서 본 모양을 보고 쌓은 모양과 쌓기나무의 개수 구하기]

위 앞 옆

(㉠ ㉡ / ㉢ ㉣ ㉤ / ㉥)

• 옆에서 본 모양을 보면 ㉢, ㉣, ㉤, ㉥에 쌓인 쌓기나무는 각각 1개입니다.
• 앞에서 본 모양을 보면 ㉠에 쌓인 쌓기나무는 2개, ㉡에 쌓인 쌓기나무는 3개입니다.

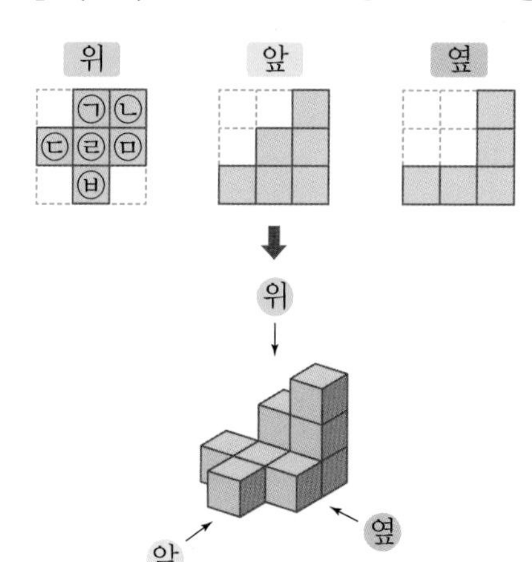

1층에 6개, 2층에 2개, 3층에 1개이므로 똑같은 모양으로 쌓는 데 필요한 쌓기나무는 $6+2+1=9$(개)입니다.

개념 3 위에서 본 모양에 수를 써서 알아보기

이미 배운 위, 앞, 옆에서 본 모양

• 쌓기나무로 쌓은 모양을 보고 위, 앞, 옆에서 본 모양 그리기

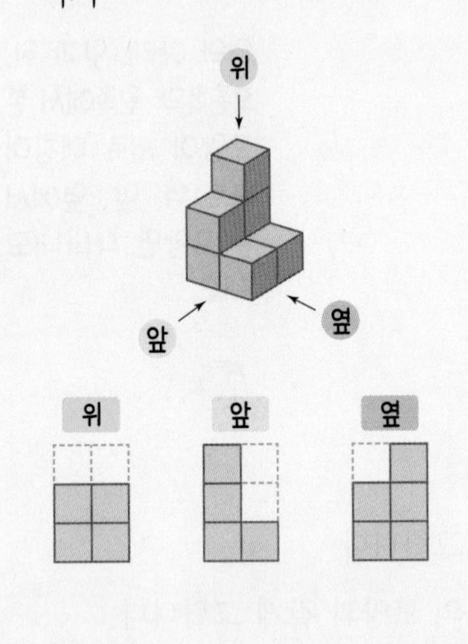

새로 배울 위에서 본 모양에 수를 쓰기

쌓기나무로 쌓은 모양을 보고 위에서 본 모양에 수를 써서 나타내기

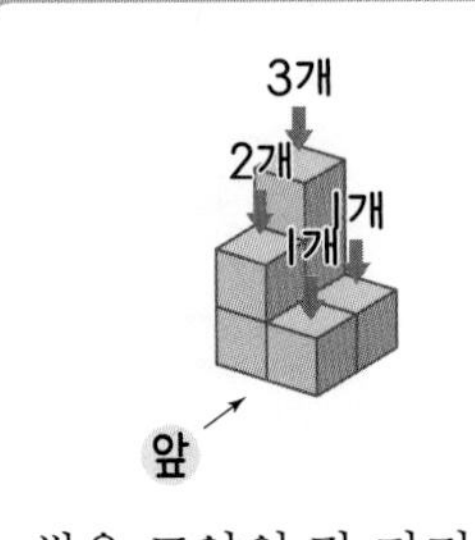

쌓은 모양의 각 자리에 쌓은 쌓기나무의 개수를 구합니다.

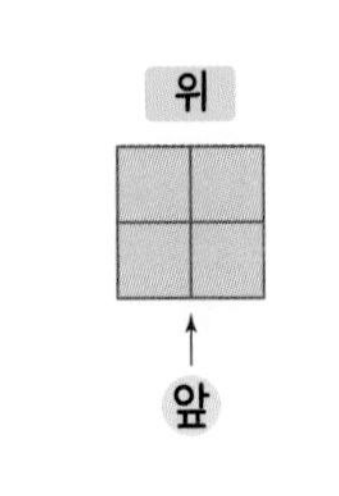

쌓은 모양을 위에서 본 모양을 그립니다.

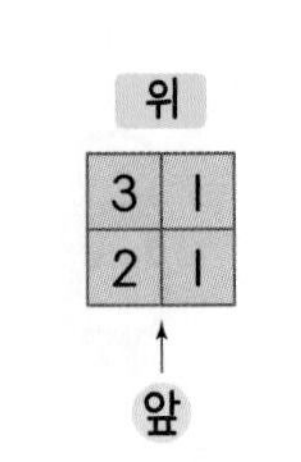

위에서 본 모양의 각 자리에 쌓은 쌓기나무의 개수를 씁니다.

사용한 쌓기나무의 개수는 위에서 본 모양에 쓰인 수를 모두 더하면 돼요.

사용한 쌓기나무는 3+1+2+1=7(개)예요.

쌓기나무로 쌓은 모양 ➡ 위에서 본 모양을 그리기 ➡ 위에서 본 모양에 수를 써서 나타내기

위에서 본 모양에 수를 써서 나타내면 쌓은 모양을 정확하게 알 수 있습니다.

[위에서 본 모양에 수를 쓴 것을 보고 쌓은 모양과 쌓기나무의 개수 알아보기]

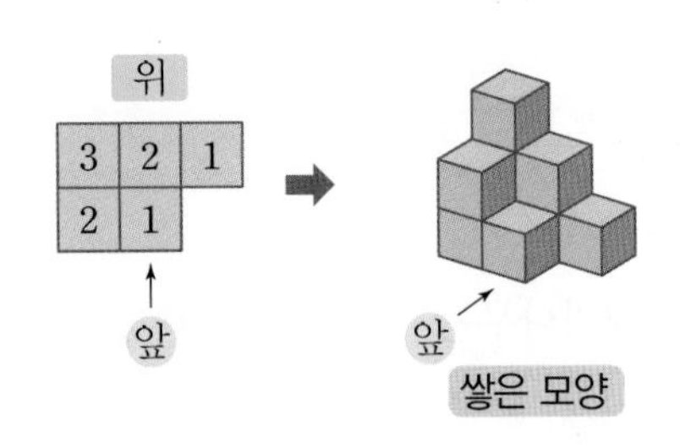

똑같은 모양으로 쌓는 데 필요한 쌓기나무는 $3+2+1+2+1=9$(개)입니다.

[위에서 본 모양에 수를 쓴 것을 보고 앞과 옆에서 본 모양 그리기]

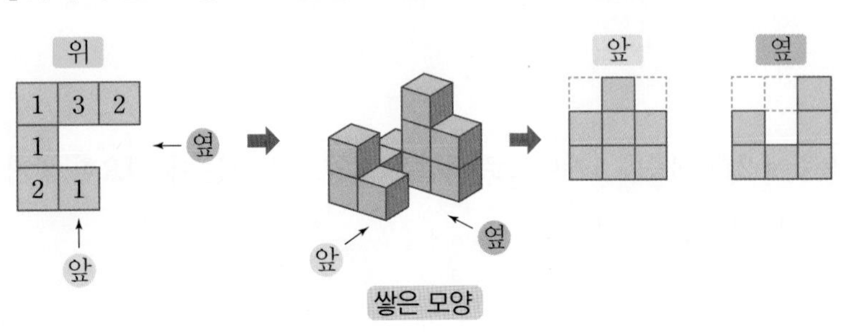

개념 4 층별로 나타낸 모양으로 알아보기

이미 배운 위에서 본 모양에 수 쓰기

- 쌓기나무로 쌓은 모양을 보고 위에서 본 모양에 수를 써서 나타내기

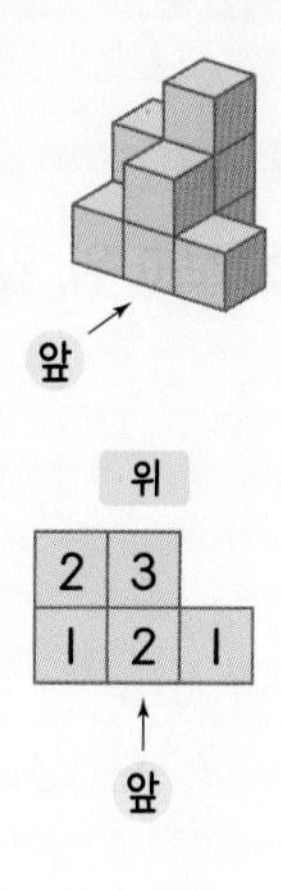

새로 배울 층별로 나타낸 모양

쌓기나무로 쌓은 모양을 보고 층별로 나타낸 모양 그리기

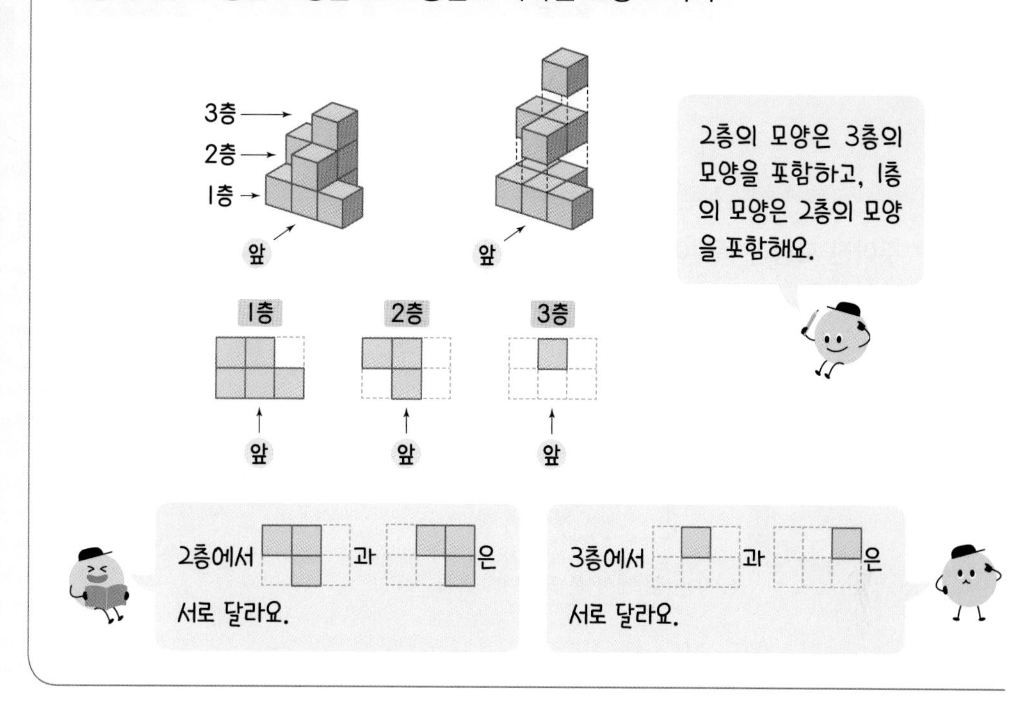

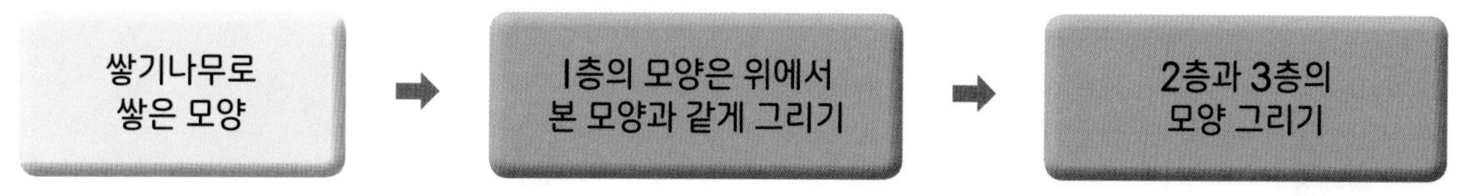

각 층에 쌓은 쌓기나무의 개수는 층별로 나타낸 모양에서 색칠한 칸의 수와 같습니다.

[층별로 나타낸 모양을 보고 쌓은 모양과 쌓기나무의 개수 알아보기]

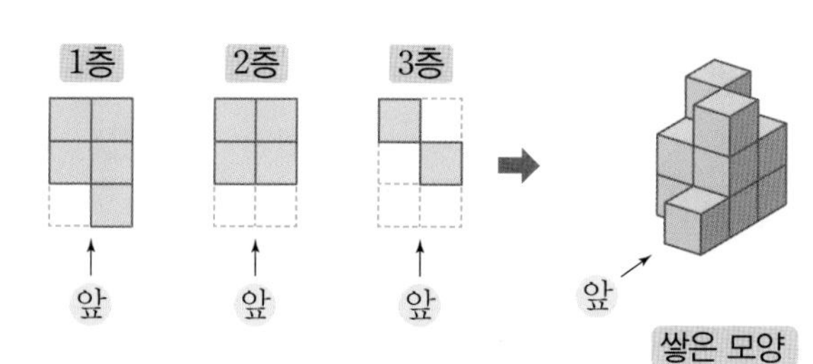

1층에 5개, 2층에 4개, 3층에 2개이므로 똑같은 모양으로 쌓는 데 필요한 쌓기나무는 $5+4+2=11$(개)입니다.

[층별로 나타낸 모양을 보고 위에서 본 모양에 수를 써서 나타내기]

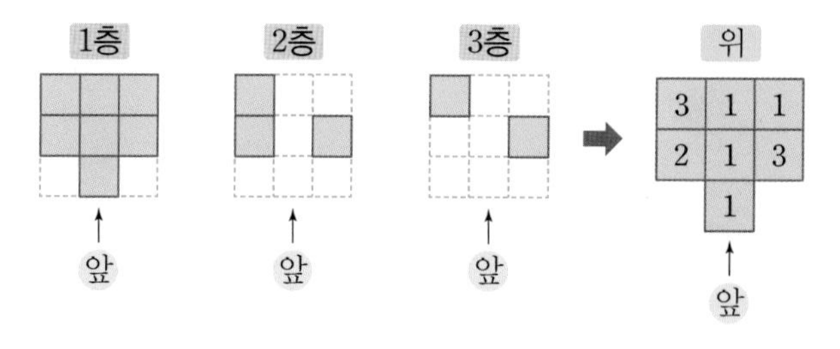

위

3	1	1
2	1	3
	1	

앞

수해력을 확인해요

• 똑같이 쌓는 데 필요한 쌓기나무의 개수 구하기

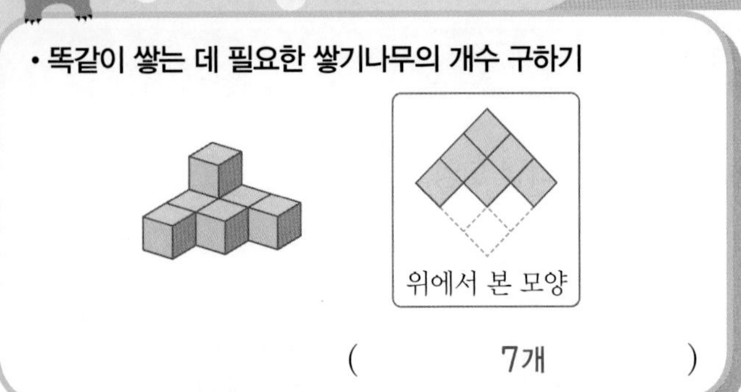

(7개)

• 쌓기나무로 쌓은 모양을 보고 위, 앞, 옆에서 본 모양 그리기

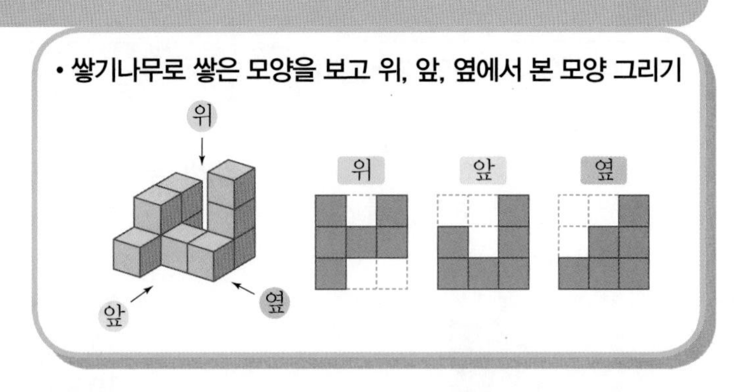

01~04 주어진 모양과 똑같이 쌓는 데 필요한 쌓기나무의 개수를 구해 보세요.

05~08 쌓기나무 9개로 쌓은 모양을 보고 위, 앞, 옆에서 본 모양을 각각 그려 보세요.

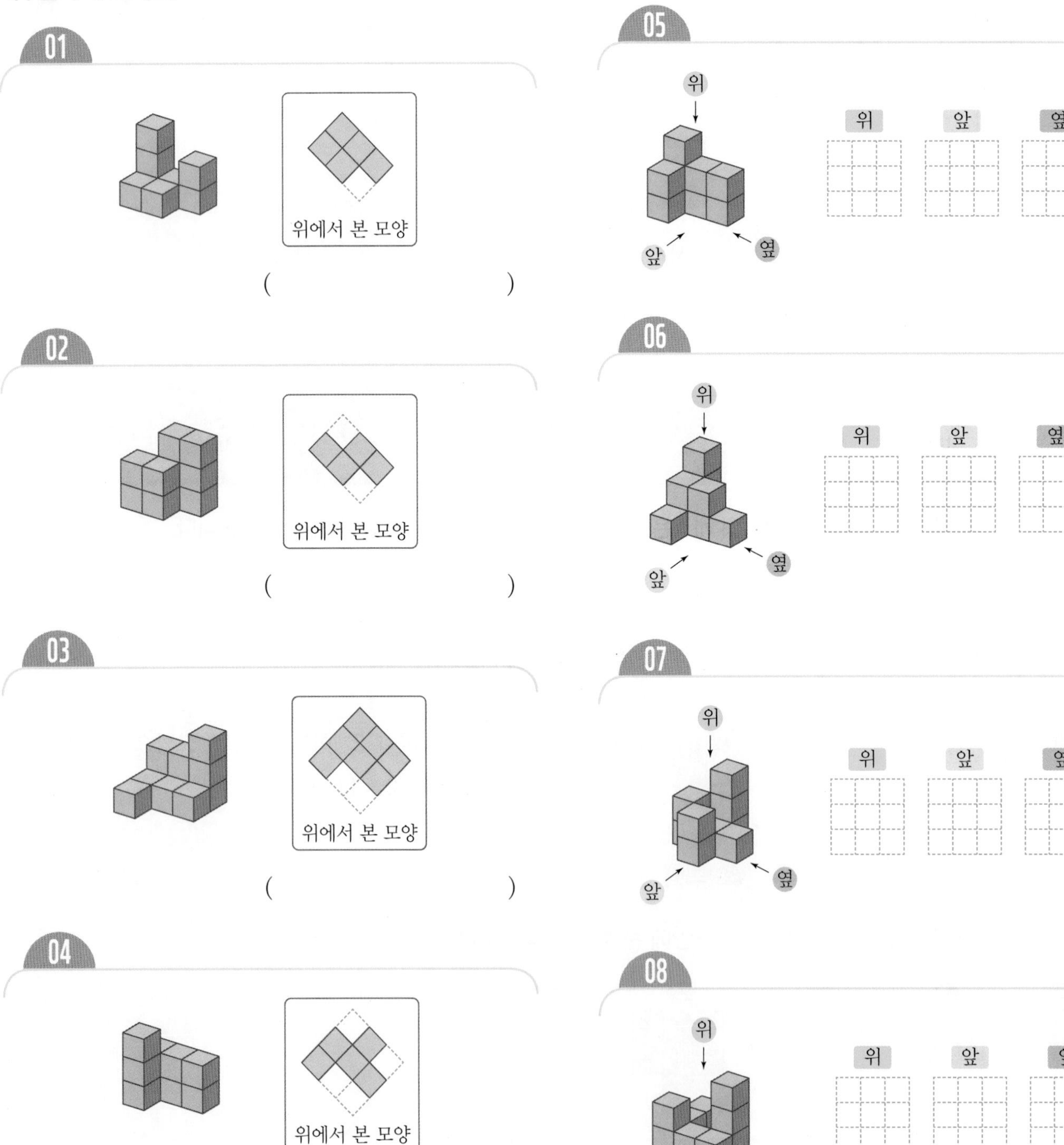

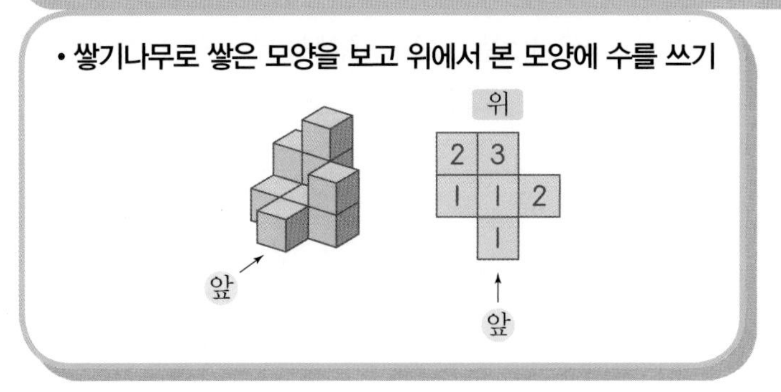

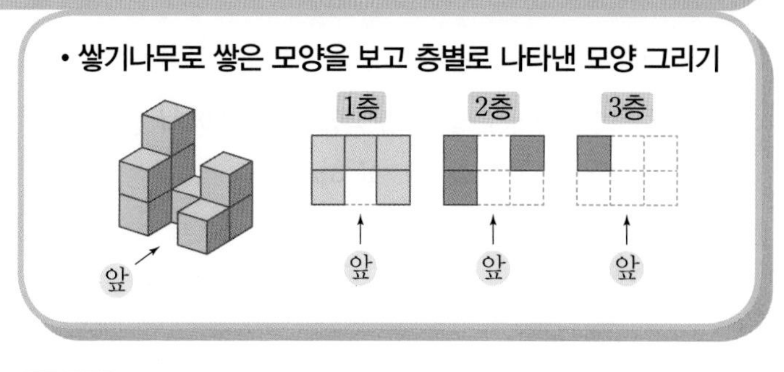

09~12 쌓기나무로 쌓은 모양을 보고 위에서 본 모양에 수를 써 보세요.

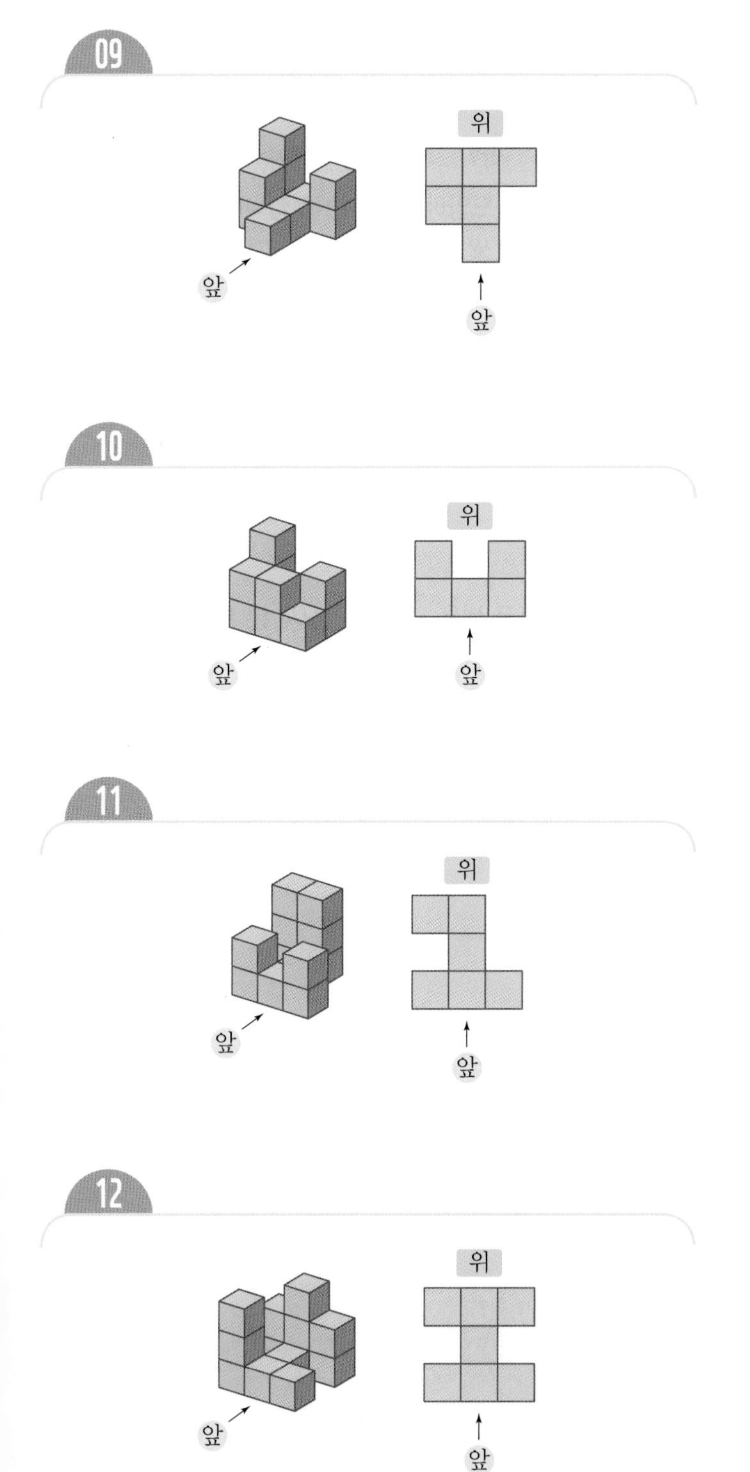

13~16 쌓기나무로 쌓은 모양과 1층 모양을 보고 2층과 3층 모양을 각각 그려 보세요.

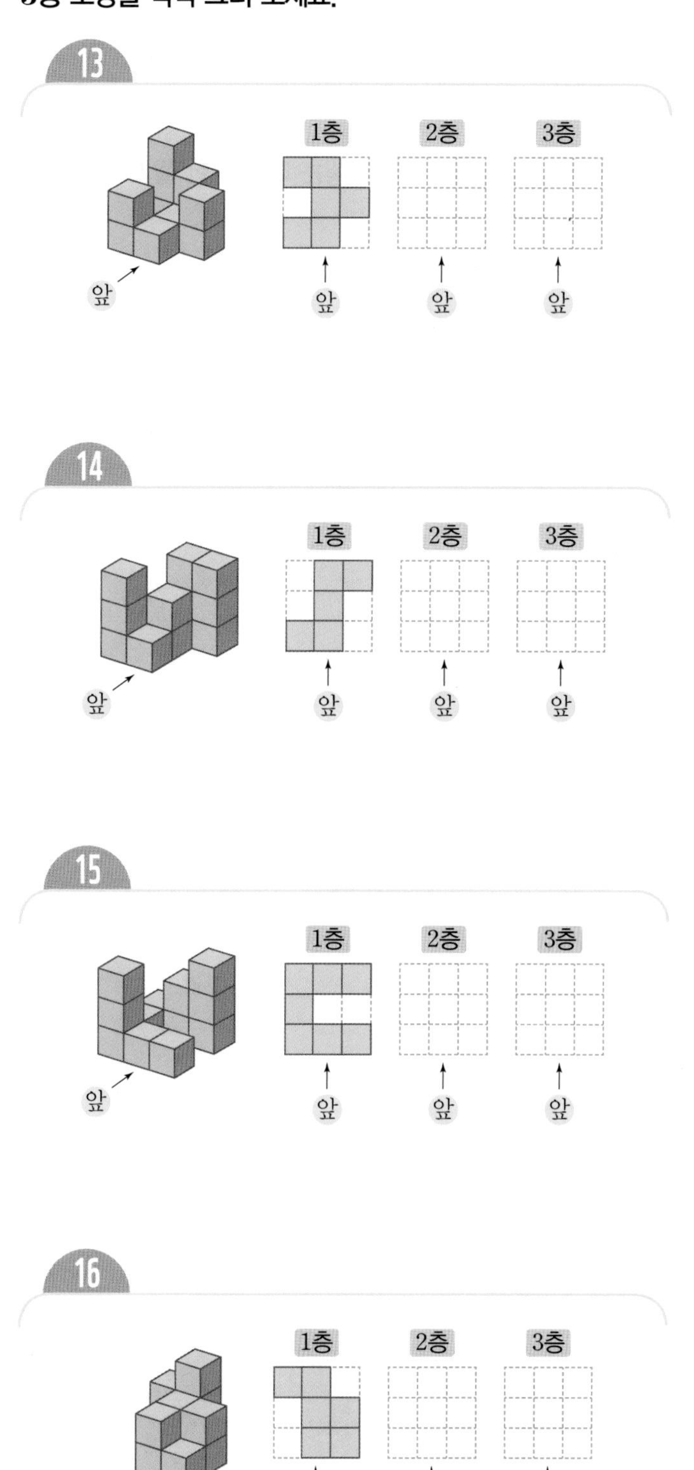

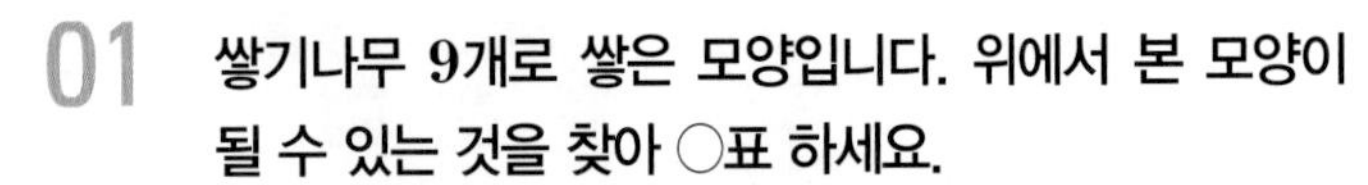

수해력을 높여요

01 쌓기나무 9개로 쌓은 모양입니다. 위에서 본 모양이 될 수 있는 것을 찾아 ○표 하세요.

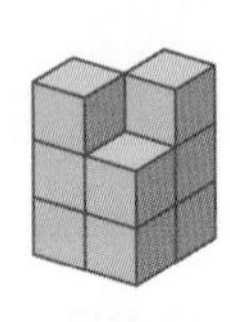

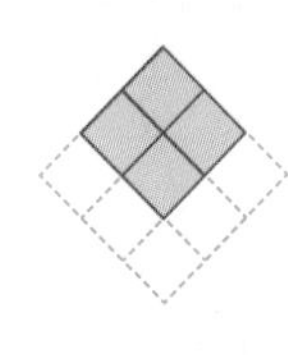

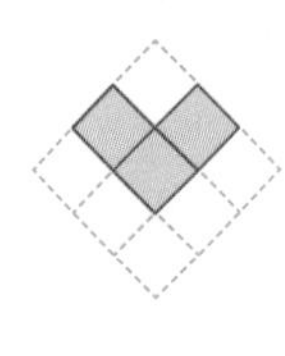

(　　　) (　　　)

02 주어진 모양과 똑같이 쌓는 데 필요한 쌓기나무의 개수를 구해 보세요.

(　　　　　　　)

03 쌓기나무로 쌓은 모양을 보고 위에서 본 모양에 수를 써 보세요.

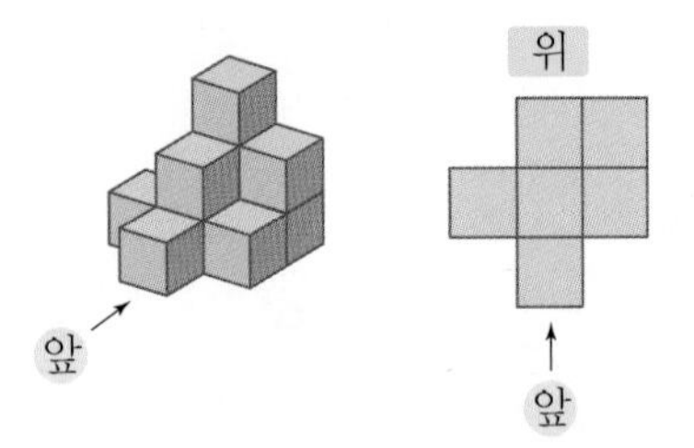

04 쌓기나무 11개로 쌓은 모양입니다. 위, 앞, 옆에서 본 모양을 각각 그려 보세요.

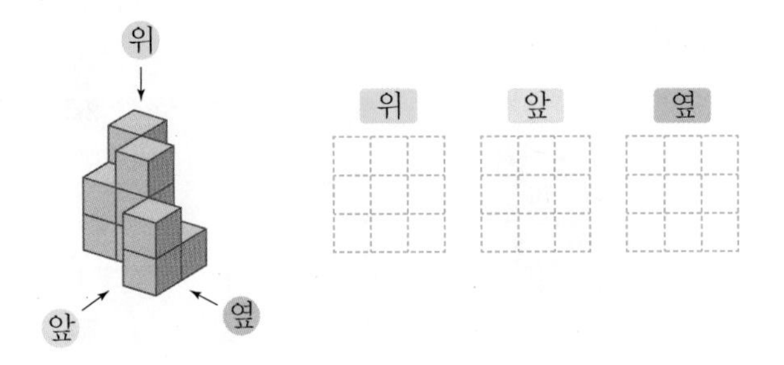

05 쌓기나무로 쌓은 모양을 위에서 본 모양에 수를 쓴 것을 보고 쌓은 모양을 찾아 ○표 하세요.

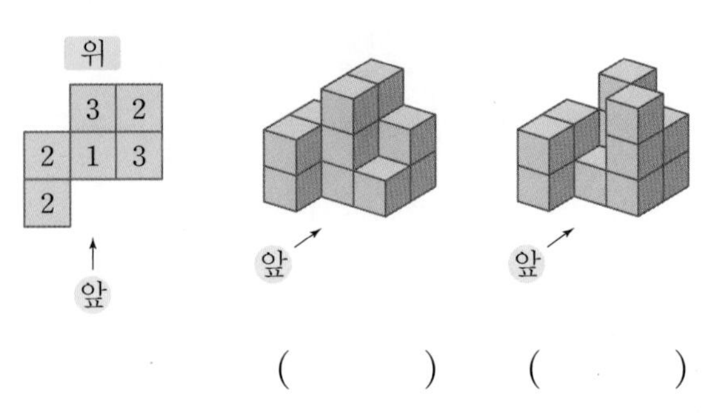

(　　　) (　　　)

06 오른쪽은 쌓기나무로 쌓은 모양을 보고 위에서 본 모양에 수를 쓴 것입니다. 2층에 쌓은 쌓기나무는 몇 개인지 구해 보세요.

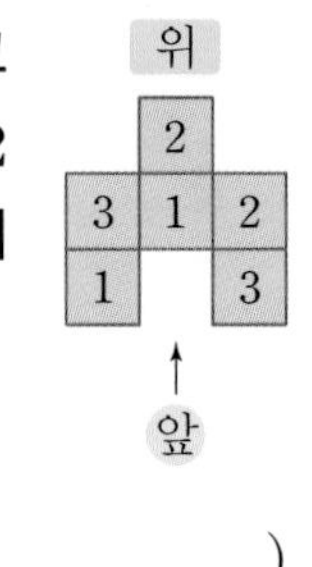

(　　　　　　　)

07 쌓기나무로 쌓은 모양을 위에서 본 모양에 수를 쓴 것을 보고 앞에서 본 모양을 그렸습니다. 관계있는 것끼리 이어 보세요.

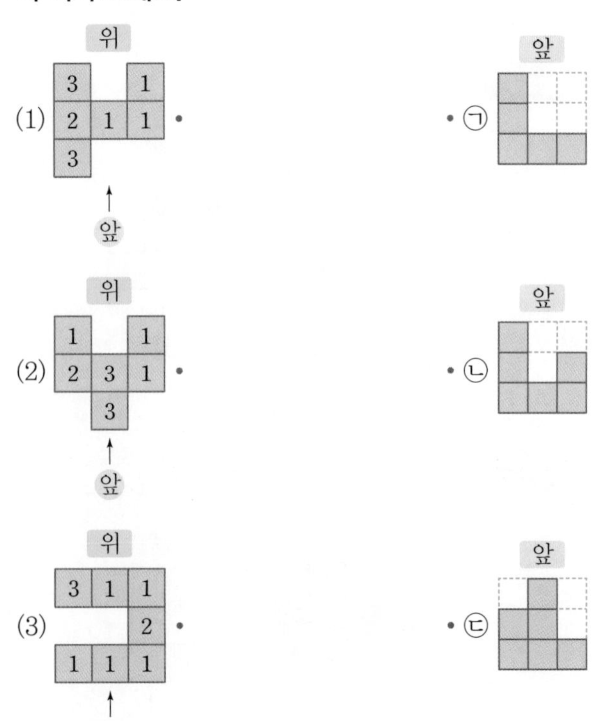

08

쌓기나무로 쌓은 모양을 층별로 나타낸 모양입니다. 똑같은 모양으로 쌓는 데 필요한 쌓기나무의 개수를 구해 보세요.

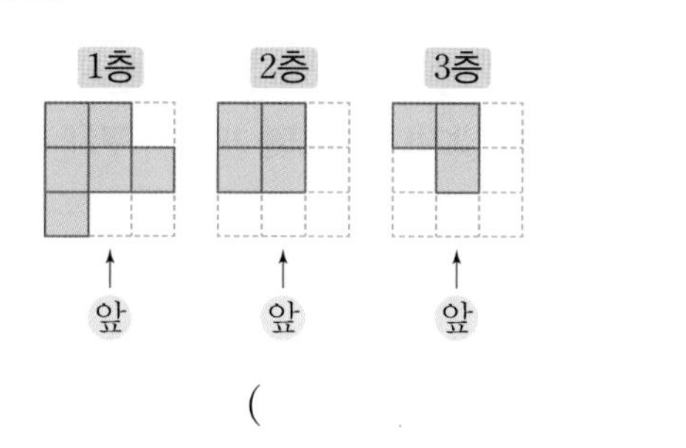

( )

09

쌓기나무로 쌓은 모양을 층별로 나타낸 모양을 보고 위에서 본 모양에 수를 써 보세요.

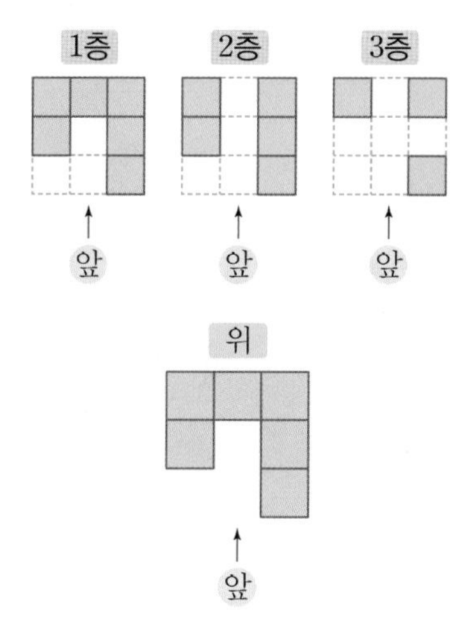

10

쌓기나무로 쌓은 모양에서 빨간색 쌓기나무 3개를 빼낸 모양을 층별로 나타내려고 합니다. 2층과 3층 모양을 각각 그려 보세요.

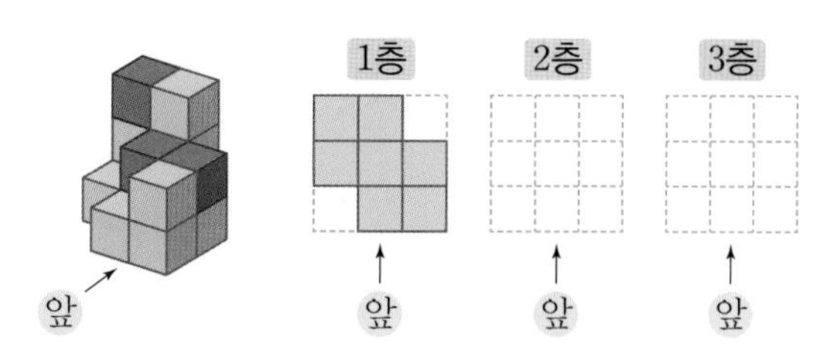

11 실생활 활용

영준이가 쌓기나무로 쌓은 모양을 거울에 비춘 모습입니다. 위에서 본 모양을 그려 보세요.

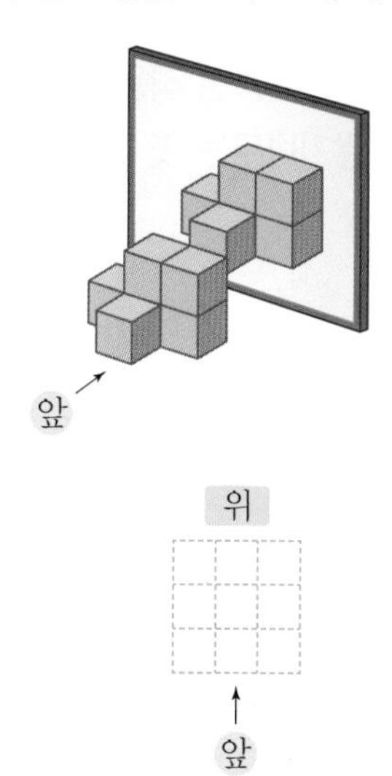

위

앞

12 교과 융합

곧게 나아가는 빛이 물체를 통과하지 못하면 물체 모양과 비슷한 그림자가 물체 뒤에 생깁니다. 쌓기나무 9개로 쌓은 모양의 ㉠ 자리에 쌓기나무 2개를 더 쌓은 후 앞에서 손전등을 비추었을 때 뒤에 생기는 그림자의 모양을 그려 보세요.

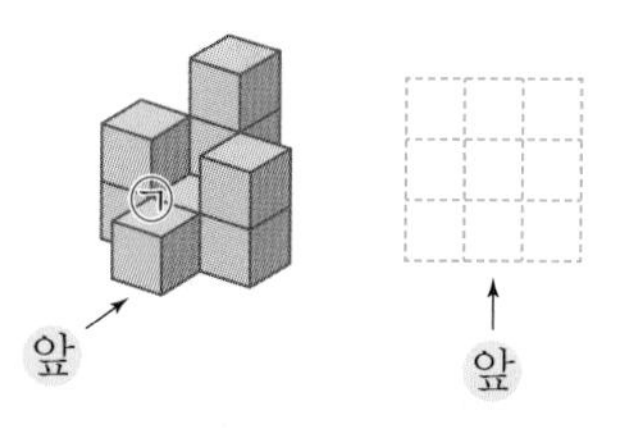

수해력을 완성해요

대표 응용 1 쌓기나무를 쌓아 직(정)육면체 만들기

쌓기나무로 쌓은 모양과 위에서 본 모양이 다음과 같을 때 쌓기나무를 더 쌓아 가장 작은 직육면체를 만들려고 합니다. 더 필요한 쌓기나무는 몇 개인지 구해 보세요.

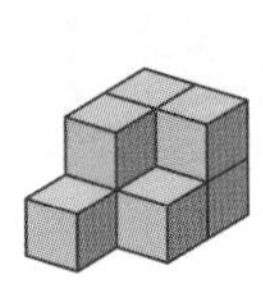

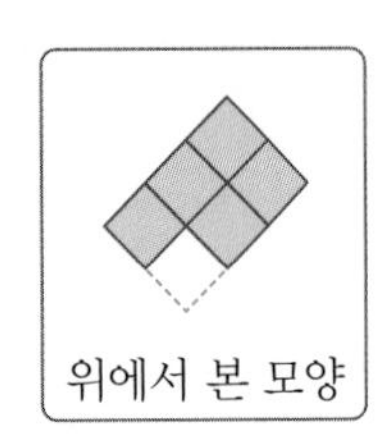
위에서 본 모양

해결하기

1단계 만들 수 있는 가장 작은 직육면체는 가로 2개, 세로 □개, 높이 □개씩인 모양이므로 쌓기나무 $2\times$□$\times$□$=$□(개)로 쌓아야 합니다.

2단계 사용한 쌓기나무는 □개입니다.

3단계 더 필요한 쌓기나무는 □$-$□$=$□(개)입니다.

1-1

쌓기나무로 쌓은 모양과 위에서 본 모양이 다음과 같을 때 쌓기나무를 더 쌓아 가장 작은 직육면체를 만들려고 합니다. 더 필요한 쌓기나무는 몇 개인지 구해 보세요.

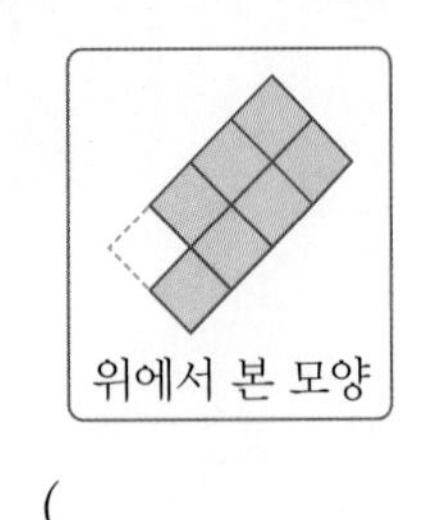
위에서 본 모양

(　　　　　　　　)

1-2

쌓기나무로 쌓은 모양과 위에서 본 모양이 다음과 같을 때 쌓기나무를 더 쌓아 가장 작은 정육면체를 만들려고 합니다. 더 필요한 쌓기나무는 몇 개인지 구해 보세요.

위에서 본 모양

(　　　　　　　　)

1-3

쌓기나무로 쌓은 모양과 위에서 본 모양이 다음과 같을 때 쌓기나무를 더 쌓아 가장 작은 정육면체를 만들려고 합니다. 더 필요한 쌓기나무는 몇 개인지 구해 보세요.

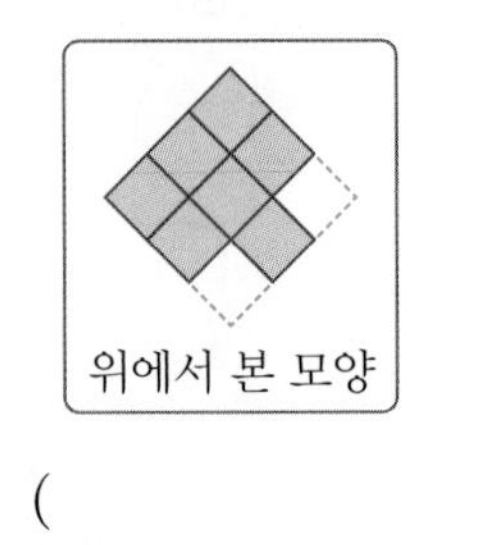
위에서 본 모양

(　　　　　　　　)

1-4

쌓기나무로 쌓은 모양을 보고 위에서 본 모양에 수를 쓴 것입니다. 쌓기나무를 더 쌓아 가장 작은 정육면체를 만들 때 더 필요한 쌓기나무는 몇 개인지 구해 보세요.

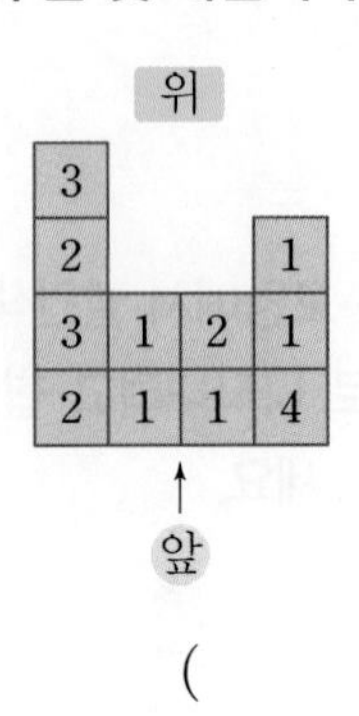

(　　　　　　　　)

대표 응용 2 똑같은 모양으로 쌓는 데 필요한 쌓기나무의 개수 구하기

쌓기나무로 쌓은 모양을 위, 앞, 옆에서 본 모양입니다. 똑같은 모양으로 쌓는 데 필요한 쌓기나무는 몇 개인지 구해 보세요.

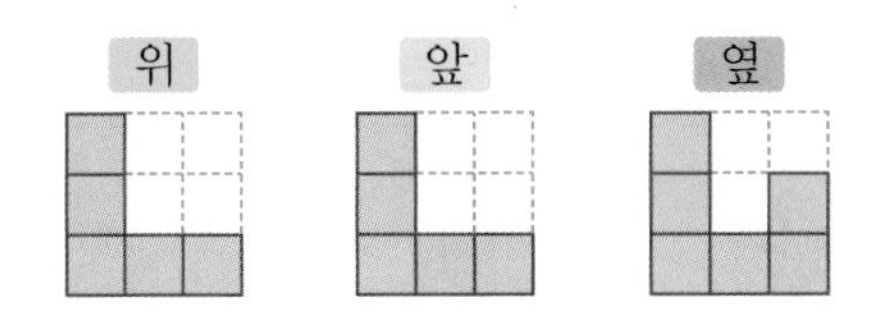

해결하기

1단계 위에서 본 모양의 각 자리에 쌓인 쌓기나무의 개수를 써넣으면 다음과 같습니다.

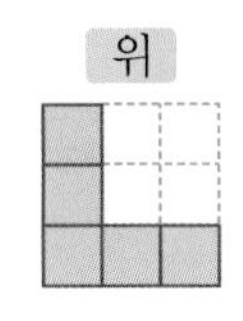

2단계 똑같은 모양으로 쌓는 데 필요한 쌓기나무는

2+□+□+□+□=□(개)

입니다.

2-1

쌓기나무로 쌓은 모양을 위, 앞, 옆에서 본 모양입니다. 똑같은 모양으로 쌓는 데 필요한 쌓기나무는 몇 개인지 구해 보세요.

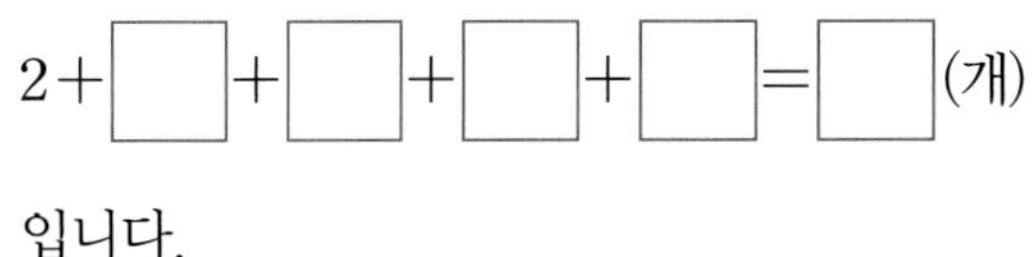

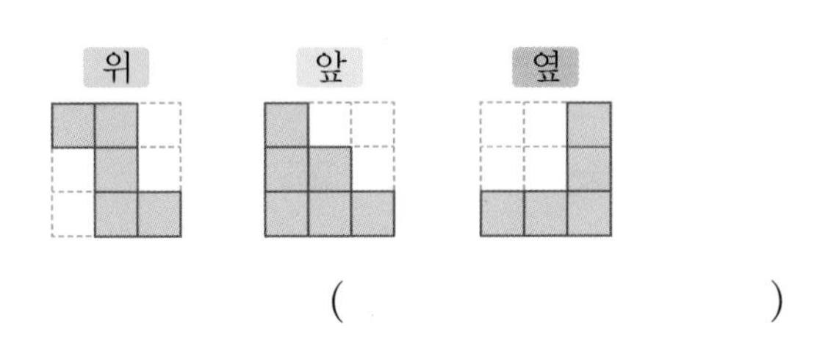

(　　　　　　　　)

2-2

쌓기나무로 쌓은 모양을 위, 앞, 옆에서 본 모양입니다. 똑같은 모양으로 쌓는 데 필요한 쌓기나무는 최소 몇 개인지 구해 보세요.

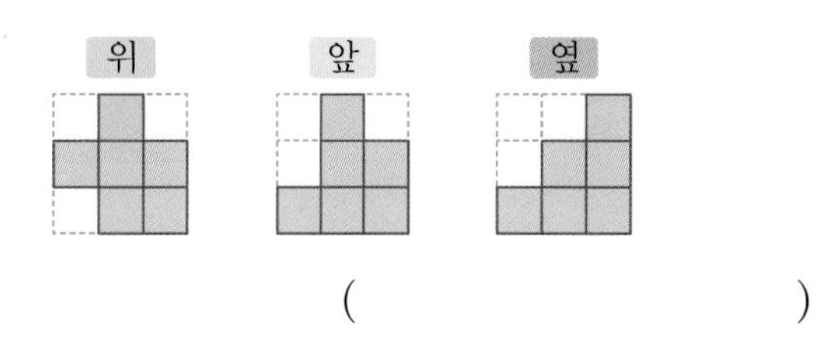

(　　　　　　　　)

2-3

쌓기나무로 쌓은 모양을 위, 앞, 옆에서 본 모양입니다. 똑같은 모양으로 쌓는 데 필요한 쌓기나무는 최대 몇 개인지 구해 보세요.

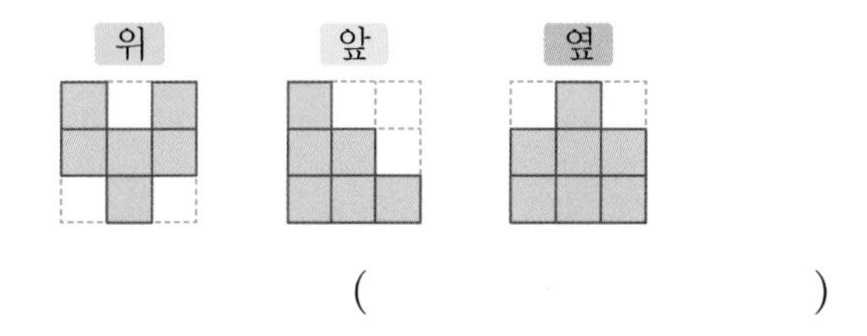

(　　　　　　　　)

2-4

쌓기나무로 쌓은 모양을 위, 앞, 옆에서 본 모양입니다. 똑같은 모양으로 쌓는 데 필요한 쌓기나무가 가장 많을 때와 가장 적을 때의 개수의 차는 몇 개인지 구해 보세요.

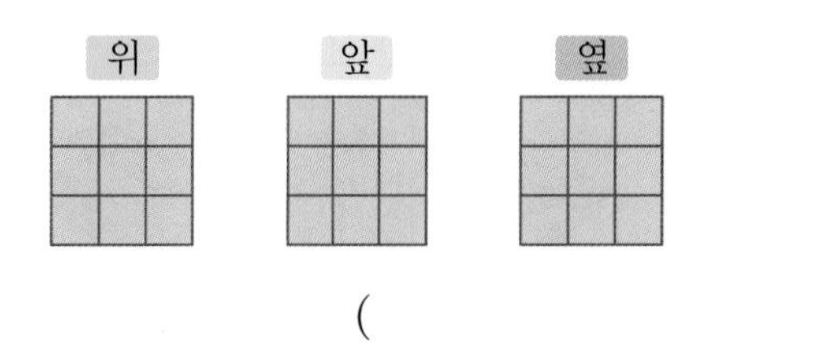

(　　　　　　　　)

개념 1 쌓기나무 4개로 모양 만들기

이미 배운 모양 만들기

• 쌓기나무 2개로 여러 가지 모양 만들기

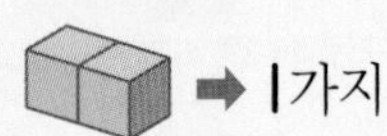

• 쌓기나무 3개로 여러 가지 모양 만들기

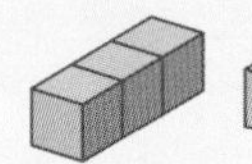
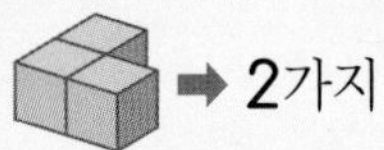

새로 배울 쌓기나무 4개로 모양 만들기

쌓기나무 4개로 만들 수 있는 서로 다른 모양 알아보기

모양	쌓기나무 1개를 더 붙여서 만들 수 있는 모양	가짓수
		3가지
		7가지

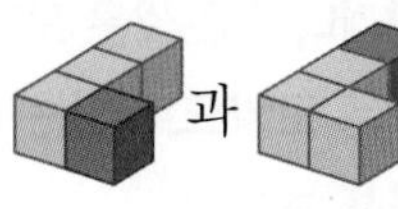
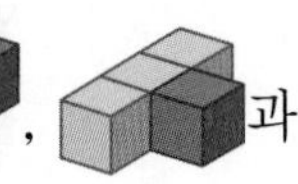
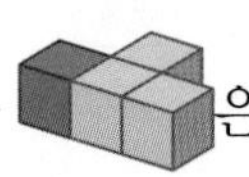

과 , 과 은 모양이 같으므로 한 가지로 생각합니다.

➡ 쌓기나무 4개로 만들 수 있는 서로 다른 모양은 모두 8가지입니다.

뒤집거나 돌렸을 때 모양이 같으면 같은 모양이에요.

쌓기나무로 3개로 만들 수 있는 모양 ➡ 2가지 ➡ 쌓기나무 1개를 더 붙이기 ➡ 쌓기나무로 4개로 만들 수 있는 모양 ➡ 8가지

모양을 만들 때 같은 모양은 한 가지로 생각합니다.

[뒤집거나 돌려서 만들 수 있는 같은 모양]

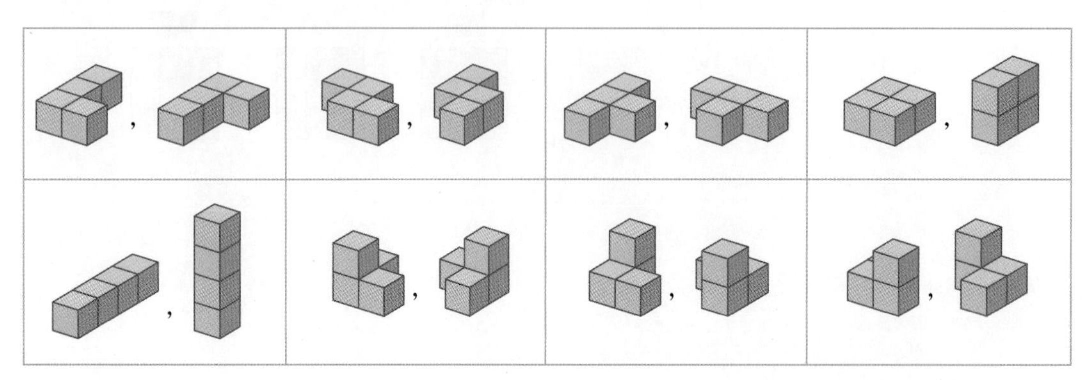

개념 2 두 가지 모양을 사용하여 모양 만들기

이미 배운 칠교판

- 칠교판 조각으로 여러 가지 모양 만들기

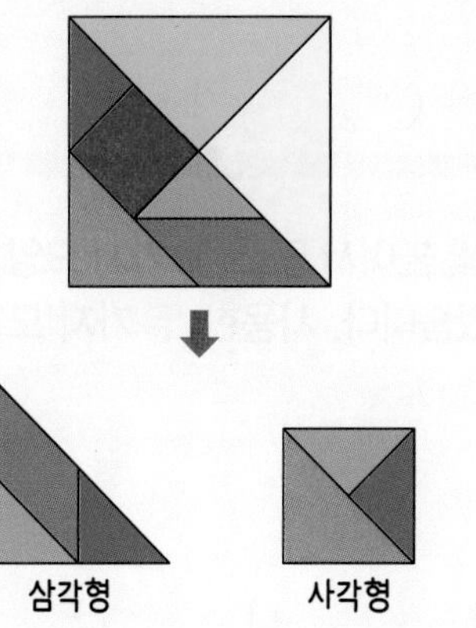

새로 배울 두 가지 모양으로 만들기

쌓기나무를 4개씩 붙여서 만든 두 가지 모양을 사용하여 여러 가지 모양 만들기

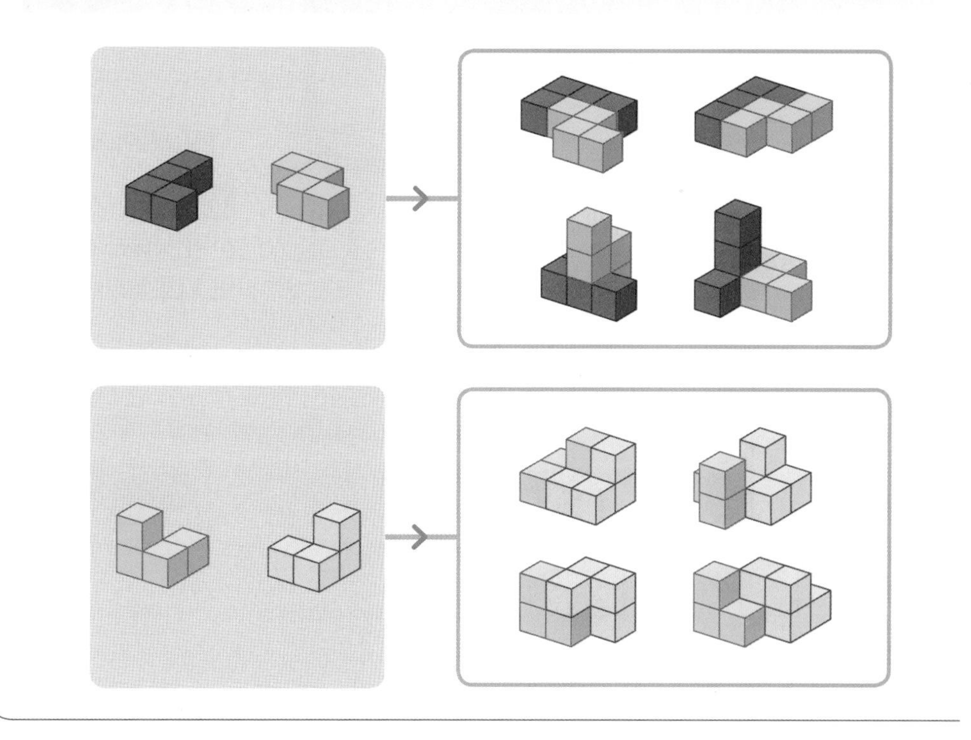

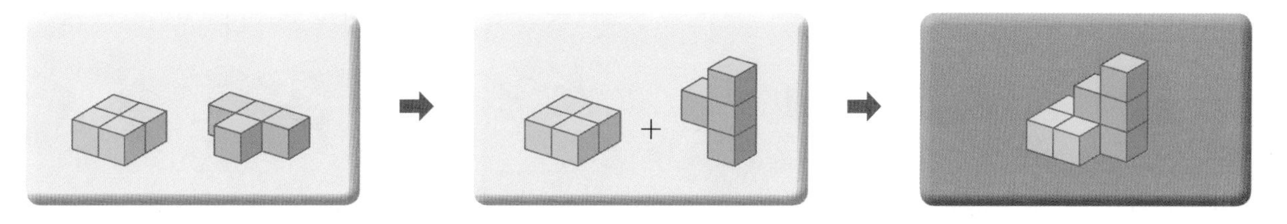

모양을 뒤집거나 돌려 이어 붙여서 새로운 모양을 만들 수 있습니다.

[두 가지 모양을 어떻게 사용하여 새로운 모양을 만들었는지 구분하기]

두 가지 모양	새로운 모양	구분하기

하나의 모양이 들어갈 수 있는 곳을 찾아요.

나머지 모양이 들어갈 수 있는지 알아봐요.

수해력을 확인해요

• 같은 모양 찾기

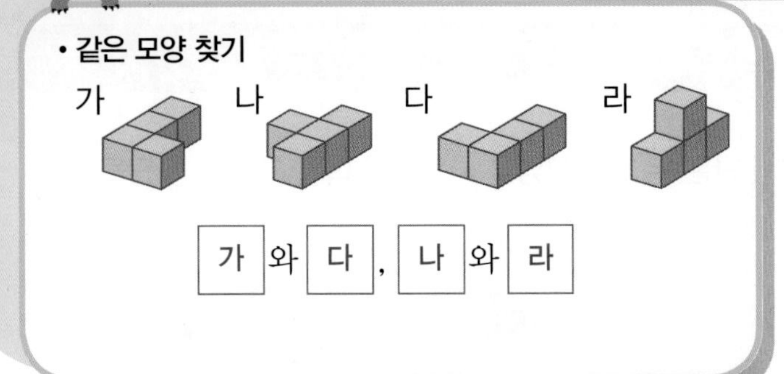

가 와 다 , 나 와 라

01~04 쌓기나무 모양을 뒤집거나 돌렸을 때 같은 모양이 되는 것끼리 기호를 써 보세요.

01

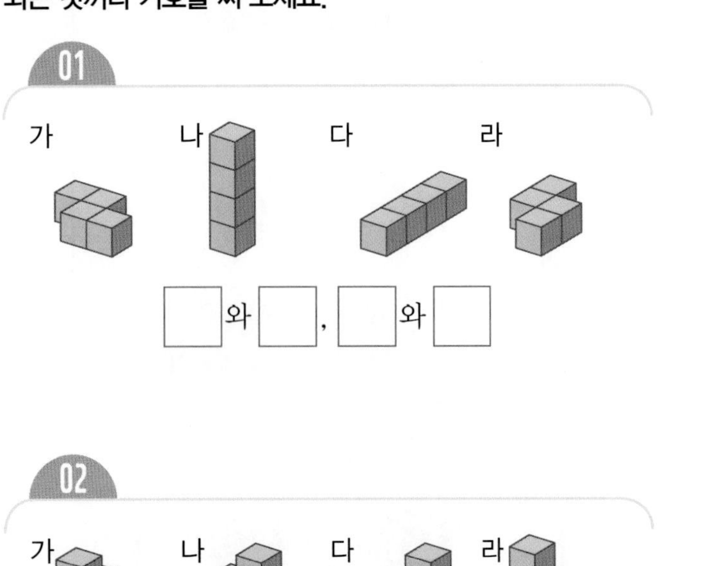

□ 와 □ , □ 와 □

02

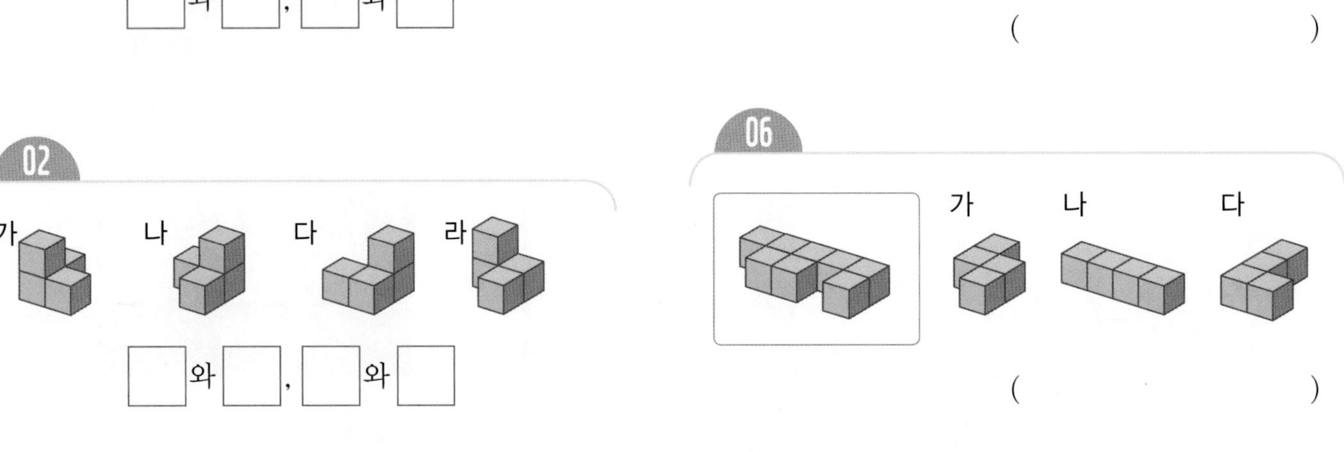

□ 와 □ , □ 와 □

03

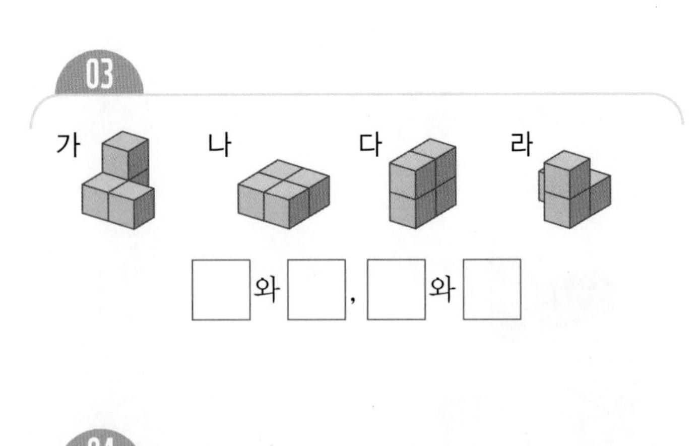

□ 와 □ , □ 와 □

04

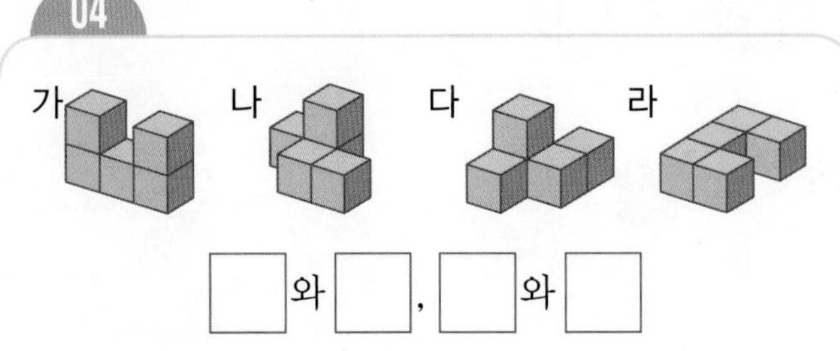

□ 와 □ , □ 와 □

• 사용한 두 가지 모양 찾기

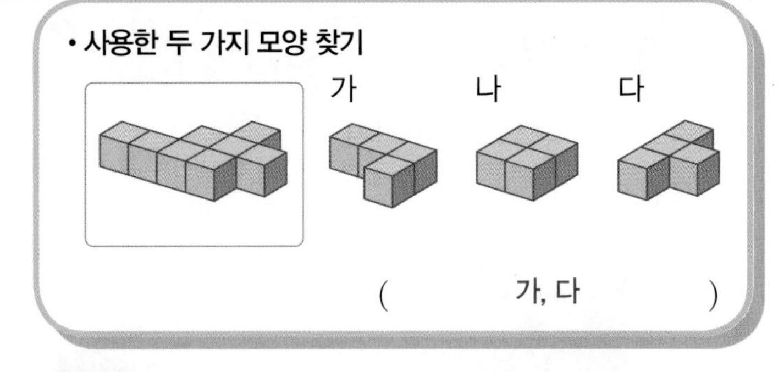

(가, 다)

05~08 쌓기나무를 4개씩 붙여서 만든 두 가지 모양을 사용하여 새로운 모양을 만들었습니다. 사용한 두 가지 모양을 찾아 기호를 써 보세요.

05

가 나 다

( )

06

가 나 다

( )

07

가 나 다

( )

08

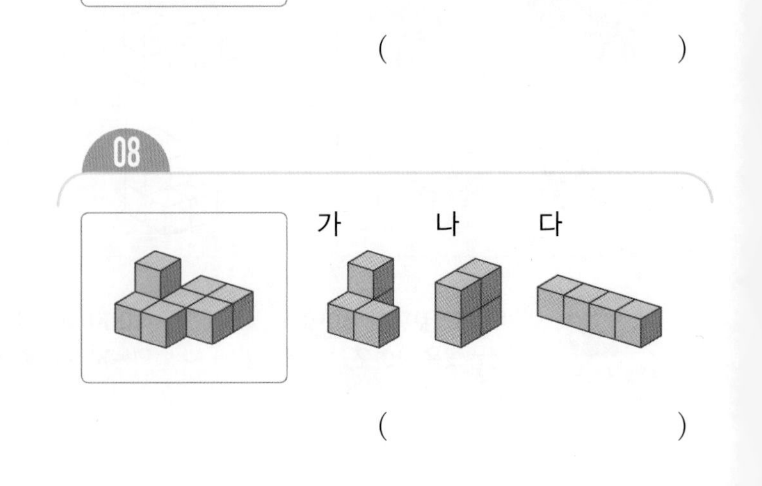

( )

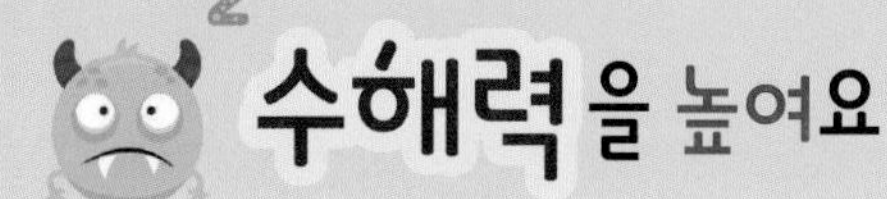

01

쌓기나무 모양을 뒤집거나 돌렸을 때 같은 모양이 되는 것끼리 선으로 이어 보세요.

(1) 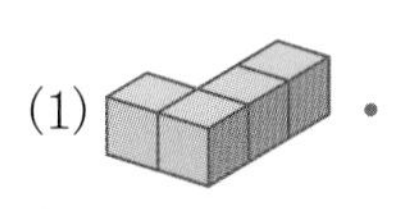 • • ㉠ 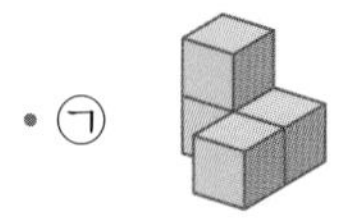

(2) 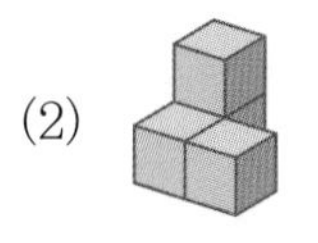 • • ㉡ 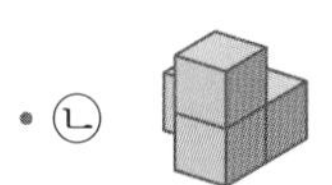

(3) 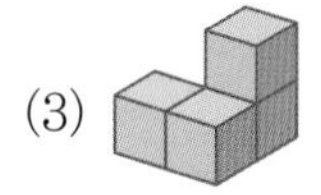 • • ㉢ 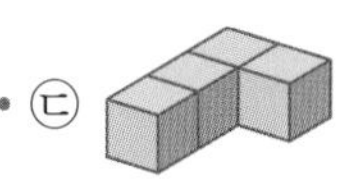

02

모양에 쌓기나무 1개를 더 붙여서 만들 수 있는 모양을 찾아 ○표 하세요.

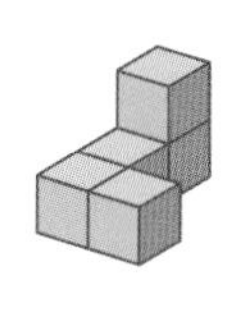 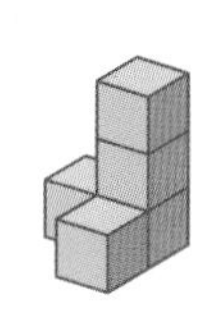 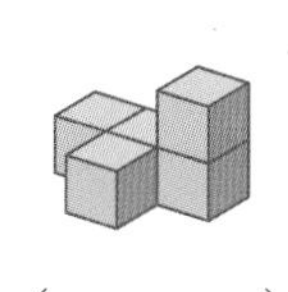

( ) ( ) ( )

03

쌓기나무를 4개씩 붙여서 만든 두 가지 모양을 사용하여 새로운 모양을 만들었습니다. 사용한 두 가지 모양을 찾아 기호를 써 보세요.

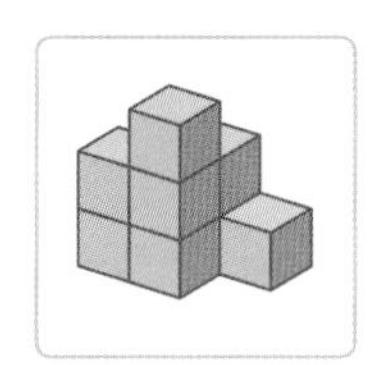

가 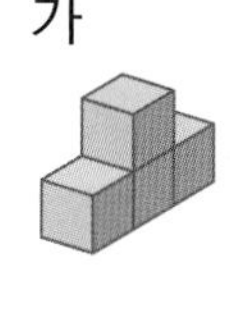 나 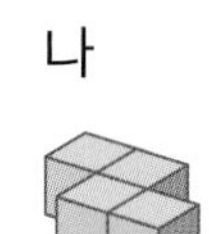 다 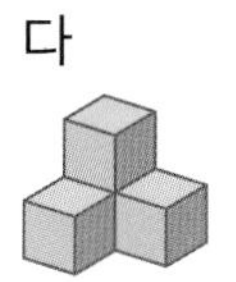

( )

04

쌓기나무를 4개씩 붙여서 만든 두 가지 모양을 사용하여 새로운 모양을 만들었습니다. 어떻게 만들었는지 구분하여 색칠해 보세요.

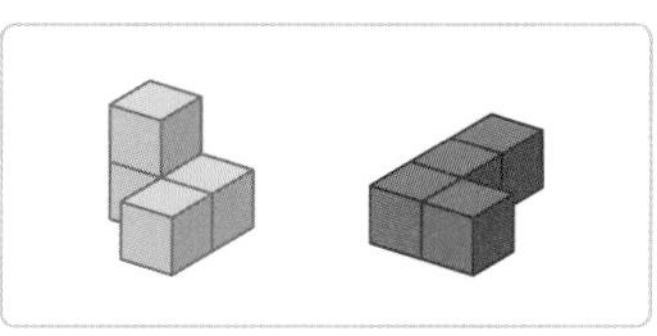 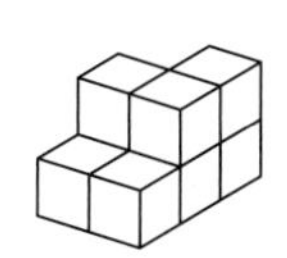

05 실생활 활용

정육면체 모양의 상자 3개를 붙여서 다음과 같이 벽에 맞닿게 놓은 다음 새로운 상자 1개를 더 붙여서 만들 수 있는 모양은 모두 몇 가지인지 구해 보세요. (단, 뒤집거나 돌려서 만들 수 있는 모양은 같은 모양입니다.)

( )

06 교과 융합

자석은 다른 극끼리 끌어당기는 성질이 있습니다. 쌓기나무로 만든 모양에 다음과 같이 극이 다른 자석을 하나씩 붙였습니다. 자석끼리 서로 붙여 만든 모양으로 알맞은 것을 찾아 ○표 하세요.

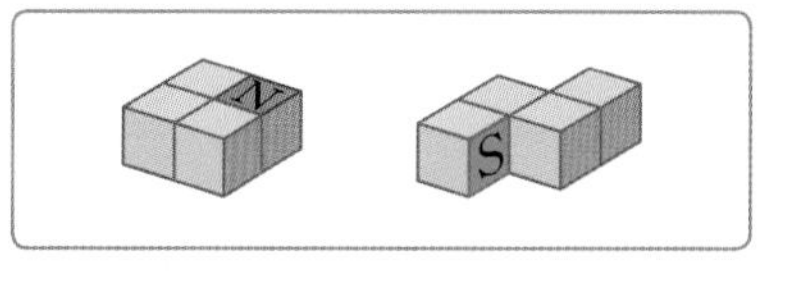

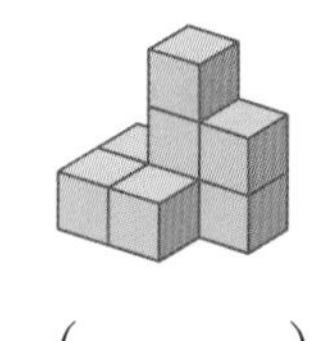 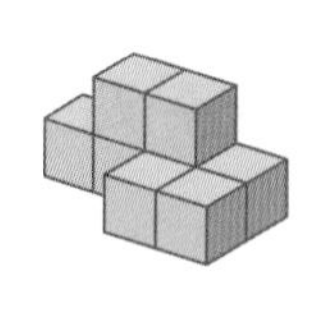 

( ) ( ) ( )

수해력을 완성해요

대표 응용 1 쌓기나무 1개를 더 붙여서 만들 수 있는 모양 찾기

모양에 쌓기나무 1개를 더 붙여서 만들 수 있는 모양은 모두 몇 개인지 구해 보세요.

보기

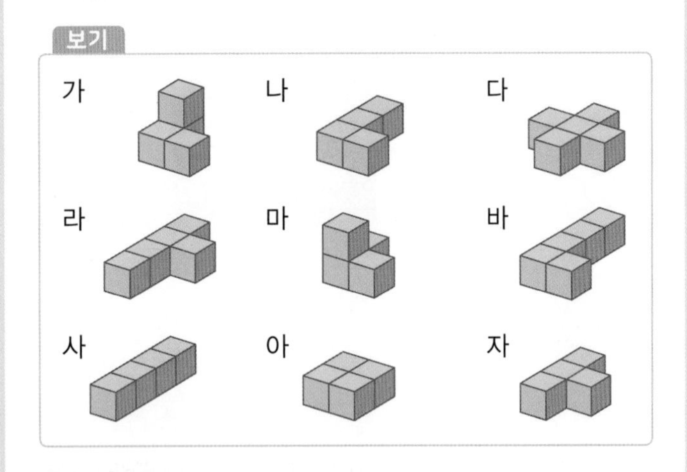

해결하기

1단계 모양에 쌓기나무 1개를 더 붙여서 만들 수 있는 모양은 ☐, ☐, ☐입니다.

2단계 모양에 쌓기나무 1개를 더 붙여서 만들 수 있는 모양은 모두 ☐개입니다.

1-1

위 대표 응용 1의 보기 중에서 모양에 쌓기나무 1개를 더 붙여서 만들 수 있는 모양은 모두 몇 개인지 구해 보세요.

( )

1-2

모양에 쌓기나무 1개를 더 붙여서 만들 수 있는 모양은 모두 몇 개인지 구해 보세요.

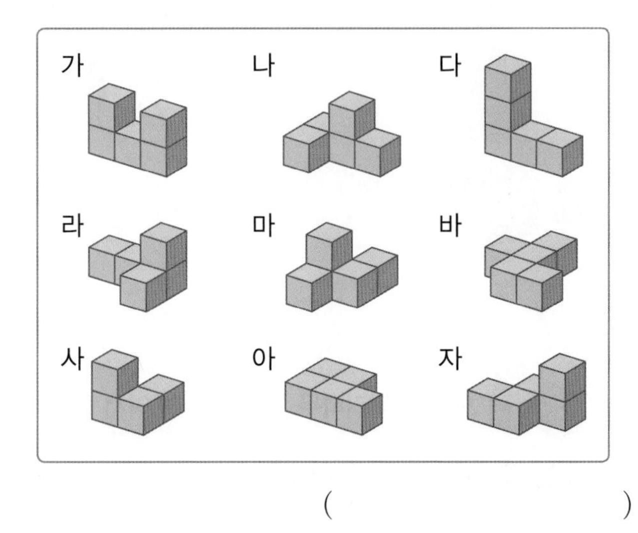

( )

1-3

모양에 쌓기나무를 1개 더 붙여서 만들 수 있는 모양은 모두 몇 개인지 구해 보세요.

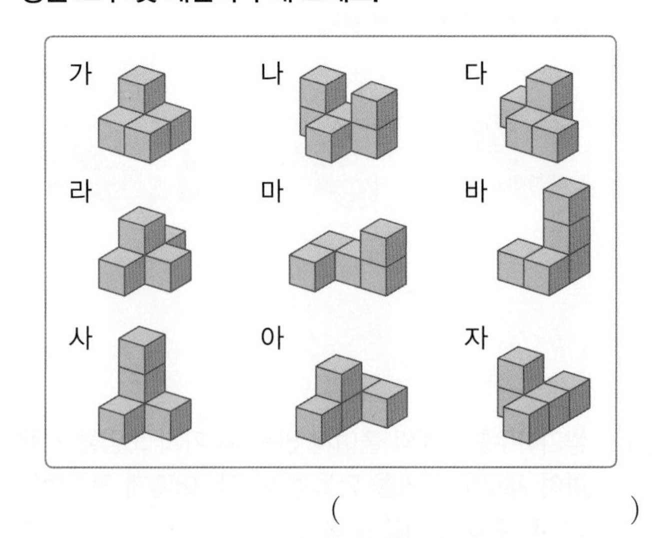

( )

대표 응용 2 두 가지 모양을 사용하여 새로운 모양 만들기

쌓기나무를 4개씩 붙여서 만든 두 가지 모양을 사용하여 만들 수 있는 새로운 모양을 찾아 기호를 써 보세요.

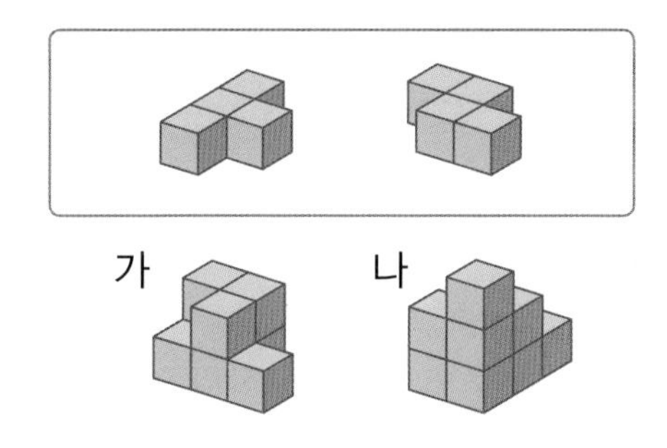

해결하기

1단계 새로운 모양에서 모양을 찾아봅니다.

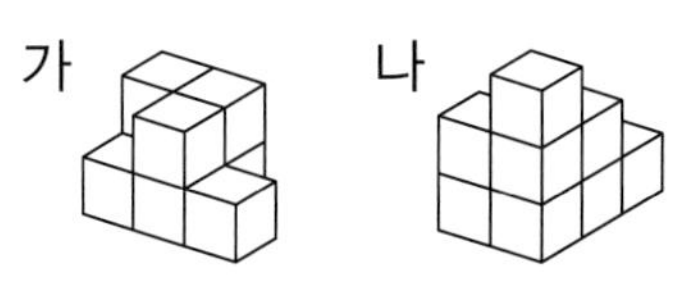

2단계 새로운 모양의 나머지 부분에서 모양을 찾아봅니다.

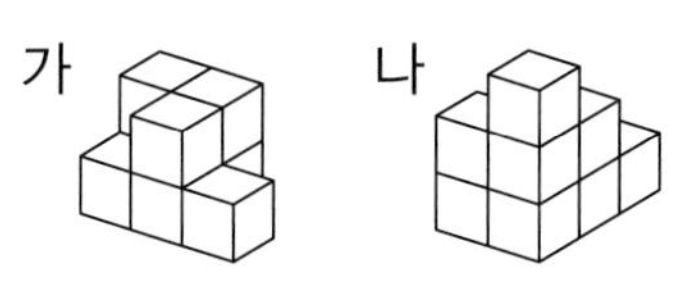

3단계 두 가지 모양을 사용하여 만들 수 있는 새로운 모양은 □ 입니다.

2-1

위 대표 응용 **2**의 두 가지 모양을 사용하여 만들 수 있는 새로운 모양을 찾아 기호를 써 보세요.

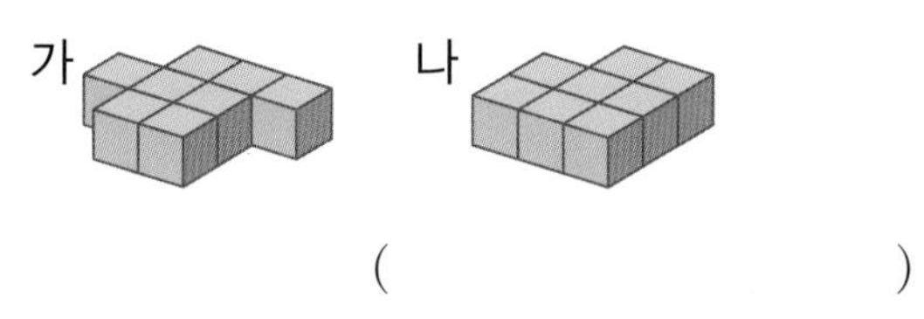

(　　　　　　　)

2-2

쌓기나무를 4개씩 붙여서 만든 두 가지 모양을 사용하여 만들 수 있는 새로운 모양을 찾아 기호를 써 보세요.

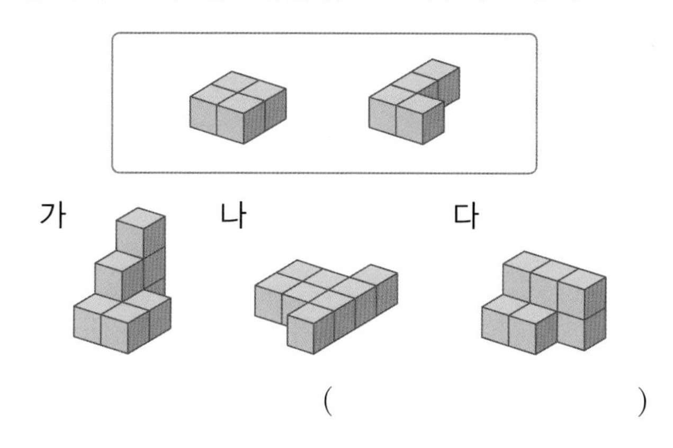

(　　　　　　　)

2-3

쌓기나무를 4개씩 붙여서 만든 두 가지 모양을 사용하여 만들 수 있는 새로운 모양을 찾아 기호를 써 보세요.

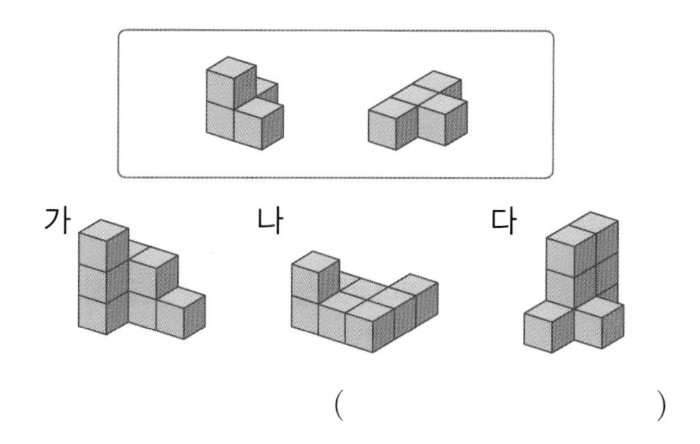

(　　　　　　　)

2-4

쌓기나무를 4개씩 붙여서 만든 두 가지 모양을 사용하여 만들 수 <u>없는</u> 모양을 찾아 기호를 써 보세요.

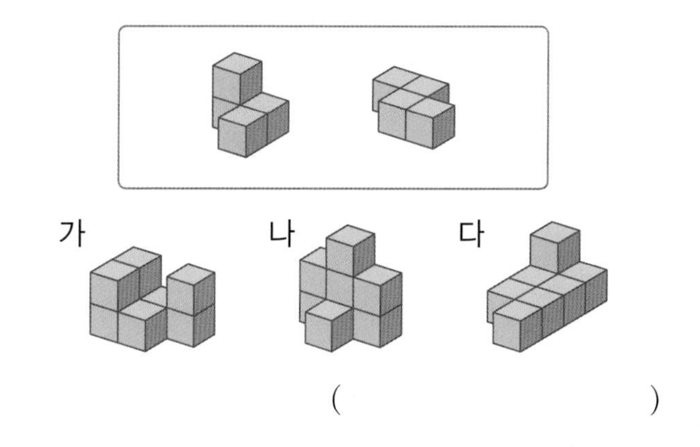

(　　　　　　　)

게임에도 수학이 있어!

러시아의 프로그래머 알렉세이 파지노프는 블록을 쌓아 한 줄을 채우면 그 줄이 사라지는 퍼즐 게임을 만들었습니다. 이때 정사각형 4개로 만든 테트로미노(Tetromino) 블록을 사용하였고, 블록은 뒤집을 수 없고 돌리기만 가능합니다. 우리도 쌓기나무를 사용하여 직육면체 모양을 만드는 게임을 해 볼까요? 다음과 같이 쌓은 모양에 쌓기나무 4개로 만든 모양을 뒤집거나 돌려서 끼우면 직육면체 모양을 만들 수 있습니다.

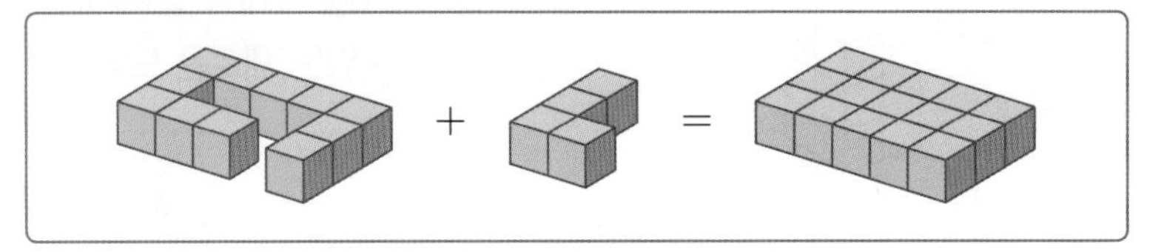

활동 1 **쌓기나무로 쌓은 모양을 보고 직육면체를 만들기 위해 더 필요한 서로 다른 모양 2개를 찾아 기호를 써 보세요.**

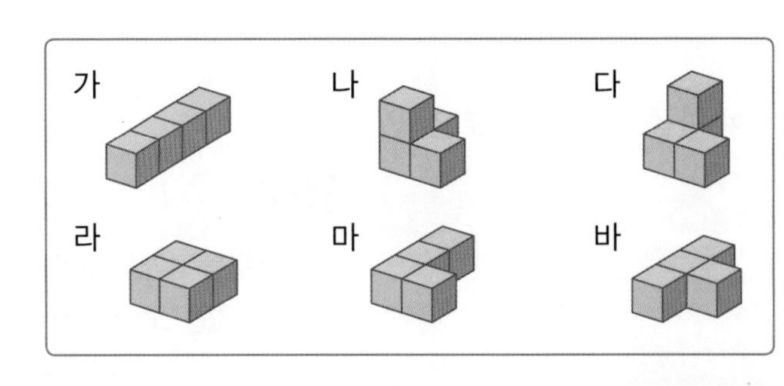

(1)

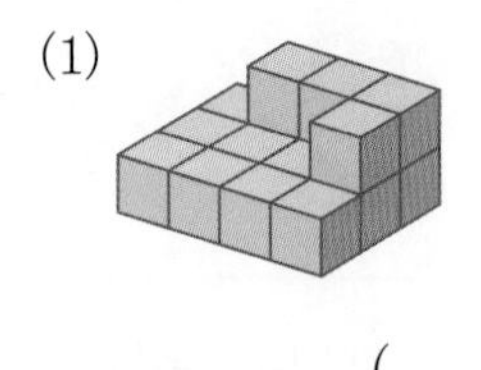

(　　　　　　　　)

(2)

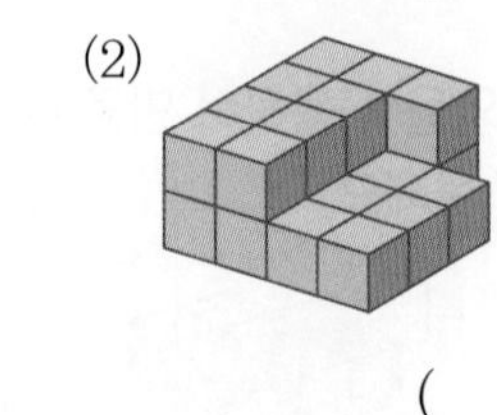

(　　　　　　　　)

활동 2 쌓기나무로 쌓은 모양을 보고 위에서 본 모양에 수를 쓴 것입니다. 직육면체를 만들기 위해 필요한 서로 다른 모양 2개를 찾아 기호를 써 보세요.

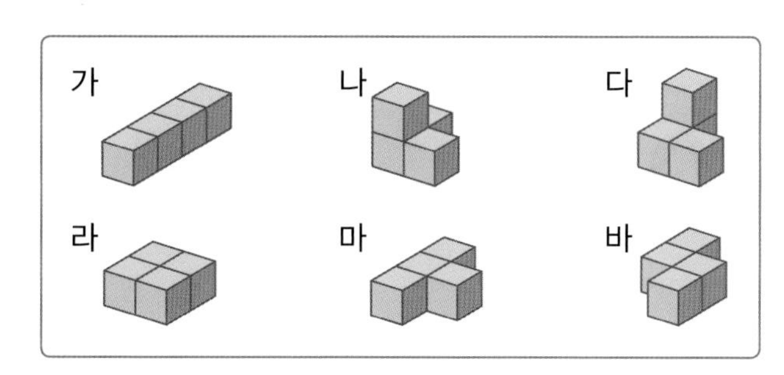

(1) 위

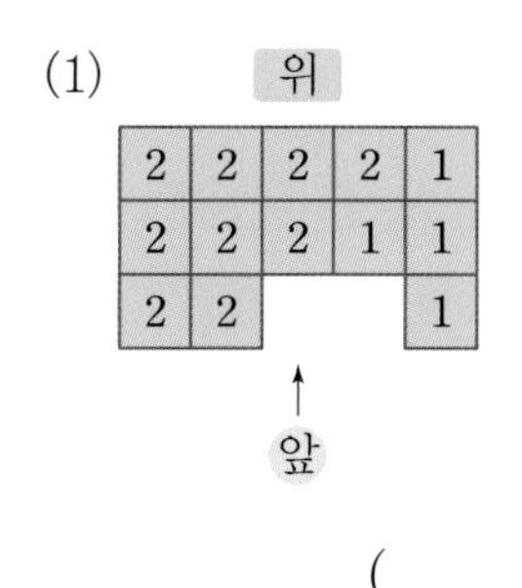

2	2	2	2	1
2	2	2	1	1
2	2			1

앞

( )

(2) 위

2	2	2	2	2
1	1	1	1	1
2	2	2	1	

앞

( )

활동 3 쌓기나무로 쌓은 모양을 층별로 나타낸 것을 보고 직육면체를 만들기 위해 필요한 서로 다른 모양 2개를 찾아 기호를 써 보세요.

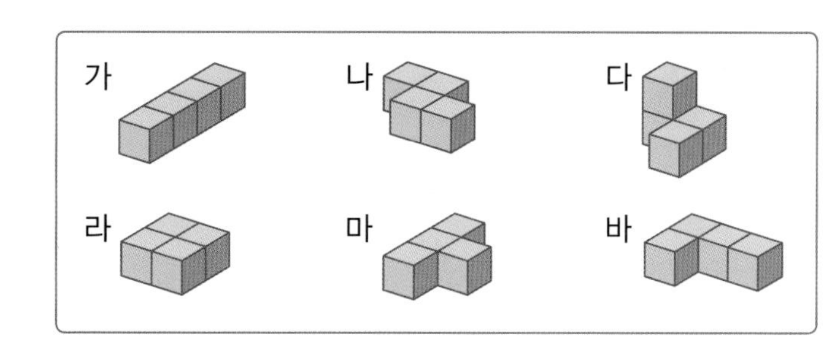

(1)

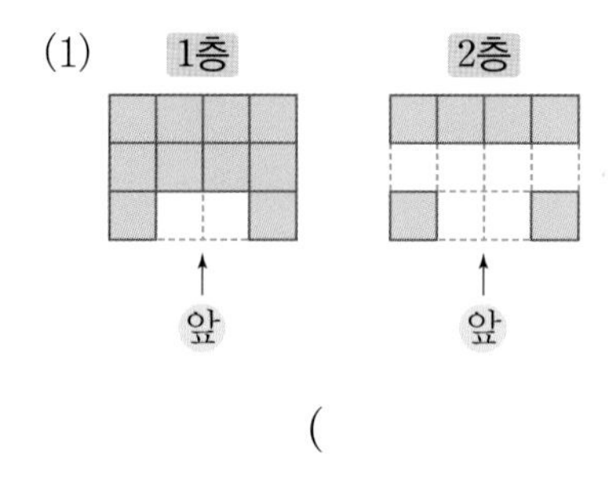

( )

(2)

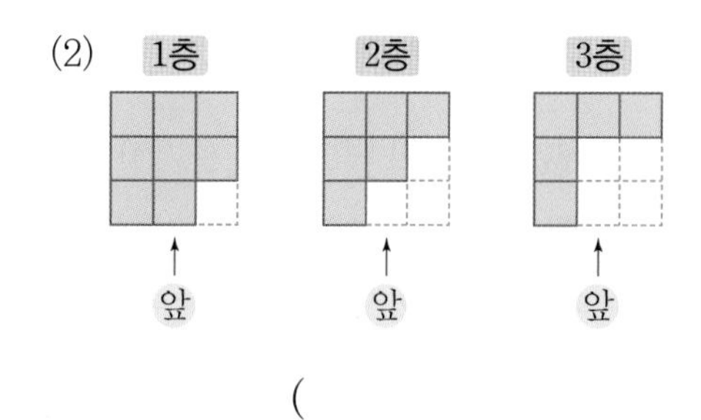

( )

04 단원

원의 넓이

등장하는 주요 수학 어휘

원, **원의 중심**, **원의 반지름**, **원의 지름**, **원주**, **원주율**, **원의 넓이**

1 원주

개념 강화

학습 계획: 월 일

- **개념 1** 원주와 지름의 관계
- **개념 2** 원주율
- **개념 3** 원주와 지름 구하기(1)
- **개념 4** 원주와 지름 구하기(2)

2 원의 넓이

학습 계획: 월 일

- **개념 1** 원의 넓이 어림하기(1)
- **개념 2** 원의 넓이 어림하기(2)
- **개념 3** 원의 넓이를 구하는 방법(1)
- **개념 4** 원의 넓이를 구하는 방법(2)

3 여러 가지 원의 넓이

학습 계획: 월 일

- **개념 1** 여러 가지 원의 넓이(1)
- **개념 2** 여러 가지 원의 넓이(2)

이번 4단원에서는
원주와 원주율의 개념을 알고 원주와 원의 넓이를 구하는 방법에 대해 배울 거예요.
이전에 배운 원의 개념을 어떻게 확장할지 생각해 보아요.

개념 1 원주와 지름의 관계

이미 배운 원의 중심, 반지름, 지름

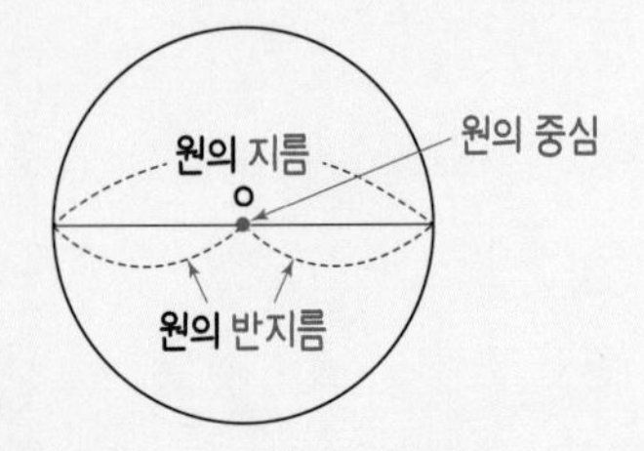

원의 중심: 원을 그릴 때 누름 못이 꽂혔던 점 ㅇ

원의 반지름: 원의 중심 ㅇ과 원 위의 한 점을 이은 선분

원의 지름: 원 위의 두 점을 이은 선분 중 원의 중심 ㅇ을 지나는 선분

새로 배울 원주

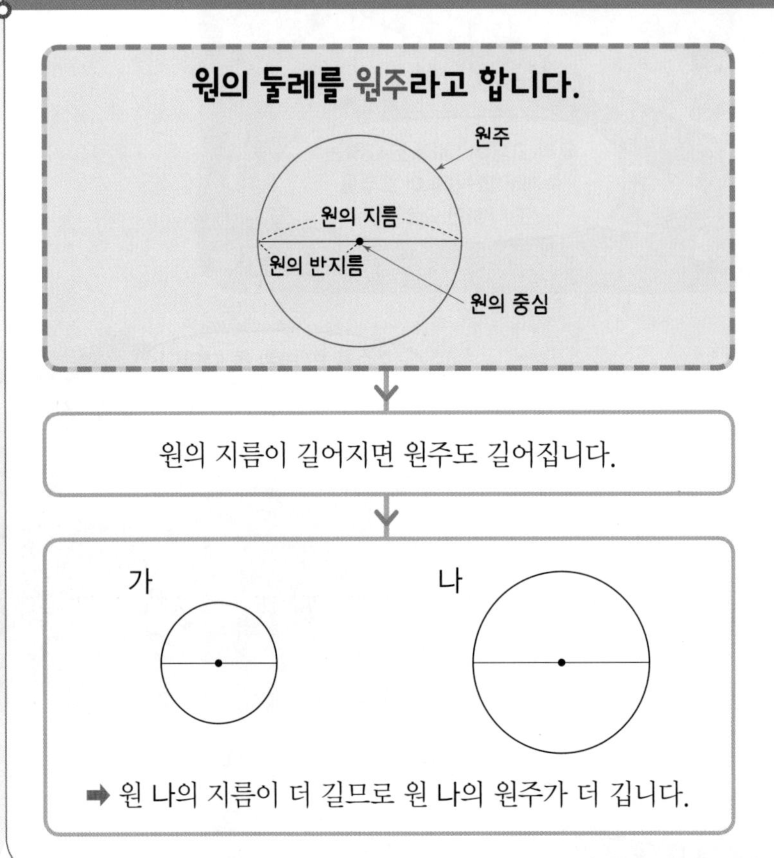

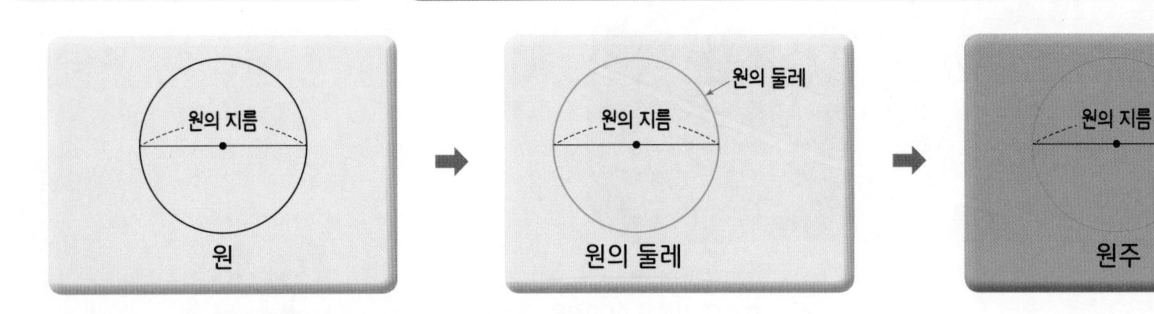

[원주는 지름의 몇 배인지 알아보기]

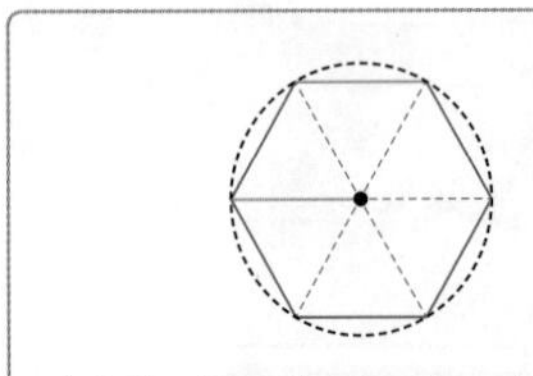

(정육각형의 둘레) < (원주)

(원의 반지름) × 6 = (원의 지름) × 3

➡ (원의 지름) × 3 < (원주)

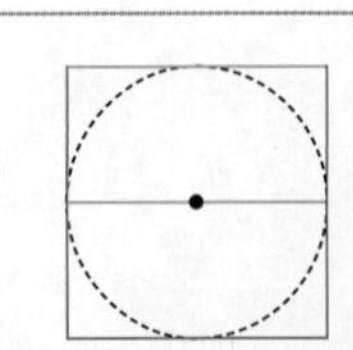

(원주) < (정사각형의 둘레)

(원의 지름) × 4

➡ (원주) < (원의 지름) × 4

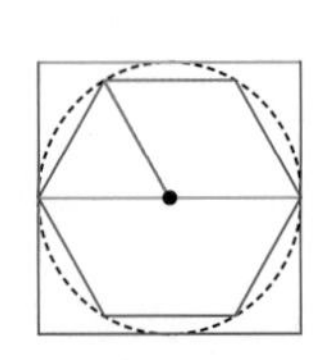

➡ (원의 지름) × 3 < (원주)

(원주) < (원의 지름) × 4

원주는 원의 지름의 3배보다 길고, 원의 지름의 4배보다 짧아요.

개념 2 원주율

이미 배운 비율

기준량에 대한 비교하는 양의 크기를 비율이라고 합니다.

(비율)
=(비교하는 양)÷(기준량)
$=\frac{(비교하는 양)}{(기준량)}$

새로 배울 원주율

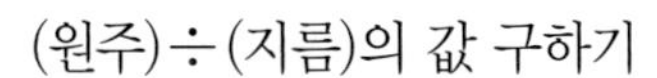
(원주)÷(지름)의 값 구하기

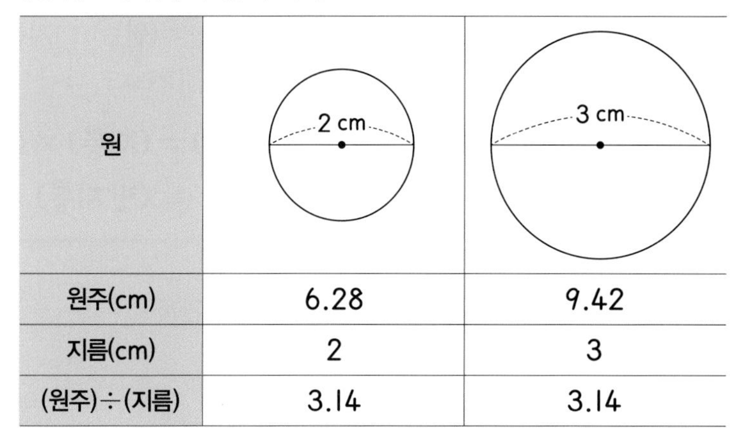

원	2 cm	3 cm
원주(cm)	6.28	9.42
지름(cm)	2	3
(원주)÷(지름)	3.14	3.14

➡ 원의 크기에 상관없이 (원주)÷(지름)의 값은 변하지 않습니다.

원의 지름에 대한 원주의 비율을 원주율이라고 합니다.

(원주율)=(원주)÷(지름)

원주율은 원주가 비교하는 양, 지름이 기준량인 비율이에요.

원주율은 3.14로 어림하여 사용합니다.

원의 지름에 대한 원주의 비율 ➡ (원주)÷(지름) ➡ 원주율 ➡ 3.14

원주율은 원의 크기에 상관없이 일정합니다.

[원주율 구하기]

• 원주가 12.56 cm일 때 원주율 구하기

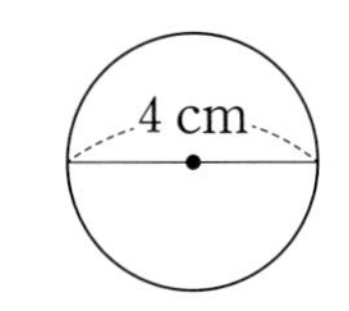

(원주율)=(원주)÷(지름)
=12.56÷4=3.14

• 원주가 18.84 cm일 때 원주율 구하기

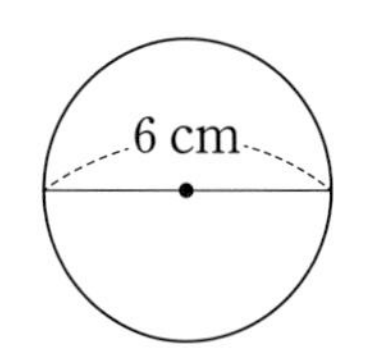

(원주율)=(원주)÷(지름)
=18.84÷6=3.14

개념 3 원주와 지름 구하기(1)

이미 배운 곱셈과 나눗셈의 관계

• 곱셈식을 나눗셈식으로 나타내기

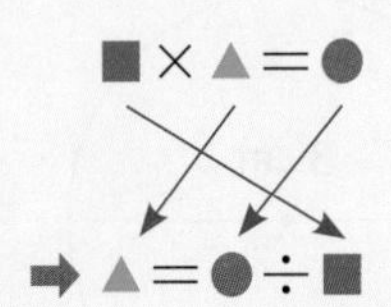

• 나눗셈식을 곱셈식으로 나타내기

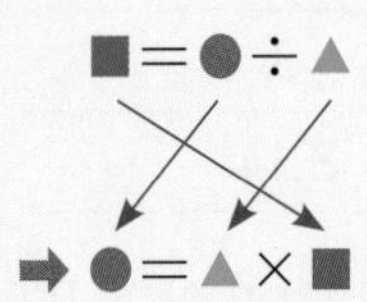

새로 배울 지름을 알 때 원주 구하기

• 지름을 알 때 원주율을 이용하여 원주를 구할 수 있습니다.

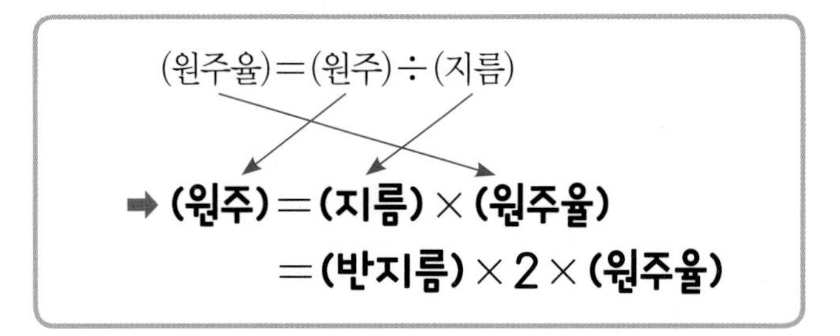

원주와 지름의 관계

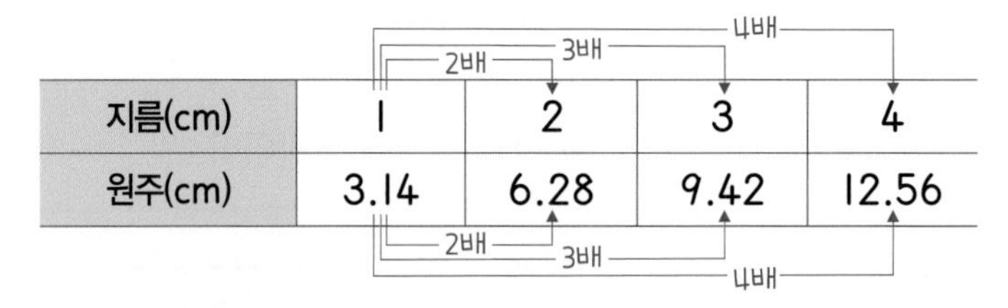

지름(cm)	1	2	3	4
원주(cm)	3.14	6.28	9.42	12.56

– 지름이 **2배, 3배, 4배,** ...가 되면 원주도 **2배, 3배, 4배,** ...가 됩니다.
– 원주가 **2배, 3배, 4배,** ...가 되면 지름도 **2배, 3배, 4배,** ...가 됩니다.

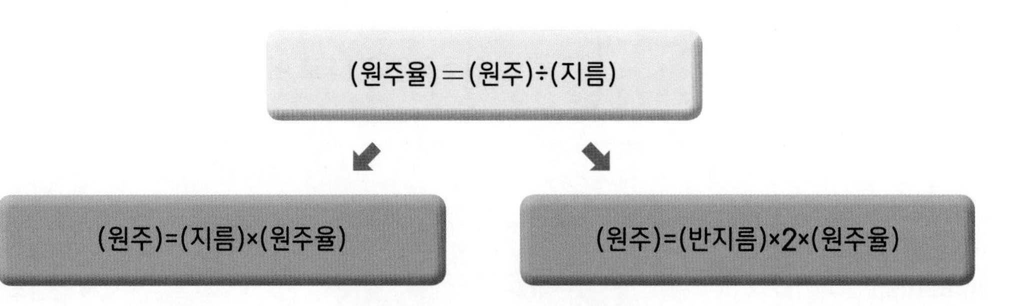

[원주 구하기]

• 지름을 알 때 원주 구하기

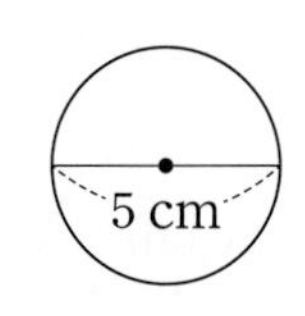

(원주)=(지름)×(원주율)
=5×3.14
=15.7(cm)

• 반지름을 알 때 원주 구하기

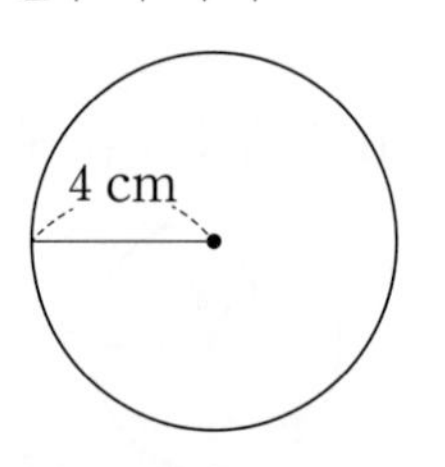

(원주)=(반지름)×2×(원주율)
=4×2×3.14
=25.12(cm)

개념 4 원주와 지름 구하기(2)

이미 배운 원주율

원의 지름에 대한 원주의 비율을 원주율이라고 합니다.

(원주율)=(원주)÷(지름)

새로 배울 원주를 알 때 지름 구하기

• 원주를 알 때 원주율을 이용하여 지름을 구할 수 있습니다.

(원주율)=(원주)÷(지름)

➡ **(지름)=(원주)÷(원주율)**

• 원주를 알 때 원주율을 이용하여 반지름을 구할 수 있습니다.

(지름)=(원주)÷(원주율)

➡ **(반지름)**=(지름)÷2

=**(원주)**÷**(원주율)**÷2

(지름)=(반지름)×2이므로
(반지름)=(지름)÷2로 구해요.

(원주율)=(원주)÷(지름)

(지름)=(원주)÷(원주율)

(반지름)=(원주)÷(원주율)÷2

[원주를 알 때 지름과 반지름 구하기]

• 원주가 9.42 cm일 때 지름 구하기

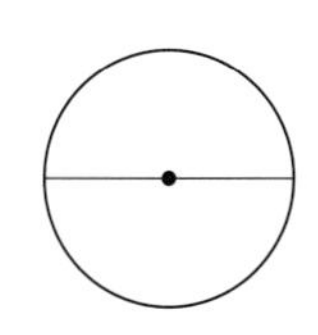

(지름)=(원주)÷(원주율)

=9.42÷3.14

=3(cm)

• 원주가 50.24 cm일 때 반지름 구하기

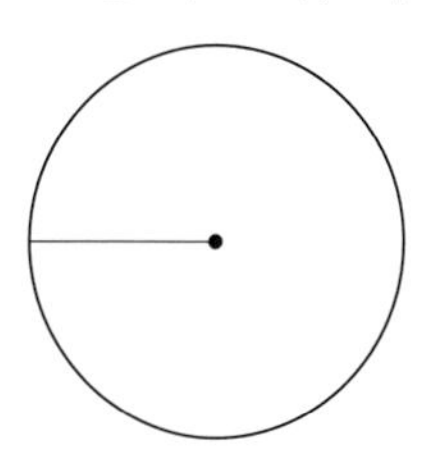

(반지름)=(원주)÷(원주율)÷2

=50.24÷3.14÷2

=8(cm)

반지름을 구할 때에는 지름을 먼저 구한 다음 (지름)÷2로 구해도 돼요.

수해력을 확인해요

• 지름을 알 때 원주 구하기

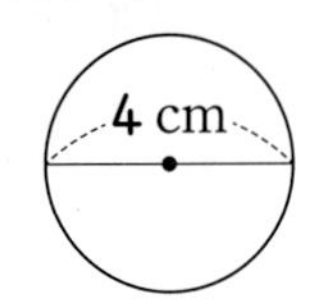

(원주)$=4\times3.14=12.56$ (cm)

• 반지름을 알 때 원주 구하기

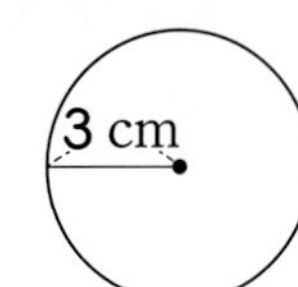

(원주)$=3\times2\times3.14$
$=18.84$ (cm)

01~08 원주는 몇 cm인지 구해 보세요.

01

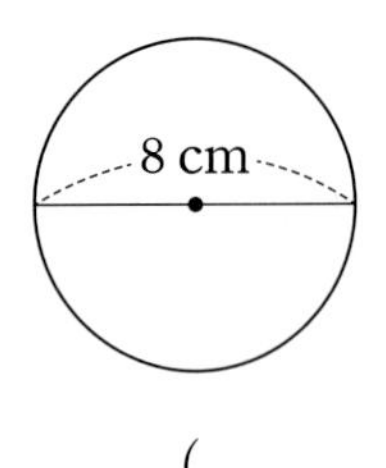

(　　　　　　　　)

02

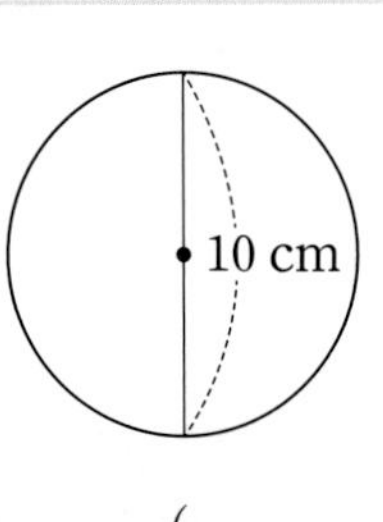

(　　　　　　　　)

03

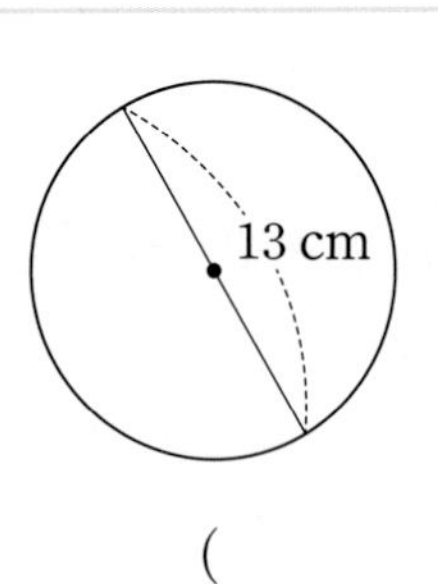

(　　　　　　　　)

04

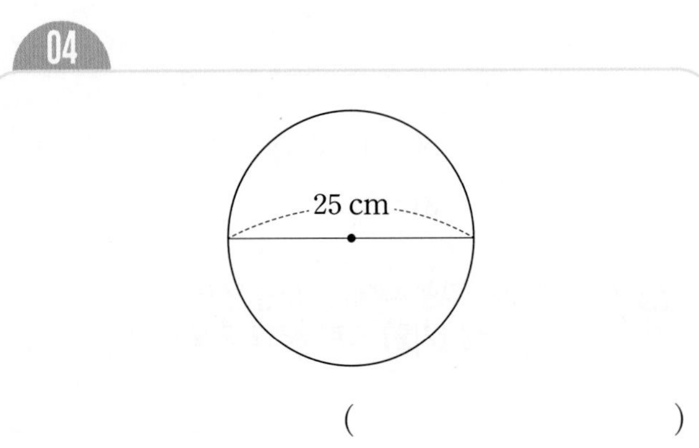

(　　　　　　　　)

05

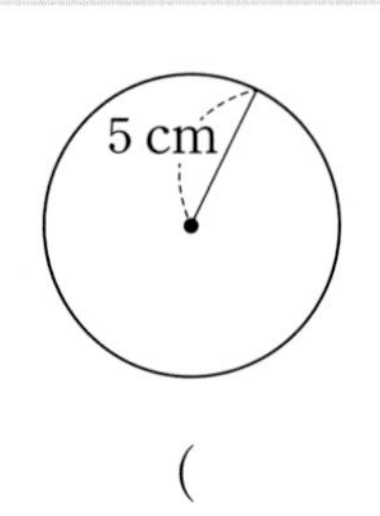

(　　　　　　　　)

06

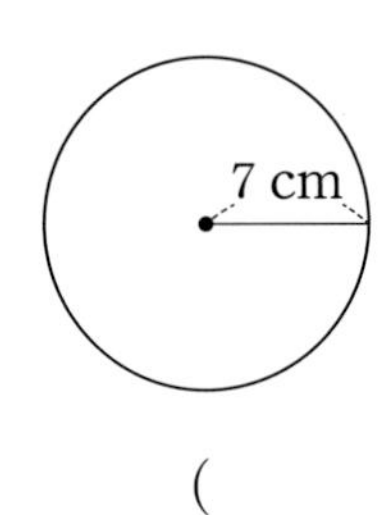

(　　　　　　　　)

07

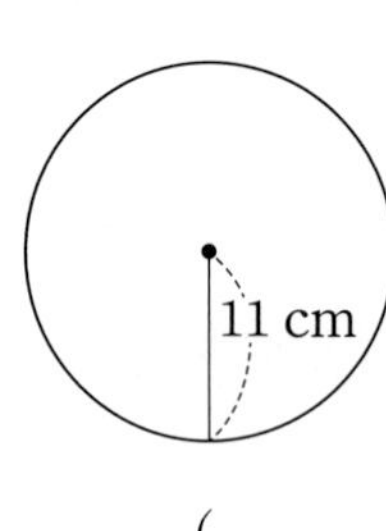

(　　　　　　　　)

08

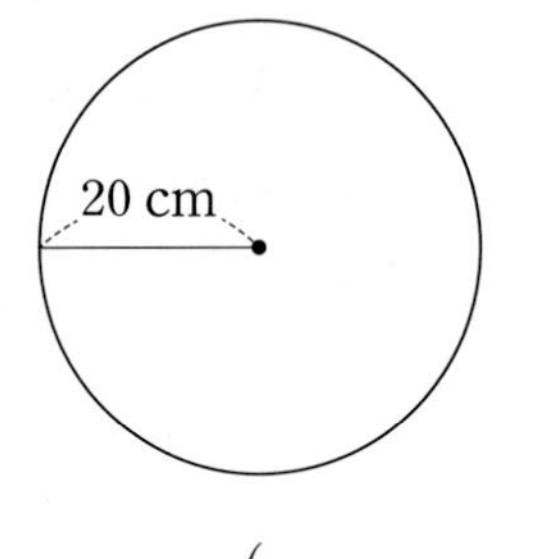

(　　　　　　　　)

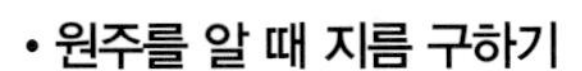

• 원주를 알 때 지름 구하기

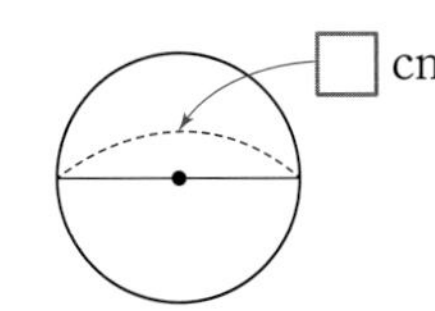

원주: 6.28 cm

□×3.14=6.28,
□=2

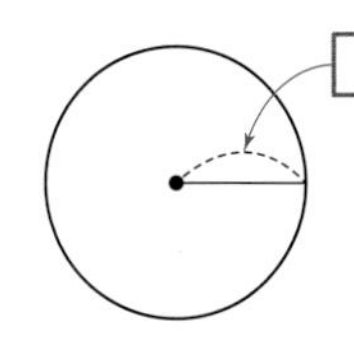

• 원주를 알 때 반지름 구하기

원주: 12.56 cm

□×2×3.14=12.56,
□×6.28=12.56,
□=2

09~16 원주가 다음과 같을 때 □ 안에 알맞은 수를 써넣으세요.

09

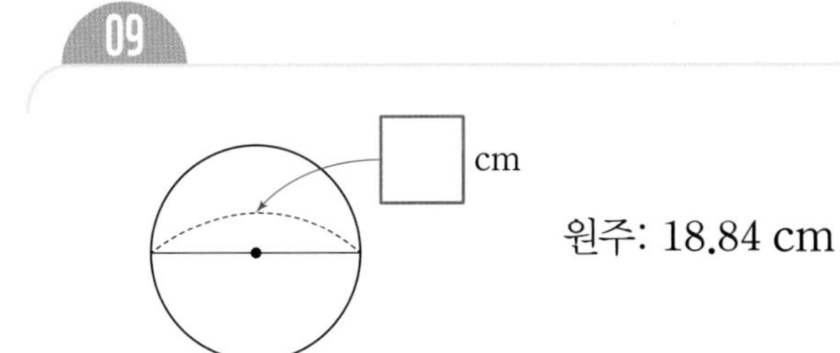

10

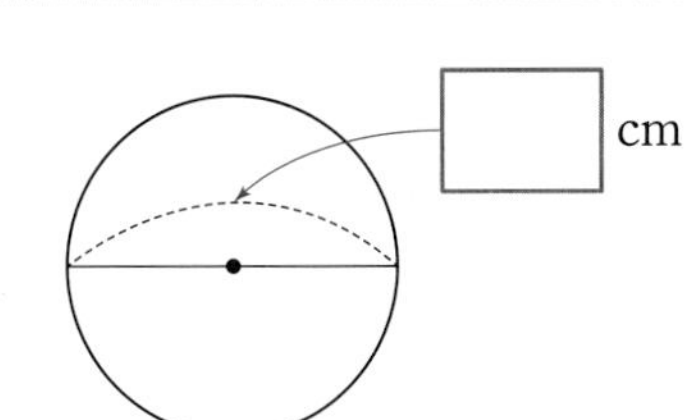

원주: 37.68 cm

11

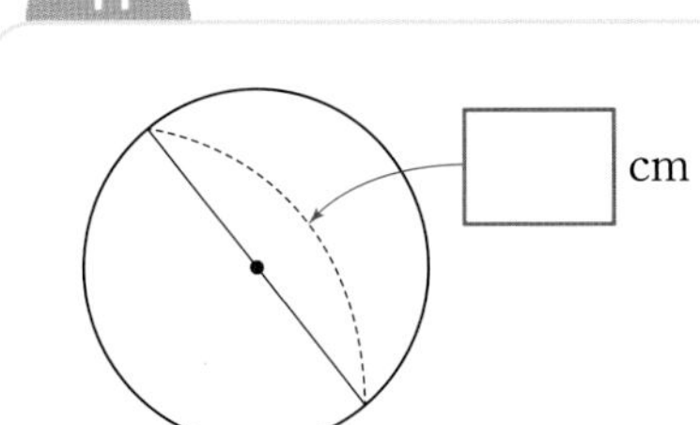

원주: 81.64 cm

12

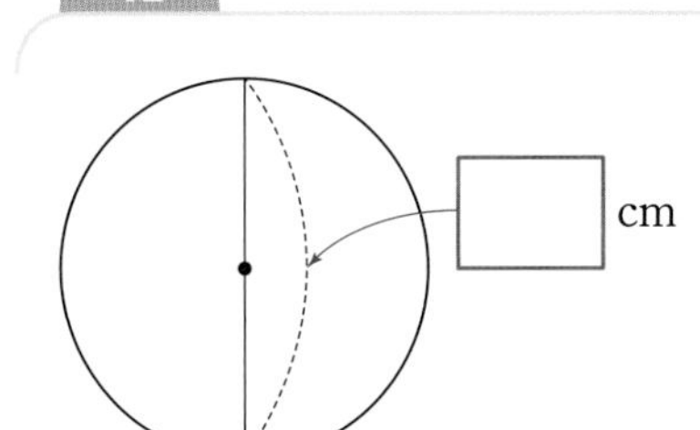

원주: 113.04 cm

13

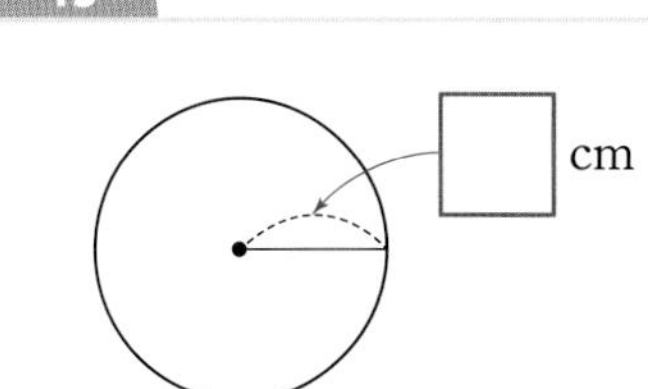

원주: 56.52 cm

14

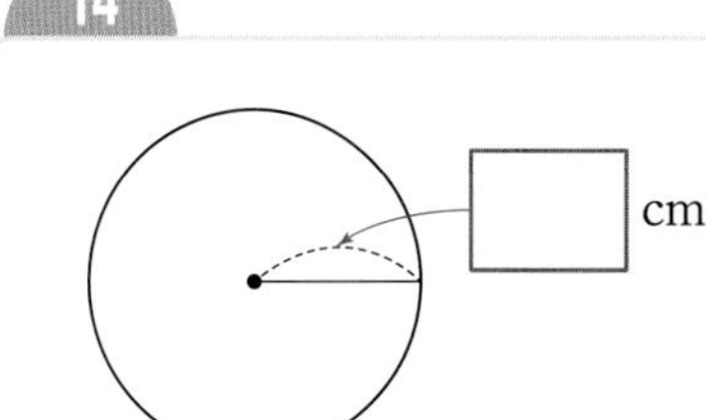

원주: 62.8 cm

15

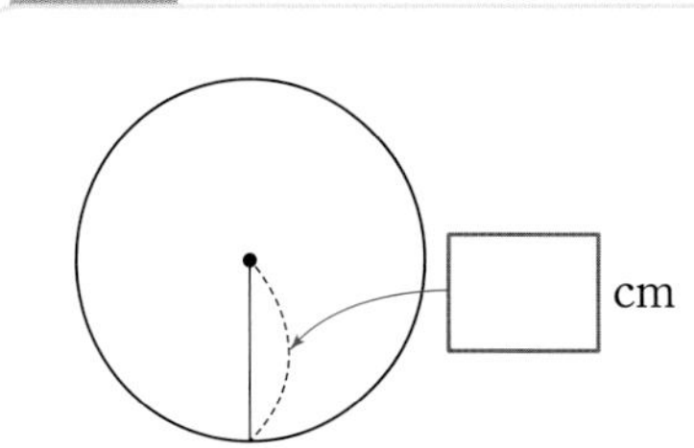

원주: 87.92 cm

16

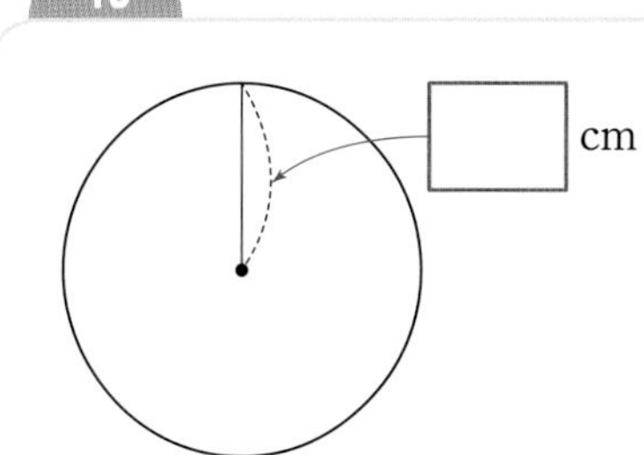

원주: 131.88 cm

수해력을 높여요

01~02 한 변의 길이가 1 cm인 정육각형, 지름이 2 cm인 원, 한 변의 길이가 2 cm인 정사각형을 보고 물음에 답하세요.

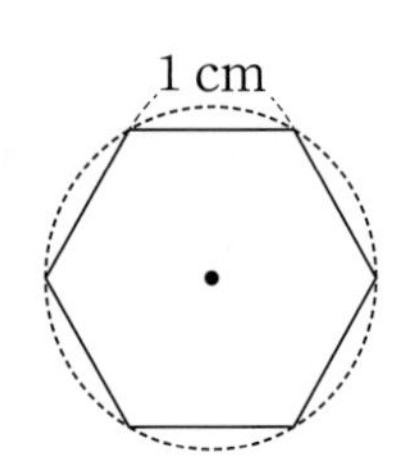

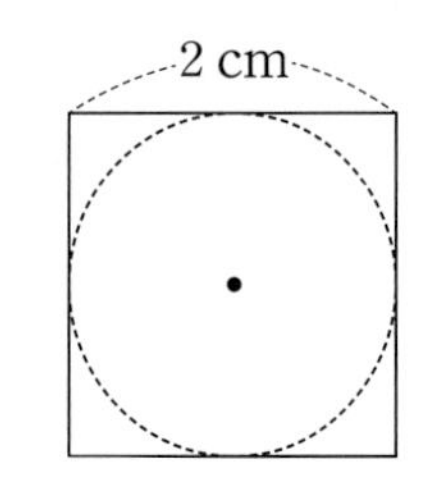

01 □ 안에 알맞은 수를 써넣으세요.

(정육각형의 둘레)=(원의 지름)×□

(정사각형의 둘레)=(원의 지름)×□

02 □ 안에 알맞은 수를 써넣으세요.

(원의 지름)×□<(원주)

(원주)<(원의 지름)×□

03 설명이 맞으면 ○표, 틀리면 ×표 하세요.

(1) 원의 지름이 길어지면 원주도 길어집니다. (　　　)

(2) 원주와 지름은 길이가 같습니다. (　　　)

04 원주는 몇 cm인지 구해 보세요.

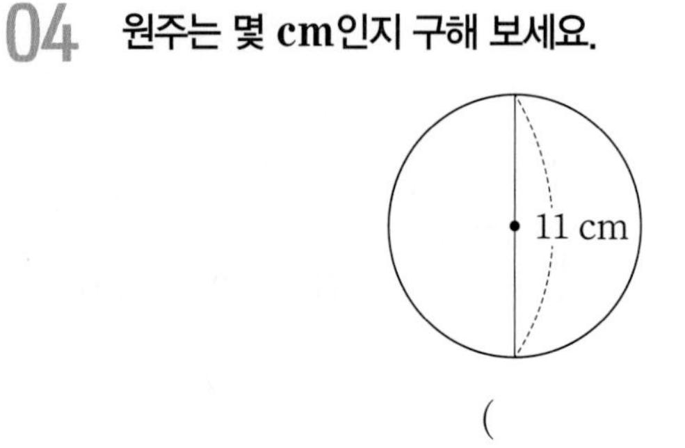

(　　　　　　　　)

05 두 원의 원주율을 비교하여 ○ 안에 >, =, <를 알맞게 써넣으세요.

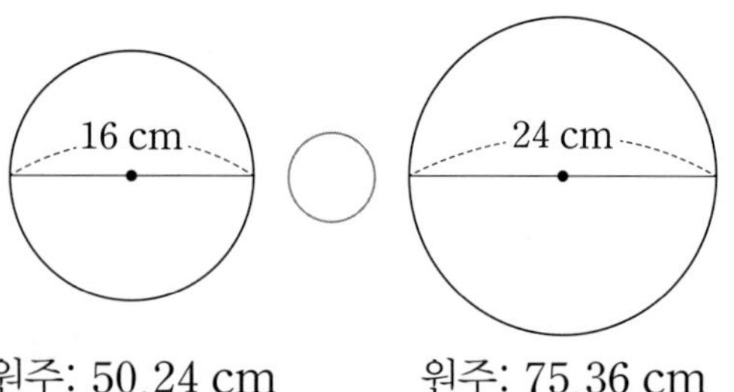

원주: 50.24 cm　　　원주: 75.36 cm

06 원주율에 대한 설명으로 옳은 것을 모두 찾아 기호를 써 보세요.

㉠ 원주에 대한 지름의 비율을 원주율이라고 합니다.
㉡ 원의 크기가 커지면 원주율도 커집니다.
㉢ 원주율은 약 3.14입니다.
㉣ (원주)÷(지름)으로 구합니다.

(　　　　　　　　)

07 컴퍼스를 다음과 같이 벌려서 그린 원의 원주는 몇 cm인지 구해 보세요.

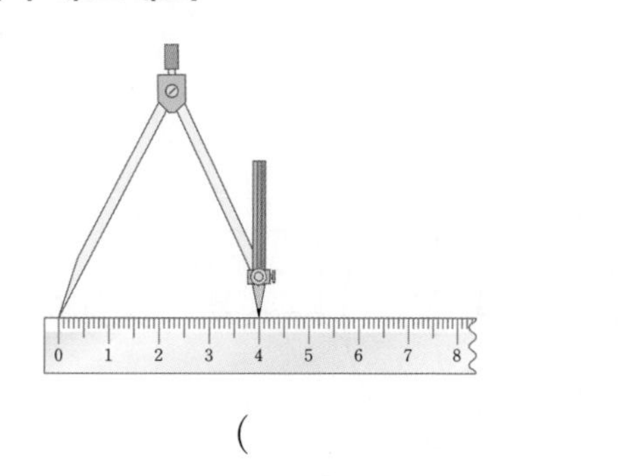

(　　　　　　　　)

08 원주가 긴 원부터 순서대로 기호를 써 보세요.

㉠ 반지름이 8 cm인 원
㉡ 원주가 37.68 cm인 원
㉢ 지름이 10 cm인 원

( )

09 두 원의 지름의 차는 몇 cm인지 구해 보세요.

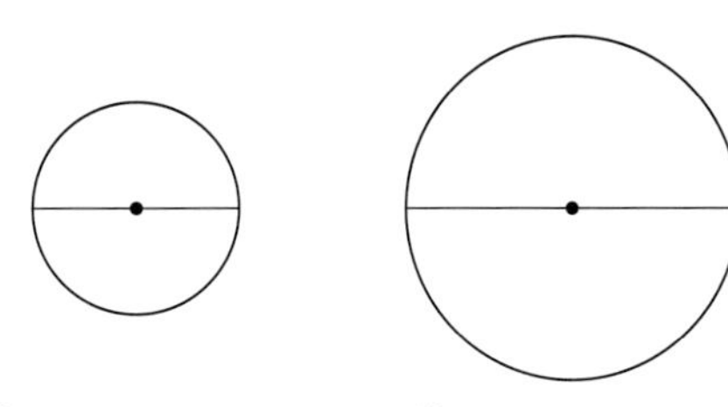

원주: 28.26 cm　　원주: 43.96 cm

( )

10 큰 원과 작은 원의 원주의 합은 몇 cm인지 구해 보세요.

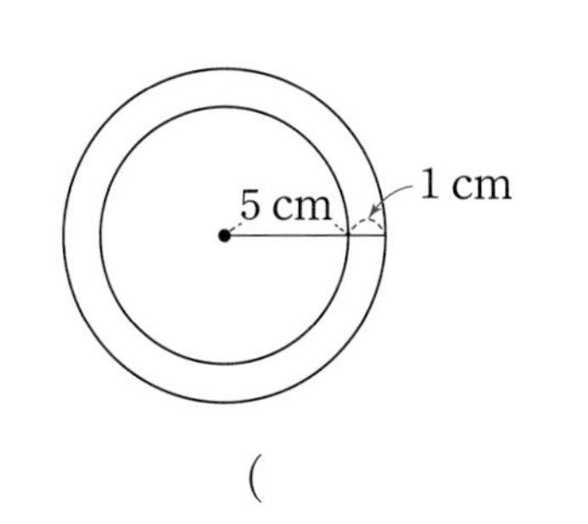

( )

11 실생활 활용

다솜이는 원주가 65.94 cm인 원 모양의 시계를 밑면이 정사각형인 사각기둥 모양의 상자에 담으려고 합니다. 상자 밑면의 한 변의 길이는 최소 몇 cm이어야 하는지 구해 보세요. (단, 상자의 두께는 생각하지 않습니다.)

( )

12 교과 융합

속력은 물체의 빠르기로 물체가 이동한 거리를 걸린 시간으로 나누어 구할 수 있습니다. 주은이와 수민이가 각각 굴렁쇠를 굴려 속력을 비교하려고 합니다. 누구의 굴렁쇠가 속력이 더 빠른지 구해 보세요.

지름이 30 cm인 굴렁쇠가 한 바퀴 구르는데 2초가 걸렸어.

주은

지름이 50 cm인 굴렁쇠가 한 바퀴 구르는데 3초가 걸렸어.

수민

( )

수해력을 완성해요

대표 응용 1

굴러간 거리 구하기

민교는 지름이 40 cm인 바퀴를 5바퀴 굴렸습니다. 바퀴가 굴러간 거리는 몇 cm인지 구해 보세요.

해결하기

1단계 바퀴가 한 바퀴 굴러간 거리는
바퀴의 (지름 , 원주)와/과 같습니다.

2단계 (바퀴가 한 바퀴 굴러간 거리)

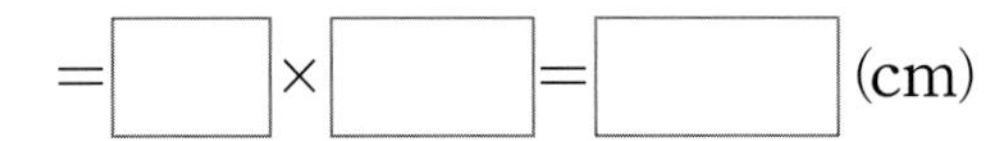

3단계 (바퀴가 5바퀴 굴러간 거리)

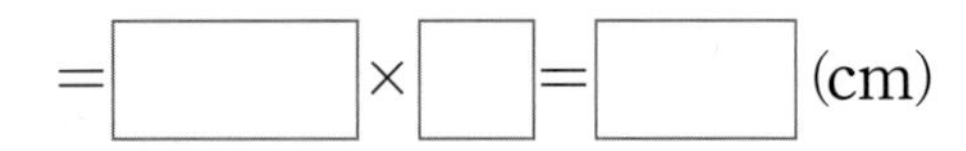

1-1

찬욱이는 지름이 60 cm인 바퀴를 9바퀴 굴렸습니다. 바퀴가 굴러간 거리는 몇 cm인지 구해 보세요.

(   )

1-2

준연이가 훌라후프를 6바퀴 굴렸더니 굴러간 거리가 1507.2 cm였습니다. 준연이가 굴린 훌라후프의 지름은 몇 cm인지 구해 보세요.

(   )

1-3

새롬이가 훌라후프를 10바퀴 굴렸더니 굴러간 거리가 2449.2 cm였습니다. 새롬이가 굴린 훌라후프의 반지름은 몇 cm인지 구해 보세요.

(   )

1-4

준호는 집에서 도서관까지 외발자전거를 타고 갔습니다. 외발자전거 바퀴의 지름이 40 cm이고 집에서 도서관까지의 거리가 163.28 m일 때 외발자전거의 바퀴는 몇 바퀴 굴렀는지 구해 보세요.

(   )

대표 응용 2 작은 원들의 지름의 합과 가장 큰 원의 지름이 같을 때 원주 구하기

큰 원의 지름은 12 cm입니다. 작은 원 2개의 원주의 합과 큰 원의 원주를 비교해 보세요.

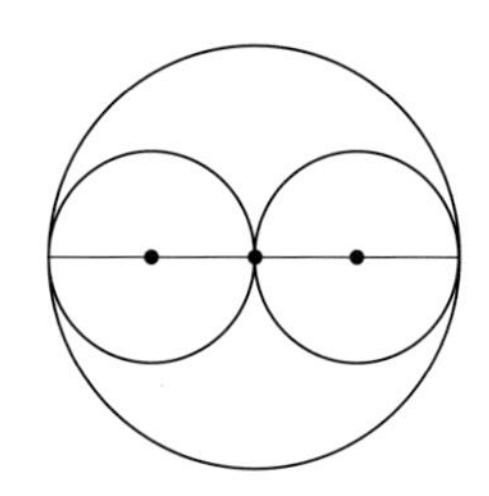

해결하기

1단계 (큰 원의 원주)

=□×3.14=□(cm)

2단계 (작은 원의 지름)=(큰 원의 반지름)이므로 작은 원의 지름은 □÷2=□(cm)입니다.

(작은 원의 원주)

=□×3.14=□(cm)

(작은 원 2개의 원주의 합)

=□×2=□(cm)

3단계 작은 원 2개의 지름의 합은 큰 원의 지름과 (같으므로 , 다르므로) 작은 원 2개의 원주의 합과 큰 원의 원주는 (같습니다 , 다릅니다).

2-1

큰 원의 지름은 18 cm입니다. 그림의 모든 원들의 원주의 합은 몇 cm인지 구해 보세요.

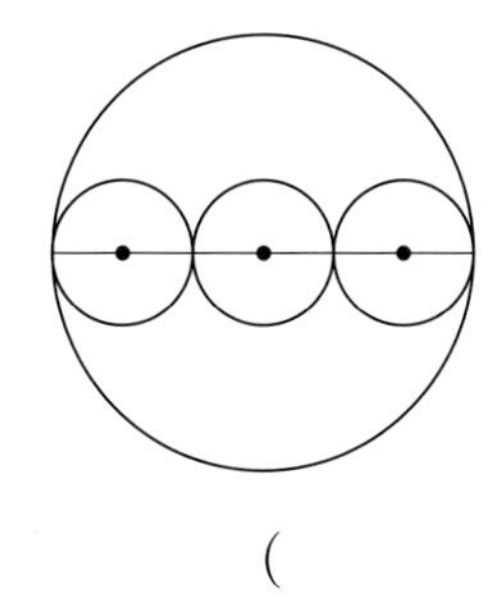

(　　　　　　　　)

2-2

가장 큰 원의 지름은 30 cm입니다. 그림의 모든 원들의 원주의 합은 몇 cm인지 구해 보세요.

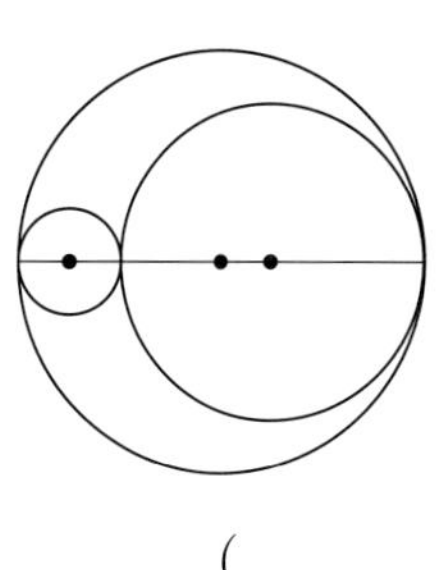

(　　　　　　　　)

2-3

작은 원 3개의 원주의 합은 40.82 cm입니다. 큰 원의 지름은 몇 cm인지 구해 보세요.

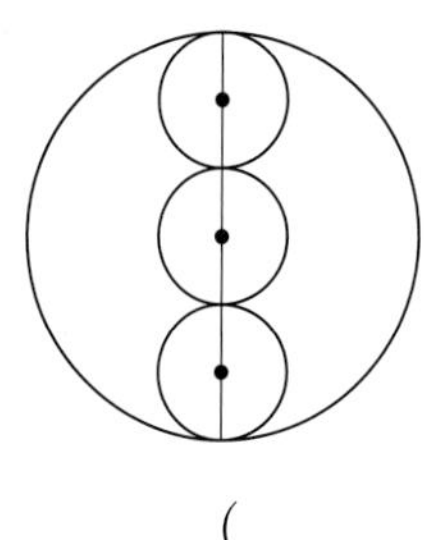

(　　　　　　　　)

2-4

큰 원의 원주는 87.92 cm입니다. 작은 원 1개의 원주는 몇 cm인지 구해 보세요.

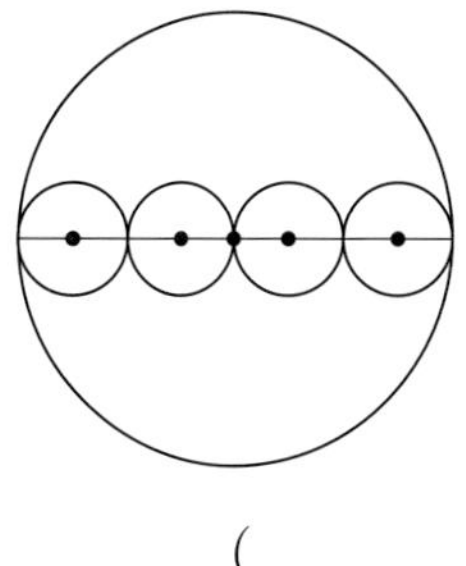

(　　　　　　　　)

수해력을 완성해요

대표 응용 3 색칠한 부분의 둘레 구하기

색칠한 부분의 둘레는 몇 cm인지 구해 보세요.

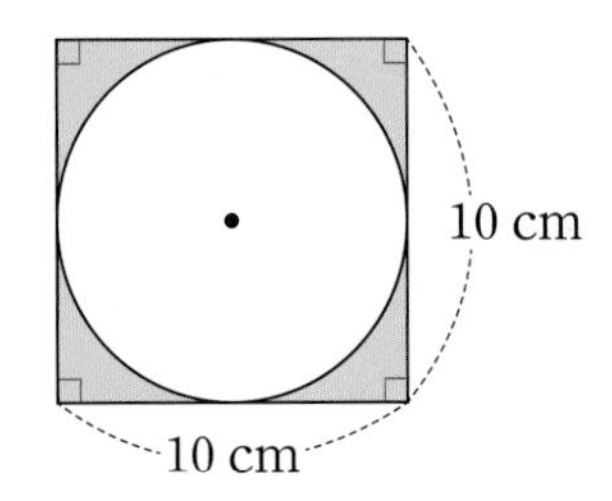

해결하기

1단계 색칠한 부분의 둘레는 지름이 □ cm인 원의 원주와 한 변의 길이가 □ cm인 정사각형의 둘레의 합으로 구합니다.

2단계 (색칠한 부분의 둘레)

$= \square \times 3.14 + \square \times \square$

$= \square + \square = \square$ (cm)

3-1

색칠한 부분의 둘레는 몇 cm인지 구해 보세요.

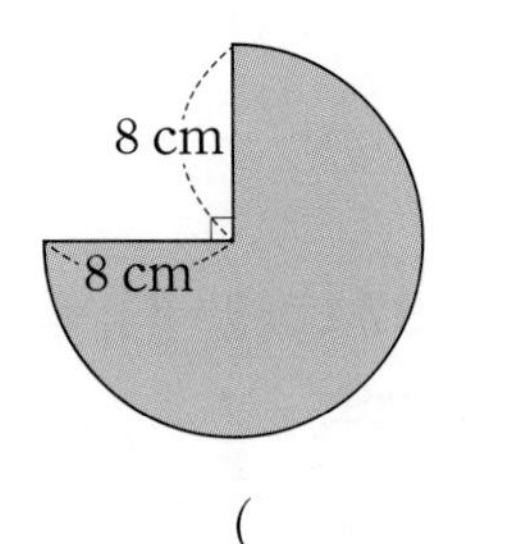

( )

3-2

색칠한 부분의 둘레는 몇 cm인지 구해 보세요.

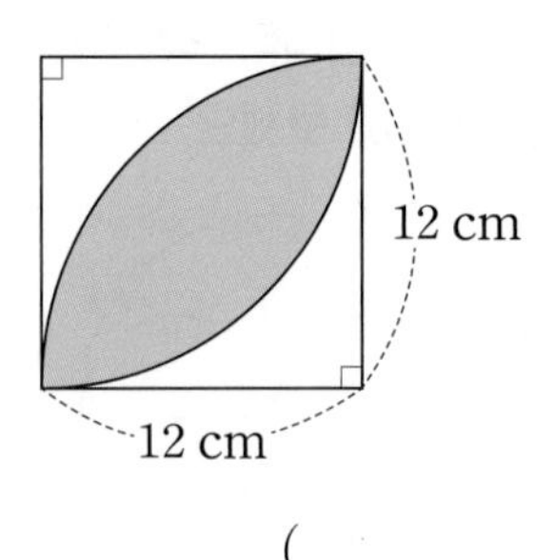

( )

3-3

색칠한 부분의 둘레는 몇 cm인지 구해 보세요.

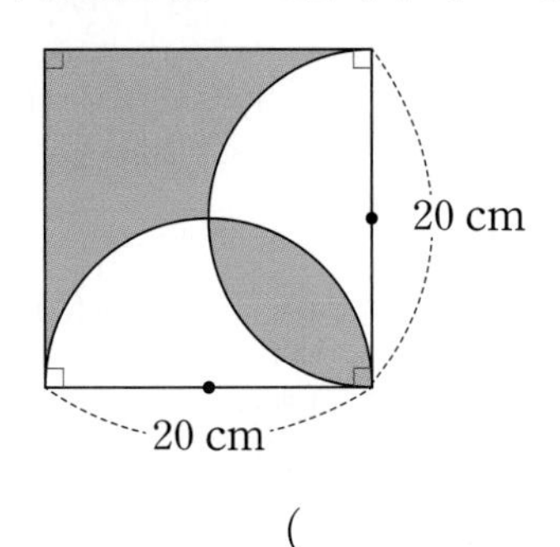

( )

3-4

색칠한 부분의 둘레는 몇 cm인지 구해 보세요.

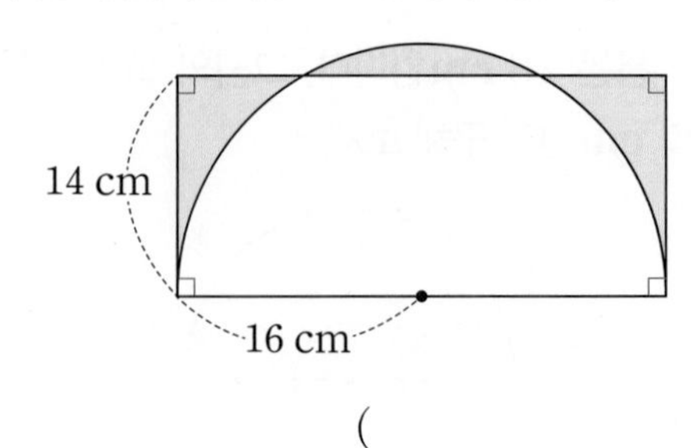

( )

대표 응용 4

사용한 끈의 길이 구하기

밑면의 반지름이 3 cm인 원 모양의 치즈 2개를 그림과 같이 끈으로 묶었습니다. 사용한 끈의 길이는 몇 cm인지 구해 보세요. (단, 매듭의 길이는 생각하지 않습니다.)

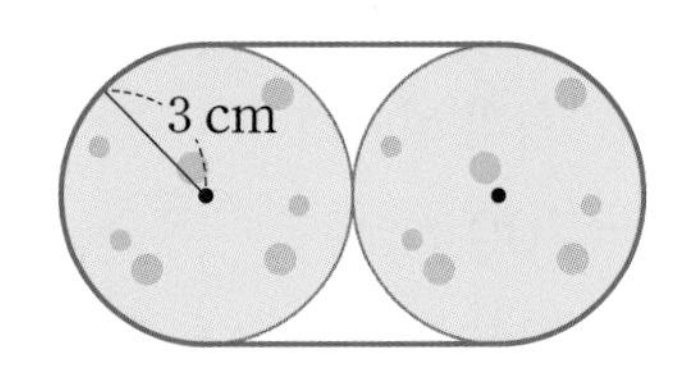

해결하기

1단계 곡선 부분의 길이는 반지름이 3 cm인 원의 원주와 같으므로

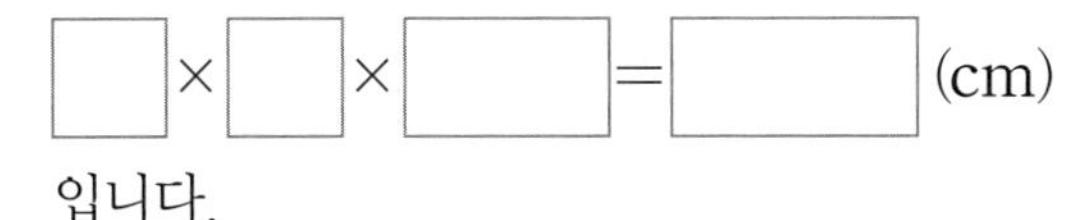
□×□×□=□(cm)

입니다.

2단계 직선 부분의 길이는 반지름의 길이의 □배

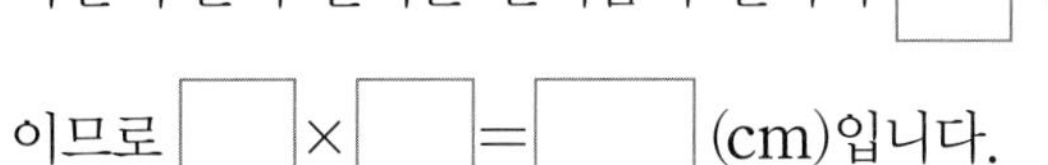
이므로 □×□=□(cm)입니다.

3단계 (사용한 끈의 길이)

=(곡선 부분의 길이)+(직선 부분의 길이)

=□+□=□(cm)

4-1

밑면의 반지름이 9 cm인 원 모양의 통나무 2개를 그림과 같이 끈으로 묶었습니다. 사용한 끈의 길이는 몇 cm인지 구해 보세요. (단, 매듭의 길이는 생각하지 않습니다.)

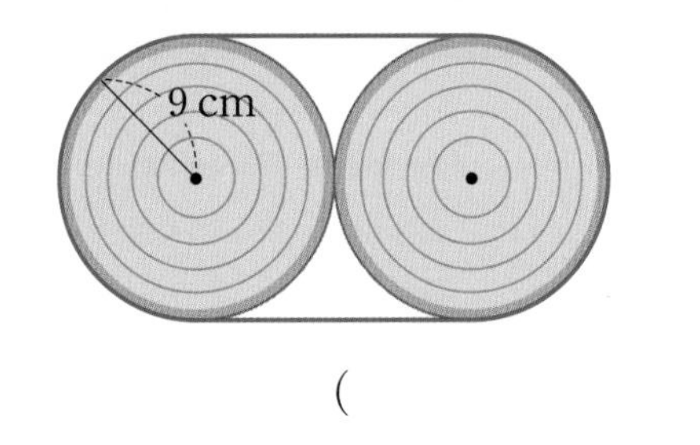

(   )

4-2

밑면의 반지름이 5 cm인 원 모양의 분유 캔 3개를 그림과 같이 끈으로 묶었습니다. 사용한 끈의 길이는 몇 cm인지 구해 보세요. (단, 매듭의 길이는 생각하지 않습니다.)

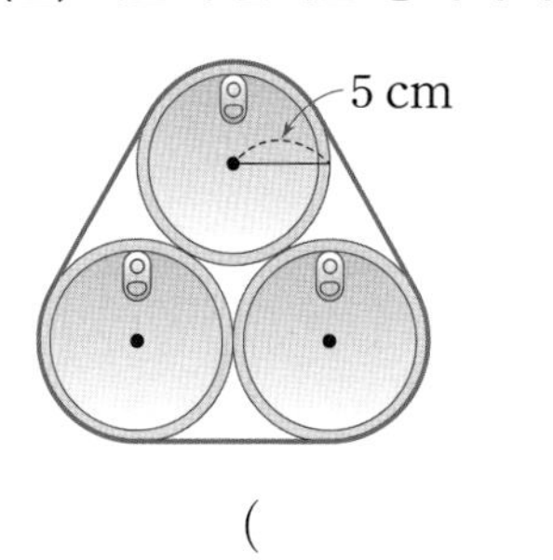

(   )

4-3

밑면의 지름이 8 cm인 원 모양의 음료수 캔 3개를 그림과 같이 끈으로 묶었습니다. 사용한 끈의 길이는 몇 cm인지 구해 보세요. (단, 매듭의 길이는 12 cm입니다.)

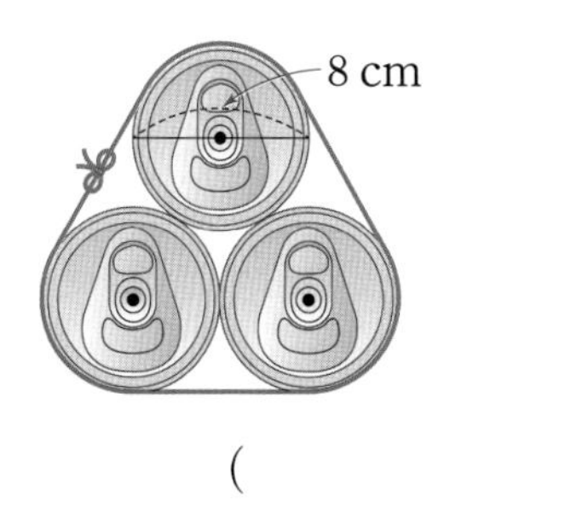

(   )

4-4

밑면의 지름이 2 cm인 배턴 4개를 그림과 같이 끈으로 묶었습니다. 사용한 끈의 길이는 몇 cm인지 구해 보세요. (단, 매듭의 길이는 15 cm입니다.)

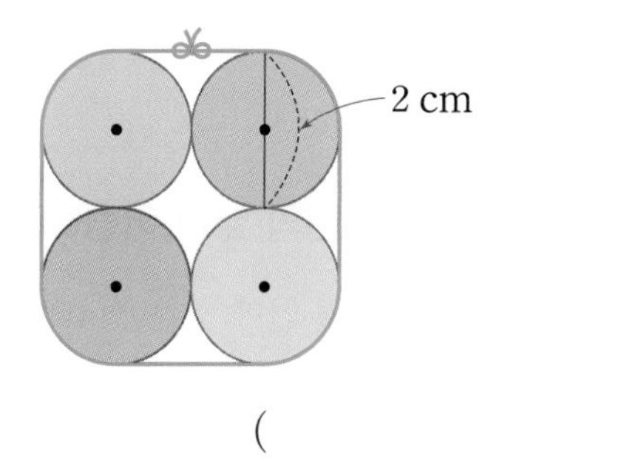

(   )

개념 1 원의 넓이 어림하기(1)

이미 배운 도형의 넓이

• 정사각형의 넓이

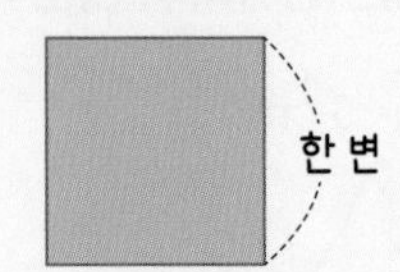

(정사각형의 넓이)
=(한 변의 길이)×(한 변의 길이)

• 마름모의 넓이

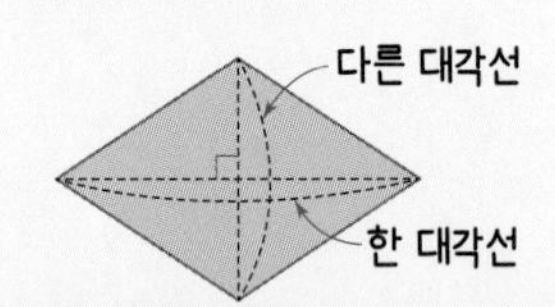

(마름모의 넓이)
=(한 대각선의 길이)
×(다른 대각선의 길이)÷2

새로 배울 정사각형으로 원의 넓이 어림하기

정사각형의 넓이를 이용하여 반지름이 10 cm인 원의 넓이를 어림하기

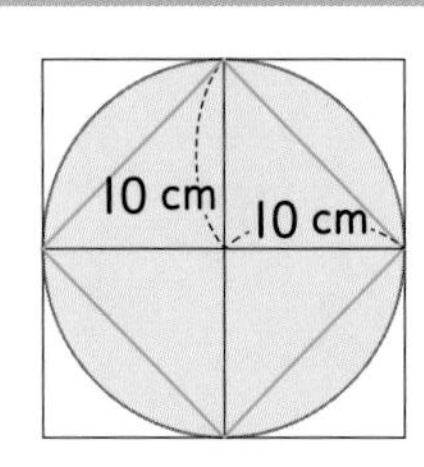

(원 안에 있는 정사각형의 넓이)
$=20\times20\div2=200(cm^2)$
➡ $200\ cm^2<$(원의 넓이)

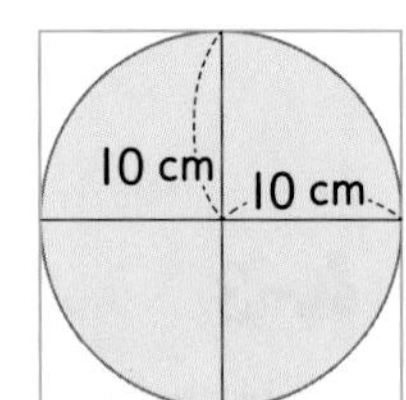

(원 밖에 있는 정사각형의 넓이)
$=20\times20=400(cm^2)$
➡ (원의 넓이)$<400\ cm^2$

원 안에 있는 정사각형은 마름모이므로 마름모의 넓이를 구하면 돼요.

원의 넓이는 원 안에 있는 정사각형의 넓이보다 크고,
원 밖에 있는 정사각형의 넓이보다 작습니다.

$200\ cm^2<$(원의 넓이)
(원의 넓이)$<400\ cm^2$

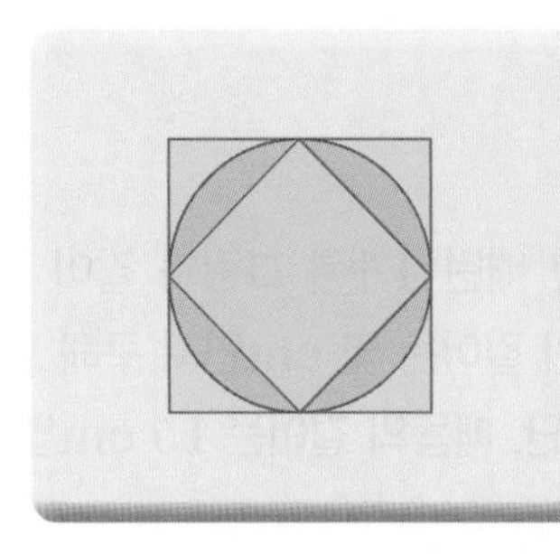

➡

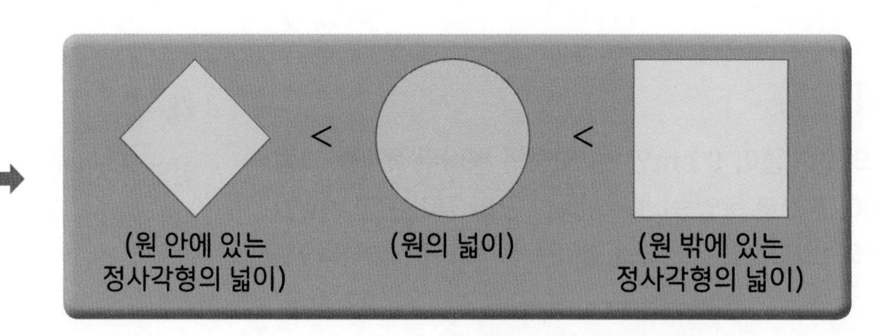

[반지름이 5 cm인 원의 넓이 어림하기]

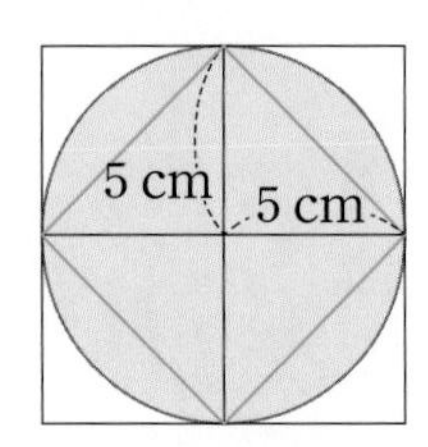

(원 안에 있는 정사각형의 넓이)$=10\times10\div2=50(cm^2)$
(원 밖에 있는 정사각형의 넓이)$=10\times10=100(cm^2)$
➡ $50\ cm^2<$(원의 넓이)
(원의 넓이)$<100\ cm^2$

개념 2 원의 넓이 어림하기(2)

이미 배운 1 cm²

한 변의 길이가 1 cm인 정사각형의 넓이를 1 cm²라 쓰고, 1 제곱센티미터라고 읽습니다.

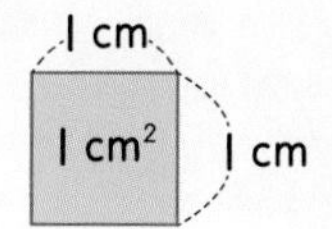

새로 배울 모눈종이로 원의 넓이 어림하기

모눈의 수를 이용하여 반지름이 10 cm인 원의 넓이를 어림하기

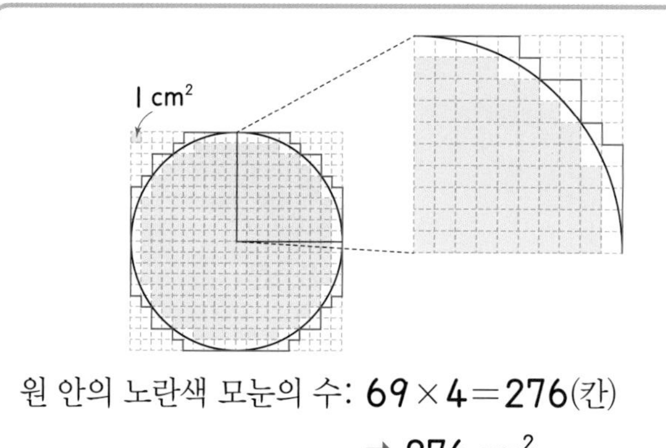

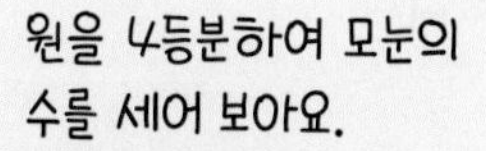

원 안의 노란색 모눈의 수: $69 \times 4 = 276$(칸)

➡ 276 cm²

원 밖의 빨간 선 안쪽 모눈의 수: $86 \times 4 = 344$(칸)

➡ 344 cm²

원의 넓이는 원 안의 노란색 모눈의 수보다 크고, 원 밖의 빨간 선 안쪽 모눈의 수보다 작습니다.

276 cm² < (원의 넓이)

(원의 넓이) < 344 cm²

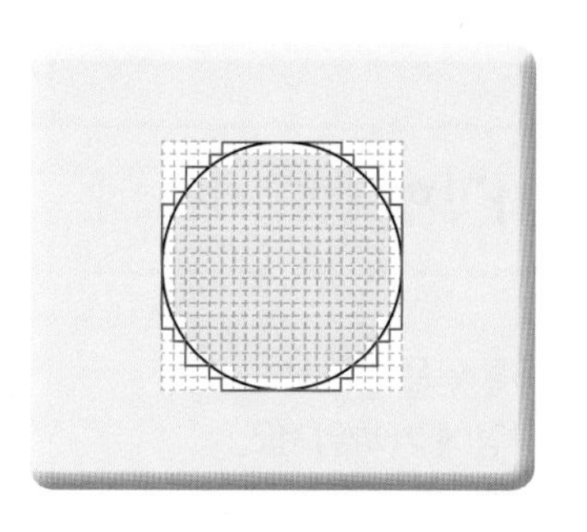

➡

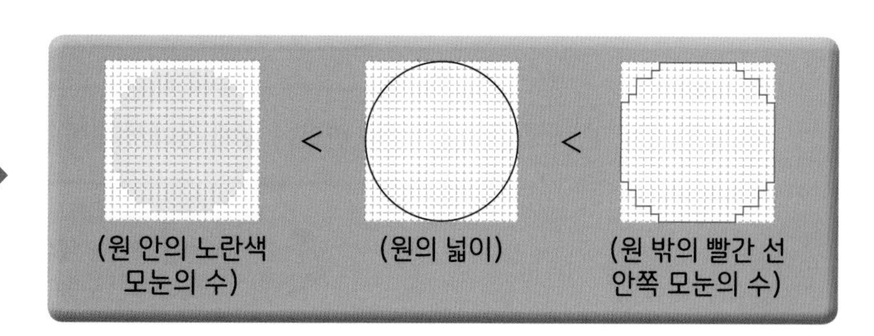

[정육각형의 넓이를 이용하여 원의 넓이 어림하기]

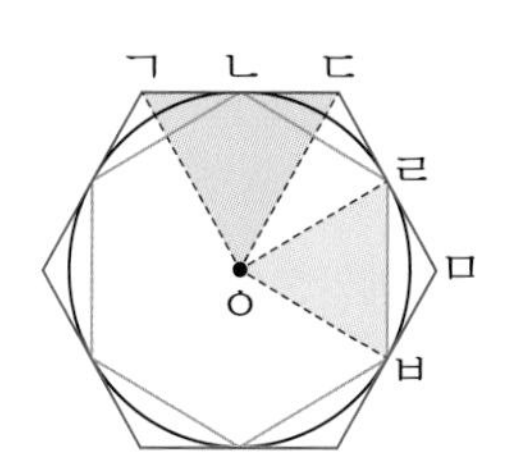

(원 안에 있는 정육각형의 넓이)=(삼각형 ㄹㅇㅂ의 넓이)×6

(원 밖에 있는 정육각형의 넓이)=(삼각형 ㄱㅇㄷ의 넓이)×6

➡ (원 안에 있는 정육각형의 넓이) < (원의 넓이)

(원의 넓이) < (원 밖에 있는 정육각형의 넓이)

개념 3 원의 넓이를 구하는 방법(1)

이미 배운 평행사변형의 넓이

평행사변형을 잘라 직사각형으로 만들어 넓이를 구할 수 있습니다.

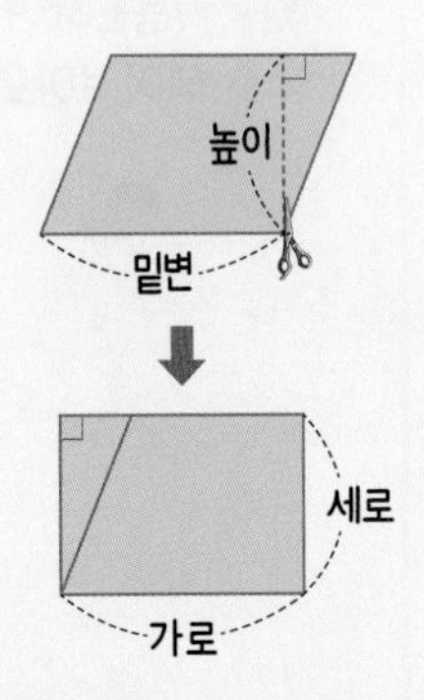

(평행사변형의 넓이)
=(직사각형의 넓이)
=(가로)×(세로)
=(밑변의 길이)×(높이)

새로 배울 원을 모양이 다른 도형으로 바꾸기

원을 원의 중심을 지나도록 잘라서 이어 붙이기

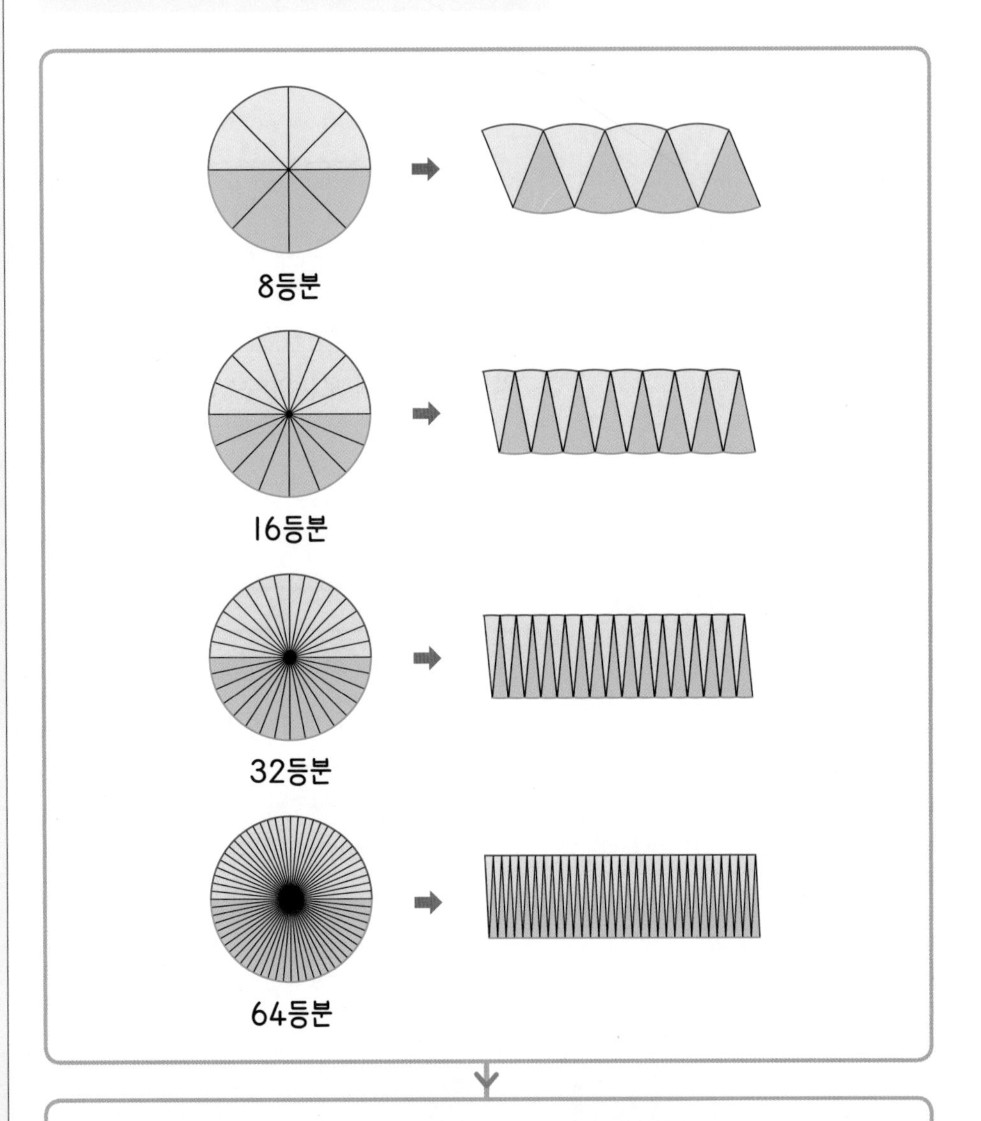

원을 한없이 잘게 잘라서 이어 붙이면 **직사각형**에 가까워집니다.

원을 자르는 횟수가 많아질수록 원을 잘라서 이어 붙인 도형이 점점 직사각형에 가까워져요.

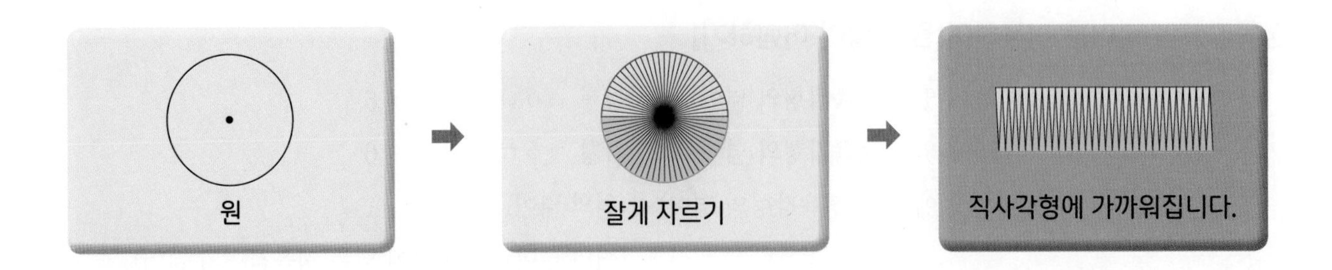

개념 4 원의 넓이를 구하는 방법(2)

이미 배운 직사각형의 넓이

세로

가로

(직사각형의 넓이)

=(가로)×(세로)

새로 배울 원의 넓이 구하기

원을 한없이 잘게 잘라서 이어 붙이면 직사각형이 되므로 직사각형의 넓이를 이용하여 원의 넓이를 구할 수 있습니다.

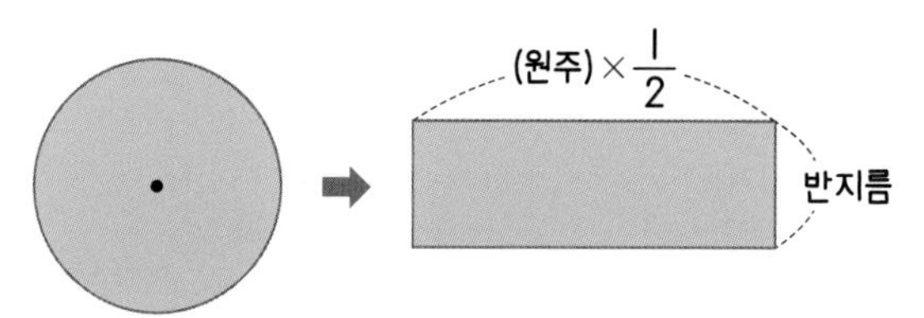

직사각형의 가로는 (원주)×$\frac{1}{2}$, 세로는 원의 반지름과 같으므로 원의 넓이는 다음과 같이 구할 수 있습니다.

(원의 넓이)=(직사각형의 넓이)

=(가로)×(세로)

=(원주)×$\frac{1}{2}$×(반지름)

=(원주율)×(지름)×$\frac{1}{2}$×(반지름)

=(반지름)×(반지름)×(원주율)

(원의 넓이)=(반지름)×(반지름)×(원주율)

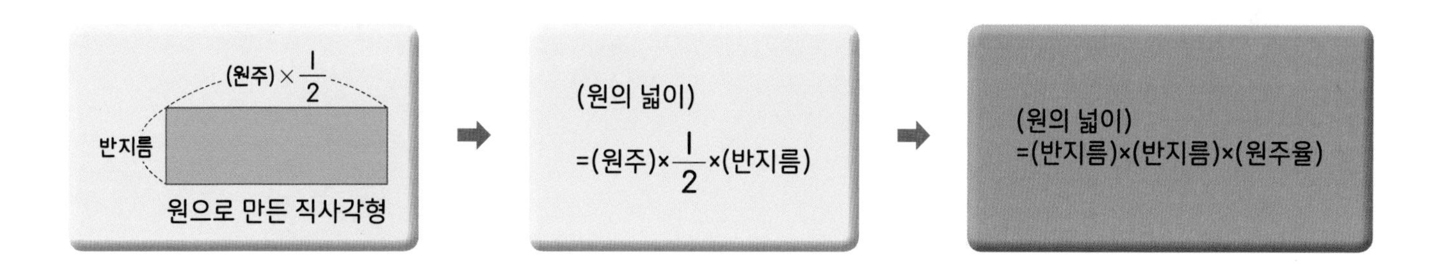

[원의 넓이 구하기]

• 반지름을 알 때 원의 넓이 구하기

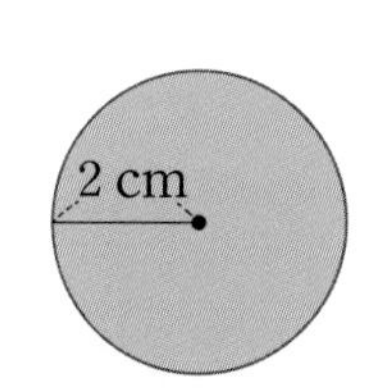

(원의 넓이)=2×2×3.14

=12.56 (cm^2)

• 지름을 알 때 원의 넓이 구하기

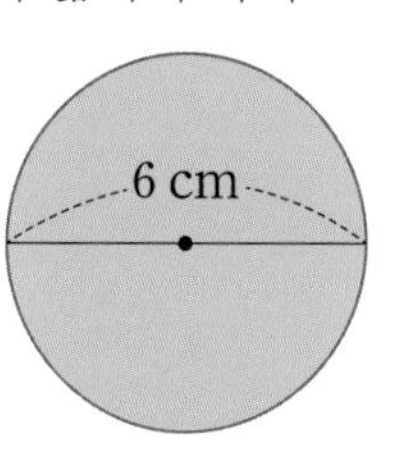

(반지름)=6÷2=3 (cm)

(원의 넓이)=3×3×3.14=28.26 (cm^2)

수해력을 확인해요

• 원을 한없이 잘게 잘라 이어 붙여서 만든 직사각형의 가로와 세로 구하기

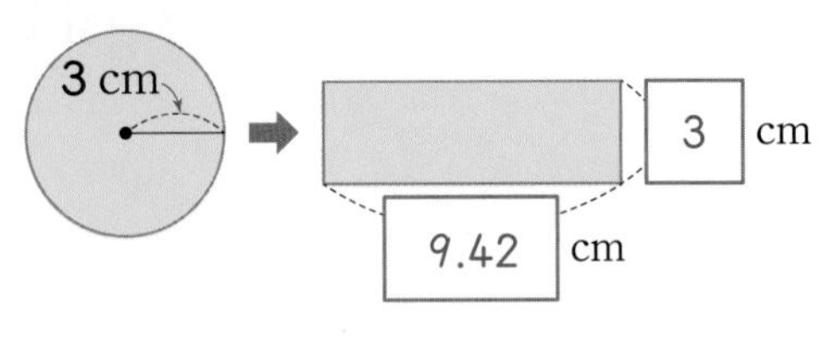

• 반지름을 알 때 원의 넓이 구하기

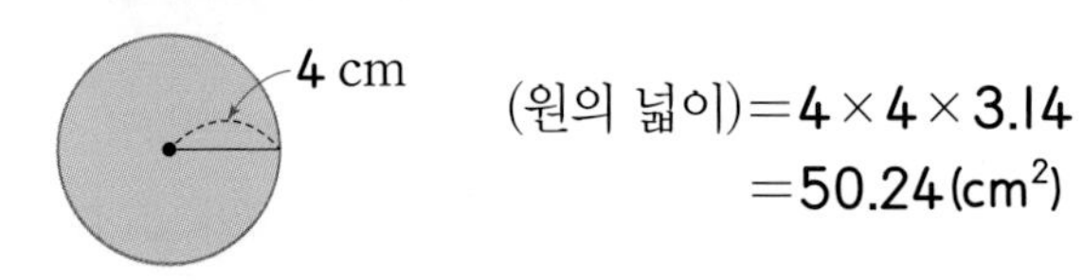

01~04 원을 한없이 잘게 잘라 이어 붙여서 직사각형을 만들었습니다. □ 안에 알맞은 수를 써넣으세요.

01

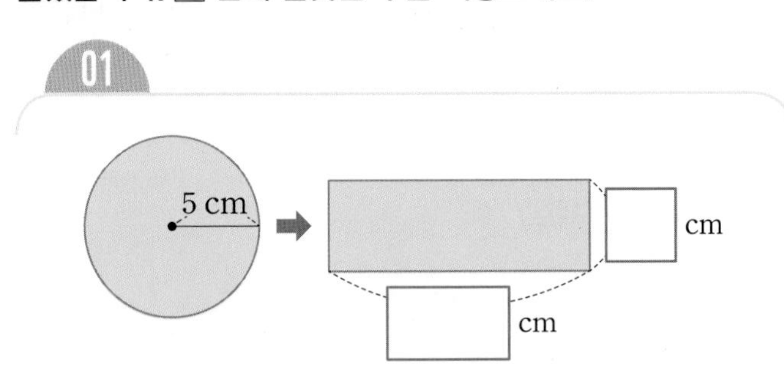

02

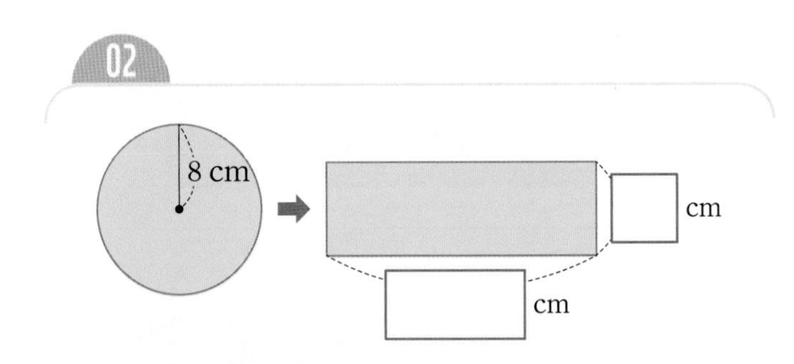

03

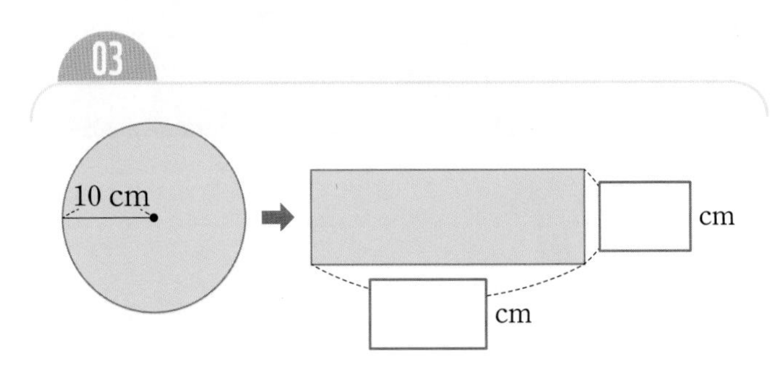

04

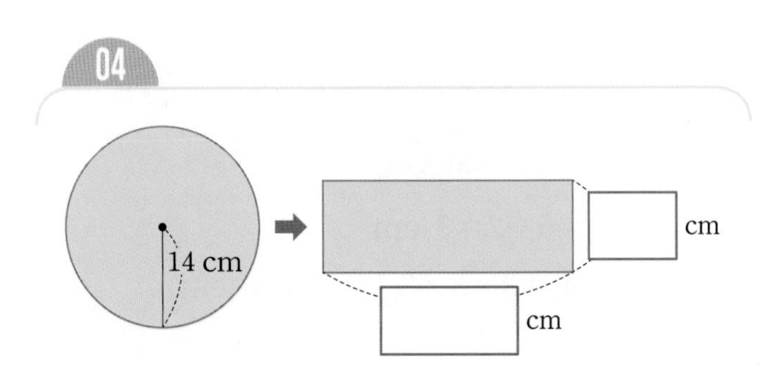

05~12 원의 넓이는 몇 cm^2인지 구해 보세요.

05

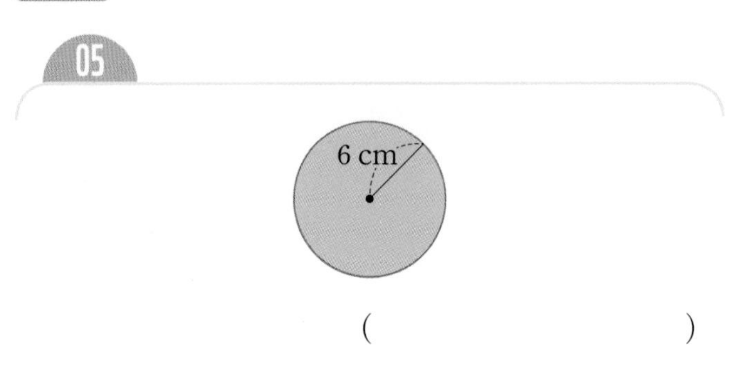

( )

06

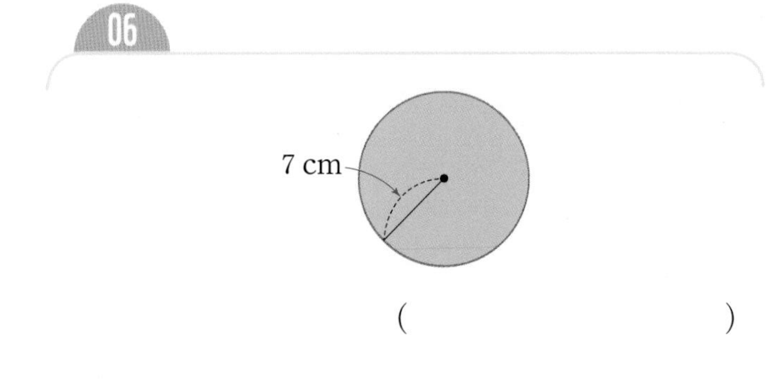

( )

07

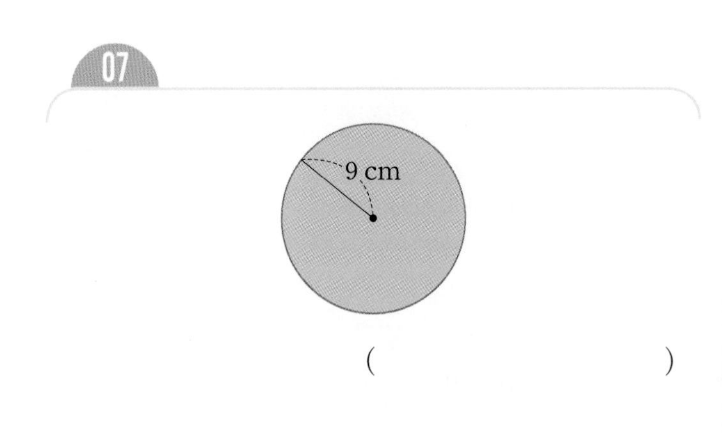

( )

08

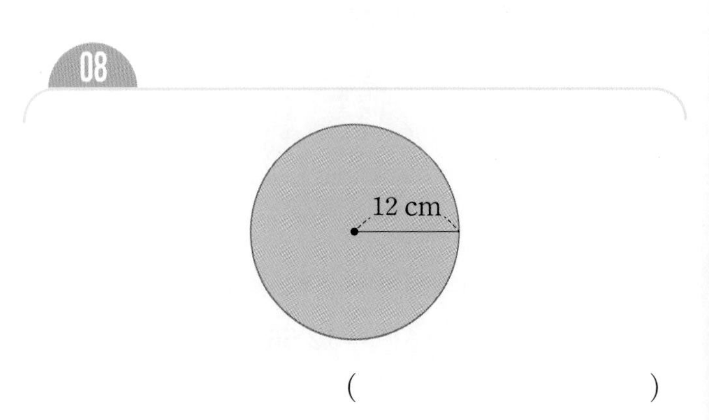

( )

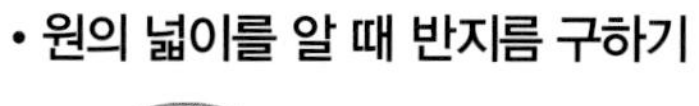

• 지름을 알 때 원의 넓이 구하기

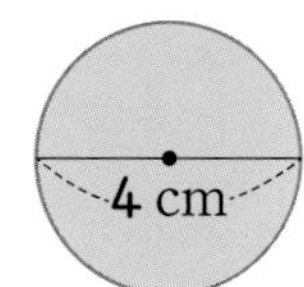

(반지름)$=4\div2=2$(cm)
(원의 넓이)$=2\times2\times3.14$
$=12.56$(cm²)

• 원의 넓이를 알 때 반지름 구하기

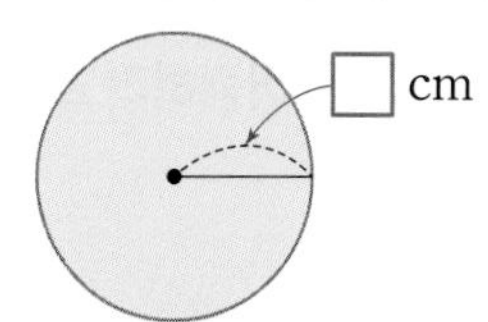

넓이: 28.26 cm²

$\square\times\square\times3.14=28.26$,
$\square\times\square=9$,
$\square=3$

09

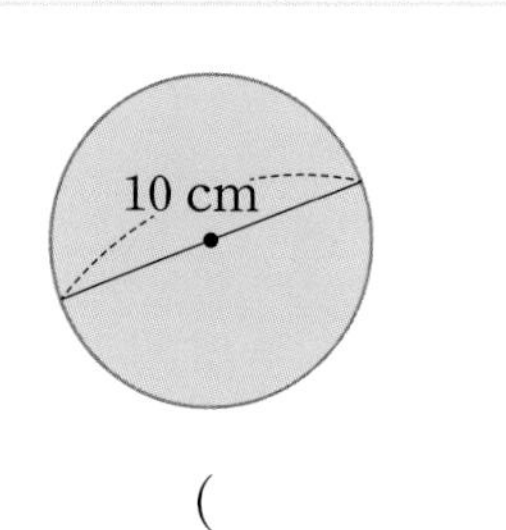

(　　　　　　　　)

10

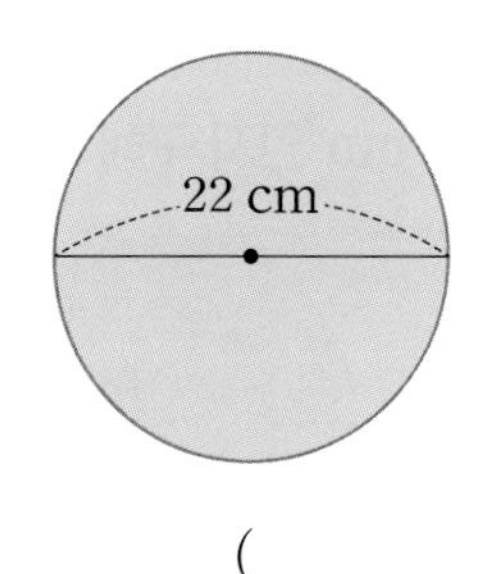

(　　　　　　　　)

11

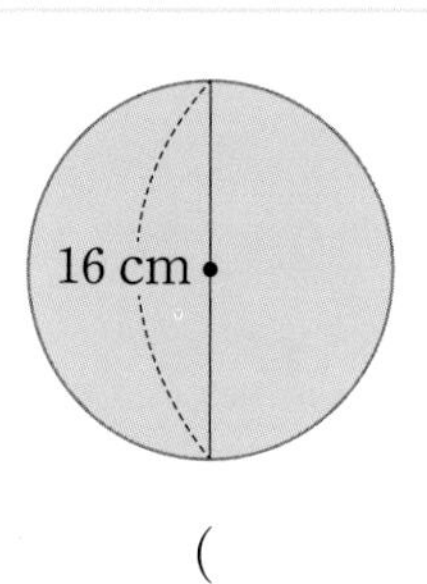

(　　　　　　　　)

12

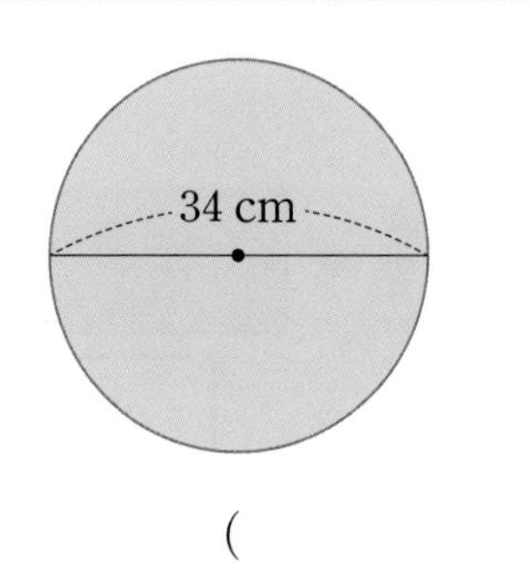

(　　　　　　　　)

13~16 원의 넓이가 다음과 같을 때 □ 안에 알맞은 수를 써넣으세요.

13

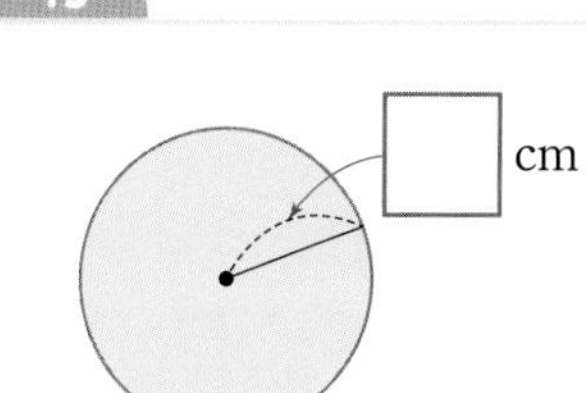

넓이: 113.04 cm²

14

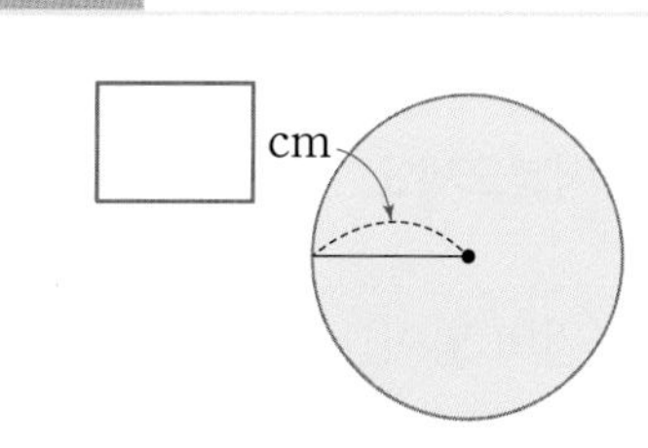

넓이: 314 cm²

15

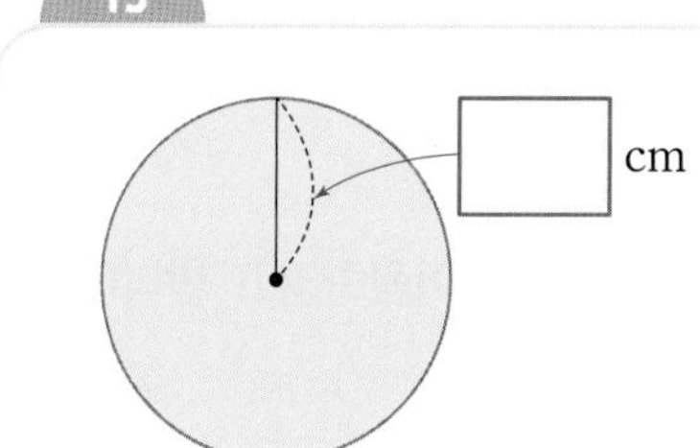

넓이: 706.5 cm²

16

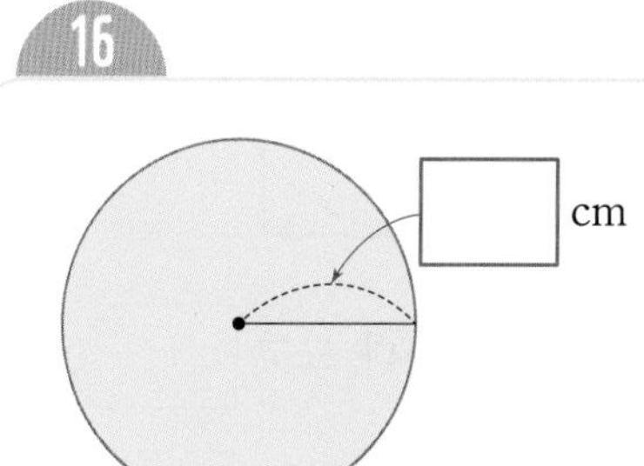

넓이: 1256 cm²

수해력을 높여요

01~02 반지름이 12 cm인 원의 넓이를 어림하려고 합니다. 물음에 답하세요.

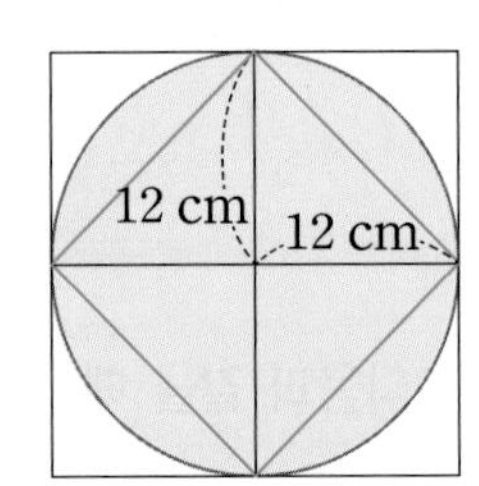

01 원 안에 있는 정사각형의 넓이와 원 밖에 있는 정사각형의 넓이를 각각 구해 보세요.

(원 안에 있는 정사각형의 넓이)= □ (cm^2)

(원 밖에 있는 정사각형의 넓이)= □ (cm^2)

02 □ 안에 알맞은 수를 써넣으세요.

□ cm^2 < (원의 넓이)

(원의 넓이) < □ cm^2

03 지름이 8 cm인 원의 넓이를 어림하려고 합니다. □ 안에 알맞은 수를 써넣으세요.

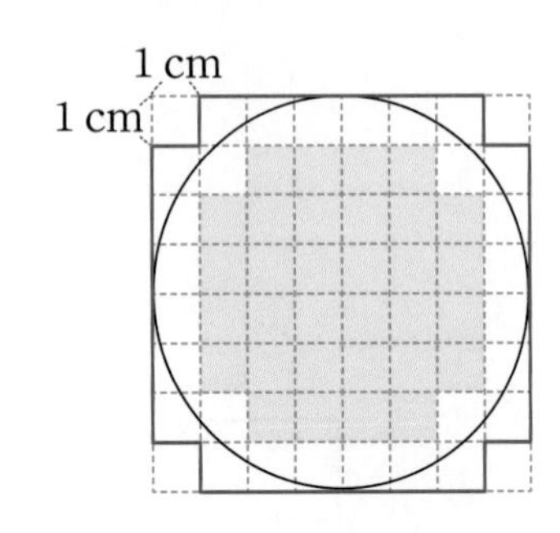

원의 넓이는 □ cm^2보다 크고 □ cm^2 보다 작습니다.

04 원의 넓이를 구하는 방법으로 옳은 것을 찾아 기호를 써 보세요.

㉠ (지름) × 2 × (원주율)
㉡ (지름) × (지름) × (원주율)
㉢ (반지름) × 2 × (원주율)
㉣ (반지름) × (반지름) × (원주율)

(   )

05 원의 넓이는 몇 cm^2인지 구해 보세요.

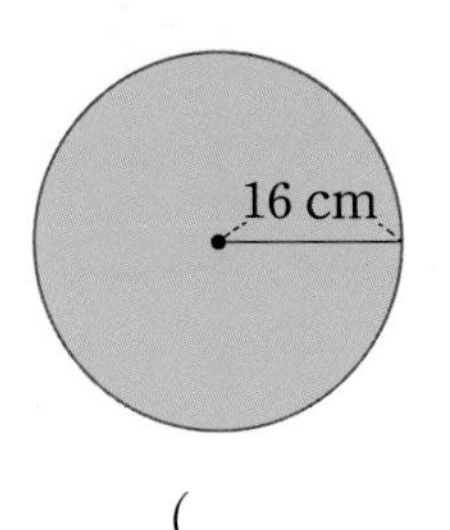

(   )

06 원을 한없이 잘게 잘라 이어 붙여서 직사각형을 만들었습니다. □ 안에 알맞은 수를 써넣고, 원의 넓이는 몇 cm^2인지 구해 보세요.

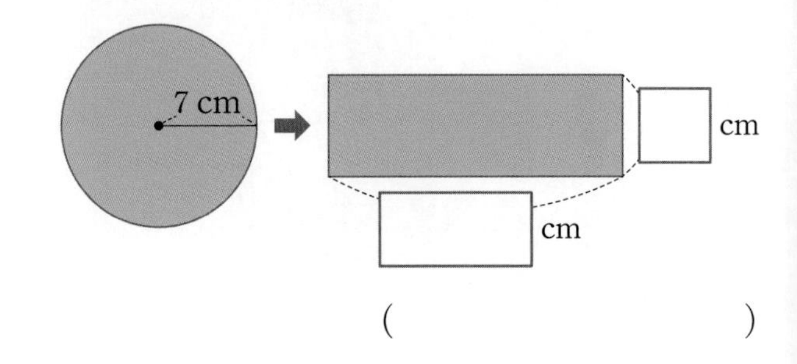

(   )

07 원의 지름을 알 때 원의 넓이를 구하려고 합니다. 빈칸에 알맞게 써넣으세요.

지름 (cm)	반지름 (cm)	원의 넓이를 구하는 식	원의 넓이 (cm^2)
50	25	$25\times25\times3.14$	
100			

08 원 나의 넓이는 원 가의 넓이의 몇 배인지 구해 보세요.

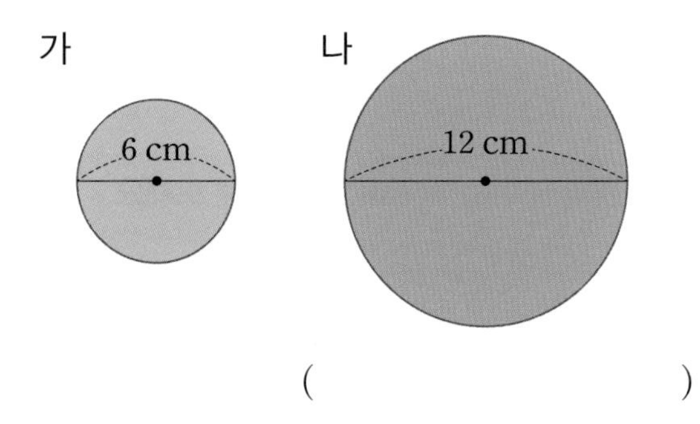

( )

09 정사각형의 둘레가 52 cm일 때 원의 넓이는 몇 cm^2인지 구해 보세요.

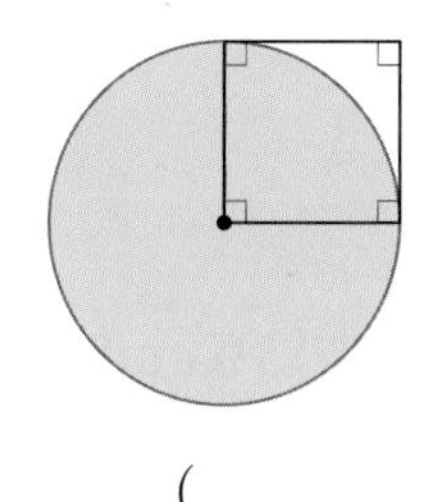

( )

10 넓이가 넓은 원부터 순서대로 기호를 써 보세요.

㉠ 원주가 75.36 cm인 원
㉡ 지름이 14 cm인 원
㉢ 넓이가 379.94 cm^2인 원

( )

11 실생활 활용

송희는 피자를 고르려고 합니다. 정사각형 모양의 피자 가와 원 모양의 피자 나의 가격이 같다면 어느 피자를 선택해야 더 이득이 되는지 기호를 써 보세요.

(단, 피자의 두께는 생각하지 않습니다.)

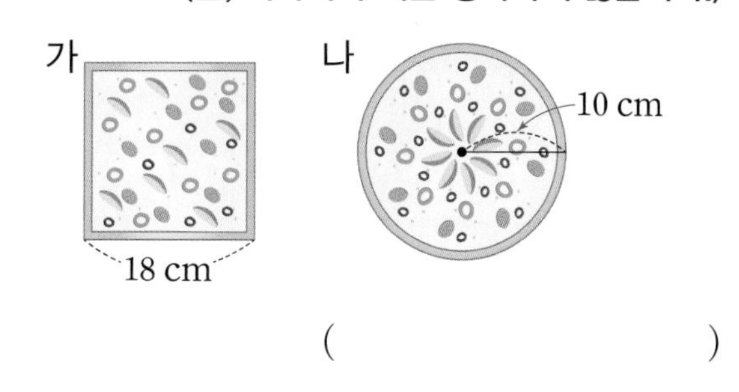

( )

12 교과 융합

쥐불놀이는 정월 대보름의 전날 밤에 아이들이 기다란 줄에 불을 달고 빙빙 돌리는 놀이입니다. 승찬이가 쥐불놀이를 하여 그린 원의 넓이가 5024 cm^2일 때 원의 지름은 몇 cm인지 구해 보세요.

( )

수해력을 완성해요

대표 응용 1

반지름을 구하여 원의 넓이 구하기

큰 원의 넓이는 몇 cm^2인지 구해 보세요.

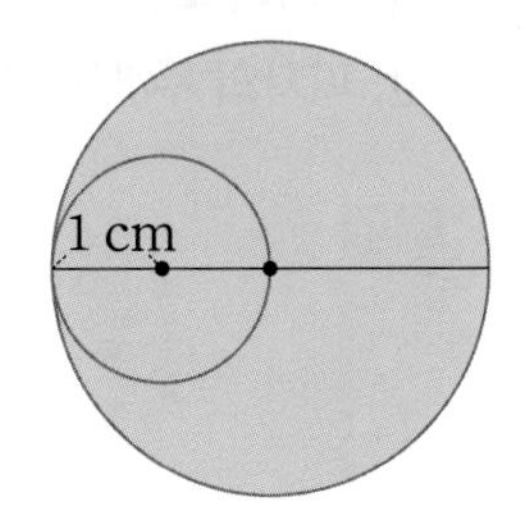

해결하기

1단계 큰 원의 반지름은

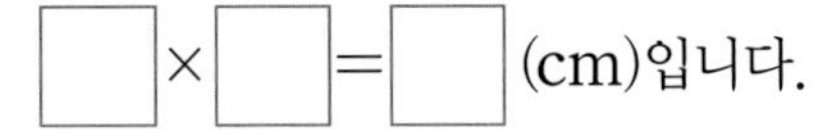

□ × □ = □ (cm)입니다.

2단계 큰 원의 넓이는

□ × □ × □ = □ (cm^2)

입니다.

1-1

큰 원의 넓이는 몇 cm^2인지 구해 보세요.

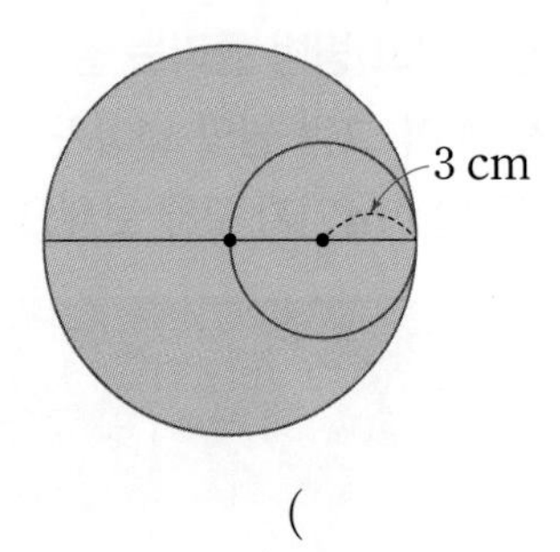

(　　　　　　　　)

1-2

큰 원의 넓이는 몇 cm^2인지 구해 보세요.

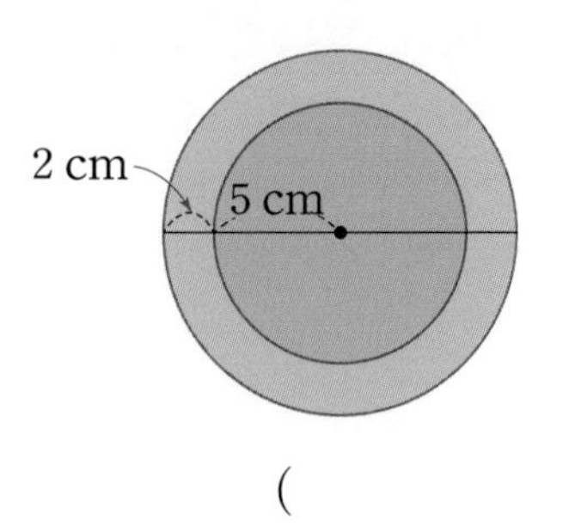

(　　　　　　　　)

1-3

작은 원의 넓이는 몇 cm^2인지 구해 보세요.

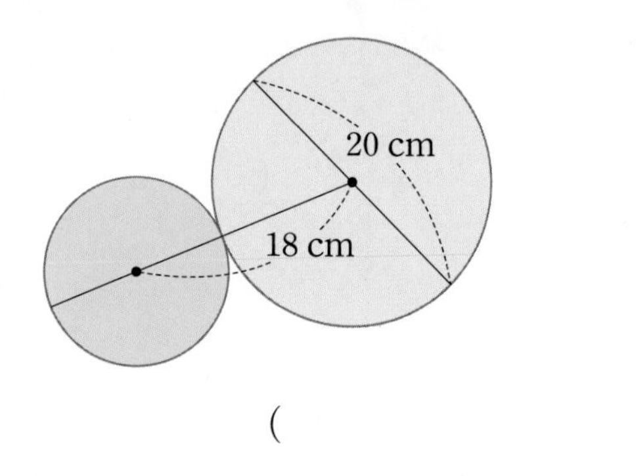

(　　　　　　　　)

1-4

삼각형 ㄱㅇㄴ의 둘레가 19 cm일 때 원의 넓이는 몇 cm^2인지 구해 보세요.

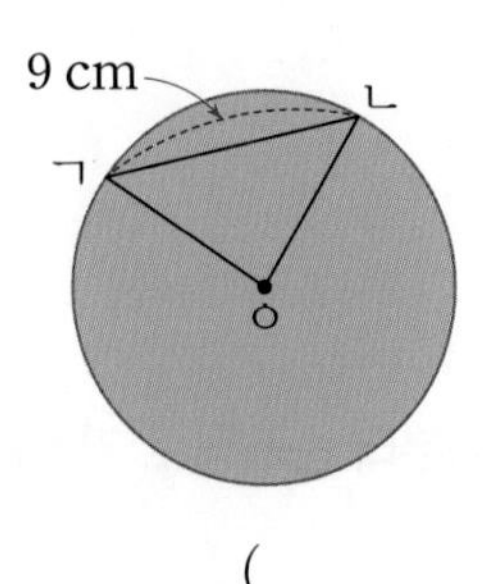

(　　　　　　　　)

대표 응용 **2**

만들 수 있는 가장 큰 원의 넓이 구하기

정사각형 모양의 종이를 잘라 만들 수 있는 가장 큰 원의 넓이는 몇 cm^2인지 구해 보세요.

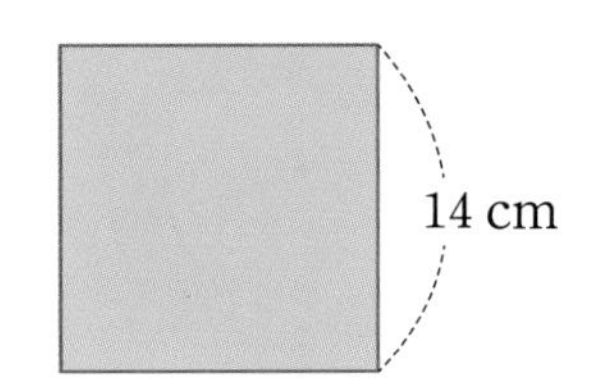

해결하기

1단계 만들 수 있는 가장 큰 원의 지름은 정사각형의 한 변의 길이와 같으므로 □ cm입니다.

2단계 만들 수 있는 가장 큰 원의 반지름은 □ ÷ □ = □ (cm)입니다.

3단계 만들 수 있는 가장 큰 원의 넓이는 □ × □ × □ = □ (cm^2) 입니다.

2-1

직사각형 모양의 종이를 잘라 만들 수 있는 가장 큰 원의 넓이는 몇 cm^2인지 구해 보세요.

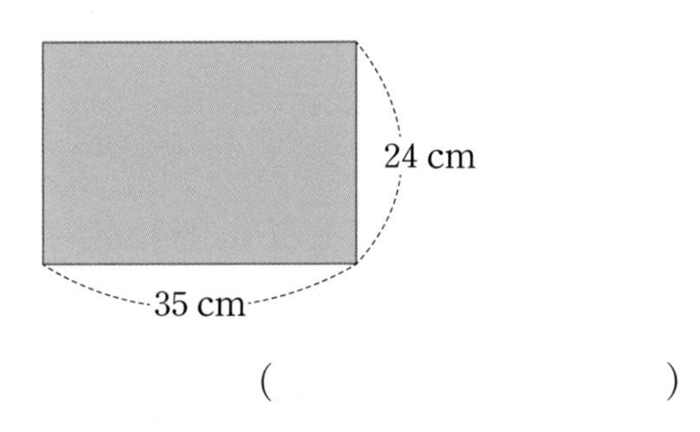

(　　　　　　　　　)

2-2

둘레가 40 cm인 정사각형 모양의 종이를 잘라 만들 수 있는 가장 큰 원의 넓이는 몇 cm^2인지 구해 보세요.

(　　　　　　　　　)

2-3

평행사변형 안에 그릴 수 있는 가장 큰 원을 그렸습니다. 평행사변형의 넓이가 36 cm^2일 때 원의 넓이는 몇 cm^2인지 구해 보세요.

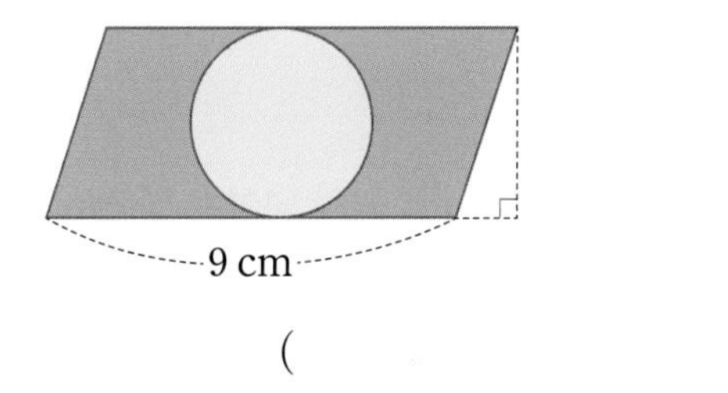

(　　　　　　　　　)

2-4

사다리꼴 안에 그릴 수 있는 가장 큰 원을 그렸습니다. 사다리꼴의 넓이가 252 cm^2일 때 원의 넓이는 몇 cm^2인지 구해 보세요.

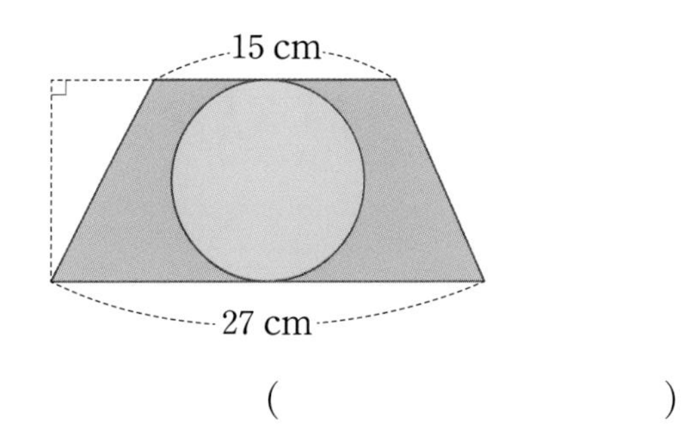

(　　　　　　　　　)

수해력을 완성해요

대표 응용 3 원주를 이용하여 원의 넓이 구하기

원주가 50.24 cm인 원의 넓이는 몇 cm^2인지 구해 보세요.

해결하기

1단계 원의 반지름을 ■ cm라 하면

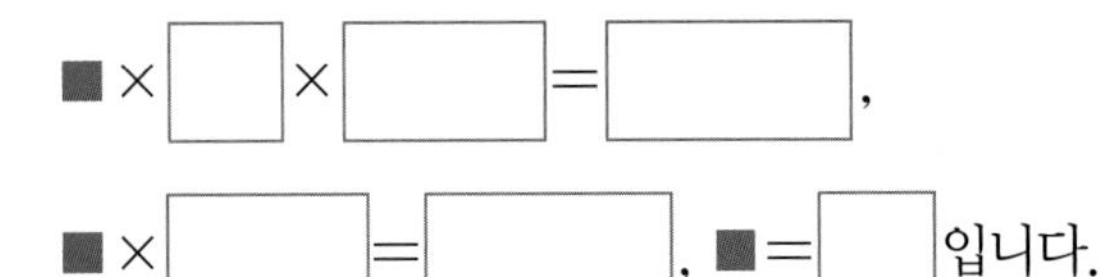

■ × □ × □ = □,

■ × □ = □, ■ = □ 입니다.

2단계 원의 넓이는

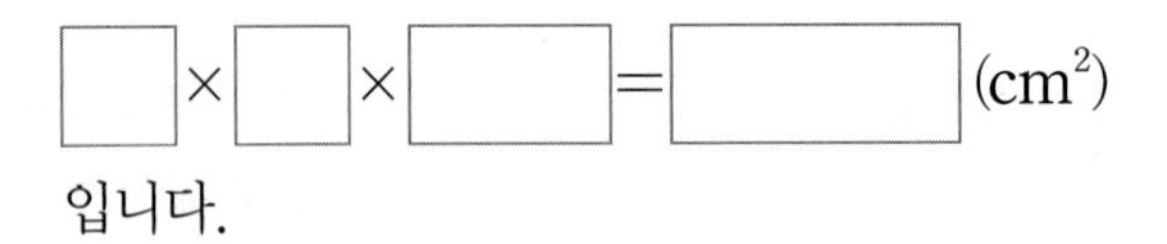

□ × □ × □ = □ (cm^2)

입니다.

3-1

원주가 87.92 cm인 원의 넓이는 몇 cm^2인지 구해 보세요.

(　　　　　　　　)

3-2

둘레가 69.08 cm인 원 모양의 접시가 있습니다. 접시의 넓이는 몇 cm^2인지 구해 보세요.

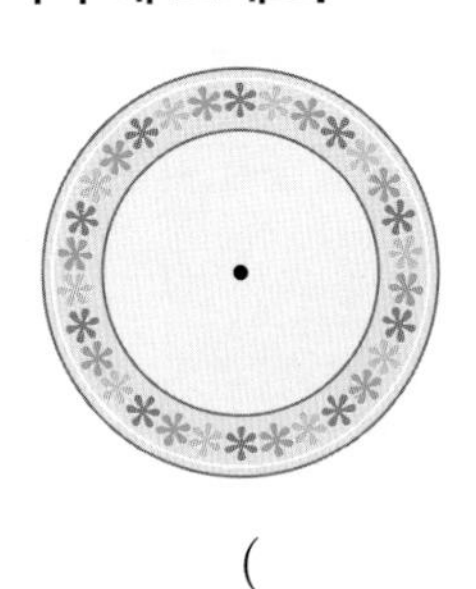

(　　　　　　　　)

3-3

길이가 113.04 cm인 철사를 남김없이 사용하여 크기가 같은 원을 2개 만들었습니다. 철사를 겹치지 않게 이었을 때 만든 원 한 개의 넓이는 몇 cm^2인지 구해 보세요.

(　　　　　　　　)

3-4

원 모양의 호수 둘레에 15.7 m 간격으로 깃발이 24개 꽂혀 있습니다. 호수의 넓이는 몇 m^2인지 구해 보세요.

(단, 깃발의 두께는 생각하지 않습니다.)

(　　　　　　　　)

대표 응용 4 원의 넓이를 이용하여 원주 구하기

넓이가 $28.26\ \mathrm{cm}^2$인 원의 원주는 몇 cm인지 구해 보세요.

해결하기

1단계 원의 반지름을 ■ cm라 하면

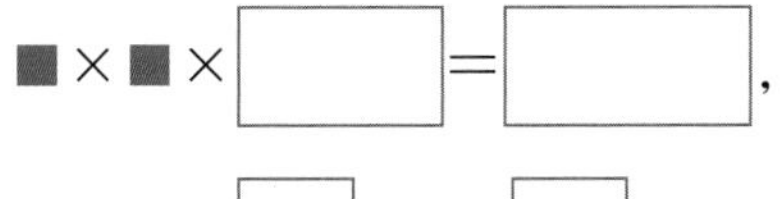

■×■=□, ■=□입니다.

2단계 원주는

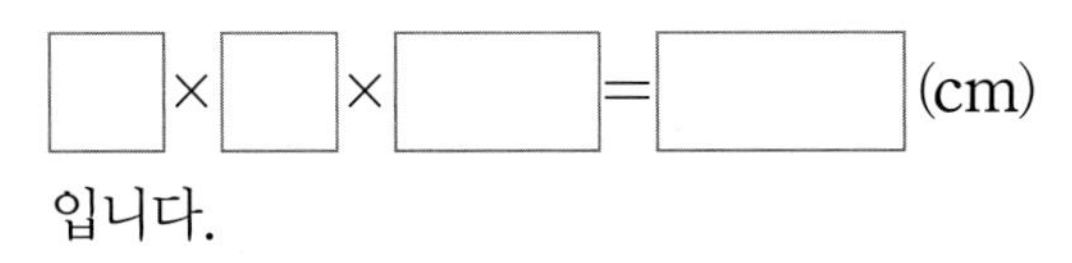

입니다.

4-1

넓이가 $314\ \mathrm{cm}^2$인 원의 원주는 몇 cm인지 구해 보세요.

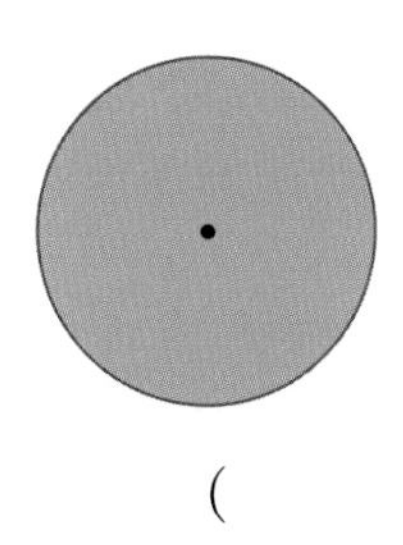

(　　　　　　　　)

4-2

선영이가 컴퍼스를 벌려서 원을 그렸더니 그린 원의 넓이가 $254.34\ \mathrm{cm}^2$였습니다. 그린 원의 원주는 몇 cm인지 구해 보세요.

(　　　　　　　　)

4-3

두 원의 원주의 차는 몇 cm인지 구해 보세요.

반지름이 7 cm인 원

넓이가 $706.5\ \mathrm{cm}^2$인 원

(　　　　　　　　)

4-4

넓이가 $78.5\ \mathrm{cm}^2$인 원 모양의 컵 받침을 6바퀴 굴렸습니다. 컵 받침이 굴러간 거리는 몇 cm인지 구해 보세요.

(　　　　　　　　)

개념 1 여러 가지 원의 넓이(1)

이미 배운 원의 넓이

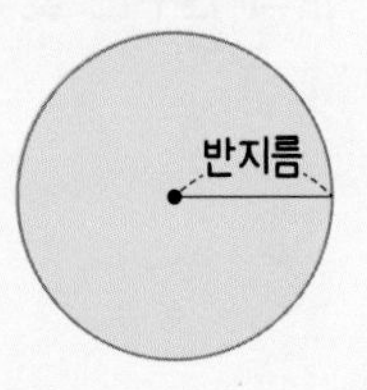

(원의 넓이)
=(반지름)×(반지름)×(원주율)

새로 배울 반지름을 이용하여 원의 넓이 구하기

반지름과 원의 넓이의 관계를 알아보기

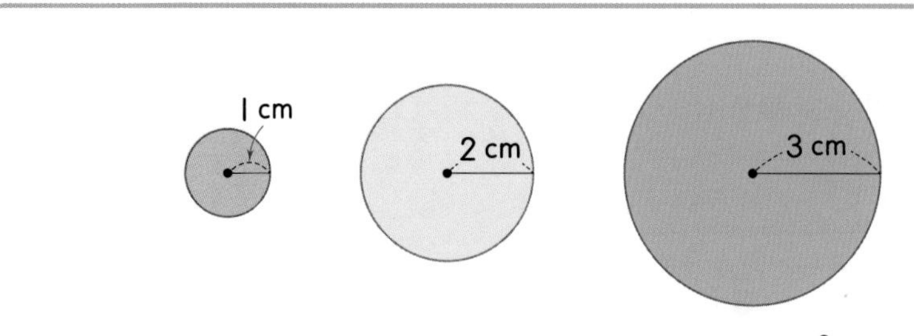

(주황색 원의 넓이)$=1\times1\times3.14=3.14(cm^2)$
(노란색 원의 넓이)$=2\times2\times3.14=12.56(cm^2)$
(파란색 원의 넓이)$=3\times3\times3.14=28.26(cm^2)$

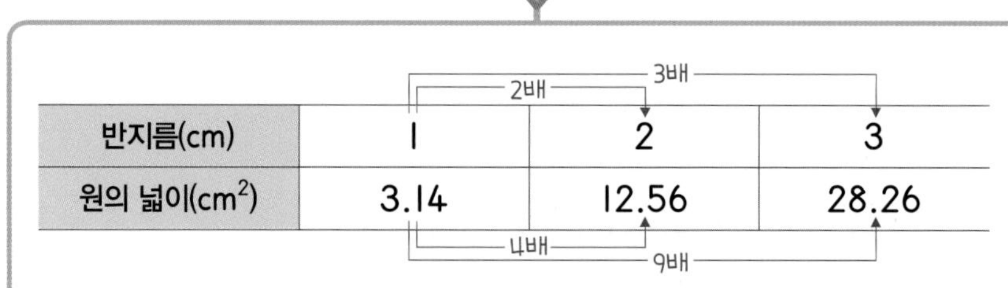

반지름(cm)	1	2	3
원의 넓이(cm^2)	3.14	12.56	28.26

➡ 반지름이 **2배**, **3배**, ...가 되면 원의 넓이는 **4배**, **9배**, ...가 됩니다.

원의 반지름이 ■배가 되면 ➡ 원의 넓이는 (■×■)배가 됩니다.

[여러 가지 원의 넓이 구하기]

• 반원의 넓이 구하기

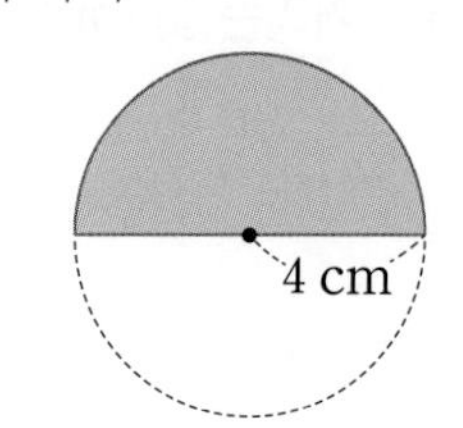

(반원의 넓이)=(반지름이 4 cm인 원의 넓이)÷2
$=4\times4\times3.14\div2$
$=25.12(cm^2)$

• 원의 $\frac{1}{4}$의 넓이 구하기

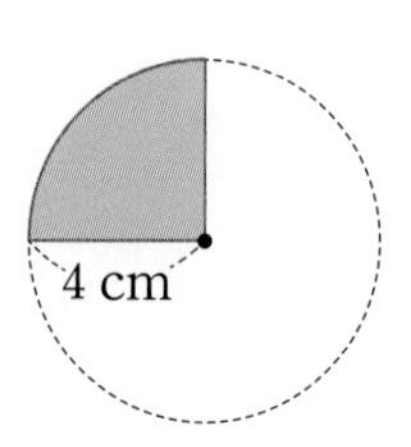

(원의 $\frac{1}{4}$의 넓이)=(반지름이 4 cm인 원의 넓이)÷4
$=4\times4\times3.14\div4$
$=12.56(cm^2)$

개념 2 여러 가지 원의 넓이(2)

이미 배운 **도형의 넓이**

• 정사각형의 넓이

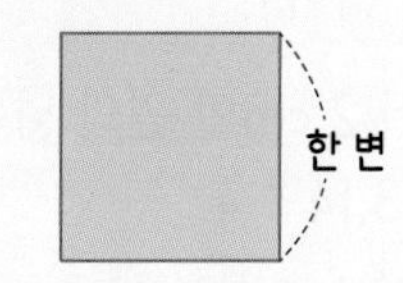

(정사각형의 넓이)
=(한 변의 길이)×(한 변의 길이)

• 삼각형의 넓이

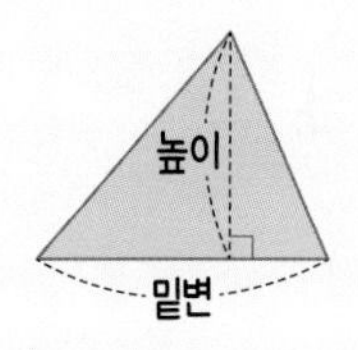

(삼각형의 넓이)
=(밑변의 길이)×(높이)÷2

새로 배울 **색칠한 부분의 넓이 구하기**

전체의 넓이에서 부분의 넓이를 빼서 색칠한 부분의 넓이 구하기

(1)

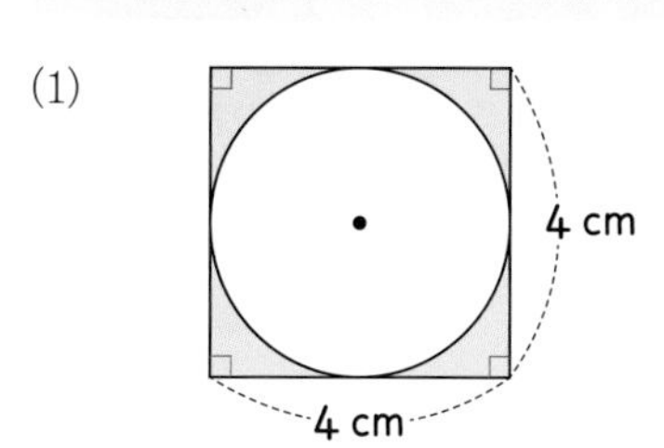

(색칠한 부분의 넓이)
=(정사각형의 넓이)−(원의 넓이)
$=4\times4-2\times2\times3.14$
$=16-12.56=3.44\,(cm^2)$

(2)

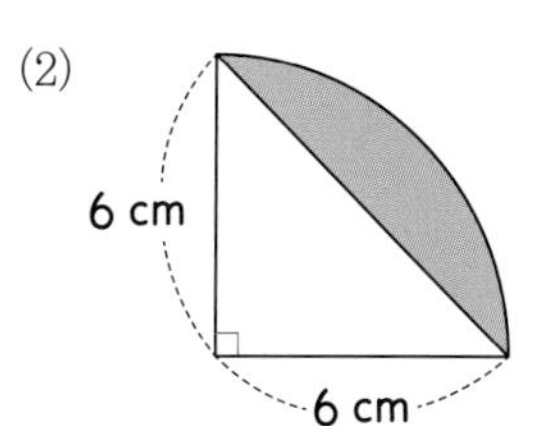

(색칠한 부분의 넓이)
$=\left(\text{원의 }\frac{1}{4}\text{의 넓이}\right)-(\text{삼각형의 넓이})$
$=6\times6\times3.14\div4-6\times6\div2$
$=28.26-18=10.26\,(cm^2)$

도형의 일부분을 옮겨서 색칠한 부분의 넓이 구하기

(1)

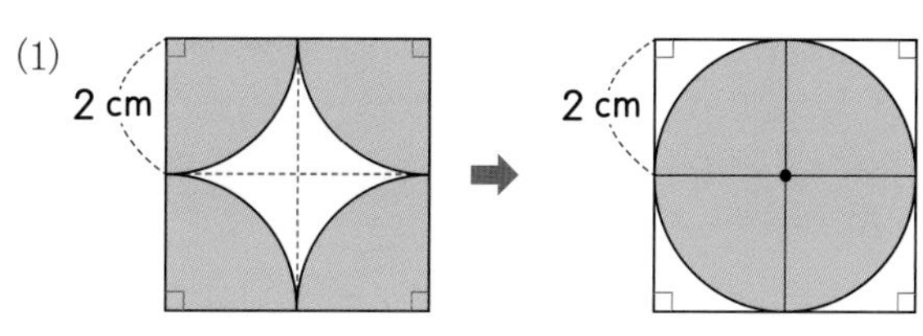

색칠한 부분을 합치면 하나의 원이 됩니다.

➡ (색칠한 부분의 넓이)=(원의 넓이)
$=2\times2\times3.14=12.56\,(cm^2)$

(2)

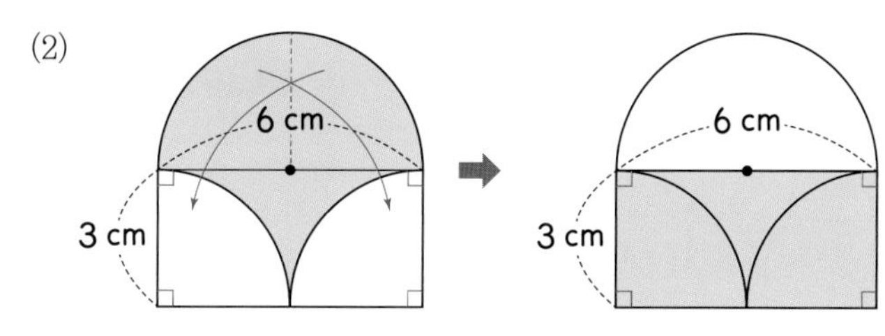

반원 부분을 옮기면 직사각형이 됩니다.

➡ (색칠한 부분의 넓이)=(직사각형의 넓이)
$=6\times3=18\,(cm^2)$

색칠한 부분의 넓이 구하기

전체의 넓이에서 부분의 넓이를 빼서 구하기

도형의 일부분을 옮겨서 다른 도형을 만들어 구하기

수해력을 확인해요

• 반원의 넓이 구하기

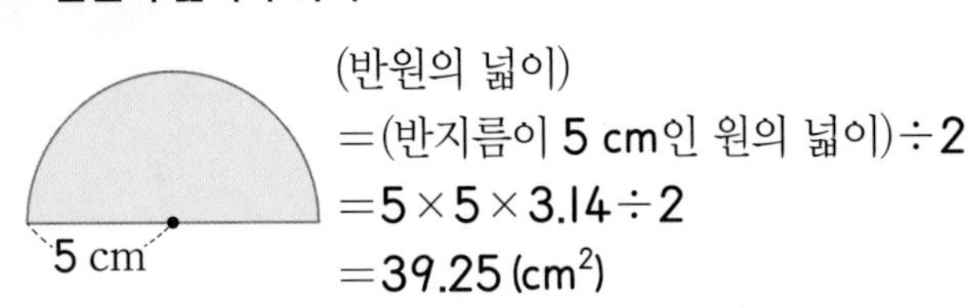

(반원의 넓이)
=(반지름이 5 cm인 원의 넓이)÷2
=5×5×3.14÷2
=39.25 (cm²)

• 원의 $\frac{1}{4}$의 넓이 구하기

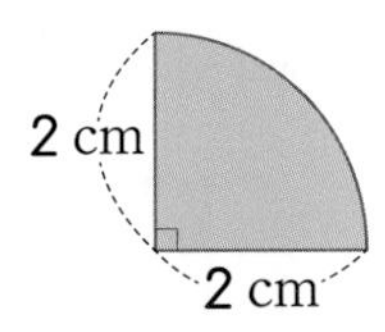

(원의 $\frac{1}{4}$의 넓이)
=(반지름이 2 cm인 원의 넓이)÷4
=2×2×3.14÷4
=3.14 (cm²)

01~08 도형의 넓이는 몇 cm²인지 구해 보세요.

01

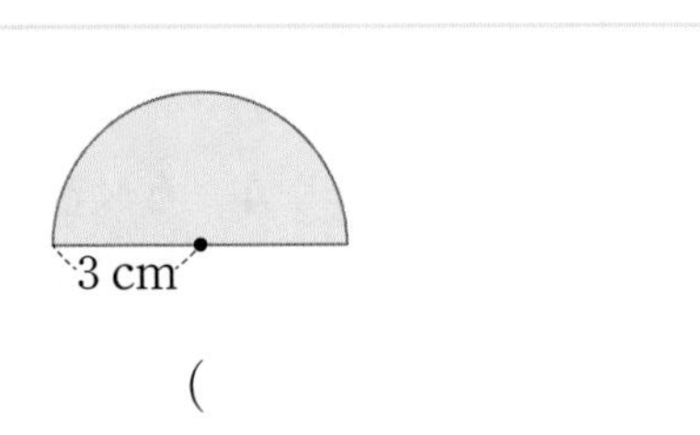

(　　　　　　　　)

02

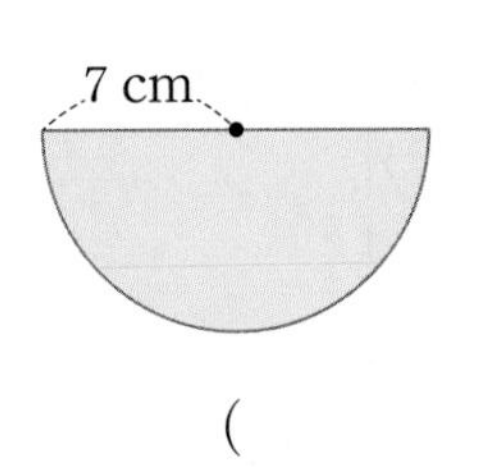

(　　　　　　　　)

03

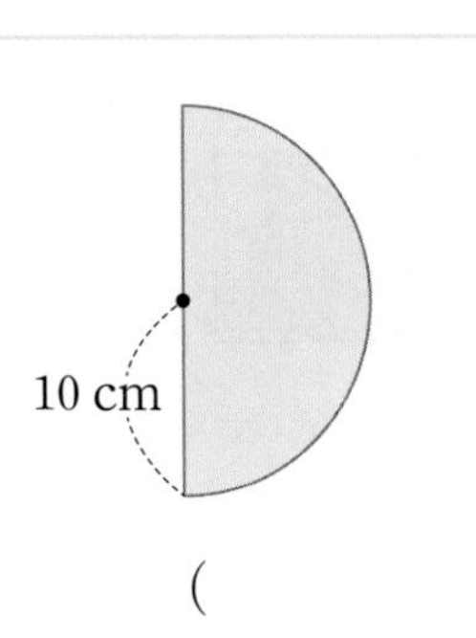

(　　　　　　　　)

04

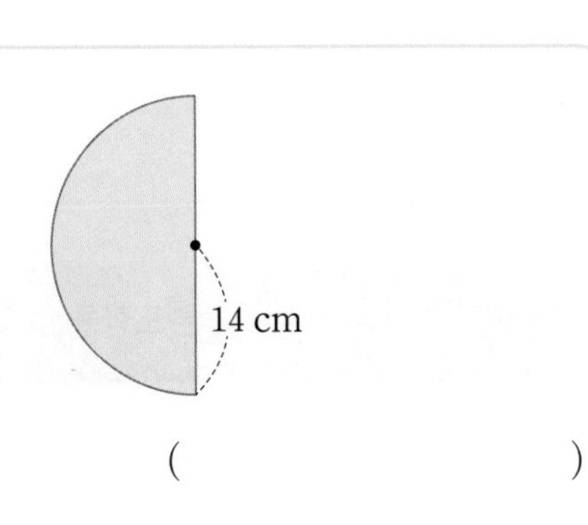

(　　　　　　　　)

05

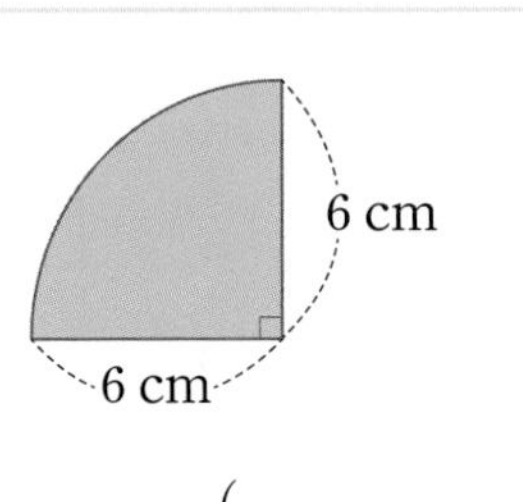

(　　　　　　　　)

06

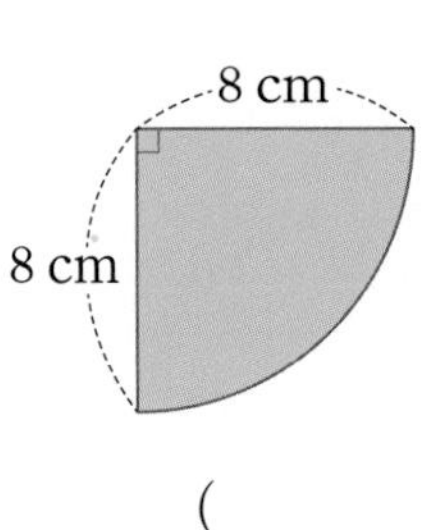

(　　　　　　　　)

07

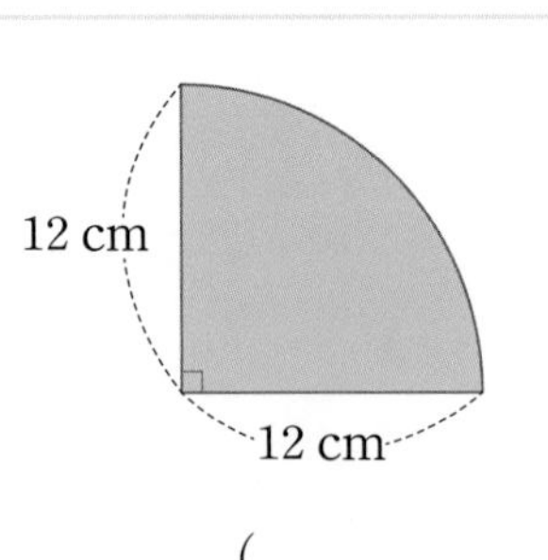

(　　　　　　　　)

08

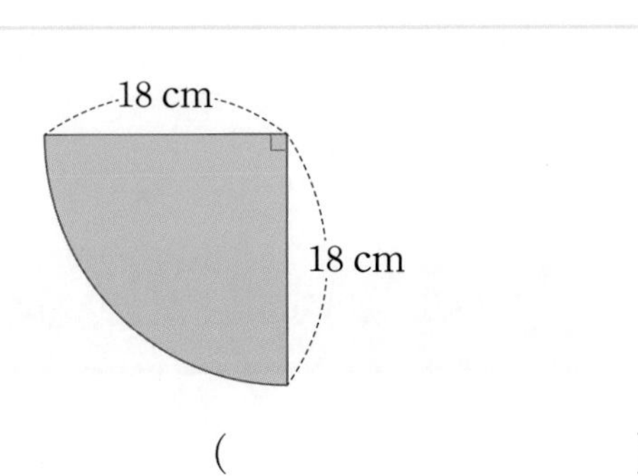

(　　　　　　　　)

• 색칠한 부분의 넓이 구하기

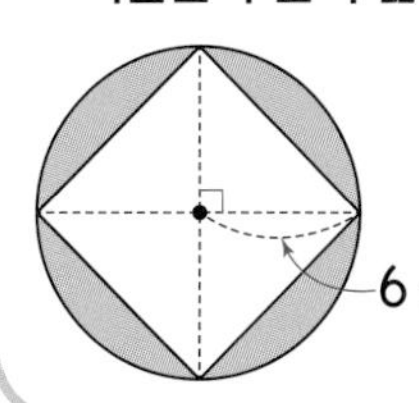

(색칠한 부분의 넓이)
=(원의 넓이)−(마름모의 넓이)
$=6\times6\times3.14-12\times12\div2$
$=113.04-72=41.04\,(\text{cm}^2)$

09 ~ 17 색칠한 부분의 넓이는 몇 cm^2인지 구해 보세요.

09

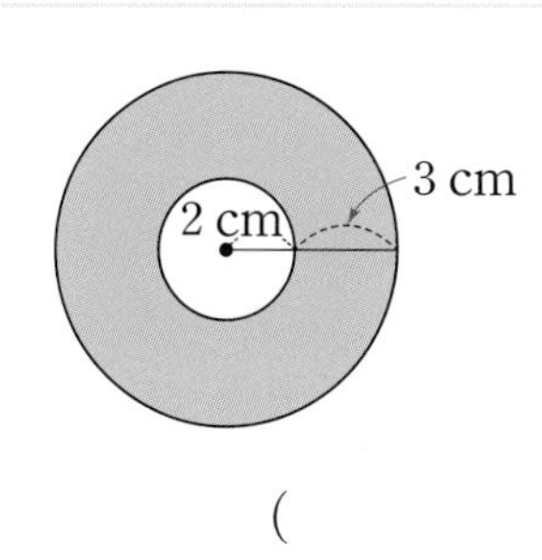

( )

10

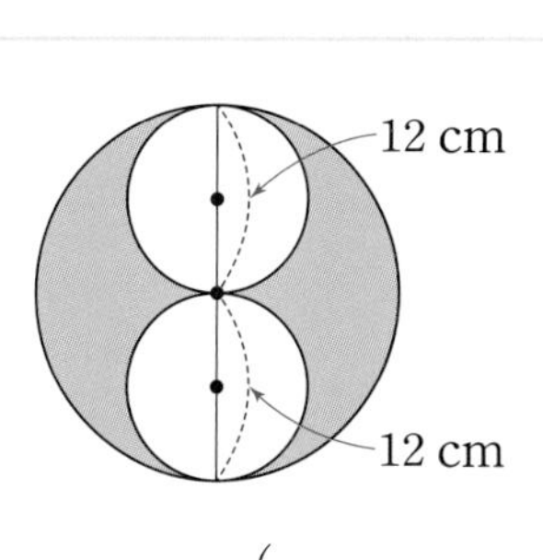

( )

11

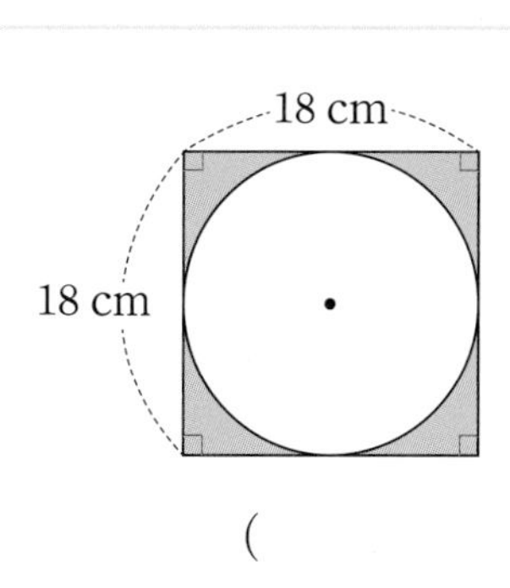

( )

12

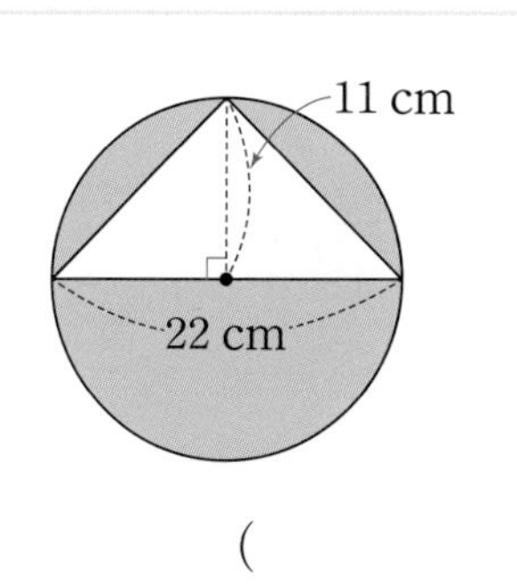

( )

13

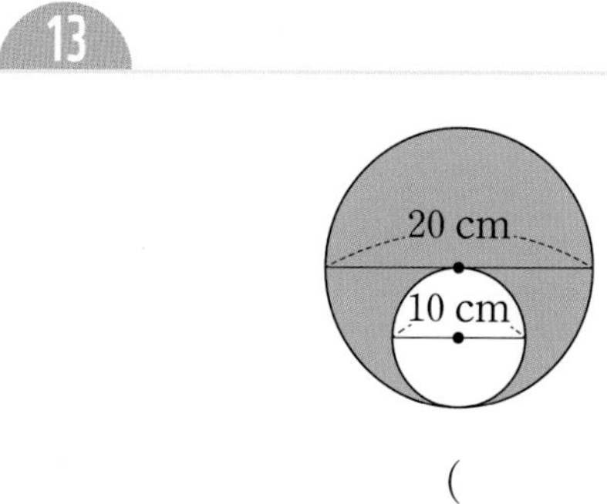

( )

14

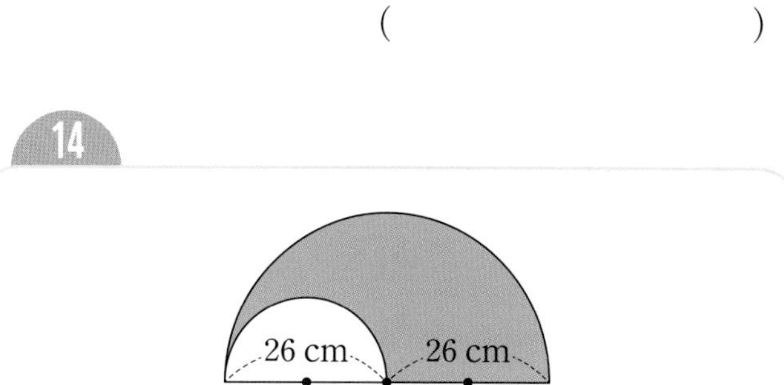

( )

15

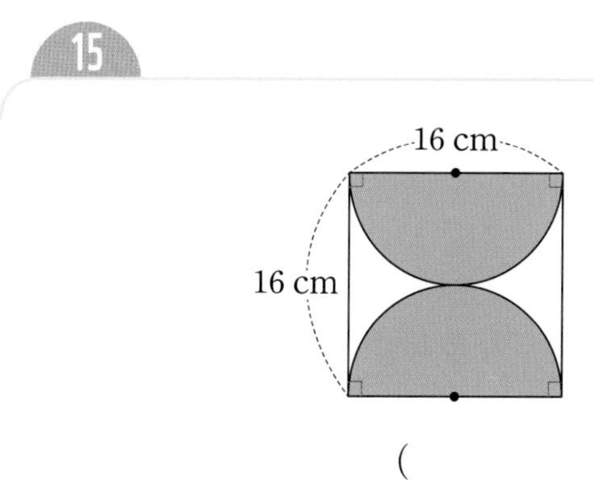

( )

16

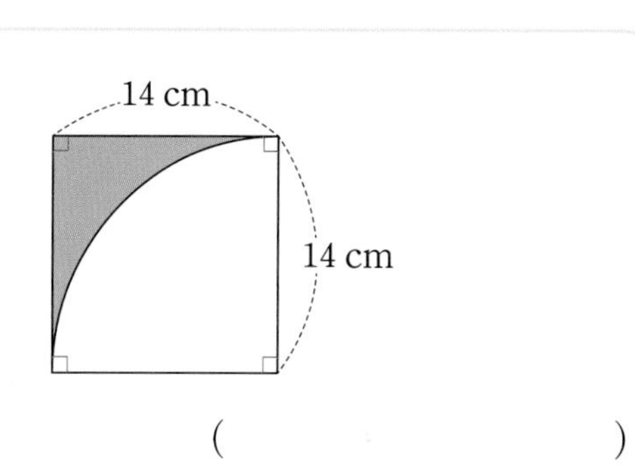

( )

17

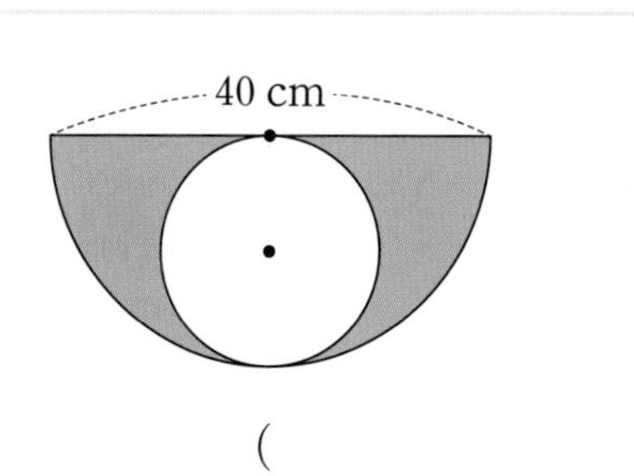

( )

수해력을 높여요

01~02 원의 반지름과 넓이의 관계를 알아보려고 합니다. 물음에 답하세요.

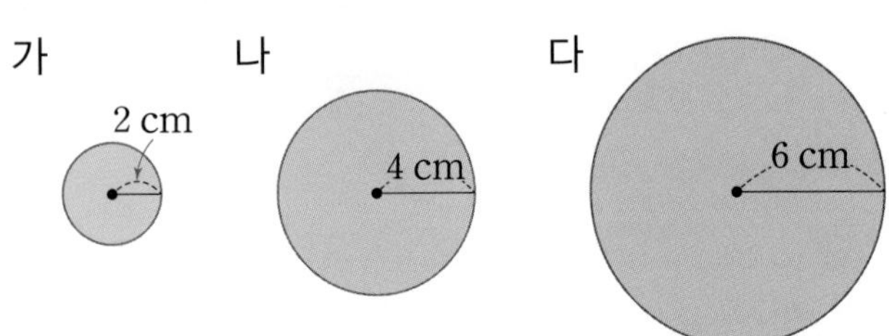

01 원의 넓이는 각각 몇 cm^2인지 구해 보세요.

가 (　　　　　　　　)
나 (　　　　　　　　)
다 (　　　　　　　　)

02 □ 안에 알맞은 수를 써넣으세요.

반지름이 2배, 3배가 되면 넓이는 □배, □배가 됩니다.

03 도형의 넓이는 몇 cm^2인지 구해 보세요.

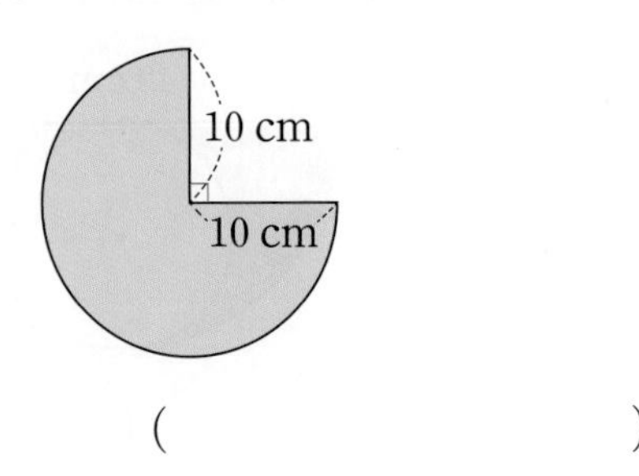

(　　　　　　　　)

04~06 과녁을 보고 물음에 답하세요.

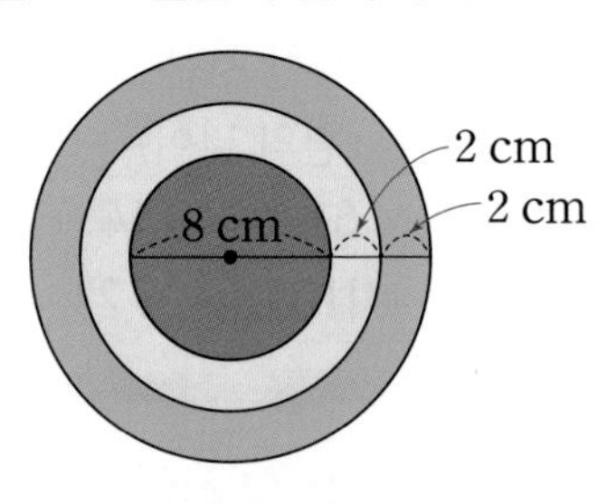

04 빨간색 원의 넓이는 몇 cm^2인지 구해 보세요.

(　　　　　　　　)

05 노란색 부분의 넓이는 몇 cm^2인지 구해 보세요.

(　　　　　　　　)

06 파란색 부분의 넓이는 몇 cm^2인지 구해 보세요.

(　　　　　　　　)

07 색칠한 부분의 넓이는 몇 cm^2인지 구해 보세요.

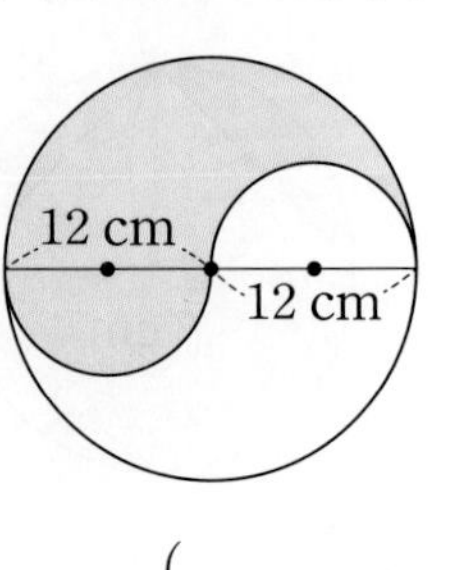

(　　　　　　　　)

08 색칠한 부분의 넓이는 몇 cm^2인지 구해 보세요.

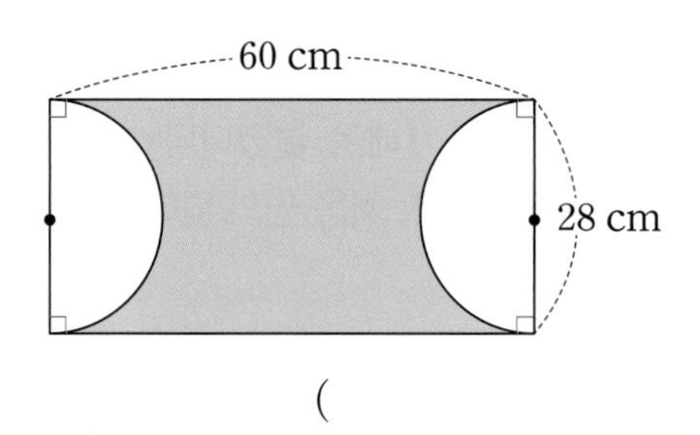

( )

09 색칠한 부분의 넓이를 각각 구하고, 넓이를 비교하여 ○ 안에 >, =, <를 알맞게 써넣으세요.

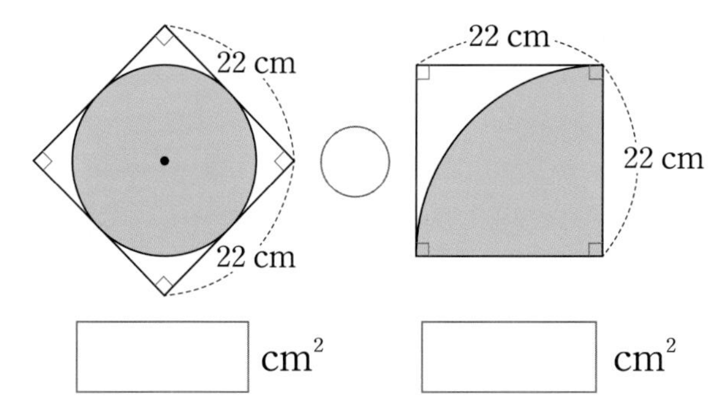

10 도형의 넓이는 몇 cm^2인지 구해 보세요.

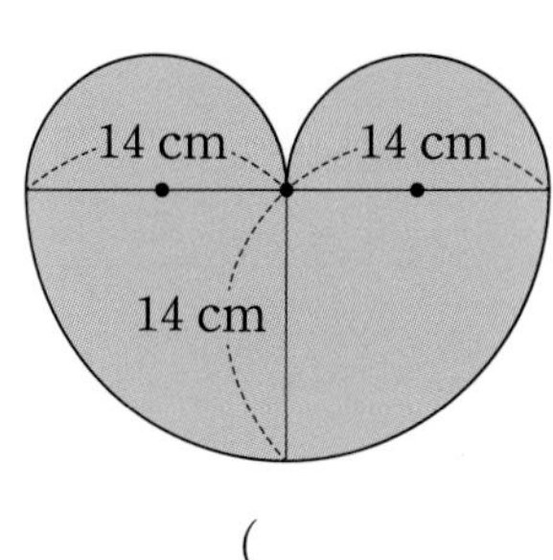

( )

11 실생활 활용

화장실에 다음과 같은 정사각형 모양의 타일을 깔려고 합니다. 타일에서 보라색 부분의 넓이는 몇 cm^2인지 구해 보세요.

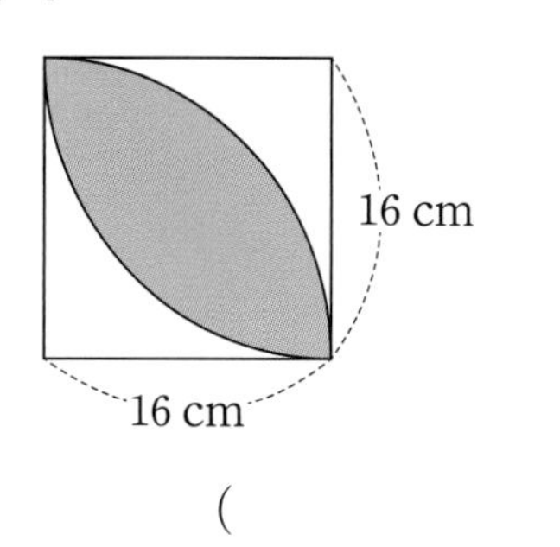

( )

12 교과 융합

다음은 초등학교 티볼 경기장의 모습입니다. 홈, 1루, 2루, 3루가 정사각형을 이루고 있고, 각 베이스 간의 간격은 18 m입니다. 홈을 중심으로 하는 반지름이 3 m인 원 모양의 안전존이 있을 때 빨간색으로 표시한 경기장의 넓이는 몇 m^2인지 구해 보세요.

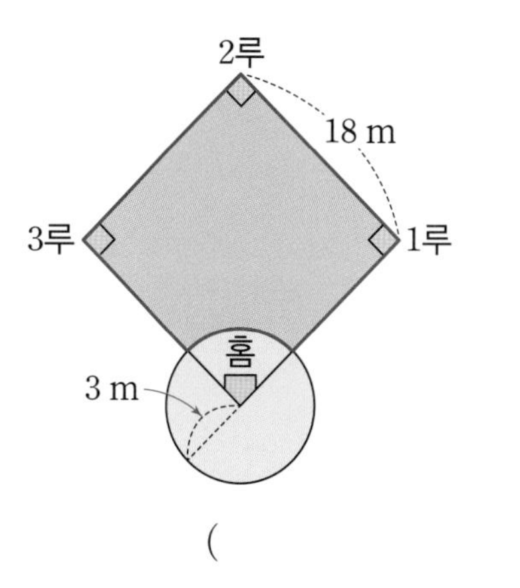

( )

수해력을 완성해요

대표 응용 1 반지름과 원의 넓이의 관계 알아보기

넓이가 28.26 cm^2인 원의 반지름을 2배로 늘였습니다. 늘인 원의 넓이는 몇 cm^2인지 구해 보세요.

해결하기

1단계 반지름을 2배로 늘이면 원의 넓이는 처음 원의 넓이의 □×□=□(배)가 됩니다.

2단계 늘인 원의 넓이는 □×□=□(cm^2) 입니다.

1-1

넓이가 113.04 cm^2인 원의 반지름을 3배로 늘였습니다. 늘인 원의 넓이는 몇 cm^2인지 구해 보세요.

(   )

1-2

어떤 원의 반지름을 4배로 늘였더니 늘인 원의 넓이가 803.84 cm^2였습니다. 처음 원의 넓이는 몇 cm^2인지 구해 보세요.

(   )

1-3

지름을 2 cm씩 늘여 가며 원을 그리고 있습니다. 첫 번째 원의 지름이 5 cm일 때 원의 넓이가 첫 번째 원의 넓이의 9배가 되는 것은 몇 번째 원인지 구해 보세요.

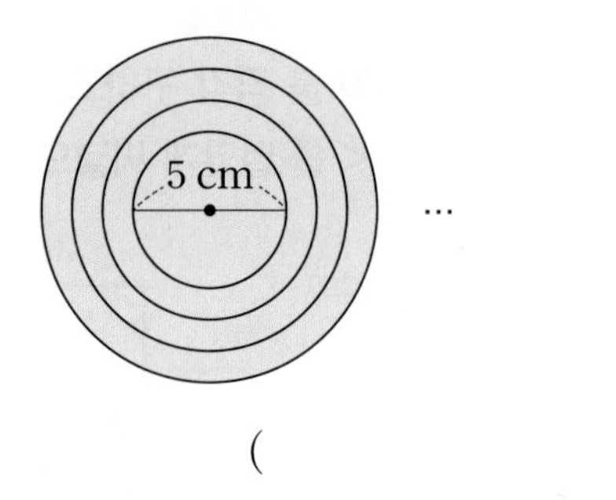

(   )

1-4

반지름이 일정하게 커지는 규칙으로 원을 그리고 있습니다. 다섯 번째 원의 넓이가 첫 번째 원의 넓이의 16배일 때 □ 안에 알맞은 수를 써넣으세요.

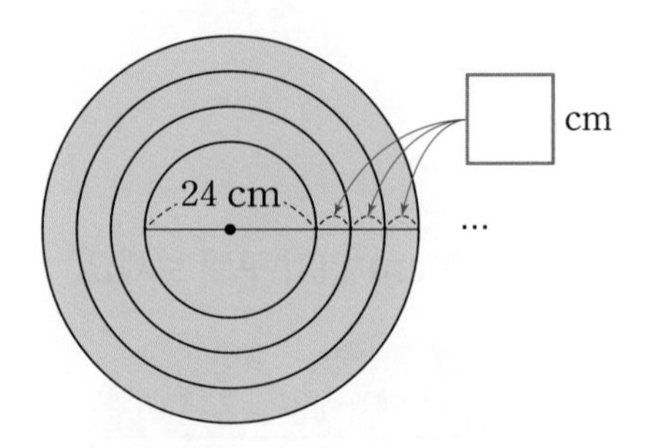

대표 응용 **2**

원의 일부분을 이용하여 넓이 구하기

색칠한 부분의 넓이는 몇 cm^2인지 구해 보세요.

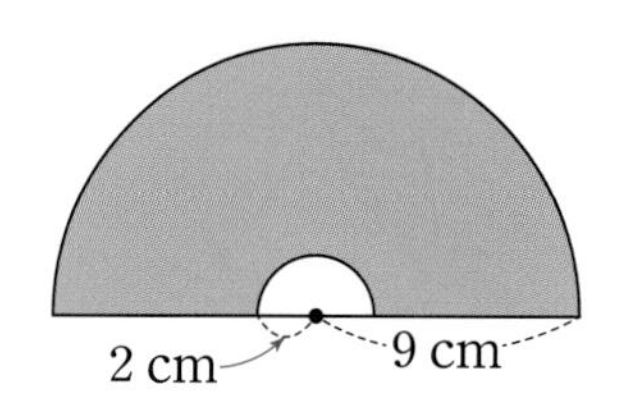

해결하기

1단계 (큰 반원의 넓이)

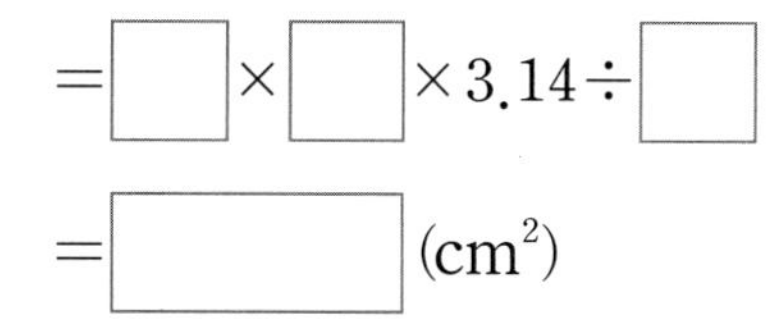

2단계 (작은 반원의 넓이)

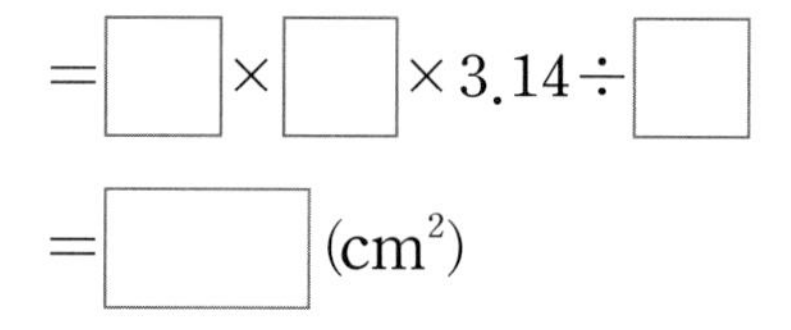

3단계 (색칠한 부분의 넓이)

=(큰 반원의 넓이)−(작은 반원의 넓이)

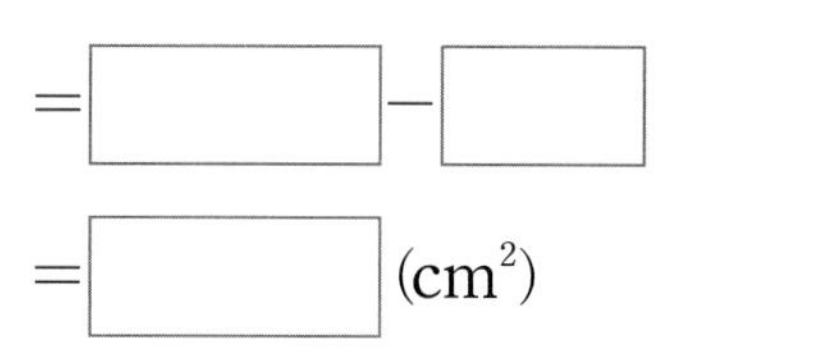

2-1

색칠한 부분의 넓이는 몇 cm^2인지 구해 보세요.

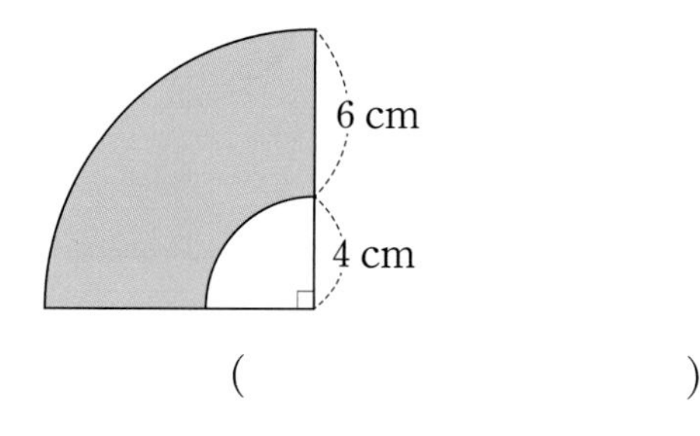

(　　　　　　　　)

2-2

도형의 넓이는 몇 cm^2인지 구해 보세요.

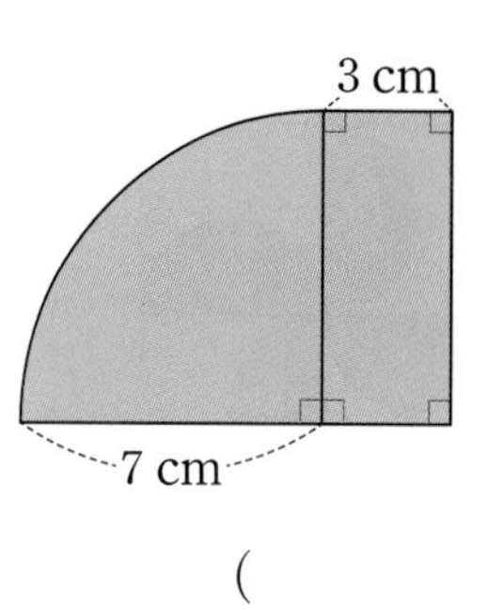

(　　　　　　　　)

2-3

정사각형의 둘레가 36 cm일 때 도형의 넓이는 몇 cm^2인지 구해 보세요.

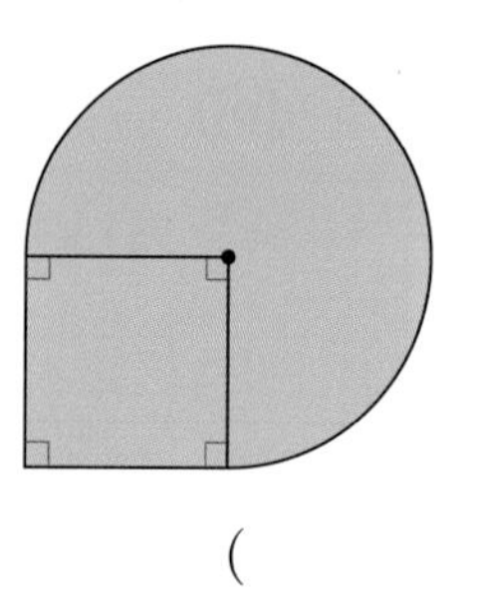

(　　　　　　　　)

2-4

지윤이는 종이 두 장을 오려서 다음과 같은 돌림판을 만들었습니다. 돌림판에서 분홍색 부분의 넓이는 몇 cm^2인지 구해 보세요.

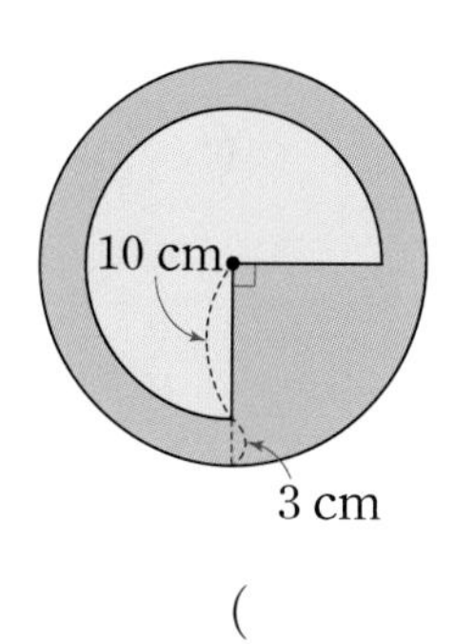

(　　　　　　　　)

수해력을 완성해요

대표 응용 3 간단한 도형으로 바꾸어 넓이 구하기

색칠한 부분의 넓이는 몇 cm^2인지 구해 보세요.

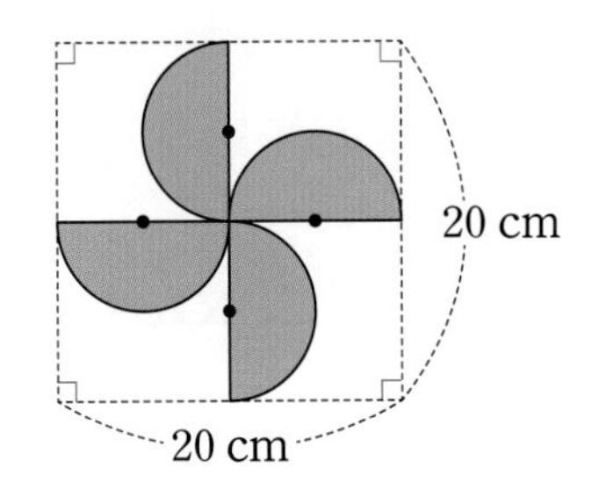

해결하기

1단계 색칠한 반원 2개를 합치면 지름이 □ cm인 원 1개가 되므로 색칠한 반원 4개를 합치면 지름이 □ cm인 원 □ 개가 됩니다.

2단계 (색칠한 부분의 넓이)

$=(□\times□\times3.14)\times□$

$=□\times□=□(cm^2)$

3-1

색칠한 부분의 넓이는 몇 cm^2인지 구해 보세요.

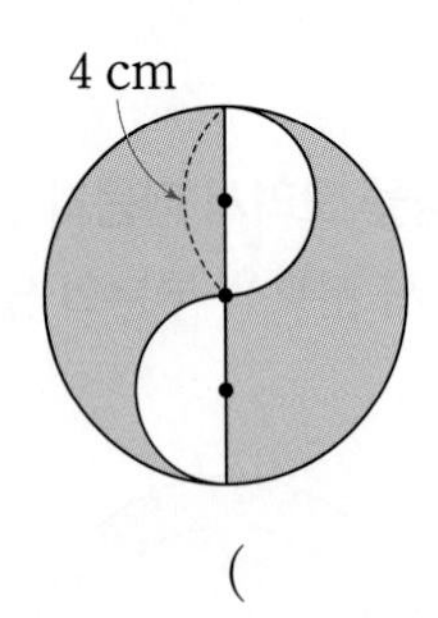

(　　　　　　　　　　)

3-2

색칠한 부분의 넓이는 몇 cm^2인지 구해 보세요.

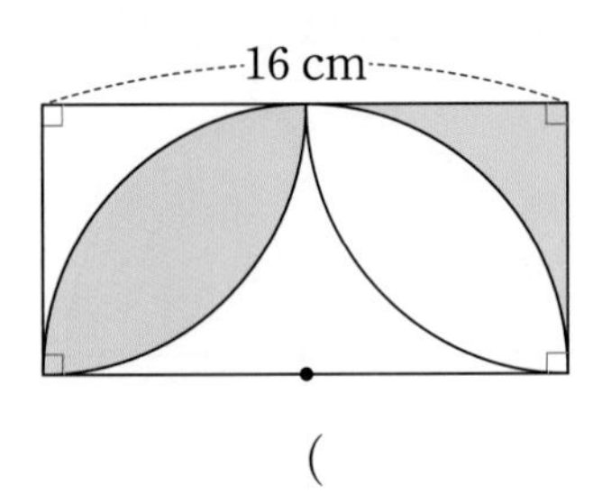

(　　　　　　　　　　)

3-3

색칠한 부분의 넓이는 몇 cm^2인지 구해 보세요.

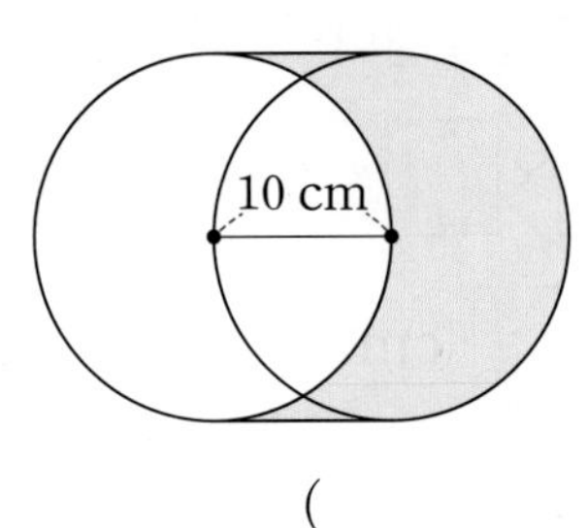

(　　　　　　　　　　)

3-4

색칠한 부분의 넓이는 몇 cm^2인지 구해 보세요.

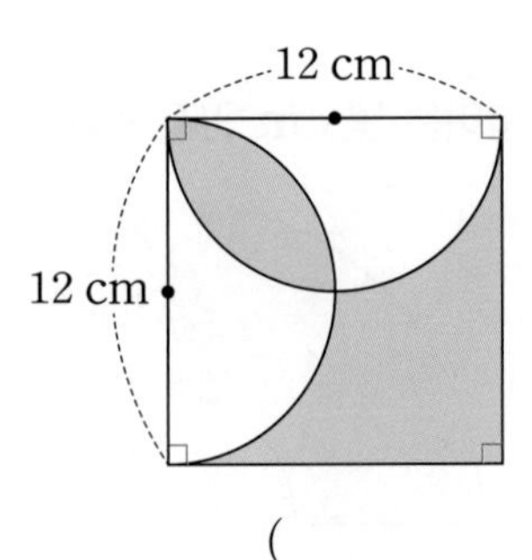

(　　　　　　　　　　)

대표 응용 4

운동장의 넓이 구하기

운동장의 넓이는 몇 m^2인지 구해 보세요.

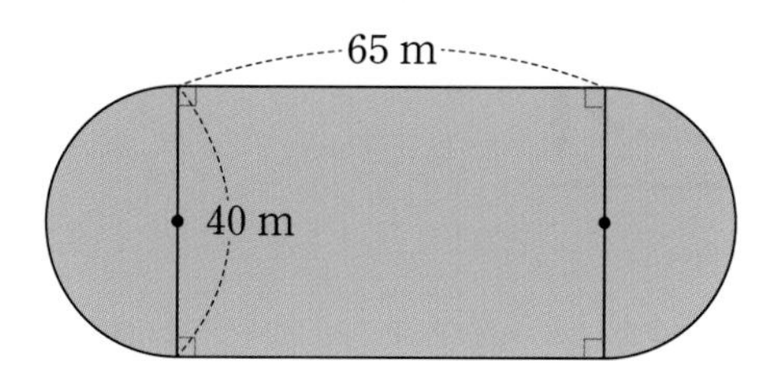

해결하기

1단계 양쪽 반원 2개를 합치면 지름이 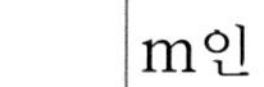 m인 원 1개가 됩니다.

(양쪽 반원 2개의 넓이의 합)

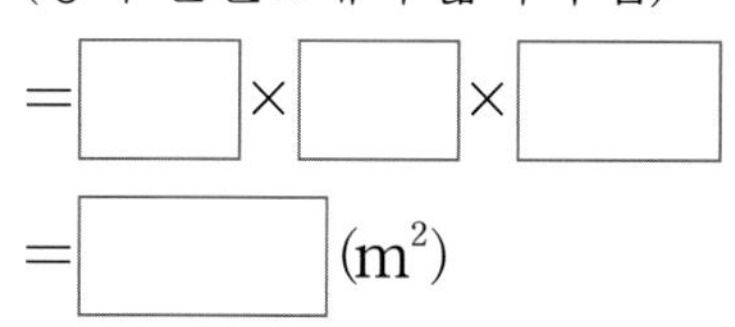

2단계 (직사각형 모양의 넓이)

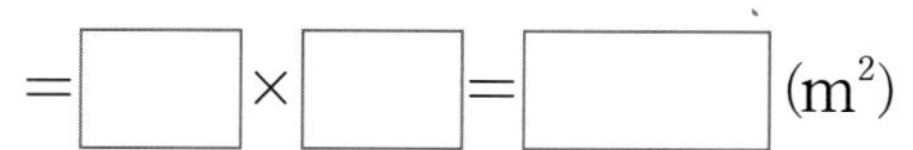

3단계 (운동장의 넓이)

=(양쪽 반원 2개의 넓이의 합)

+(직사각형 모양의 넓이)

4-1

운동장의 넓이는 몇 m^2인지 구해 보세요.

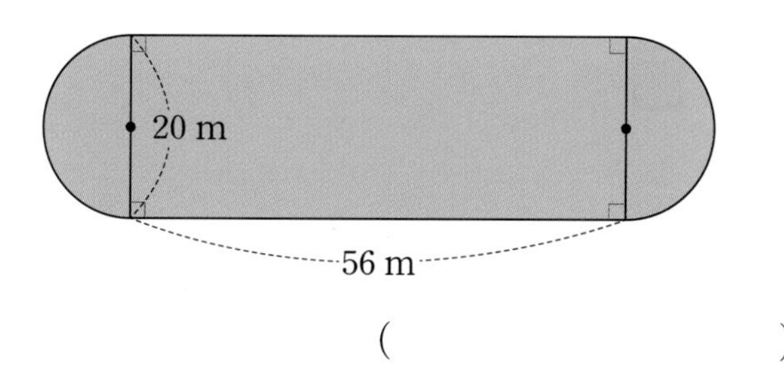

( )

4-2

다음과 같은 운동장의 넓이가 $3897.36\ m^2$일 때 □ 안에 알맞은 수를 써넣으세요.

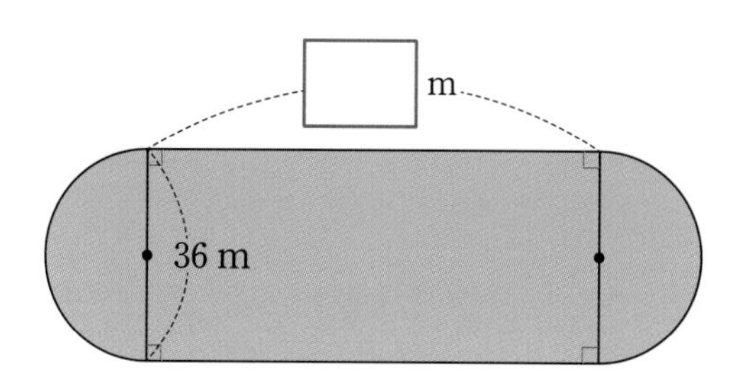

4-3

다음과 같은 경기장에서 노란색 부분의 넓이는 몇 m^2인지 구해 보세요.

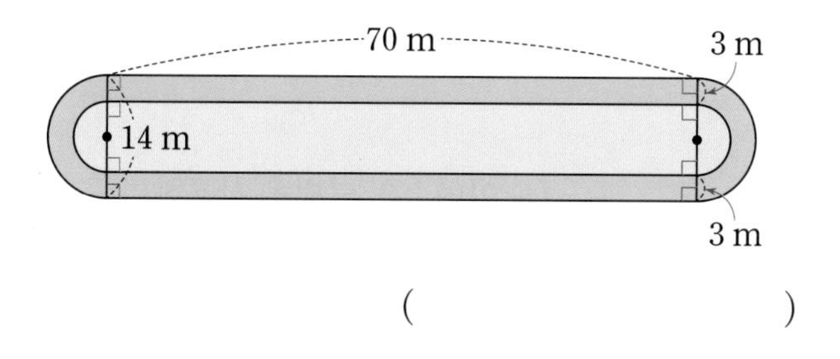

( )

4-4

다음과 같은 경기장에서 보라색 부분의 넓이는 몇 m^2인지 구해 보세요.

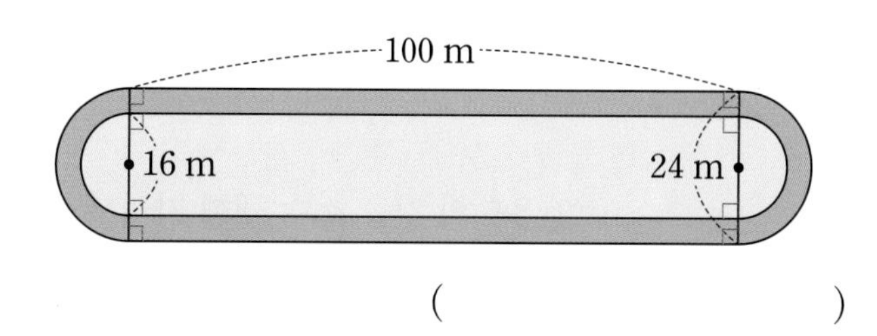

( )

원주율 더 알아보기

활동 1 기원전 1650년경 고대 이집트의 문헌인 아메스 파피루스(Ahmes Papyrus)에서 원의 넓이를 계산한 방법을 알아봅시다.
아메스는 다음과 같이 팔각형을 사용하여 원의 넓이를 구했습니다. 물음에 답하세요.

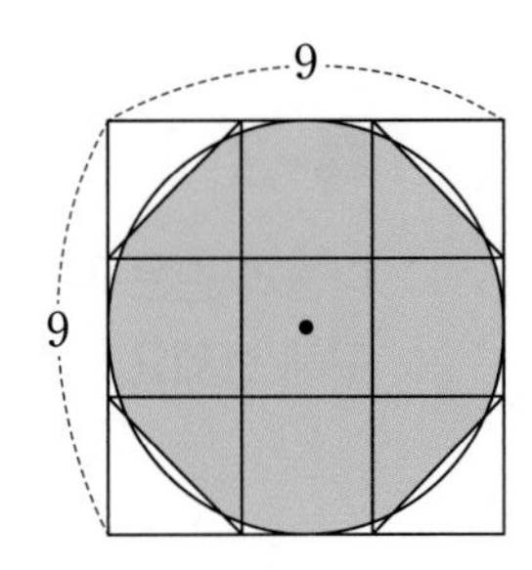

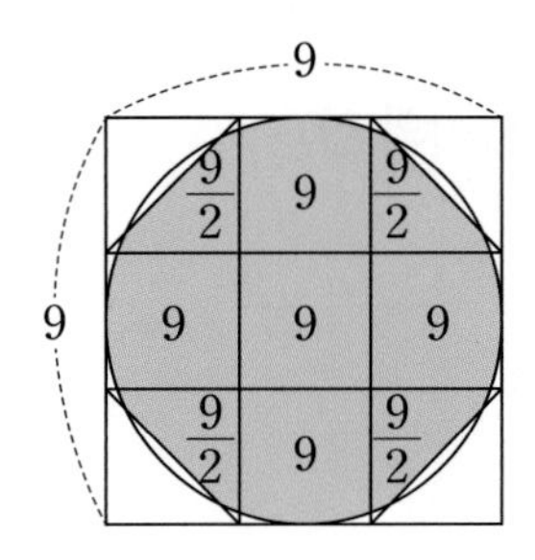

(1) 아메스의 방법을 사용하여 구한 원의 넓이는 약 몇 cm^2인지 구해 보세요.

( )

(2) 우리가 알고 있는 원주율을 이용하여 원의 넓이는 몇 cm^2인지 구해 보세요.

( )

(3) (1)과 (2)에서 구한 원의 넓이의 차는 약 몇 cm^2인지 구해 보세요.

( )

활동 2 기원전 250년경 그리스의 수학자 아르키메데스는 원 안에 96각형을 그려서 원주율이 $3\frac{10}{71}$과 $3\frac{1}{7}$ 사이임을 밝혀냈습니다. 물음에 답하세요.

(1) $3\frac{10}{71}$의 값을 소수 넷째 자리까지 구해 보세요.

( )

(2) $3\frac{1}{7}$의 값을 소수 넷째 자리까지 구해 보세요.

( )

(3) 실제 원주율 3.14159⋯와 비교해 보세요.

( )

활동 3 **주현이와 태민이의 대화를 읽고 생각해 봅시다.**

주현 이번에 원주율에 대해 배웠어. 원주율은 소수점 아래 끝없이 계속되는 값이야!

태민 원주율 외우기 대회도 있어서 원주율을 많이 외우는 사람에게 상품을 주기도 한대.

주현 원주율은 이렇게 끝없이 이어지는데 왜 우리는 보통 3.14를 사용해서 계산할까?

태민 원주율의 소수점 아래 자리를 더 많이 사용하면 더 정확한 값을 구할 수 있을까?

지름이 1 m인 원의 원주를 원주율을 각각 다르게 하여 구해 보세요.

구분	
① 원주율 3.1로 구한 원주(m)	
② 원주율 3.14로 구한 원주(m)	
③ 원주율 3.141로 구한 원주(m)	
①과 ②의 차(m)	
②와 ③의 차(m)	

원주율을 3.1로 계산하는 것과 3.14로 계산하는 것의 차는 작지 않지만 3.14와 3.141로 계산하는 것의 차는 상대적으로 굉장히 작습니다. 이렇게 소수점 아래 자리를 더 많이 사용하여 계산하면 더 정확한 값을 구할 수 있지만 시간이 오래 걸리고 번거롭습니다.

따라서 최대한 오차를 줄이면서도 짧은 수를 사용하기 위하여 보통 소수 셋째 자리의 1을 반올림하여 3.14로 사용합니다. 3.14로 사용해도 99 % 이상의 정확한 값을 구할 수 있기 때문입니다.

05 단원

원기둥, 원뿔, 구

등장하는 주요 수학 어휘

원기둥, 밑면, 옆면, 높이, 원기둥의 전개도, 원뿔, 원뿔의 꼭짓점, 모선, 구, 구의 중심, 구의 반지름

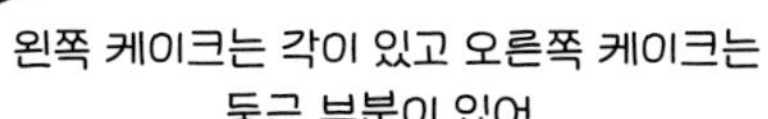

이번 5단원에서는

원기둥, 원뿔, 구의 개념을 알고 원기둥의 전개도를 그리는 방법을 배울 거예요.

이전에 배운 각기둥과 각뿔, 원주와 원의 넓이를 어떻게 확장할지 생각해 보아요.

개념 1 원기둥 알아보기(1)

이미 배운 각기둥

두 면이 서로 평행하고 합동인 다각형으로 이루어진 입체도형을 각기둥이라고 합니다.

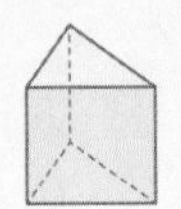 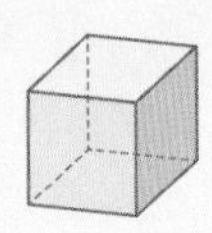 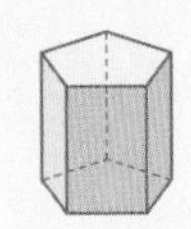

새로 배울 원기둥

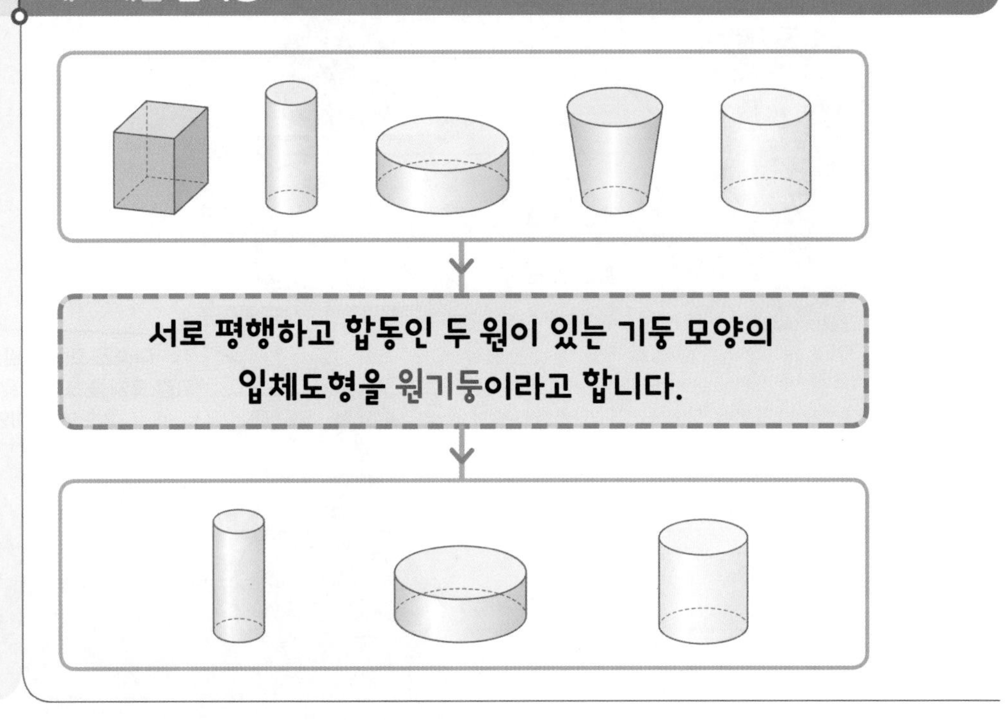

서로 평행하고 합동인 두 원이 있는 기둥 모양의 입체도형을 원기둥이라고 합니다.

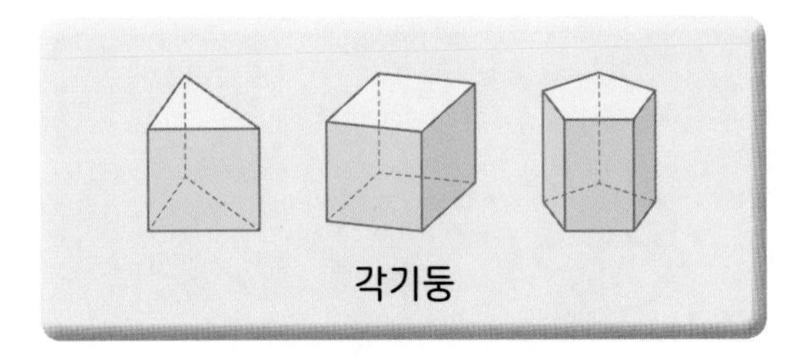

➡

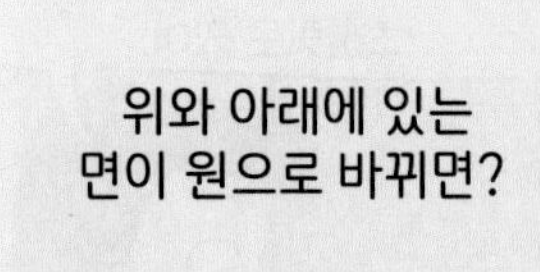

➡

[생활 속에서 찾을 수 있는 원기둥 모양]

원기둥 모양의 물건

 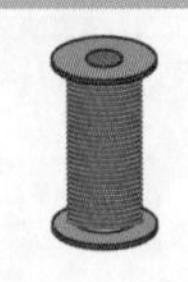 

원기둥 모양이 아닌 물건

 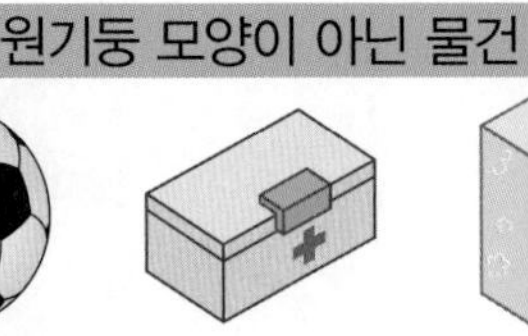 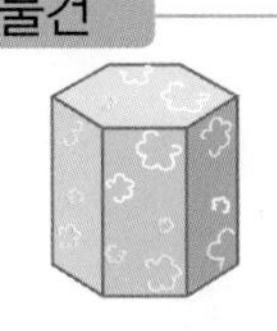

[원기둥이 아닌 도형]

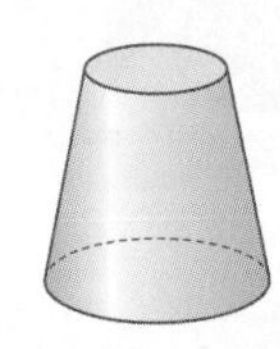

두 원이 서로 평행하지만 합동이 아닙니다.

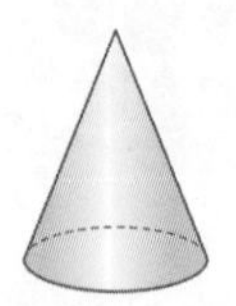

원이 1개밖에 없습니다.

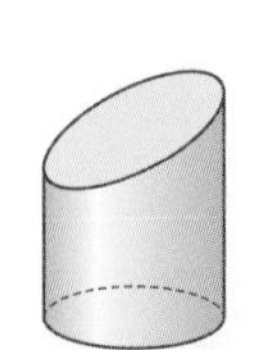

서로 평행하고 합동인 두 원이 없습니다.

개념 2 원기둥 알아보기(2)

이미 배운 각기둥의 구성 요소

밑면: 서로 평행하고 합동인 두 면

옆면: 두 밑면과 만나는 면

높이: 두 밑면 사이의 거리

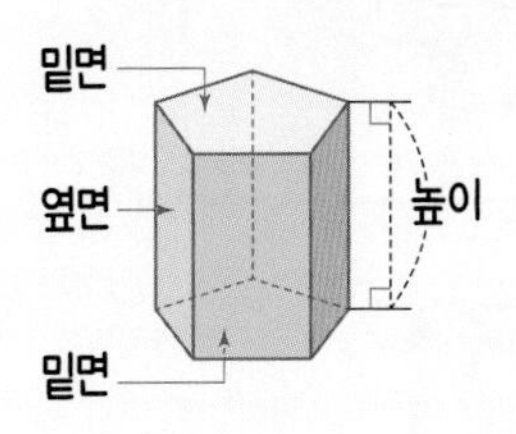

새로 배울 원기둥의 구성 요소

밑면: 서로 평행하고 합동인 두 면

옆면: 두 밑면과 만나는 면 – 원기둥의 옆면은 굽은 면입니다.

높이: 두 밑면에 수직인 선분의 길이

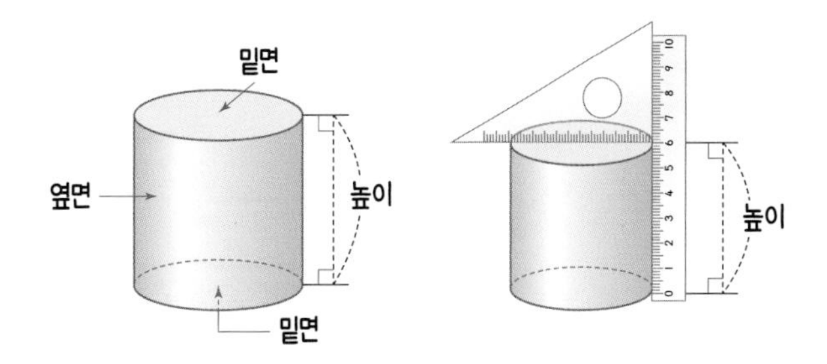

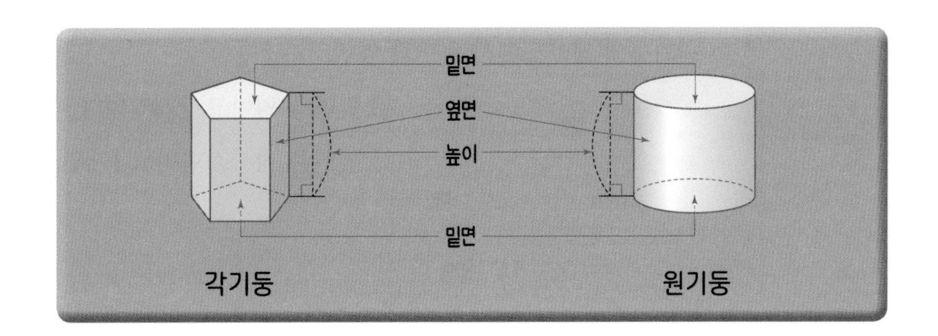

[원기둥 만들기]

한 변을 기준으로 직사각형을 한 바퀴 돌리면 원기둥이 됩니다.

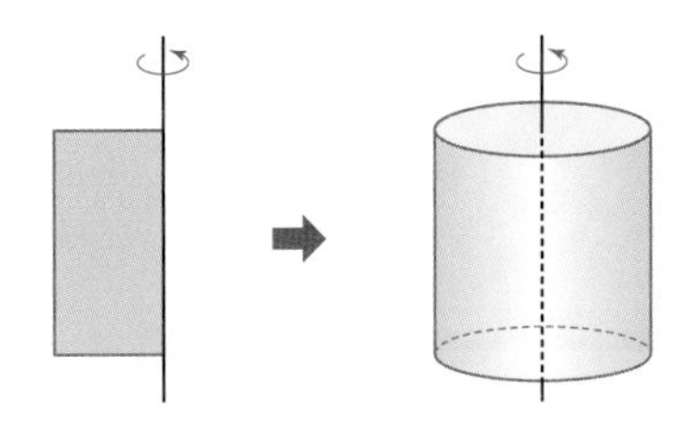

돌리기 전 돌린 후

(직사각형의 가로)=(원기둥의 밑면의 반지름)

(직사각형의 세로)=(원기둥의 높이)

[원기둥과 각기둥의 비교]

입체도형	원기둥	각기둥
밑면의 모양	원	다각형
옆면의 모양	굽은 면	직사각형
밑면의 수(개)	2	2

[원기둥을 위, 앞, 옆에서 본 모양]

위에서 본 모양	앞에서 본 모양	옆에서 본 모양
원	직사각형	직사각형

개념 3 원기둥의 전개도(1)

이미 배운 각기둥의 전개도

각기둥의 모서리를 잘라서 펼친 그림을 각기둥의 전개도라고 합니다.

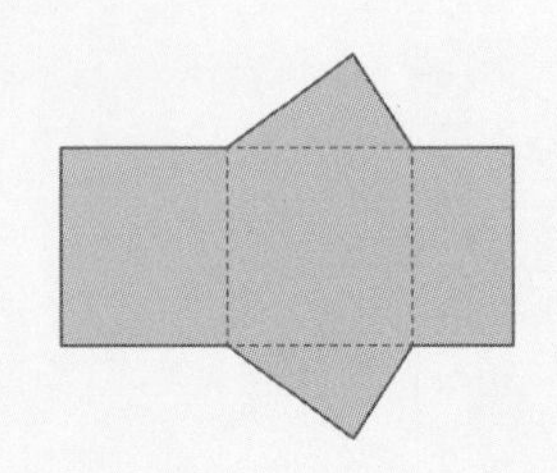

새로 배울 원기둥의 전개도

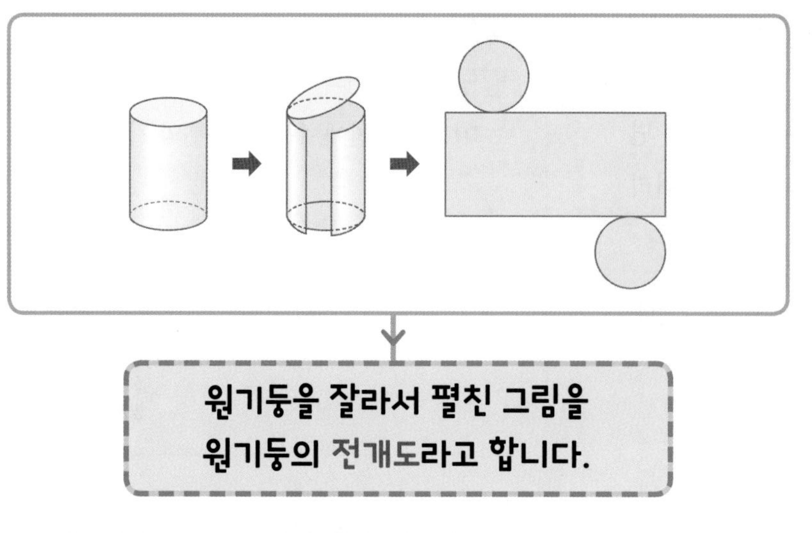

원기둥을 잘라서 펼친 그림을 원기둥의 전개도라고 합니다.

• 원기둥의 전개도에서 밑면과 옆면

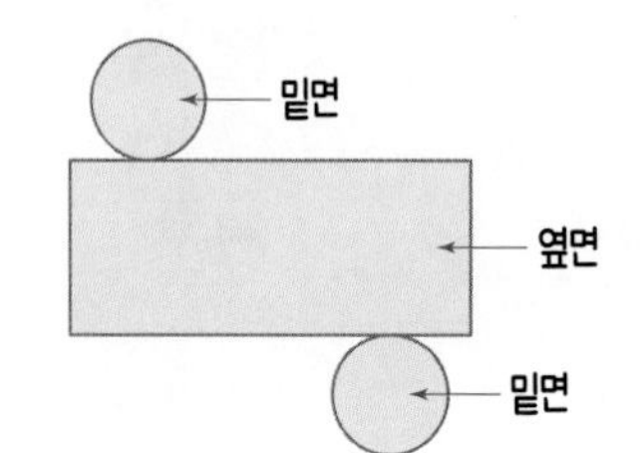

① 밑면은 원이고 2개입니다.

② 옆면은 직사각형이고 1개입니다.

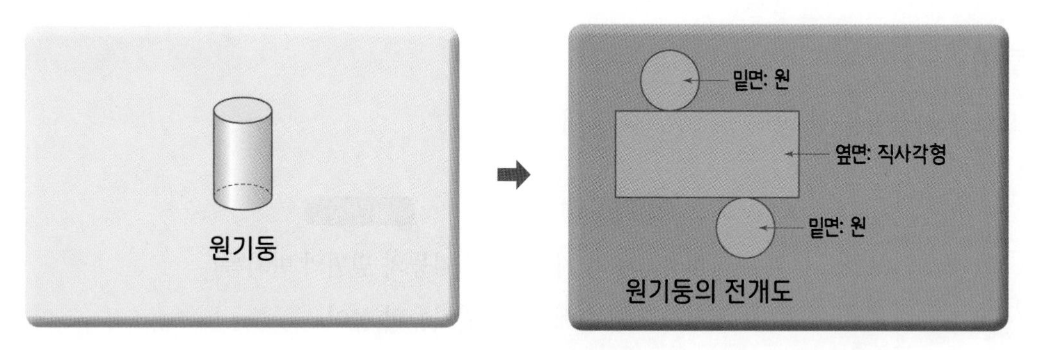

원기둥의 전개도는 밑면 2개와 옆면 1개로 되어 있습니다.

[원기둥의 전개도가 아닌 경우]

두 원이 합동이지만 접었을 때 겹칩니다.

옆면이 직사각형이 아닙니다.

두 밑면이 합동이 아닙니다.

개념 4 원기둥의 전개도(2)

이미 배운 원기둥의 전개도

원기둥을 잘라서 펼친 그림을 원기둥의 전개도라고 합니다.

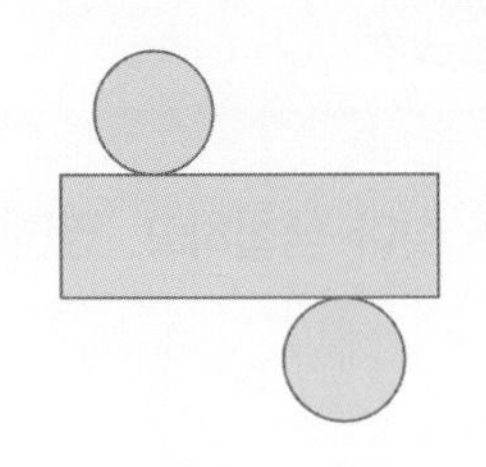

새로 배울 원기둥의 전개도에서 각 부분의 길이

원기둥을 펼쳤을 때 서로 맞닿는 부분의 길이가 같습니다.

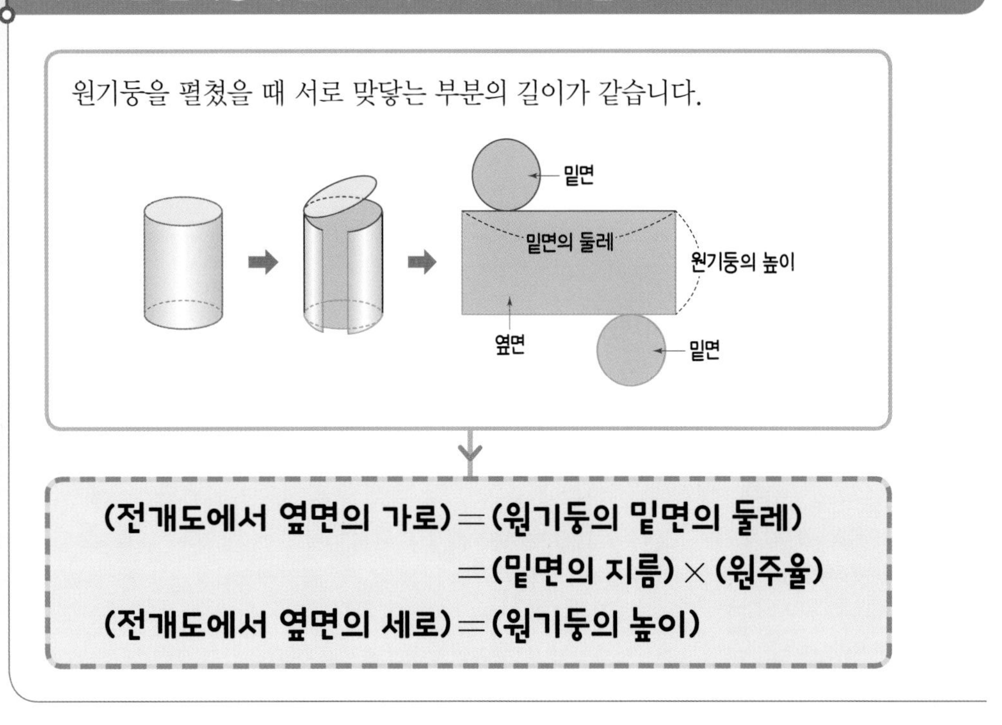

(전개도에서 옆면의 가로)＝(원기둥의 밑면의 둘레)
＝(밑면의 지름)×(원주율)
(전개도에서 옆면의 세로)＝(원기둥의 높이)

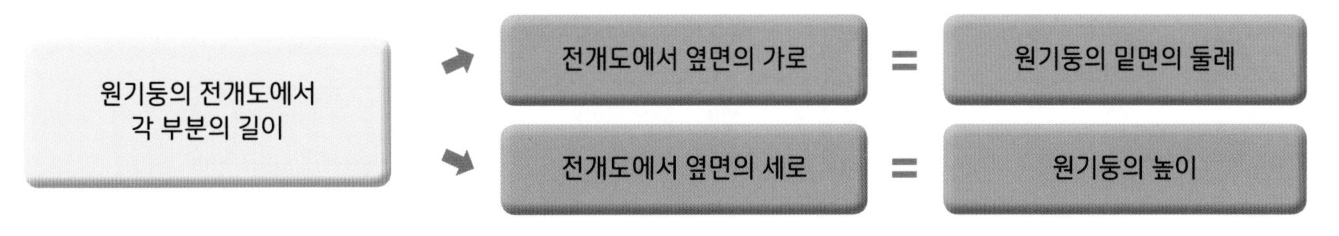

원기둥의 전개도에서 서로 맞닿는 부분의 길이가 같습니다.

[원기둥의 전개도에서 각 부분의 길이 구하기]

밑면의 반지름이 2 cm, 높이가 5 cm인 원기둥의 전개도에서 각 부분의 길이 구하기

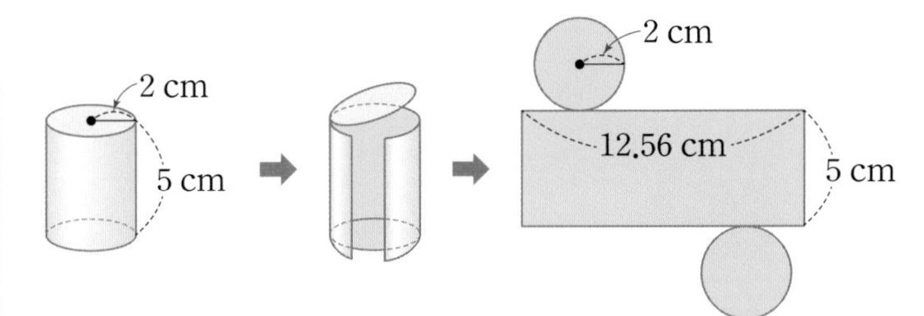

➡ (전개도에서 옆면의 가로)＝(원기둥의 밑면의 둘레)
＝(밑면의 지름)×(원주율)
$=4\times3.14=12.56$(cm)
(전개도에서 옆면의 세로)＝(원기둥의 높이)＝5 cm

밑면의 반지름이 2cm이므로 밑면의 지름은 2×2=4(cm)예요.

수해력을 확인해요

• 원기둥 찾기

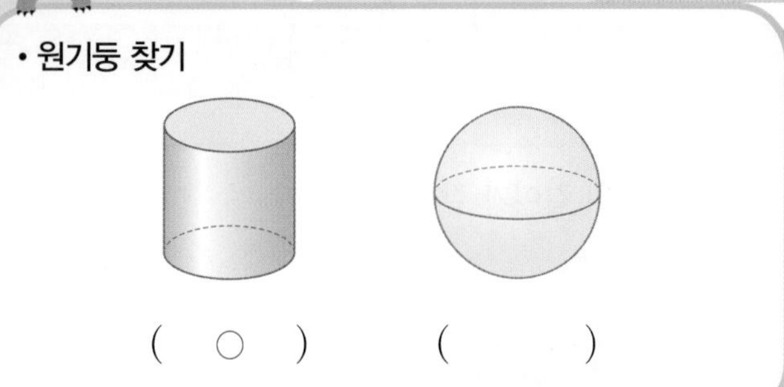

(○) ( )

• 원기둥의 밑면에 모두 색칠하고 옆면에 △표 하기

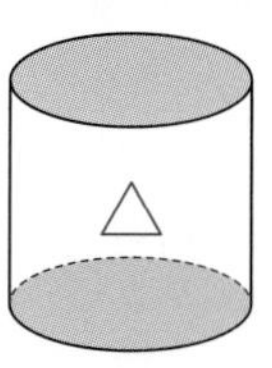

01~04 원기둥을 찾아 ○표 하세요.

01

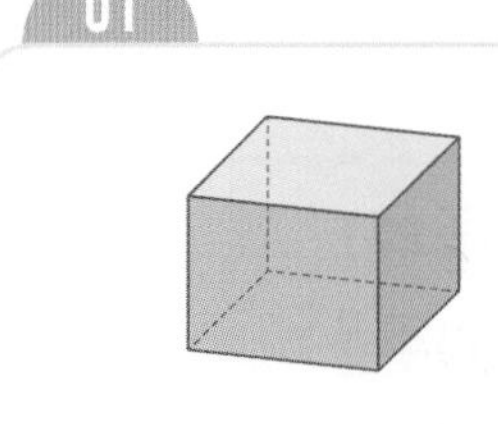

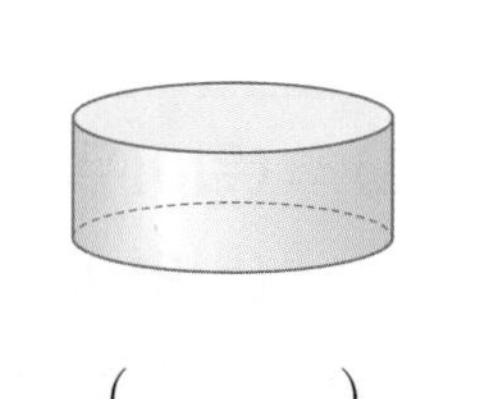

( ) ( )

02

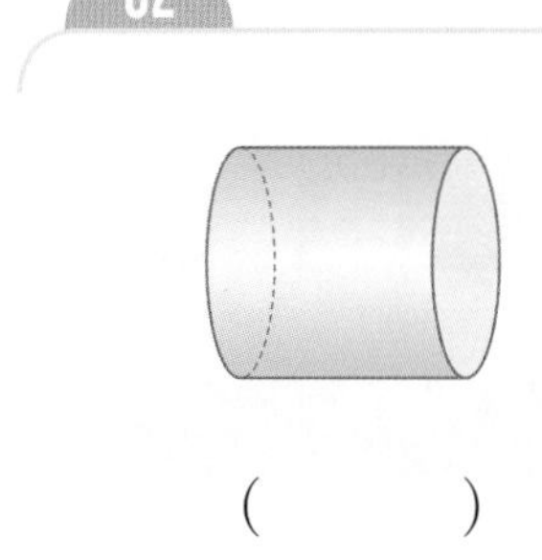

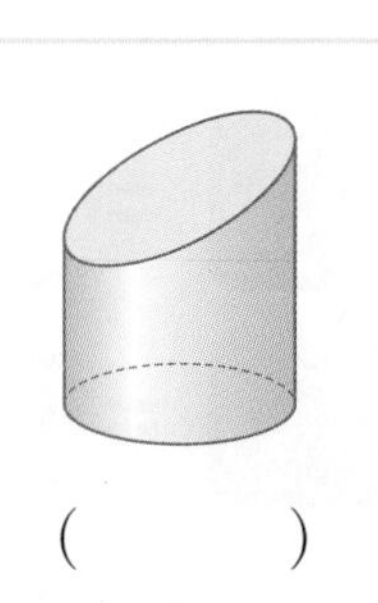

( ) ( )

03

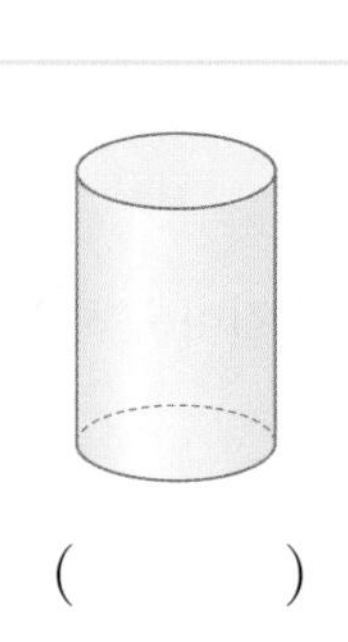

( ) ( )

04

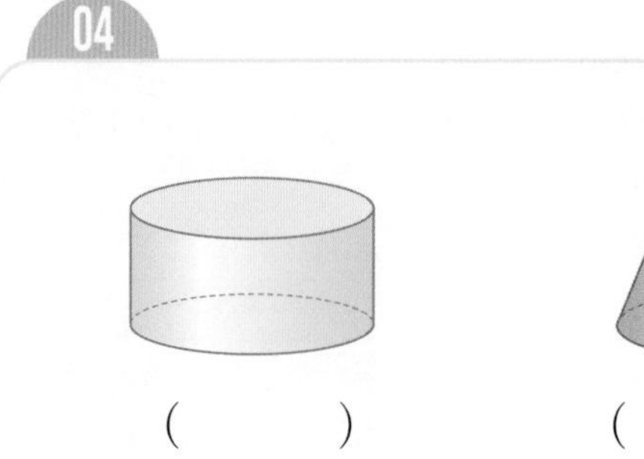

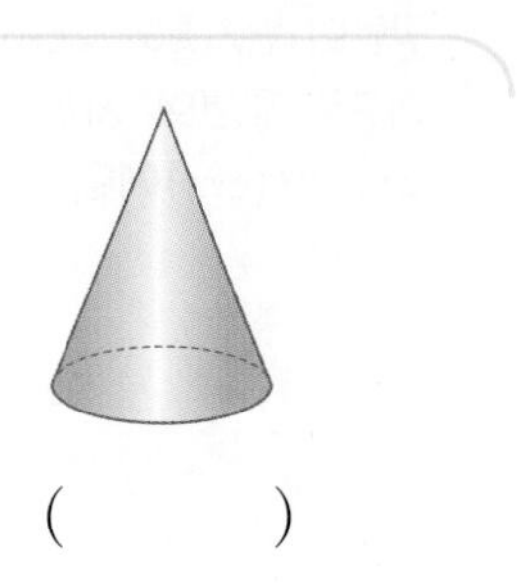

( ) ( )

05~08 원기둥의 밑면을 모두 찾아 색칠하고, 옆면에 △표 하세요.

05

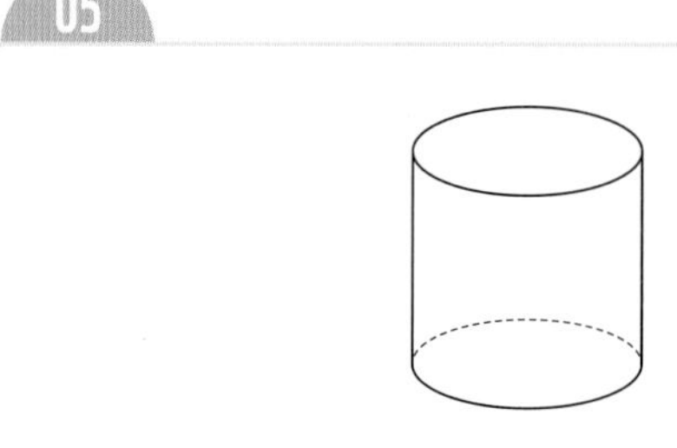

06

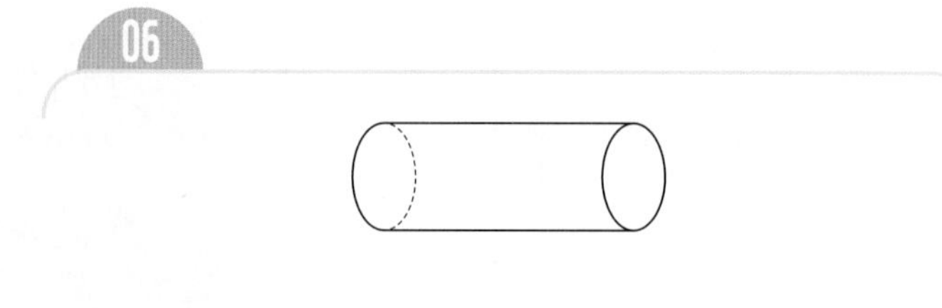

07

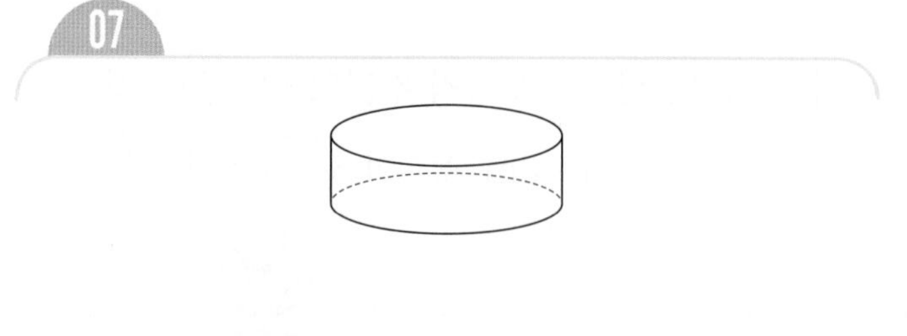

08

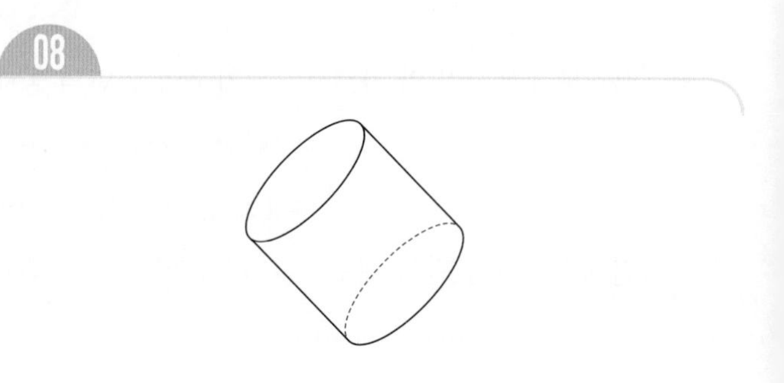

• 원기둥의 전개도 찾기

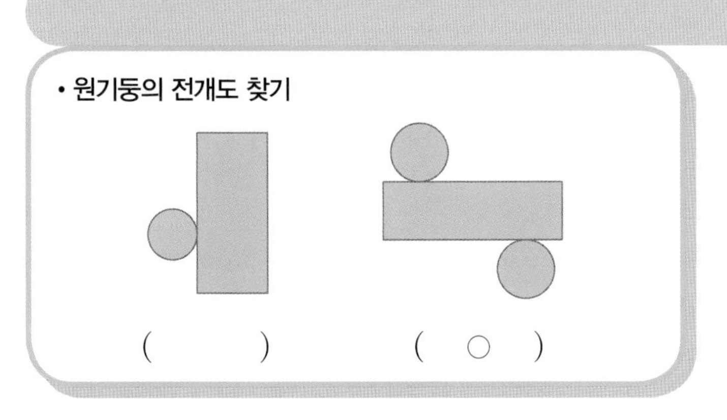

• 원기둥의 전개도에서 각 부분의 길이 구하기

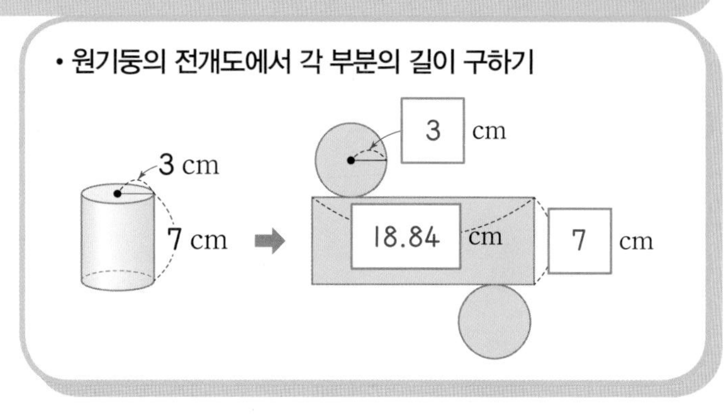

09~12 원기둥의 전개도를 찾아 ○표 하세요.

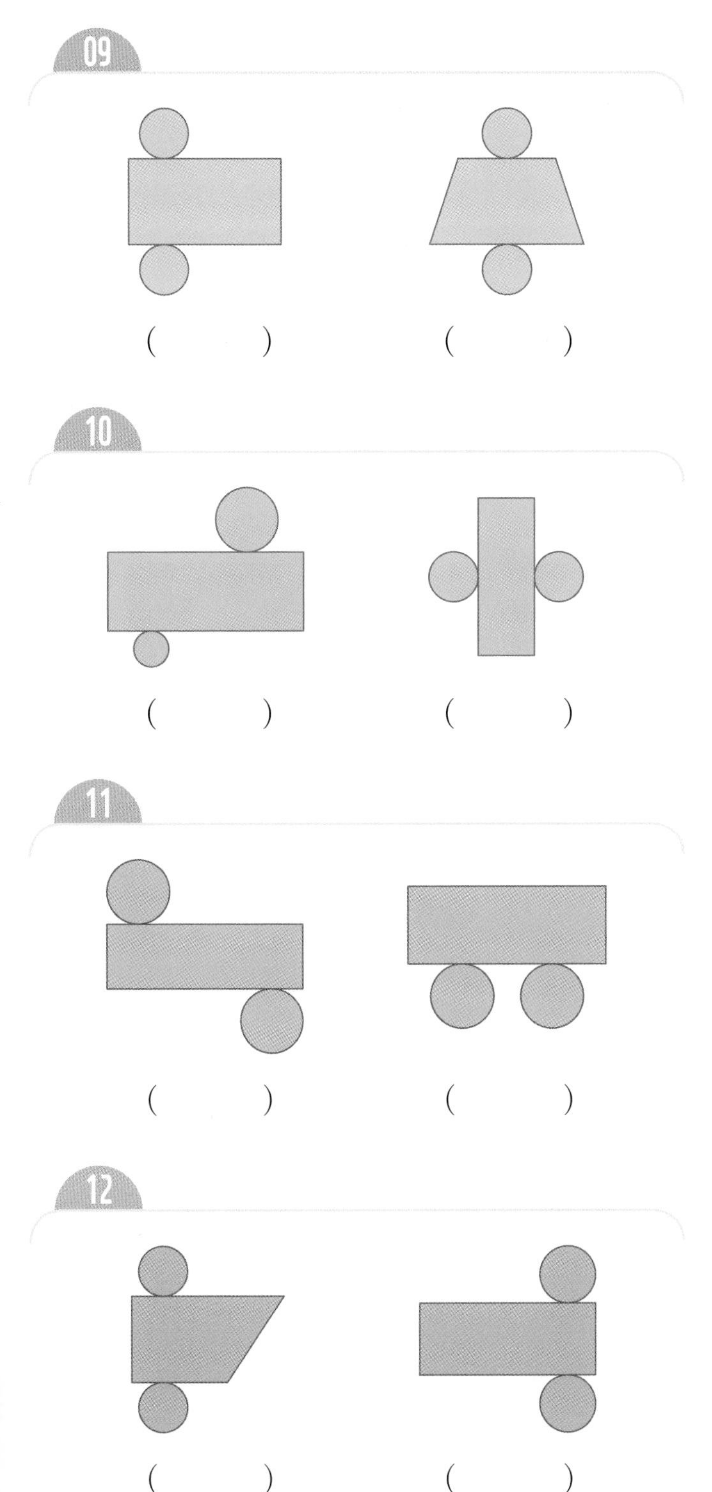

13~15 원기둥과 원기둥의 전개도를 보고 □ 안에 알맞은 수를 써넣으세요.

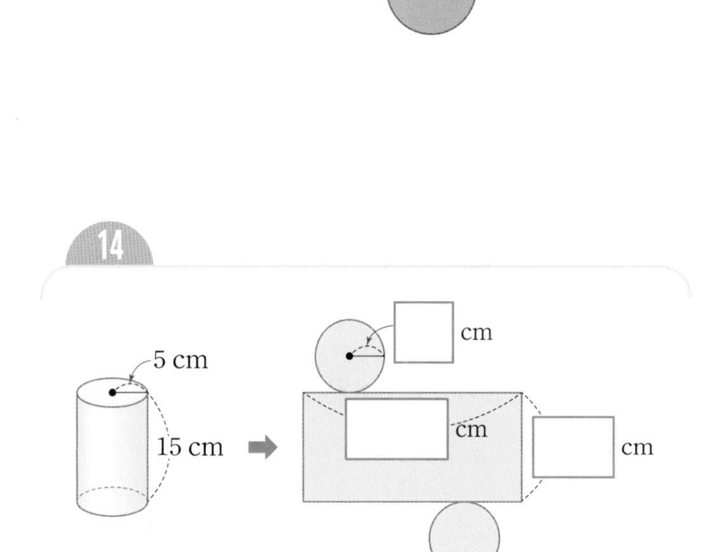

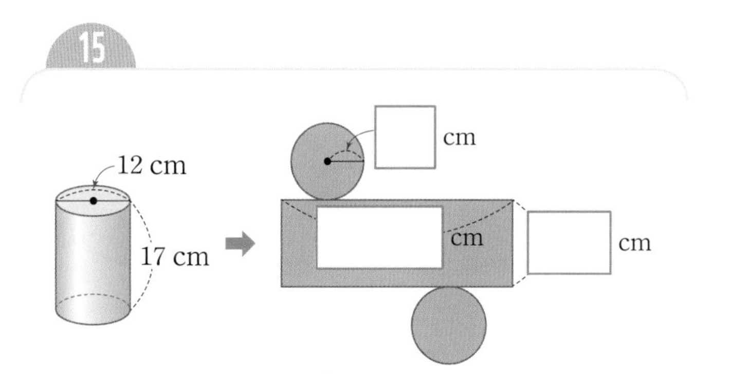

수해력을 높여요

01 원기둥을 모두 고르세요. (   )

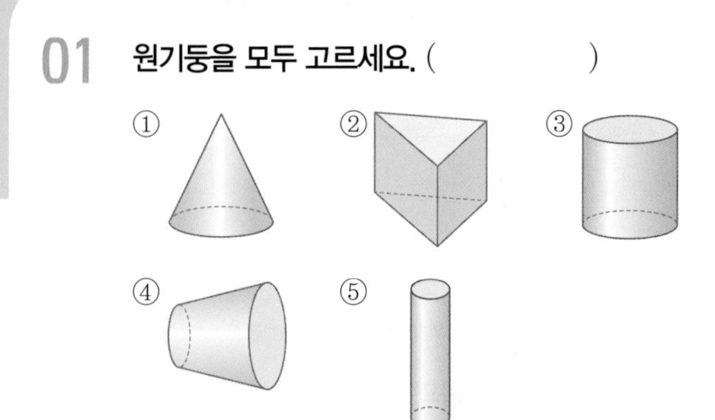

02 보기 에서 □ 안에 알맞은 말을 찾아 써넣으세요.

보기

밑면　　높이　　옆면

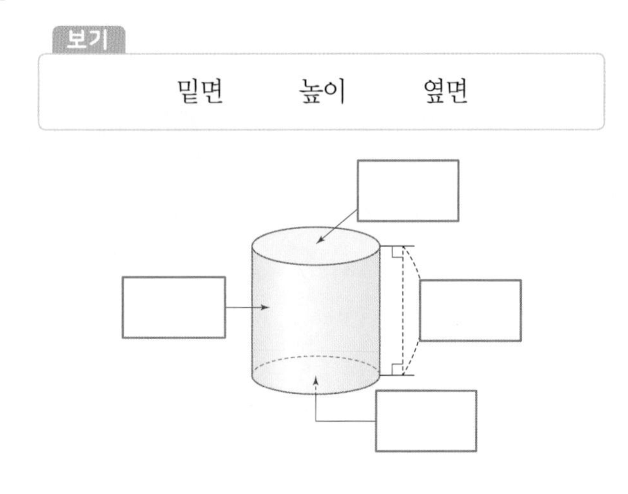

03 원기둥의 높이는 몇 cm인지 구해 보세요.

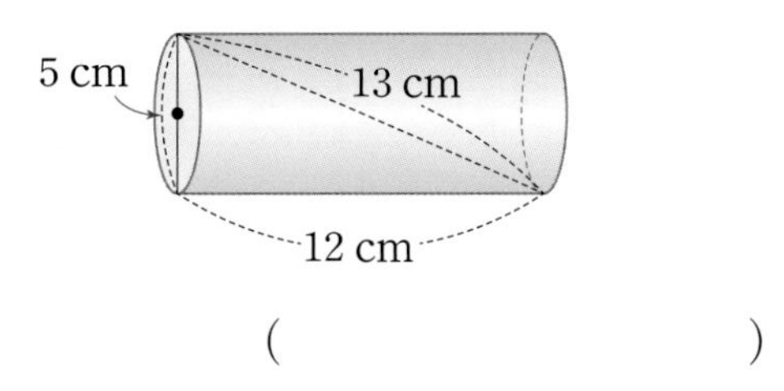

(   )

04 원기둥의 전개도가 아닌 것을 찾아 기호를 써 보세요.

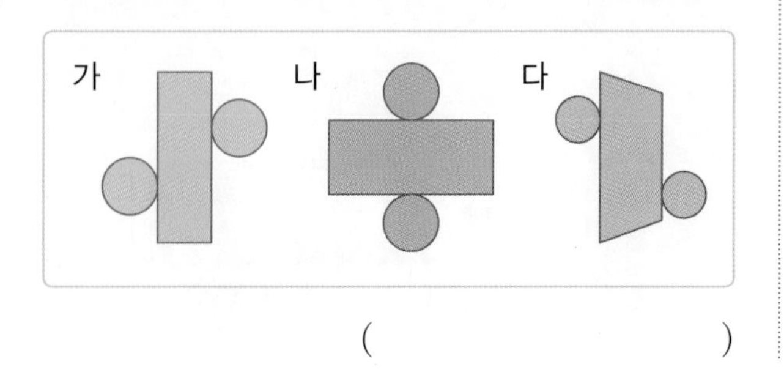

(   )

05 한 변을 기준으로 직사각형을 한 바퀴 돌려 만든 입체도형의 밑면의 지름과 높이는 각각 몇 cm인지 구해 보세요.

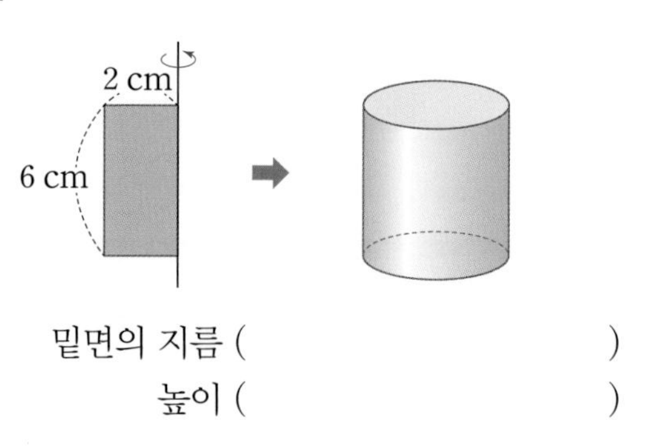

밑면의 지름 (   )
높이 (   )

06 원기둥의 전개도에서 밑면의 둘레와 길이가 같은 선분을 모두 찾아 써 보세요.

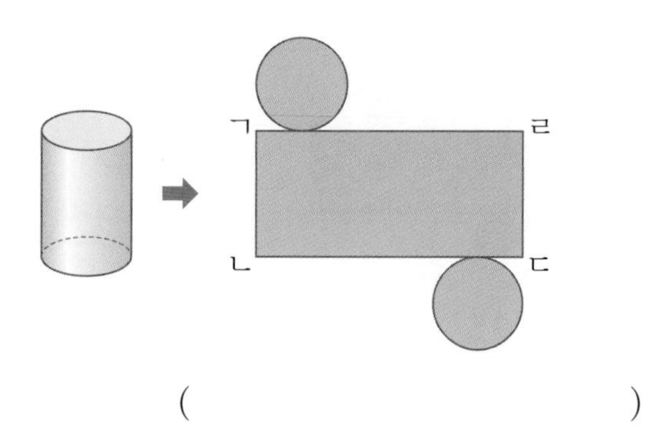

(   )

07 원기둥과 각기둥의 공통점을 모두 찾아 기호를 써 보세요.

㉠ 밑면은 2개입니다.
㉡ 옆면은 직사각형입니다.
㉢ 두 밑면은 서로 평행합니다.
㉣ 모서리가 있습니다.

(   )

08 원기둥을 펼쳐 전개도를 만들었을 때 옆면의 가로와 세로는 각각 몇 cm인지 구해 보세요.

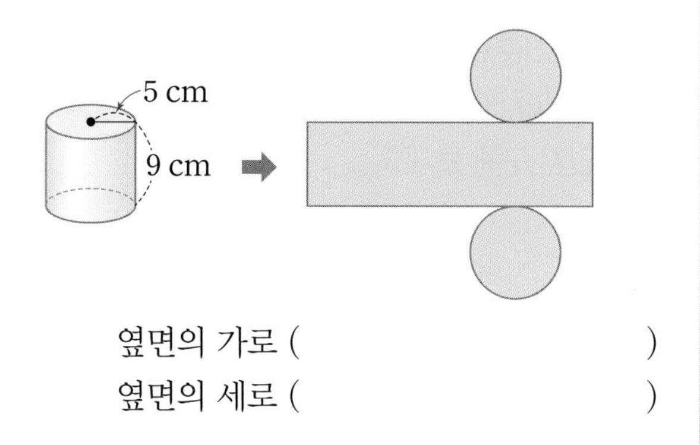

옆면의 가로 (　　　　　　　　　)
옆면의 세로 (　　　　　　　　　)

09 원기둥의 전개도에서 옆면의 가로가 25.12 cm, 세로가 7 cm일 때 □ 안에 알맞은 수를 써넣으세요.

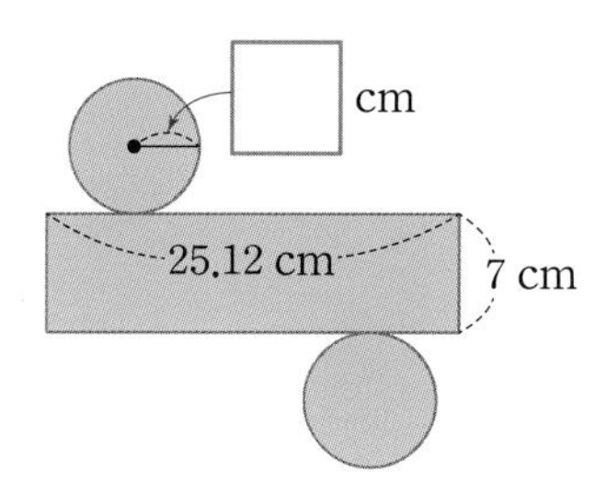

10 원기둥의 전개도에서 옆면의 둘레는 몇 cm인지 구해 보세요.

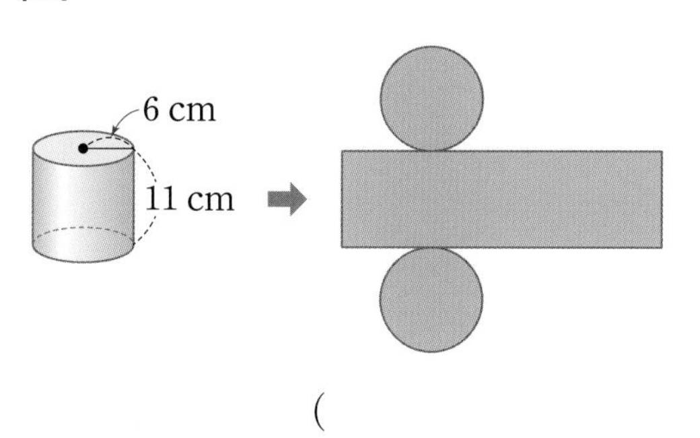

(　　　　　　　　　)

11 실생활 활용

현주는 밑면의 반지름이 12 cm이고 높이가 10 cm인 원기둥 모양의 케이크를 만들었습니다. 케이크를 앞에서 본 모양의 둘레는 몇 cm인지 구해 보세요.

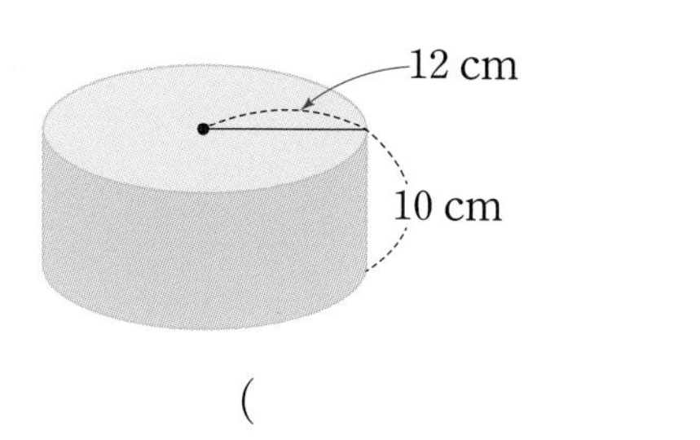

(　　　　　　　　　)

12 교과 융합

판화는 나무나 고무 등의 판에 그림을 새기고 색을 칠한 뒤 찍어내는 그림입니다. 다음과 같은 원기둥 모양의 롤러에 물감을 묻혀 판화를 완성하려고 합니다. 롤러를 한 바퀴 굴렸을 때 물감이 묻은 부분의 넓이는 몇 cm^2인지 구해 보세요.

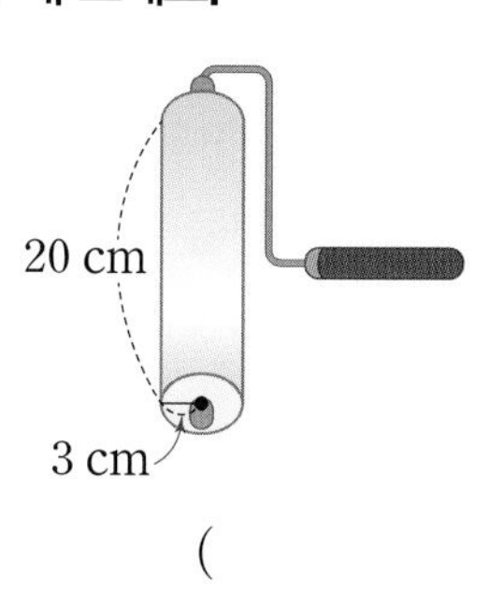

(　　　　　　　　　)

수해력을 완성해요

대표 응용 1 한 변을 기준으로 한 바퀴 돌려 만든 입체도형을 위, 앞에서 본 모양의 넓이 구하기

한 변을 기준으로 직사각형을 한 바퀴 돌려 입체도형을 만들었습니다. 이 입체도형을 앞에서 본 모양의 넓이는 몇 cm^2인지 구해 보세요.

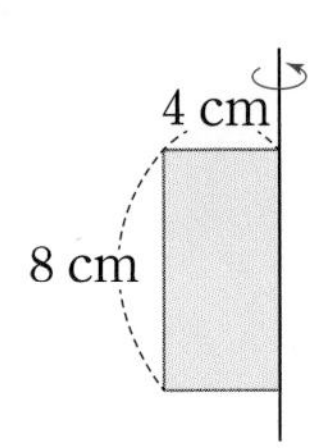

해결하기

1단계 밑면의 반지름이 ☐ cm, 높이가 ☐ cm인 원기둥이 만들어집니다.

2단계 원기둥을 앞에서 본 모양은 가로가 ☐ cm, 세로가 ☐ cm인 직사각형입니다.

3단계 원기둥을 앞에서 본 모양의 넓이는 ☐ × ☐ = ☐ (cm^2)입니다.

1-1

한 변을 기준으로 직사각형을 한 바퀴 돌려 입체도형을 만들었습니다. 이 입체도형을 앞에서 본 모양의 넓이는 몇 cm^2인지 구해 보세요.

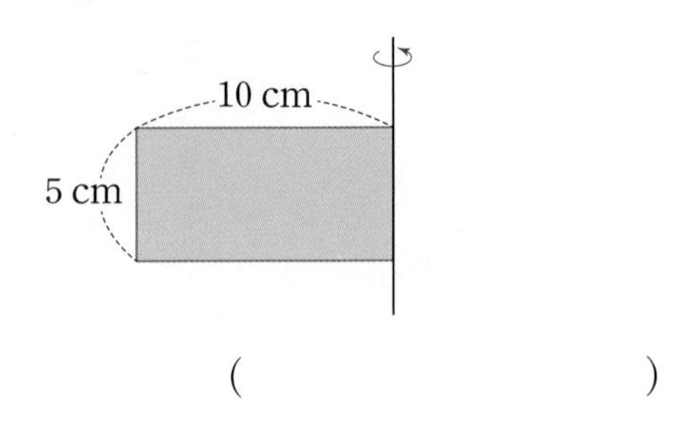

( )

1-2

한 변을 기준으로 직사각형을 한 바퀴 돌려 입체도형을 만들었습니다. 이 입체도형을 위에서 본 모양의 넓이는 몇 cm^2인지 구해 보세요.

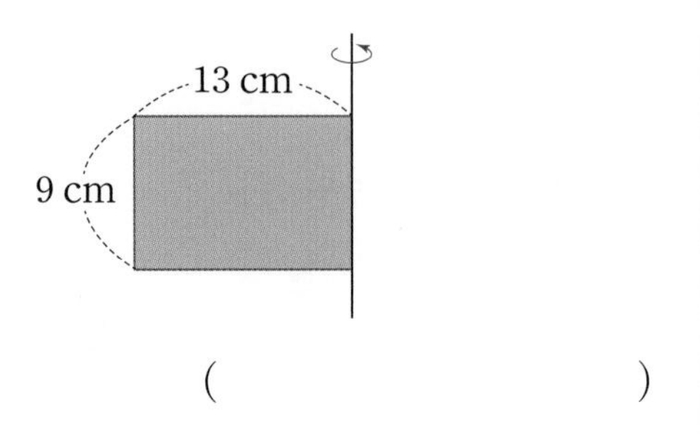

( )

1-3

변 ㄱㄴ을 기준으로 직사각형을 한 바퀴 돌려 입체도형을 만들었습니다. 이 입체도형을 위에서 본 모양의 넓이는 몇 cm^2인지 구해 보세요.

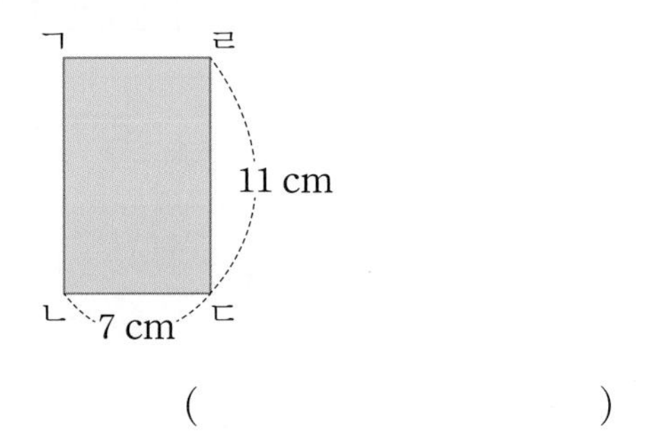

( )

1-4

한 변을 기준으로 직사각형을 각각 한 바퀴 돌려 입체도형을 만들었습니다. 두 입체도형을 앞에서 본 모양의 넓이의 합은 몇 cm^2인지 구해 보세요.

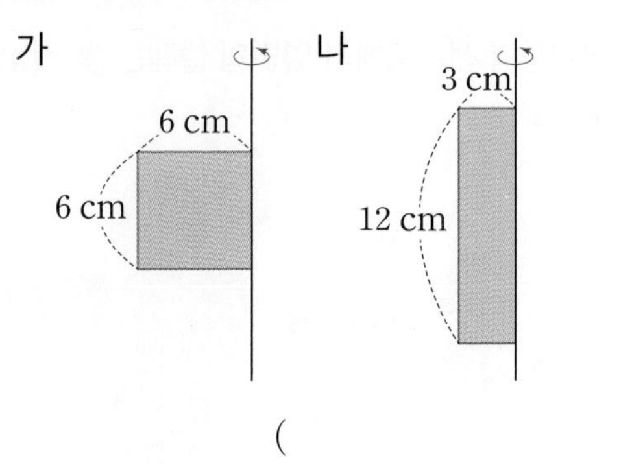

( )

대표 응용 **2**

돌리기 전의 평면도형의 넓이 구하기

어떤 평면도형을 한 변을 기준으로 한 바퀴 돌려 만든 입체도형입니다. 돌리기 전의 평면도형의 넓이는 몇 cm^2인지 구해 보세요.

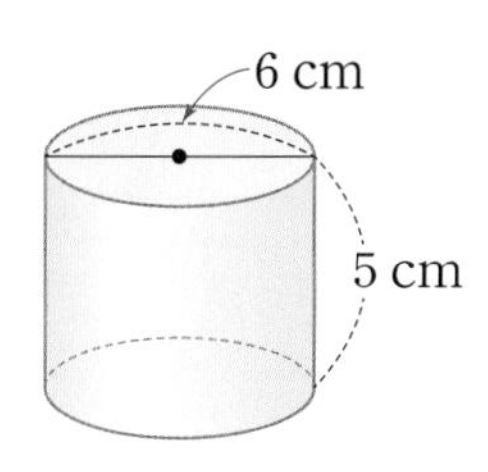

해결하기

1단계 돌리기 전의 평면도형은 다음과 같은 (직사각형 , 직각삼각형)입니다.

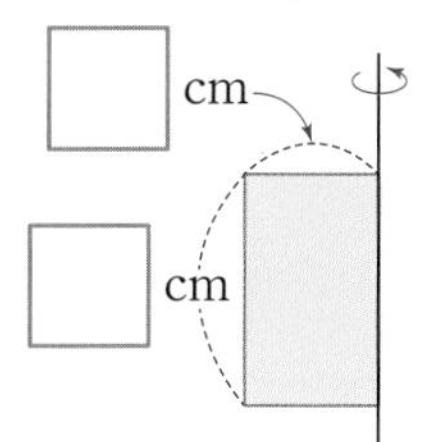

2단계 돌리기 전의 평면도형의 넓이는

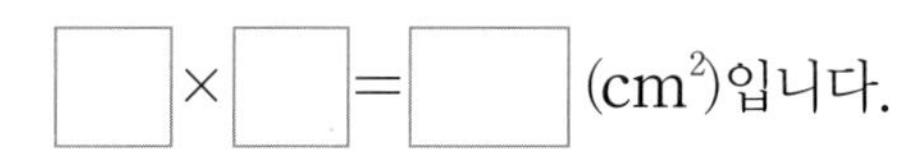

2-1

어떤 평면도형을 한 변을 기준으로 한 바퀴 돌려 만든 입체도형입니다. 돌리기 전의 평면도형의 넓이는 몇 cm^2인지 구해 보세요.

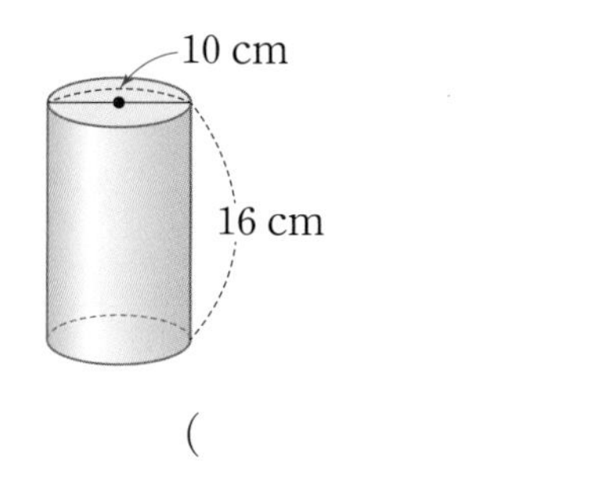

( )

2-2

어떤 평면도형을 한 변을 기준으로 한 바퀴 돌려 만든 입체도형입니다. 돌리기 전의 평면도형의 넓이가 156 cm^2일 때 □ 안에 알맞은 수를 써넣으세요.

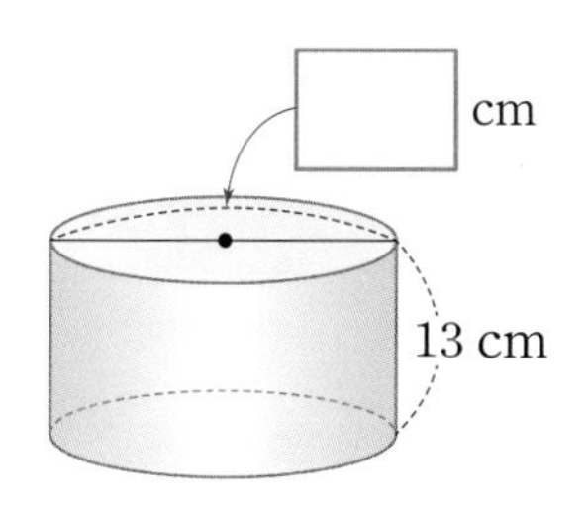

2-3

어떤 평면도형을 한 변을 기준으로 한 바퀴 돌려 만든 입체도형입니다. 돌리기 전의 평면도형의 넓이가 272 cm^2일 때 □ 안에 알맞은 수를 써넣으세요.

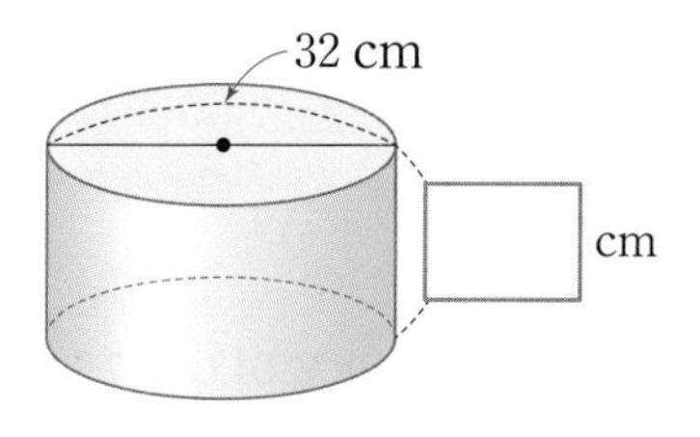

2-4

가와 나는 각각 어떤 평면도형을 한 변을 기준으로 한 바퀴 돌려 만든 입체도형입니다. 돌리기 전의 두 평면도형의 넓이의 차는 몇 cm^2인지 구해 보세요.

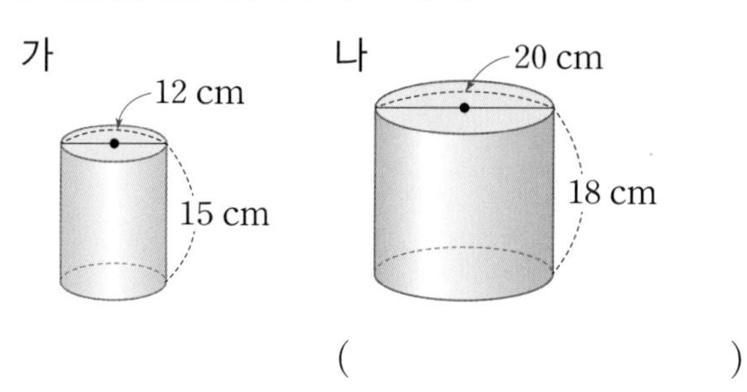

( )

수해력을 완성해요

대표 응용 3 원기둥의 전개도에서 밑면의 반지름과 원기둥의 높이 구하기

원기둥의 전개도에서 옆면의 넓이가 $94.2\ cm^2$일 때 원기둥의 밑면의 반지름은 몇 cm인지 구해 보세요.

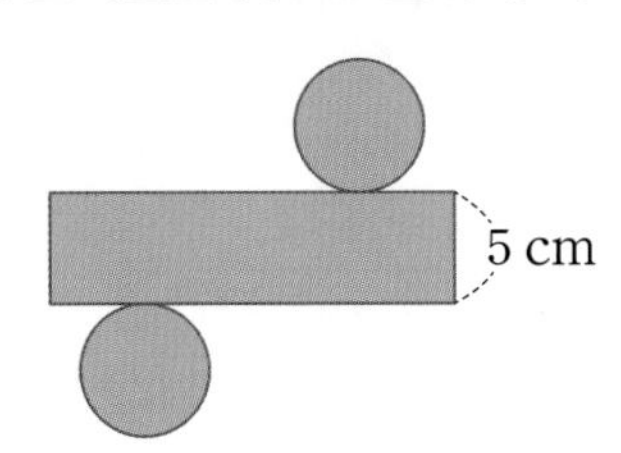

해결하기

1단계 옆면의 세로가 ☐ cm이므로 옆면의 가로는

$94.2 \div$ ☐ $=$ ☐ (cm)입니다.

2단계 밑면의 반지름은

☐ $\div$ ☐ $\div 2 =$ ☐ (cm)입니다.

3-1

원기둥의 전개도에서 옆면의 넓이가 $175.84\ cm^2$일 때 원기둥의 밑면의 반지름은 몇 cm인지 구해 보세요.

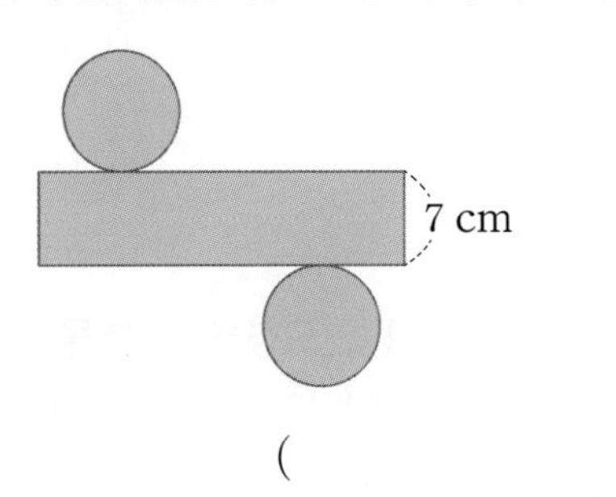

(　　　　　　　　)

3-2

원기둥의 전개도에서 옆면의 넓이가 $62.8\ cm^2$일 때 원기둥의 높이는 몇 cm인지 구해 보세요.

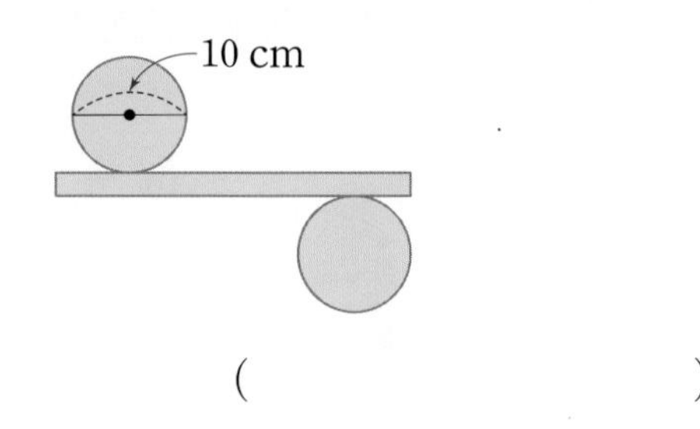

(　　　　　　　　)

3-3

원기둥의 전개도에서 옆면의 넓이가 $175.84\ cm^2$일 때 원기둥의 높이는 몇 cm인지 구해 보세요.

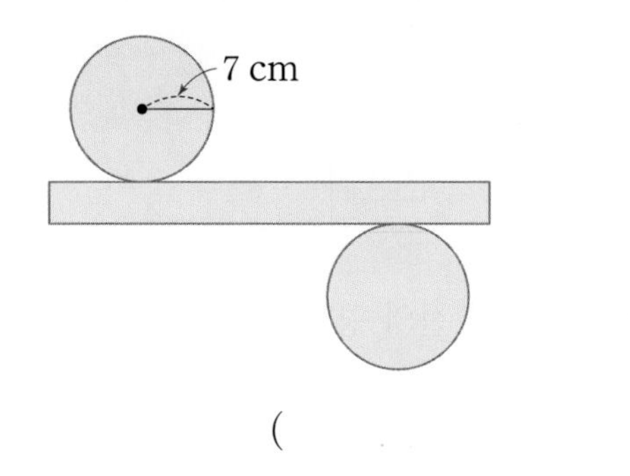

(　　　　　　　　)

3-4

원기둥의 전개도에서 옆면의 넓이가 $942\ cm^2$일 때 한 밑면의 넓이는 몇 cm^2인지 구해 보세요.

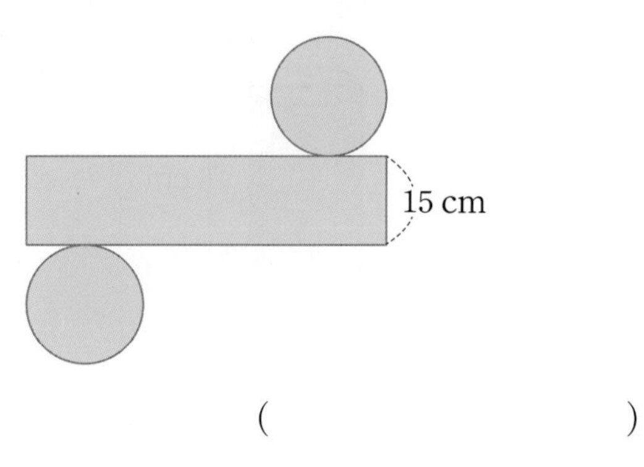

(　　　　　　　　)

대표 응용 **4**

원기둥의 전개도의 둘레 구하기

원기둥의 전개도의 둘레는 몇 cm인지 구해 보세요.

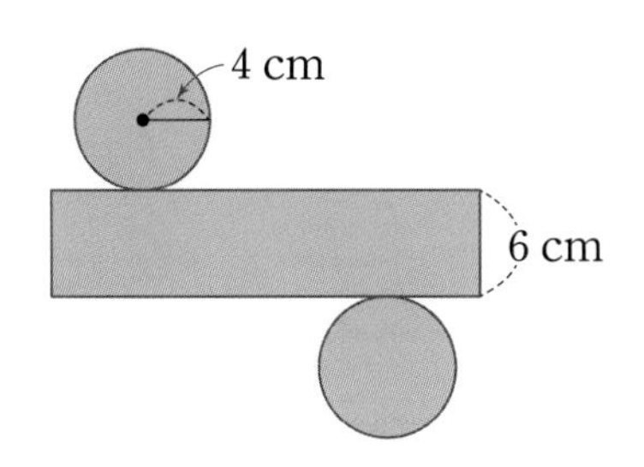

해결하기

1단계 원기둥의 전개도의 둘레에는 밑면의 둘레와 길이가 같은 부분이 □군데, 원기둥의 높이와 길이가 같은 부분이 □군데 있습니다.

2단계 (원기둥의 전개도의 둘레)

$=$(한 밑면의 둘레)$\times$□$+$(높이)$\times$□

$=(4\times$□$\times$□$)\times$□$+6\times$□

$=$□$+$□$=$□(cm)

4-1

원기둥의 전개도의 둘레는 몇 cm인지 구해 보세요.

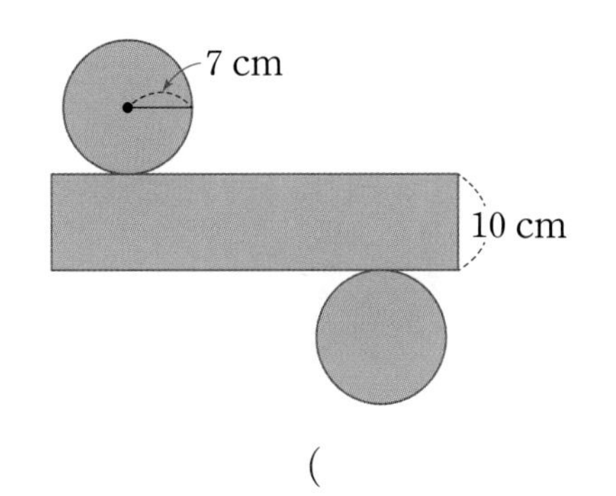

(　　　　　　　　)

4-2

원기둥을 펼쳐 전개도를 만들었을 때 원기둥의 전개도의 둘레는 몇 cm인지 구해 보세요. (단, 전개도의 옆면은 직사각형입니다.)

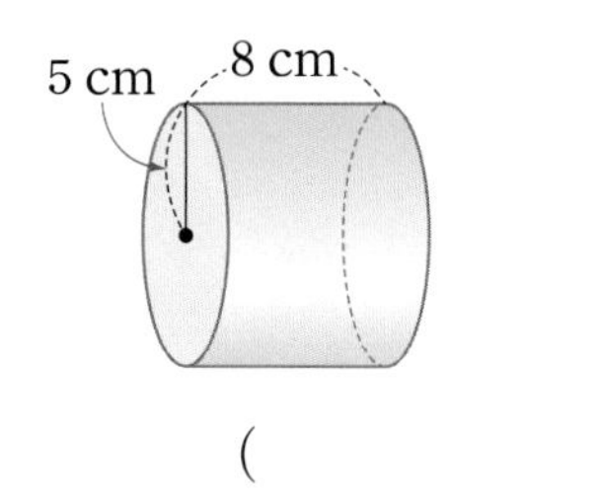

(　　　　　　　　)

4-3

원기둥의 전개도의 둘레가 250.08 cm일 때 높이는 몇 cm인지 구해 보세요.

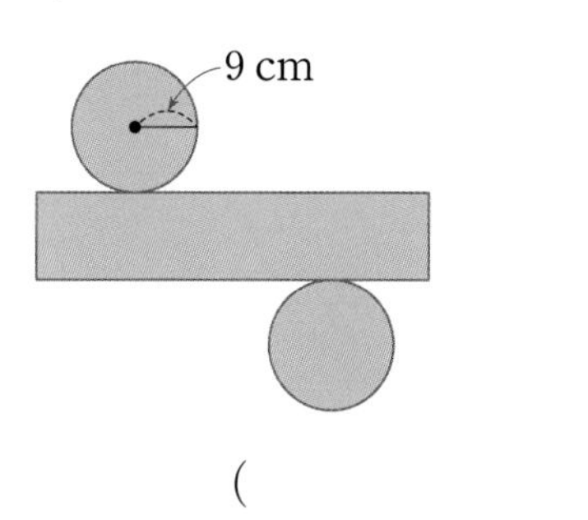

(　　　　　　　　)

4-4

원기둥의 전개도에서 옆면의 넓이가 226.08 cm^2일 때 원기둥의 전개도의 둘레는 몇 cm인지 구해 보세요.

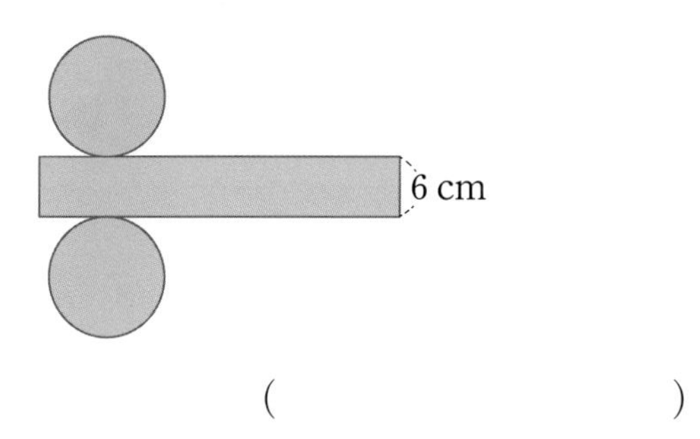

(　　　　　　　　)

개념 1 원뿔 알아보기(1)

이미 배운 각뿔

한 면이 다각형이고 다른 면이 모두 삼각형인 입체도형을 각뿔이라고 합니다.

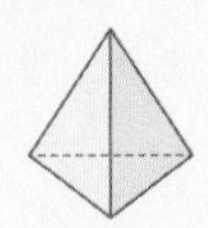 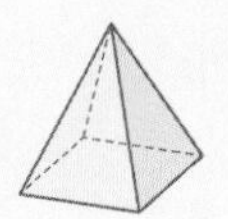 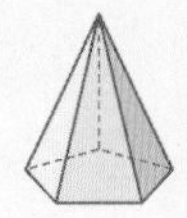

새로 배울 원뿔

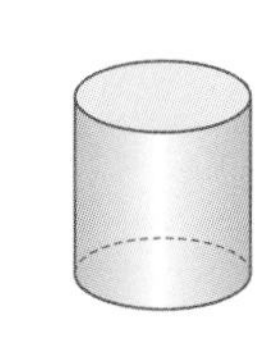 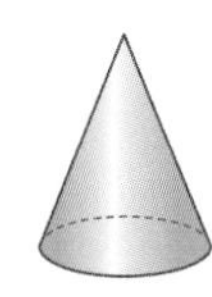 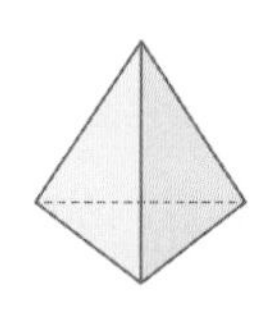 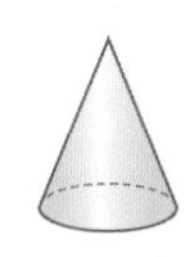 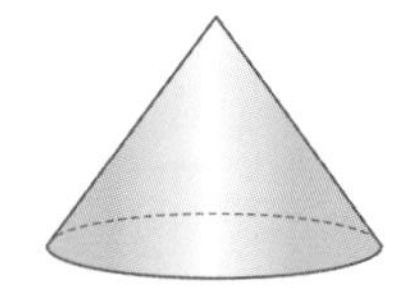

한 면이 원인 뿔 모양의 입체도형을 원뿔이라고 합니다.

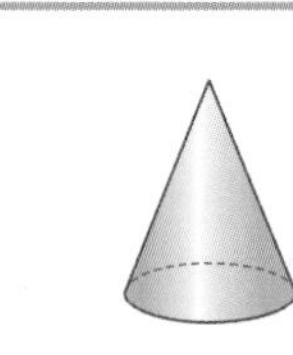 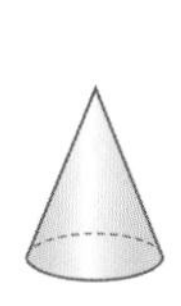 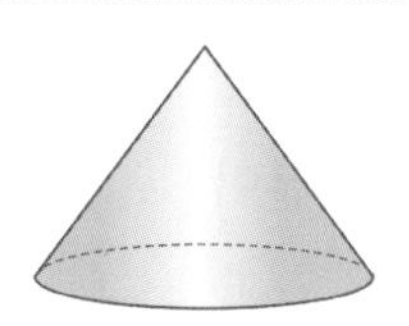

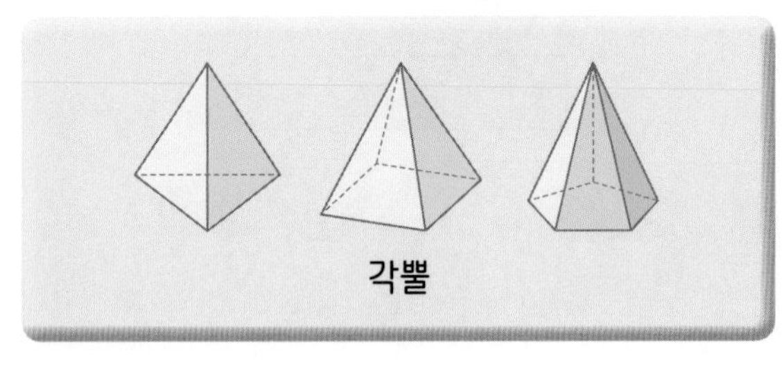
각뿔

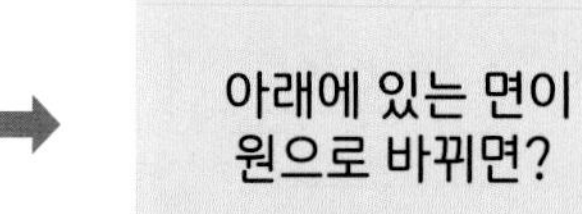
아래에 있는 면이 원으로 바뀌면?

원뿔

[생활 속에서 찾을 수 있는 원뿔 모양]

원뿔 모양의 물건

원뿔 모양이 아닌 물건

[원뿔이 아닌 도형]

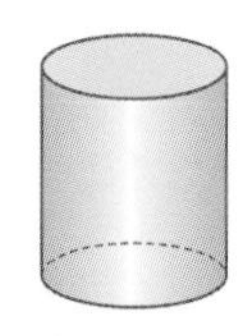
두 면이 원입니다.

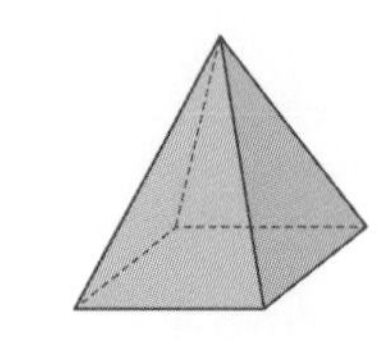
한 면이 원이 아닙니다.

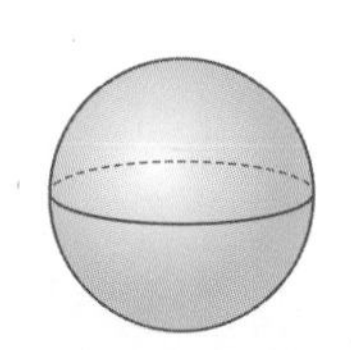
한 면이 원인 뿔 모양이 아닙니다.

개념 2 원뿔 알아보기(2)

이미 배운 각뿔의 구성 요소

밑면: 기준이 되는 면

옆면: 밑면과 만나는 면

모서리: 면과 면이 만나는 선분

꼭짓점: 모서리와 모서리가 만나는 점

각뿔의 꼭짓점: 꼭짓점 중에서 옆면이 모두 만나는 점

높이: 각뿔의 꼭짓점에서 밑면에 수직으로 내린 선분의 길이

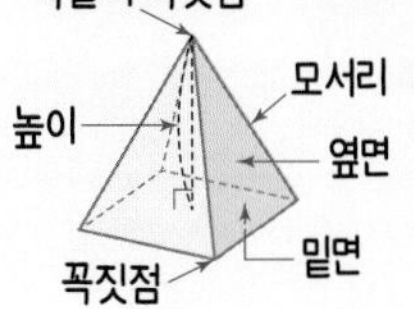

새로 배울 원뿔의 구성 요소

밑면: 평평한 면

옆면: 옆을 둘러싼 굽은 면

원뿔의 꼭짓점: 뾰족한 부분의 점

모선: 원뿔의 꼭짓점과 밑면인 원의 둘레의 한 점을 이은 선분

높이: 원뿔의 꼭짓점에서 밑면에 수직인 선분의 길이

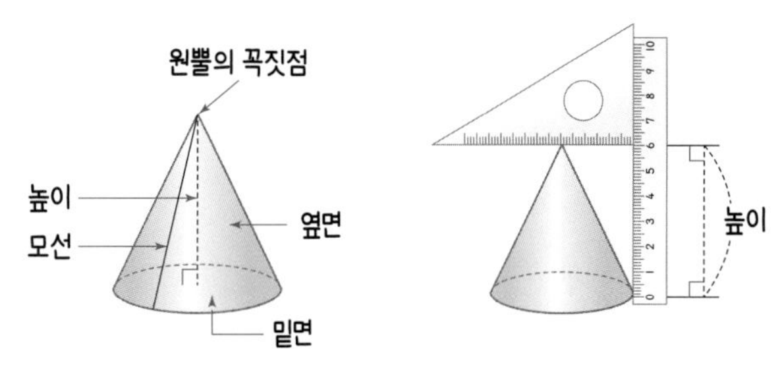

한 원뿔에서 모선은 무수히 많고
그 길이는 모두 같아요.

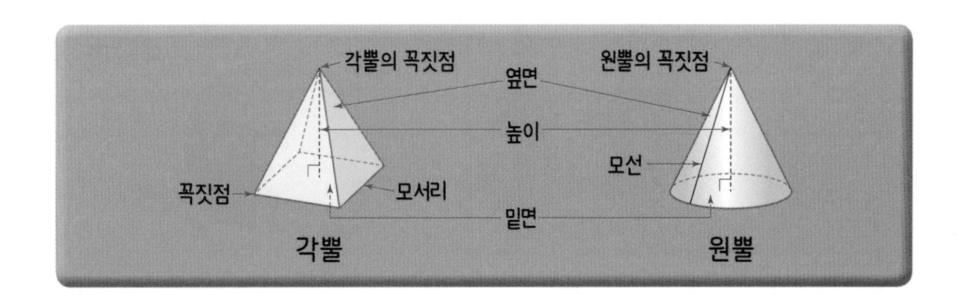

[원뿔 만들기]

직각을 낀 한 변을 기준으로 직각삼각형을 한 바퀴 돌리면 원뿔이 됩니다.

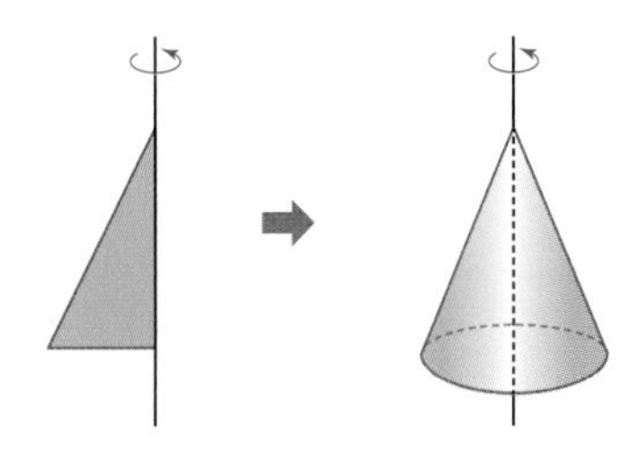

돌리기 전 / 돌린 후

(직각삼각형의 밑변의 길이)＝(원뿔의 밑면의 반지름)

(직각삼각형의 높이)＝(원뿔의 높이)

[원뿔과 각뿔의 비교]

입체도형	원뿔	각뿔
밑면의 모양	원	다각형
옆면의 모양	굽은 면	삼각형
밑면의 수(개)	1	1

개념 3 구 알아보기

이미 배운 원의 중심, 반지름, 지름

원의 지름
원의 중심
원의 반지름

원의 중심: 원을 그릴 때 누름 못이 꽂혔던 점 ㅇ

원의 반지름: 원의 중심 ㅇ과 원 위의 한 점을 이은 선분

원의 지름: 원 위의 두 점을 이은 선분 중 원의 중심 ㅇ을 지나는 선분

새로 배울 구

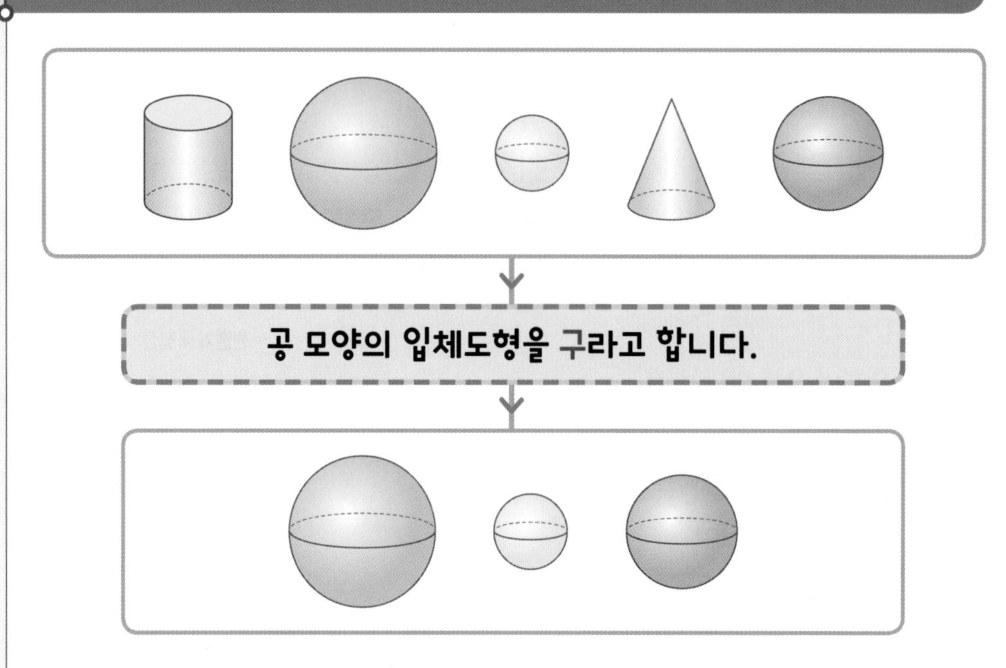

• 구의 구성 요소

구의 중심: 가장 안쪽에 있는 점

구의 반지름: 구의 중심에서 구의 겉면의 한 점을 이은 선분

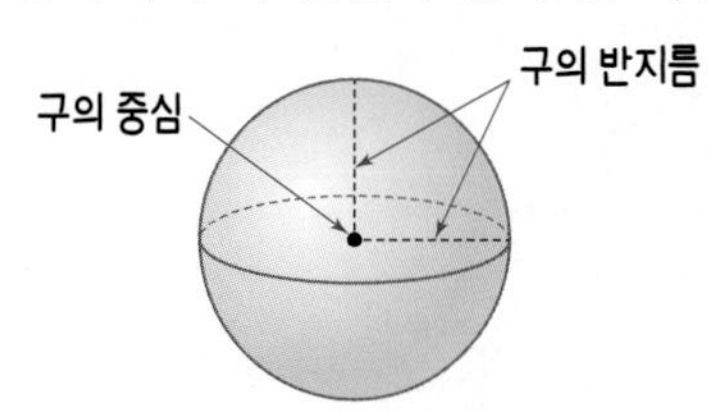

구의 반지름은 무수히 많고 그 길이는 모두 같아요.

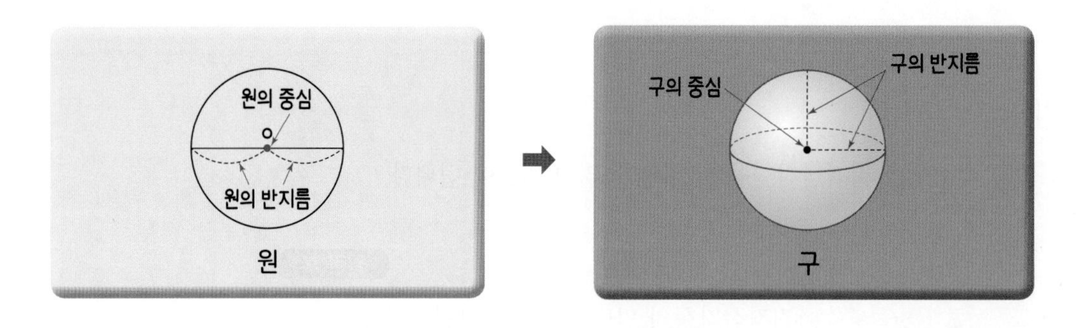

[구 만들기]

지름을 기준으로 반원을 한 바퀴 돌리면 구가 됩니다.

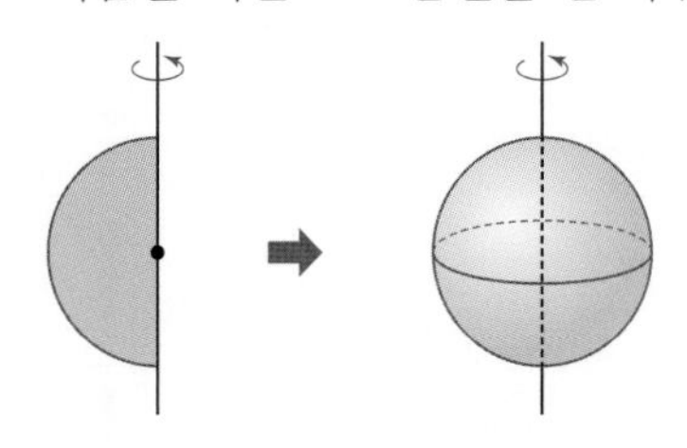

돌리기 전 　 돌린 후

(반원의 중심)=(구의 중심)

(반원의 반지름)=(구의 반지름)

개념 4 원기둥, 원뿔, 구의 비교

이미 배운 원기둥, 원뿔, 구

• 원기둥

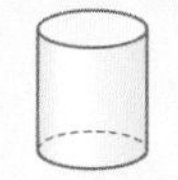

• 원뿔

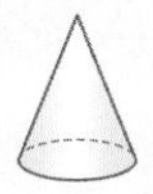

• 구

새로 배울 원기둥, 원뿔, 구의 비교

	원기둥	원뿔	구
입체도형			
전체 모양	기둥 모양	뿔 모양	공 모양
밑면의 모양	원	원	·
옆면의 모양	굽은 면	굽은 면	·
밑면의 수(개)	2	1	0
모서리의 수(개)	0	0	0
꼭짓점의 수(개)	0	1	0

원기둥 ↘ 원뿔 ↓ 구 ↙

• 굽은 면이 있습니다.
• 평면도형을 돌려서 만들 수 있습니다.
• 모서리가 없습니다.

[원기둥, 원뿔, 구를 위, 앞, 옆에서 본 모양]

	원기둥	원뿔	구
입체도형	위 / 앞 / 옆	위 / 앞 / 옆	위 / 앞 / 옆
위에서 본 모양	원	원	원
앞에서 본 모양	사각형	삼각형	원
옆에서 본 모양	사각형	삼각형	원

구는 어느 방향에서 보아도 모두 원입니다.

원기둥, 원뿔, 구를 위에서 본 모양은 모두 원이에요.

수해력을 확인해요

• 원뿔 찾기

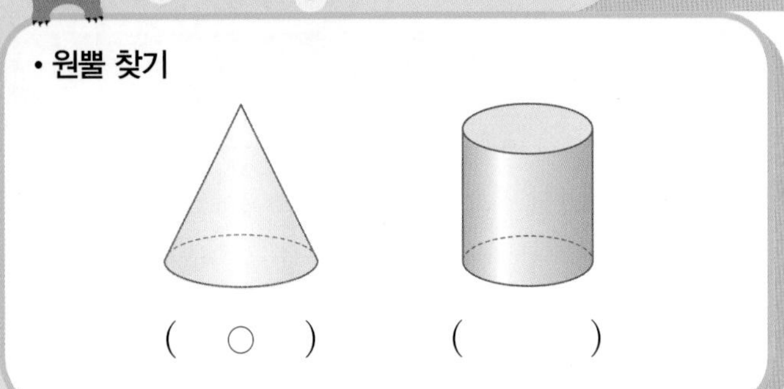

(○)　　( )

• 원뿔의 밑면에 색칠하고 옆면에 △표 하기

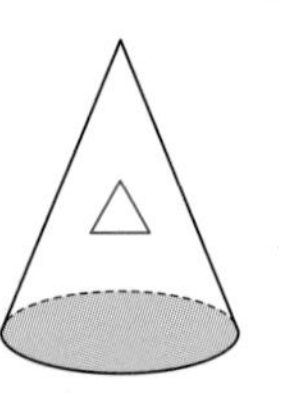

01~04 원뿔을 찾아 ○표 하세요.

01

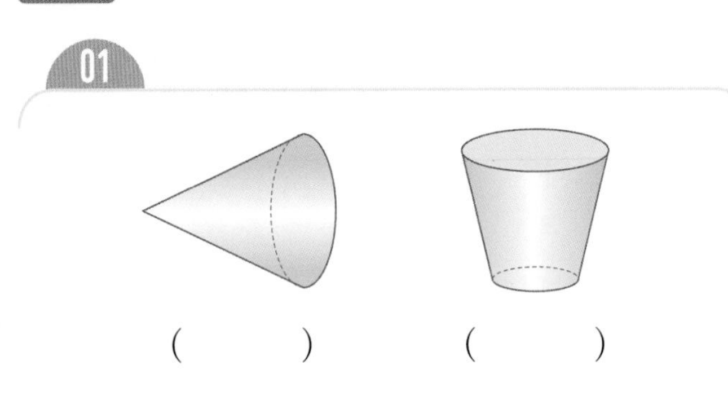

( )　　( )

02

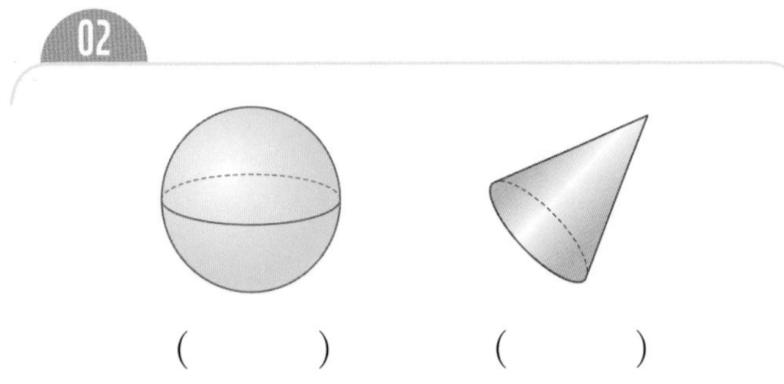

( )　　( )

03

( )　　( )

04

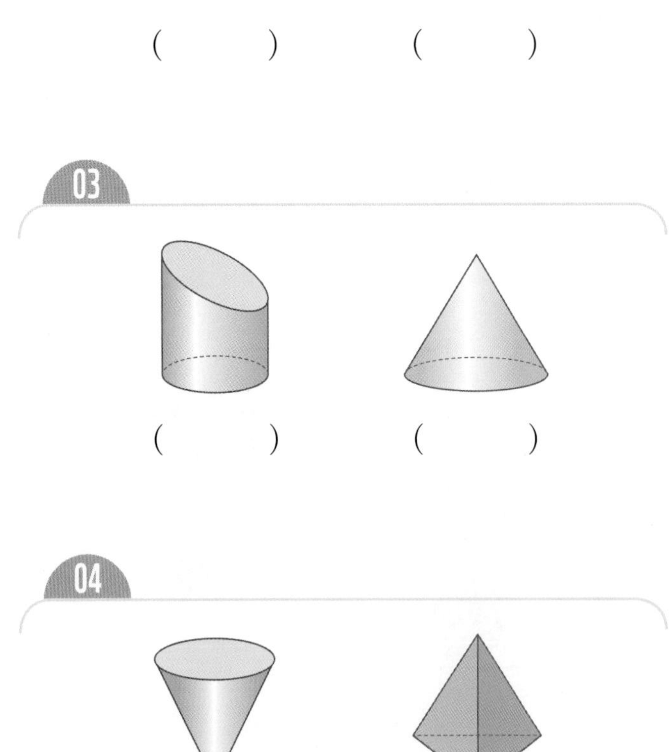

( )　　( )

05~08 원뿔의 밑면을 찾아 색칠하고, 옆면에 △표 하세요.

05

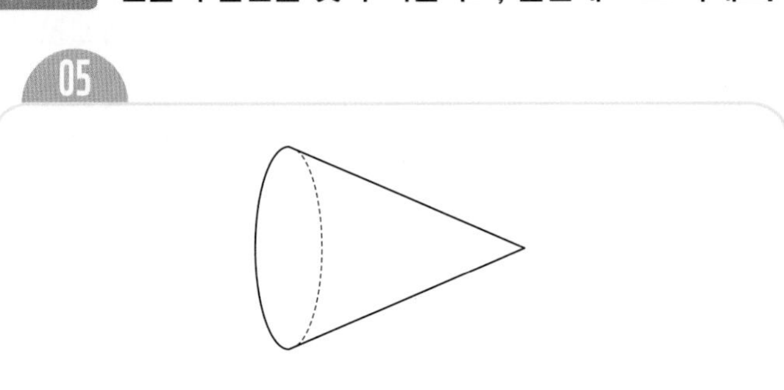

06

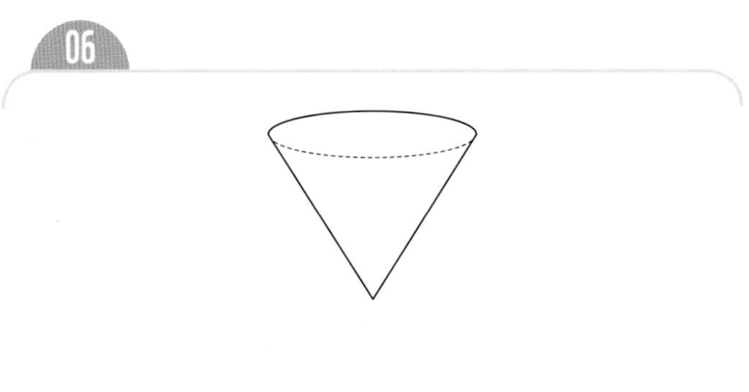

07

08

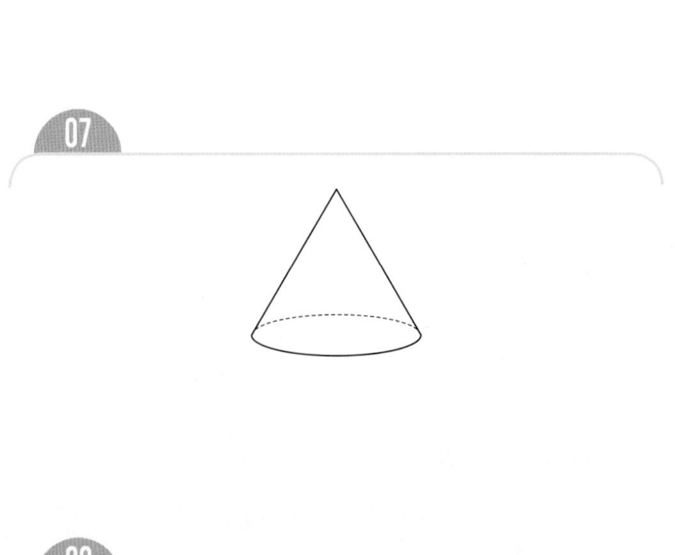

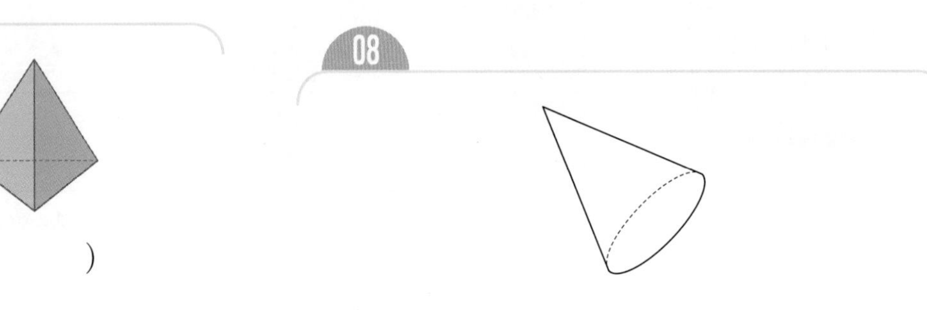

• 원뿔의 모선의 길이와 높이 구하기

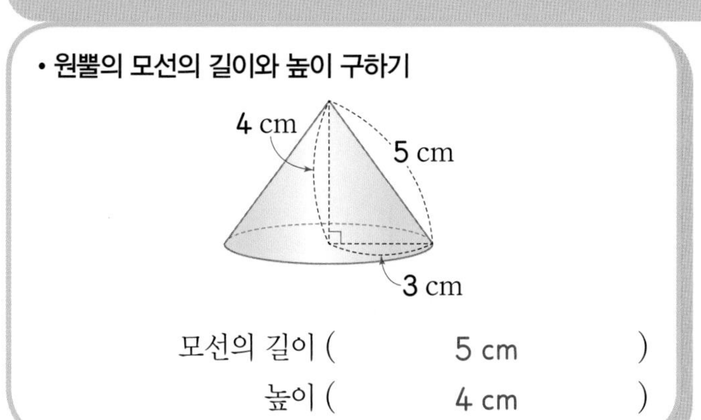

모선의 길이 (5 cm)
높이 (4 cm)

• 구 찾기

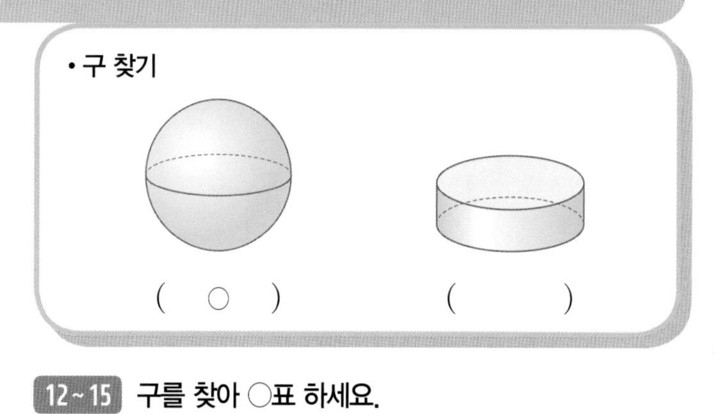

(○) ( )

09~11 원뿔의 모선의 길이와 높이는 각각 몇 cm인지 구해 보세요.

09

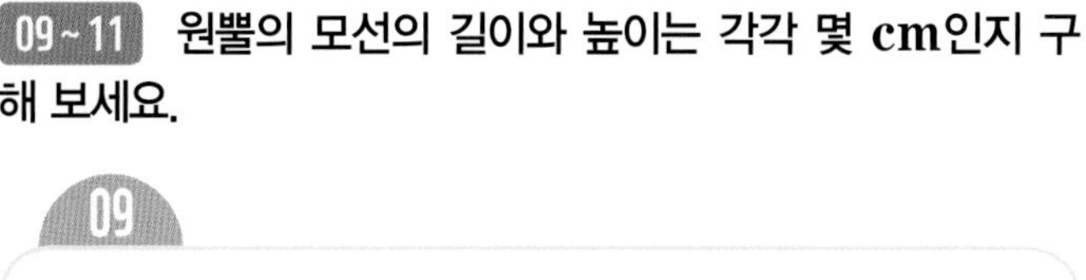

모선의 길이 ( )
높이 ( )

10

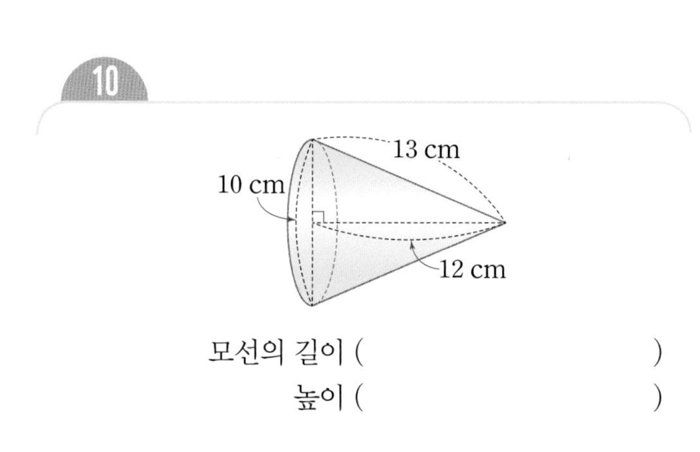

모선의 길이 ( )
높이 ( )

11

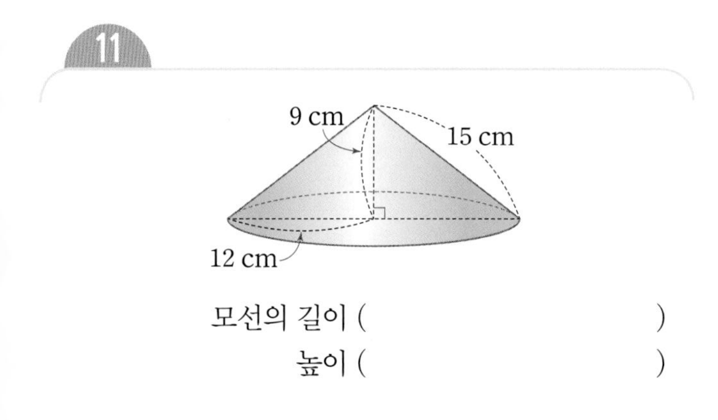

모선의 길이 ( )
높이 ( )

12~15 구를 찾아 ○표 하세요.

12

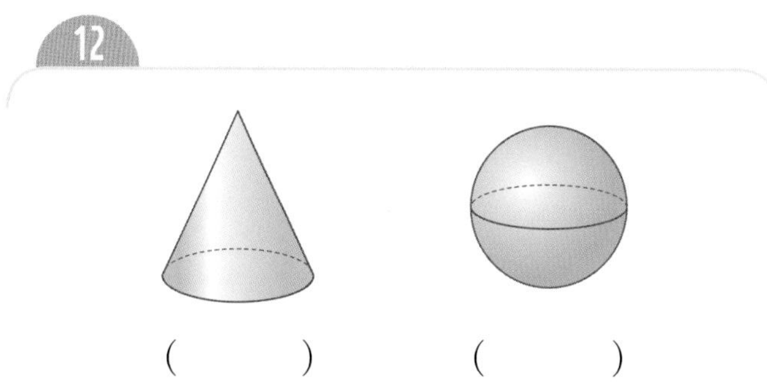

( ) ( )

13

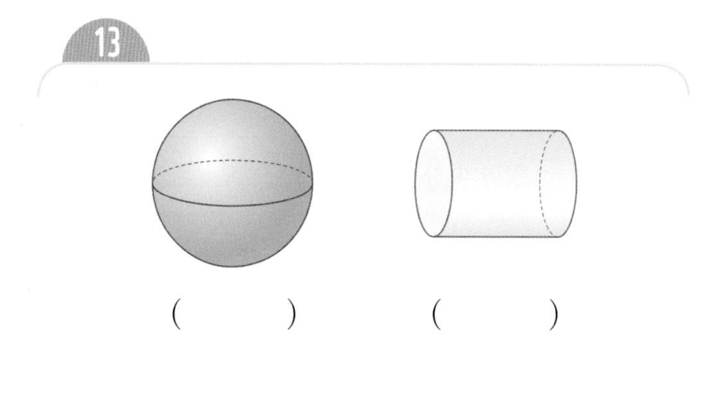

( ) ( )

14

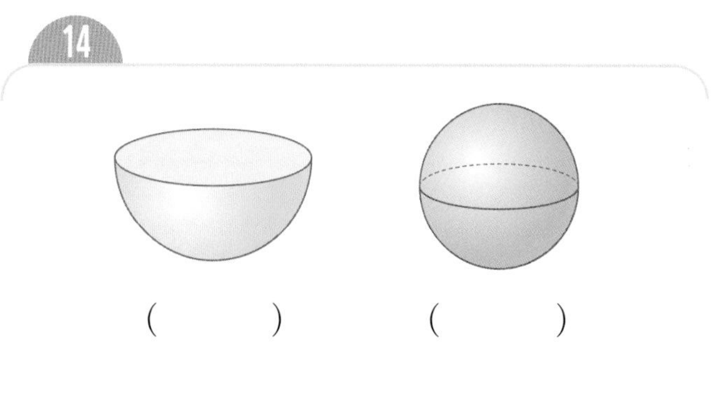

( ) ( )

15

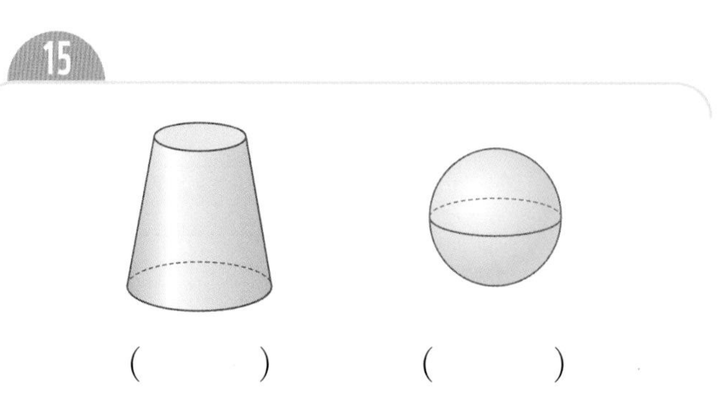

( ) ( )

수해력을 높여요

01 원뿔을 모두 고르세요. (　　　　　)

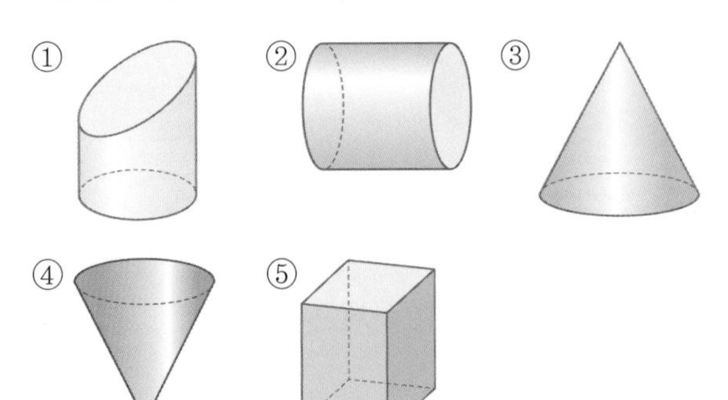

02 원뿔의 무엇을 재는 그림인지 보기 에서 찾아 써 보세요.

보기

밑면의 지름　　높이　　모선의 길이

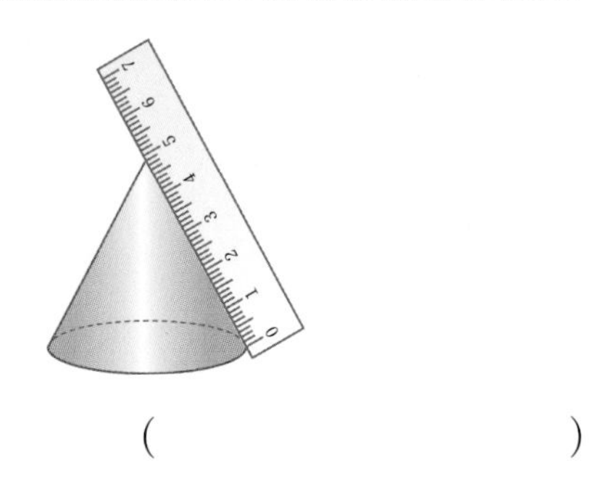

(　　　　　　　　　)

03 구에서 각 부분의 이름을 □ 안에 써넣으세요.

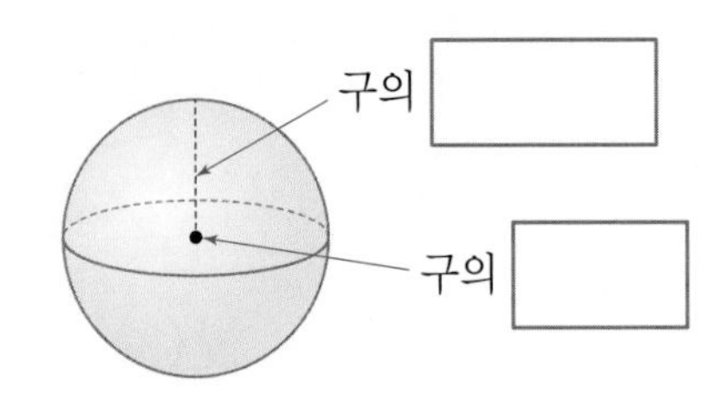

04 한 변을 기준으로 직각삼각형을 한 바퀴 돌려 만든 입체도형의 밑면의 지름과 높이는 각각 몇 cm인지 구해 보세요.

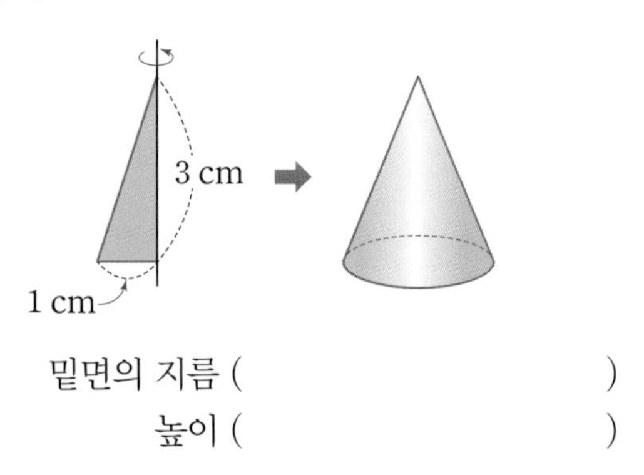

밑면의 지름 (　　　　　　　　)

높이 (　　　　　　　　)

05 입체도형을 보고 빈칸에 알맞은 말이나 수를 써넣으세요.

입체도형		
밑면의 모양		
밑면의 수(개)		

06 원뿔에 대한 설명 중 잘못된 것을 찾아 기호를 써 보세요.

㉠ 원뿔의 꼭짓점은 1개입니다.
㉡ 한 원뿔에서 모선은 2개입니다.
㉢ 원뿔의 꼭짓점에서 밑면에 수직인 선분의 길이를 높이라고 합니다.
㉣ 한 원뿔에서 모선의 길이는 모두 같습니다.

(　　　　　　　　)

07~08 지름을 기준으로 반원을 한 바퀴 돌려 입체도형을 만들었습니다. 물음에 답하세요.

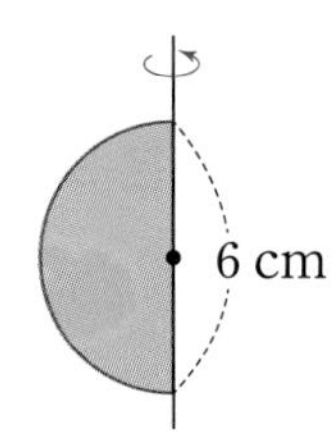

07 만들어진 입체도형의 이름을 써 보세요.

( )

08 만들어진 입체도형의 반지름은 몇 cm인지 구해 보세요.

( )

09 어느 방향에서 보아도 모양이 같은 입체도형을 찾아 기호를 써 보세요.

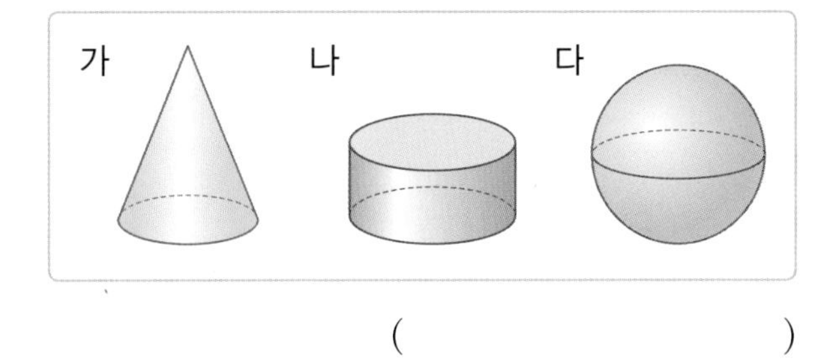

( )

10 ㉠, ㉡, ㉢의 합은 몇 개인지 구해 보세요.

㉠ 원기둥의 밑면의 수
㉡ 원뿔의 꼭짓점의 수
㉢ 구의 중심의 수

( )

11 실생활 활용

주하는 베트남에 여행을 가서 원뿔 모양의 모자를 사 왔습니다. 모자를 앞에서 본 모양의 둘레는 몇 cm인지 구해 보세요.

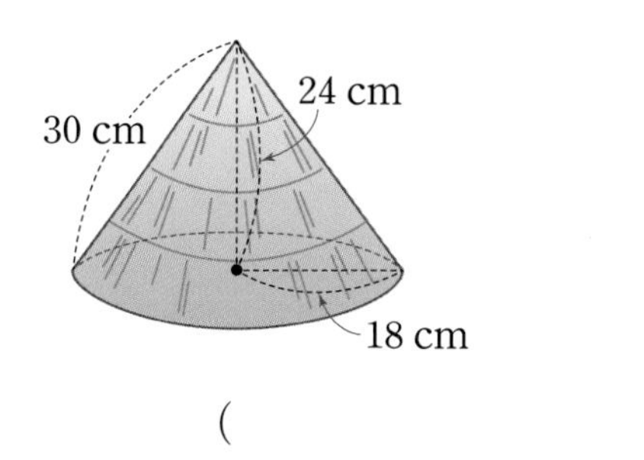

( )

12 교과 융합

그리스와 로마의 전쟁 중에 살해당한 아르키메데스의 묘비에는 그의 유언에 따라 원기둥 안에 꼭 맞게 들어가는 구가 그려져 있습니다. 구를 위에서 본 모양의 넓이는 몇 cm^2인지 구해 보세요.

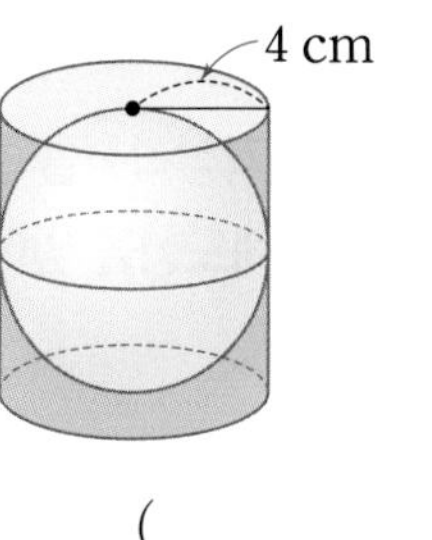

( )

수해력을 완성해요

대표 응용 1 한 변을 기준으로 한 바퀴 돌려 만든 입체도형을 위, 앞에서 본 모양의 넓이 구하기

한 변을 기준으로 직각삼각형을 한 바퀴 돌려 입체도형을 만들었습니다. 이 입체도형을 앞에서 본 모양의 넓이는 몇 cm^2인지 구해 보세요.

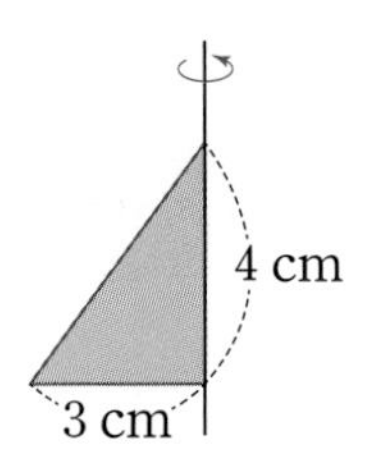

해결하기

1단계 밑면의 반지름이 ☐ cm, 높이가 ☐ cm인 원뿔이 만들어집니다.

2단계 원뿔을 앞에서 본 모양은 밑변의 길이가 ☐ cm, 높이가 ☐ cm인 삼각형입니다.

3단계 원뿔을 앞에서 본 모양의 넓이는 ☐ × ☐ ÷ ☐ = ☐ (cm^2)입니다.

1-1

한 변을 기준으로 직각삼각형을 한 바퀴 돌려 입체도형을 만들었습니다. 이 입체도형을 앞에서 본 모양의 넓이는 몇 cm^2인지 구해 보세요.

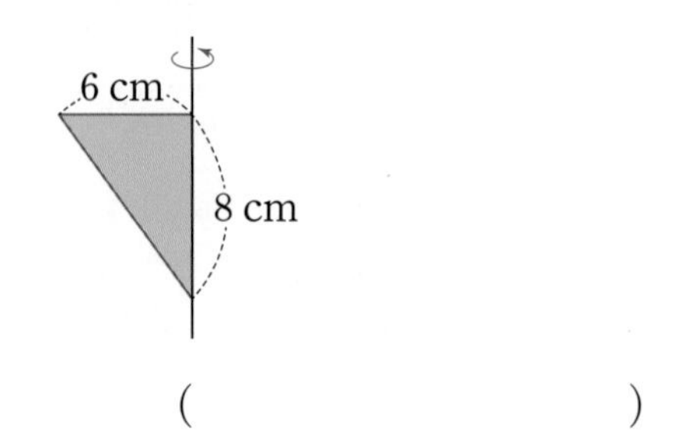

(　　　　　　　　)

1-2

지름을 기준으로 반원을 한 바퀴 돌려 입체도형을 만들었습니다. 이 입체도형을 앞에서 본 모양의 넓이는 몇 cm^2인지 구해 보세요.

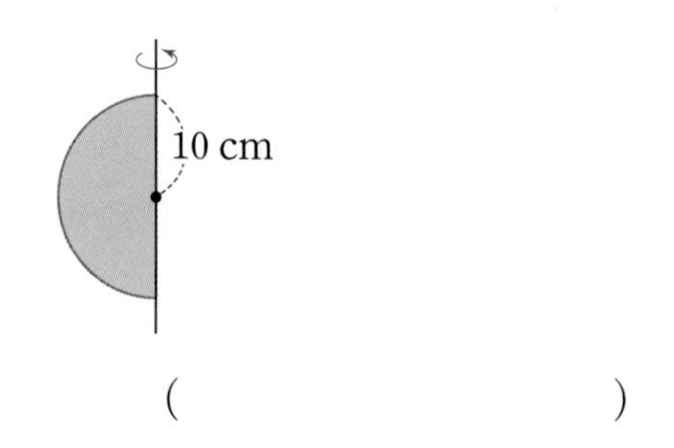

(　　　　　　　　)

1-3

지름을 기준으로 반원을 한 바퀴 돌려 입체도형을 만들었습니다. 이 입체도형을 위에서 본 모양의 넓이는 몇 cm^2인지 구해 보세요.

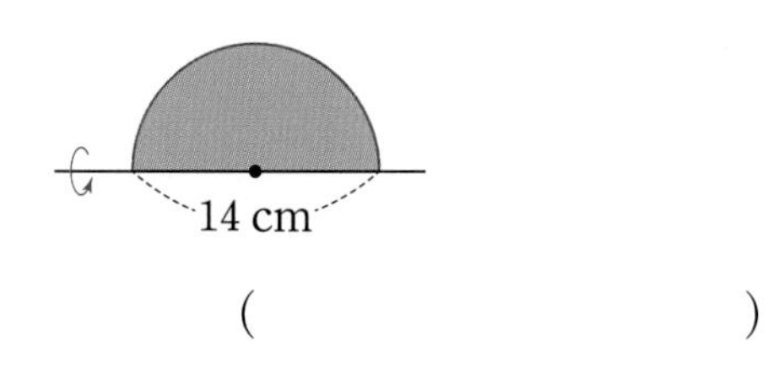

(　　　　　　　　)

1-4

가와 나를 각각 한 바퀴 돌려 입체도형을 만들었습니다. 두 입체도형을 위에서 본 모양의 넓이의 차는 몇 cm^2인지 구해 보세요.

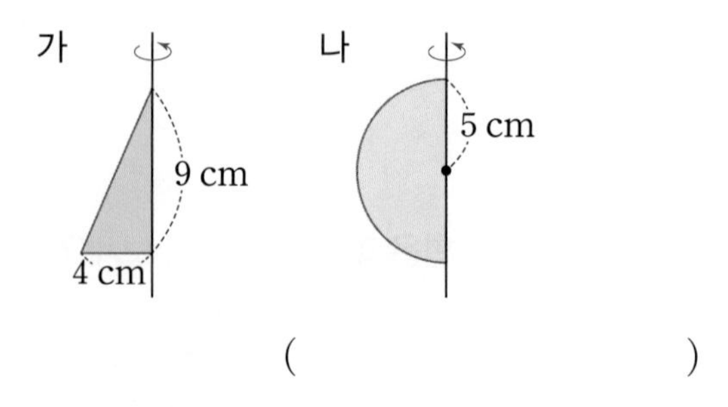

(　　　　　　　　)

대표 응용 **2**

돌리기 전의 평면도형의 넓이 구하기

어떤 평면도형을 한 변을 기준으로 한 바퀴 돌려 만든 입체도형입니다. 돌리기 전의 평면도형의 넓이는 몇 cm^2인지 구해 보세요.

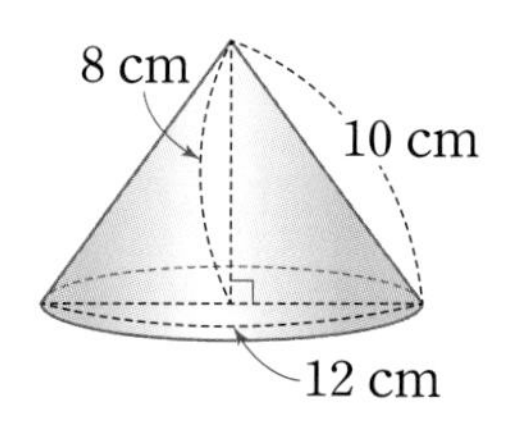

해결하기

1단계 돌리기 전의 평면도형은 다음과 같은 (직사각형 , 직각삼각형)입니다.

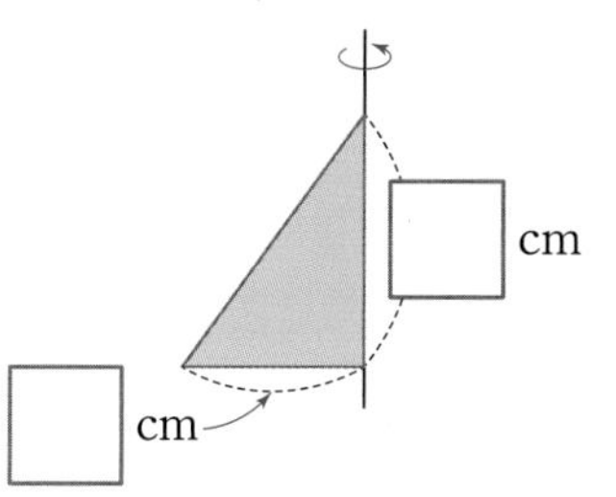

2단계 돌리기 전의 평면도형의 넓이는

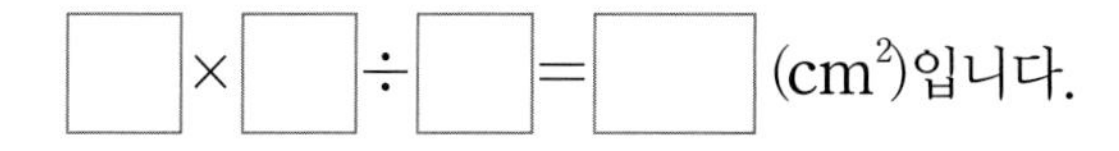

2-1

어떤 평면도형을 한 변을 기준으로 한 바퀴 돌려 만든 입체도형입니다. 돌리기 전의 평면도형의 넓이는 몇 cm^2인지 구해 보세요.

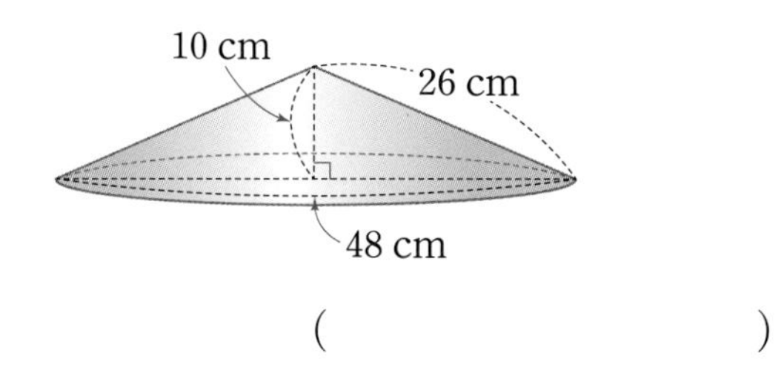

(　　　　　　　　　　)

2-2

지름을 기준으로 반원을 한 바퀴 돌려 만든 입체도형입니다. 돌리기 전의 반원의 넓이는 몇 cm^2인지 구해 보세요.

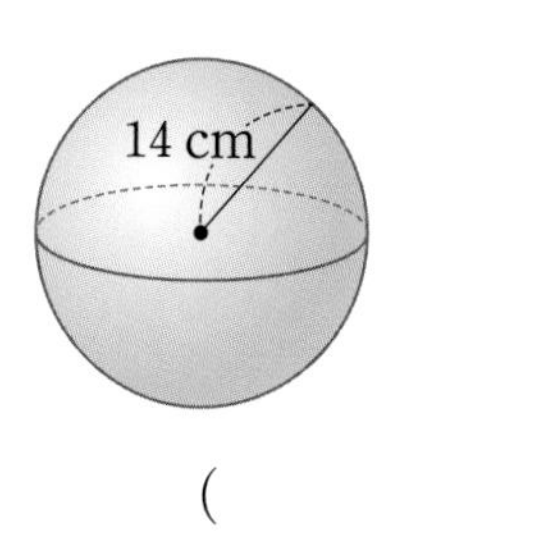

(　　　　　　　　　　)

2-3

어떤 평면도형을 한 변을 기준으로 한 바퀴 돌려 만든 입체도형입니다. 돌리기 전의 평면도형의 넓이가 96 cm^2일 때 □ 안에 알맞은 수를 써넣으세요.

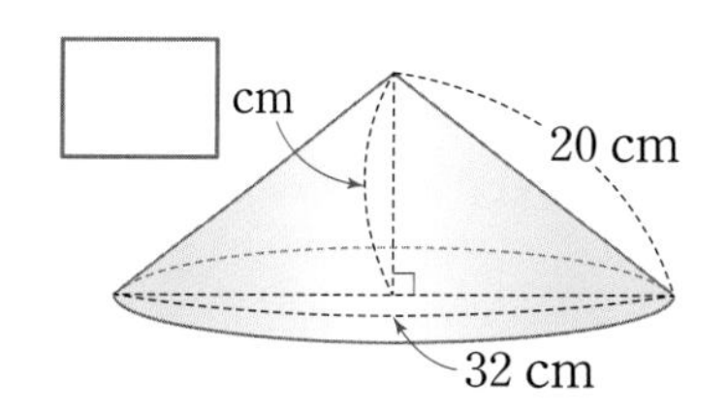

2-4

가와 나는 각각 어떤 평면도형을 한 변을 기준으로 한 바퀴 돌려 만든 입체도형입니다. 돌리기 전의 두 평면도형의 넓이가 같을 때 나의 높이는 몇 cm인지 구해 보세요.

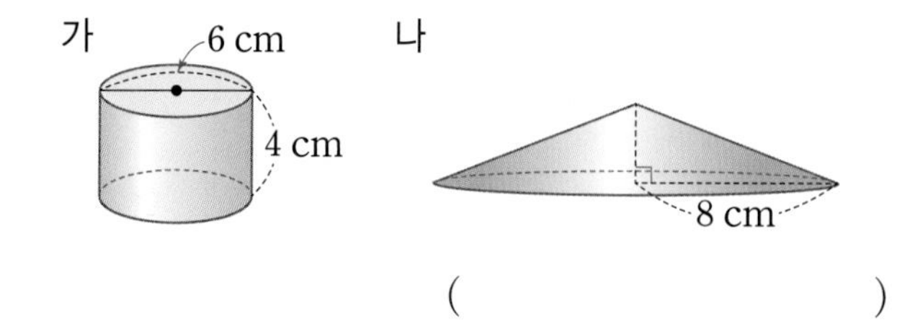

(　　　　　　　　　　)

회전시킨 모양은?

이번 단원에서 배운 원기둥, 원뿔, 구의 공통점은 무엇이 있었나요?
원기둥, 원뿔, 구의 공통점 중 하나는 평면도형을 한 바퀴 돌려 만든 입체도형이라는 것입니다. 이와 같이 평면도형을 한 직선을 기준으로 하여 1회전시킬 때 생기는 입체도형을 회전체라 하고, 그 직선을 대칭축이라고 합니다. 따라서 원기둥, 원뿔, 구도 회전체입니다. 그럼 여러 가지 평면도형을 회전시켰을 때 어떤 입체도형이 나올지 상상하여 완성해 볼까요?

회전시키기 전의 평면도형	회전체
회전축 직사각형	원기둥
회전축 직각삼각형	원뿔
회전축 반원	구

활동 1 평면도형을 회전시키면 어떤 입체도형이 되는지 그려 보세요.

(1)

(2)

활동 2 회전시키기 전의 평면도형을 그려 보세요.

(1)

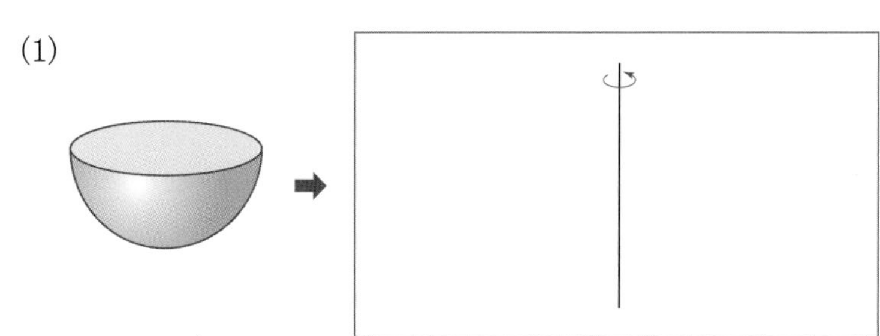

(2)

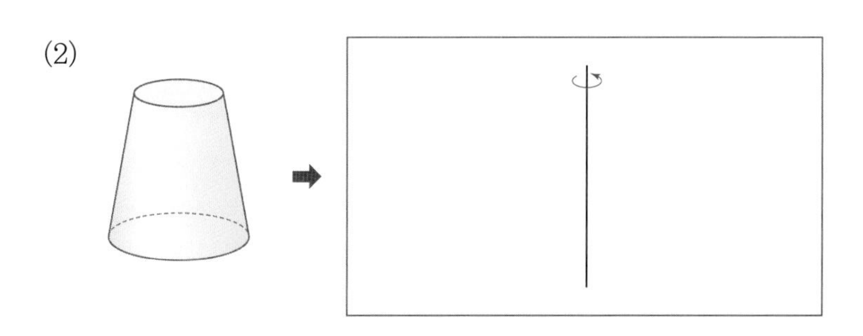

MEMO

MEMO

초등 **'국가대표'** 만점왕
이제 **수학**도 꽉 잡아요!

EBS 선생님 **무료강의 제공**

표지 이야기

이 유리병의 높이는 얼마일까요?
원기둥의 구성 요소를 알아보아요.

- **도형 · 측정** 6단계 5단원 '원기둥, 원뿔, 구'

인터넷·모바일·TV
무료 강의 제공

초 | 등 | 부 | 터 EBS

완벽 개념
이미 배운 개념과
새로 배울 개념을
비교해서 수학을 쉽게!

강화 단원
개념부터 응용까지
학생들이 어려워하는
단원을 집중적으로!

영역 특화
수 · 연산, 도형 · 측정
각 영역 특성에 맞는
학습으로 1년 완성!

초등 수해력

도형·측정

다음 학년 수학이 쉬워지는

정답과 풀이

6 단계

| 초등 6학년 권장 |

6단계

| 초등 6학년 권장 |

정답과 풀이

각기둥과 각뿔

1. 각기둥

수해력을 확인해요 12쪽

01 (　)(○)　05 6, 12, 8
02 (○)(　)　06 7, 15, 10
03 (　)(○)　07 5, 9, 6
04 (○)(　)　08 8, 18, 12

수해력을 높여요 13쪽

01 가, 다, 라, 마, 바　02 가, 다, 라
03 면 ㄱㄴㄷㄹ, 면 ㅁㅂㅅㅇ / 면 ㄱㅁㅂㄴ, 면 ㄴㅂㅅㄷ, 면 ㄹㅇㅅㄷ, 면 ㄱㅁㅇㄹ
04 8 cm　05 ⑤
06 육각기둥　07 50개

01 나는 평면도형입니다.

02 두 면이 서로 평행하고 합동인 다각형으로 이루어진 입체도형은 가, 다, 라입니다.

03 각기둥에서 서로 평행하고 합동인 두 면을 밑면이라 하고, 두 밑면과 만나는 면을 옆면이라고 합니다.

04 두 밑면 사이의 거리는 8 cm이므로 각기둥의 높이는 8 cm입니다.

05 ⑤ 칠각기둥에서 두 밑면 사이의 거리를 나타내는 모서리는 7개이므로 높이를 잴 수 있는 모서리는 7개입니다.

06 해설 나침반
두 밑면이 서로 평행하고 합동인 다각형이고 옆면이 직사각형인 입체도형은 각기둥입니다.

밑면의 모양이 육각형이고 옆면의 모양이 직사각형이므로 육각기둥입니다.

07 팔각기둥의 한 밑면의 변의 수는 8개입니다.
(면의 수)$=8+2=10$(개)
(모서리의 수)$=8\times3=24$(개)
(꼭짓점의 수)$=8\times2=16$(개)
➡ (팔각기둥의 면의 수, 모서리의 수, 꼭짓점의 수의 합)
$=10+24+16=50$(개)

수해력을 완성해요 14~15쪽

대표 응용 1 삼각형, 삼각기둥 / 3 / 3, 5
1-1 7개　1-2 24개
1-3 30개　1-4 1개

대표 응용 2 2, 6 / 육각형, 육각기둥 / 6, 18
2-1 24개　2-2 18개
2-3 14개　2-4 십오각기둥

1-1 밑면의 모양이 오각형이므로 오각기둥입니다.
오각기둥의 한 밑면의 변의 수는 5개이므로 면은 $5+2=7$(개)입니다.

1-2 밑면의 모양이 팔각형이므로 팔각기둥입니다.
팔각기둥의 한 밑면의 변의 수는 8개이므로 모서리는 $8\times3=24$(개)입니다.

1-3 밑면의 모양이 육각형이므로 육각기둥입니다.
육각기둥의 한 밑면의 변의 수는 6개이므로 모서리는 $6\times3=18$(개), 꼭짓점은 $6\times2=12$(개)입니다.
➡ (육각기둥의 모서리의 수와 꼭짓점의 수의 합)
$=18+12=30$(개)

1-4 가는 사각형이므로 가를 밑면으로 하는 각기둥은 사각기둥입니다. 사각기둥의 한 밑면의 변의 수는 4개이므로 꼭짓점은 $4\times2=8$(개)입니다.
나는 칠각형이므로 나를 밑면으로 하는 각기둥은 칠각기둥입니다. 칠각기둥의 한 밑면의 변의 수는 7개이므로 면은 $7+2=9$(개)입니다.
➡ (차)$=9-8=1$(개)

2-1 각기둥의 한 밑면의 변의 수를 □개라 하면
□$+2=10$, □$=8$입니다.
밑면의 모양이 팔각형이므로 팔각기둥입니다.
따라서 팔각기둥의 모서리는 $8\times3=24$(개)입니다.

2-2 각기둥의 한 밑면의 변의 수를 □개라 하면
□$\times3=27$, □$=9$입니다.
밑면의 모양이 구각형이므로 구각기둥입니다.
따라서 구각기둥의 꼭짓점은 $9\times2=18$(개)입니다.

2-3 각기둥의 한 밑면의 변의 수를 □개라 하면
□$\times2=24$, □$=12$입니다.
밑면의 모양이 십이각형이므로 십이각기둥입니다.
따라서 십이각기둥의 면은 $12+2=14$(개)입니다.

2-4 각기둥의 한 밑면의 변의 수를 □개라 하면
□$+2=12$, □$=10$입니다.
밑면의 모양이 십각형이므로 십각기둥입니다.
십각기둥의 모서리는 $10\times3=30$(개)이므로 십각기둥의 모서리의 수와 꼭짓점의 수가 같은 각기둥의 한 밑면의 변의 수를 △개라 하면 $\triangle\times2=30$, $\triangle=15$입니다.
따라서 밑면의 모양이 십오각형이므로 십오각기둥입니다.

2. 각기둥의 전개도

수해력을 확인해요 18쪽

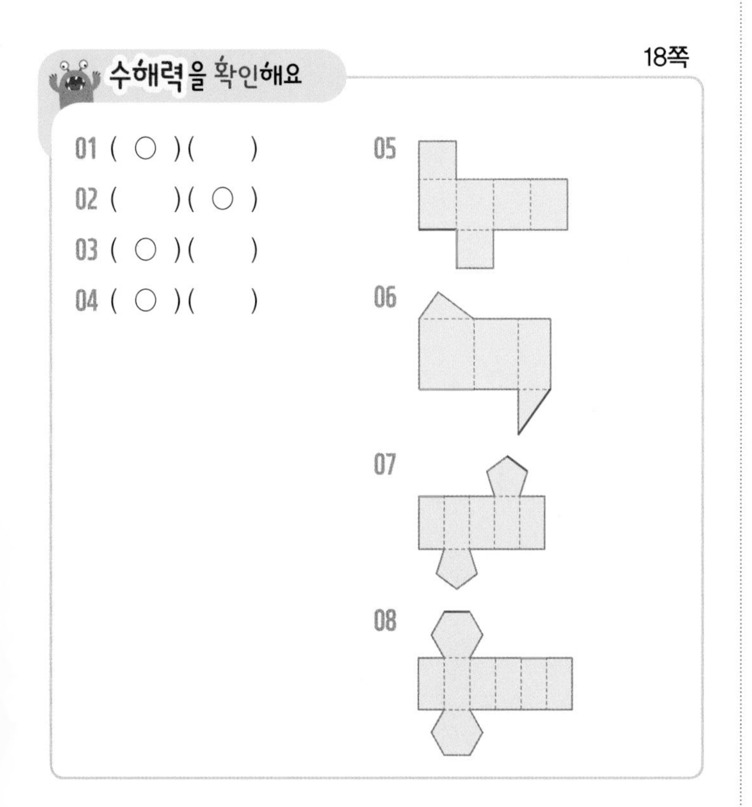

수해력을 높여요 19쪽

01 나　　02 육각기둥
03 면 ㄱㄴㄷㅈ, 면 ㅈㄷㅁㅇ, 면 ㅇㅁㅂㅅ
04 풀이 참조　　05 풀이 참조
06 풀이 참조

01 가는 밑면의 모양이 사각형이 아닙니다.
또는 옆면이 2개 부족합니다.
다는 접었을 때 맞닿는 선분의 길이가 다릅니다.
라는 접었을 때 두 밑면이 서로 겹칩니다.
따라서 각기둥의 전개도는 나입니다.

02 해설 나침반
각기둥의 이름은 밑면의 모양에 따라 정해집니다.

밑면의 모양이 육각형이므로 육각기둥입니다.

03 면 ㄷㄹㅁ과 수직으로 만나는 면은 옆면이므로
면 ㄱㄴㄷㅈ, 면 ㅈㄷㅁㅇ, 면 ㅇㅁㅂㅅ입니다.

04 전개도를 접었을 때 맞닿는 선분의 길이는 같습니다.

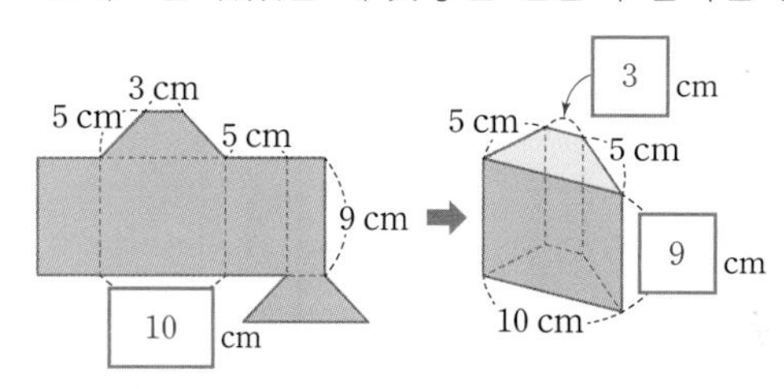

05 해설 나침반
두 밑면의 모양이 사다리꼴이고 옆면이 직사각형 4개로 이루어진 사각기둥의 전개도를 그립니다.

예
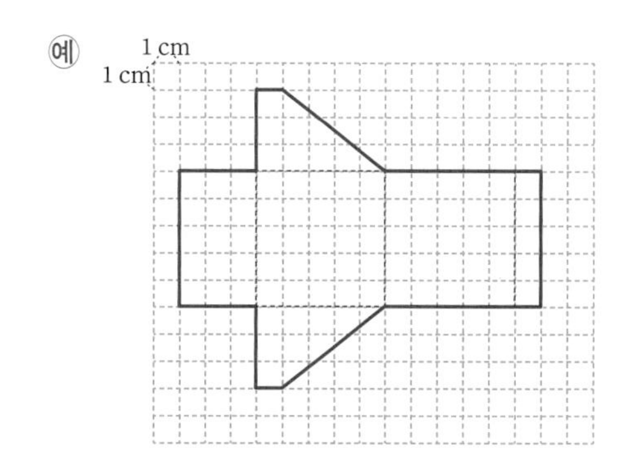

06 예
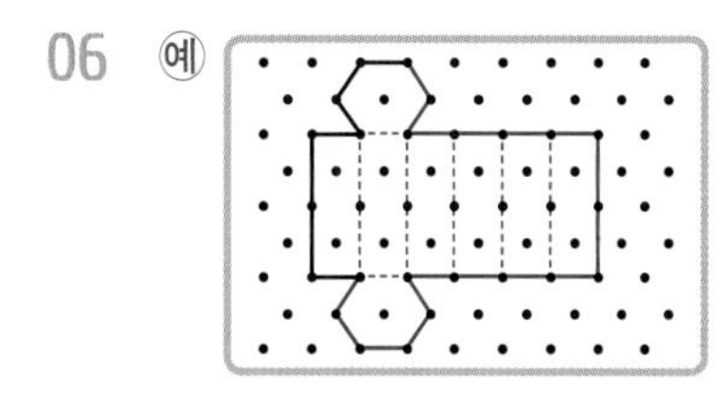

수해력을 완성해요

20~21쪽

대표 응용 1 4 / 4 / 사각형, 사각기둥

1-1 오각기둥　**1-2** 칠각기둥
1-3 6개　**1-4** 12개

대표 응용 2 삼각형, 삼각기둥 / 7, 5, 9, 44, 27, 71

2-1 84 cm　**2-2** 88 cm
2-3 72 cm　**2-4** 48 cm

1-1 전개도에서 옆면은 5개입니다.
각기둥의 한 밑면의 변의 수는 옆면의 수와 같으므로 5개입니다.
따라서 밑면의 모양이 오각형이므로 오각기둥입니다.

1-2 전개도에서 옆면은 7개입니다.
각기둥의 한 밑면의 변의 수는 옆면의 수와 같으므로 7개입니다.
따라서 밑면의 모양이 칠각형이므로 칠각기둥입니다.

1-3 해설 나침반

접었을 때 수직으로 만나는 면이 있으므로 각기둥의 전개도의 옆면만 그린 것이 아닙니다.

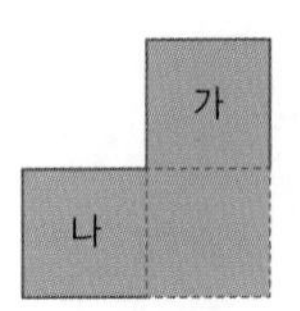

접었을 때 면 가와 면 나가 수직으로 만나므로 한 면은 밑면, 다른 면은 옆면이 됩니다.
밑면의 모양이 사각형이므로 사각기둥입니다.
사각기둥의 한 밑면의 변의 수는 4개이므로 면은 $4+2=6$(개)입니다.

1-4 밑면의 모양이 육각형이므로 육각기둥입니다.
육각기둥의 한 밑면의 변의 수는 6개이므로 꼭짓점은 $6\times2=12$(개)입니다.

2-1 밑면의 모양이 사각형이므로 만들어지는 각기둥의 이름은 사각기둥입니다.
➡ (사각기둥의 모든 모서리의 길이의 합)
=(한 밑면의 둘레)×2+(높이)×4
$=(6+5+6+5)\times2+10\times4$
$=44+40=84$ (cm)

2-2 밑면의 모양이 팔각형이므로 만들어지는 각기둥의 이름은 팔각기둥입니다.
➡ (팔각기둥의 모든 모서리의 길이의 합)
=(한 밑면의 둘레)×2+(높이)×8
$=(2\times8)\times2+7\times8$
$=32+56=88$ (cm)

2-3 밑면의 모양이 육각형이므로 만들어지는 각기둥의 이름은 육각기둥입니다.
밑면이 정육각형이므로 밑면의 한 변의 길이는 $15\div5=3$ (cm)입니다.
➡ (육각기둥의 모든 모서리의 길이의 합)
=(한 밑면의 둘레)×2+(높이)×6
$=(3\times6)\times2+6\times6$
$=36+36=72$ (cm)

2-4 (선분 ㄹㅂ)=(선분 ㅊㅈ)=5 cm,
(선분 ㄷㅅ)$=4+5+3=12$ (cm)이므로
(선분 ㄴㄷ)$=96\div12=8$ (cm)입니다.
밑면의 모양이 삼각형이므로 만들어지는 각기둥의 이름은 삼각기둥입니다.
➡ (삼각기둥의 모든 모서리의 길이의 합)
=(한 밑면의 둘레)×2+(높이)×3
$=(4+5+3)\times2+8\times3$
$=24+24=48$ (cm)

3. 각뿔

수해력을 확인해요

24쪽

01 (　)(○)　05 5, 8, 5
02 (　)(○)　06 6, 10, 6
03 (○)(　)　07 7, 12, 7
04 (　)(○)　08 8, 14, 8

수해력을 높여요

25쪽

01 가, 라
02 예 옆면이 삼각형이 아닙니다.
03 오각뿔　04 8 cm
05 ①, ④　06 3개
07 14개

01 한 면이 다각형이고 다른 면이 모두 삼각형인 입체도형은 가, 라입니다.

03 **해설 나침반**

각뿔의 이름은 밑면의 모양에 따라 정해집니다.

밑면의 모양이 오각형이므로 오각뿔입니다.

04 각뿔의 꼭짓점에서 밑면에 수직으로 내린 선분의 길이가 8 cm이므로 각뿔의 높이는 8 cm입니다.

05

입체도형	팔각기둥	팔각뿔
① 밑면의 모양	팔각형	팔각형
② 옆면의 모양	직사각형	삼각형
③ 밑면의 수	2개	1개
④ 옆면의 수	8개	8개
⑤ 모서리의 수	24개	16개

따라서 팔각기둥과 팔각뿔에서 같은 것은 ①, ④입니다.

06 사각뿔의 밑면은 1개, 옆면은 4개입니다.
➡ (밑면의 수와 옆면의 수의 차)$=4-1=3$(개)

07 삼각뿔의 밑면의 변의 수는 3개입니다.
(면의 수)$=3+1=4$(개)
(모서리의 수)$=3\times2=6$(개)
(꼭짓점의 수)$=3+1=4$(개)
➡ (삼각뿔의 면의 수, 모서리의 수, 꼭짓점의 수의 합)
$=4+6+4=14$(개)

수해력을 완성해요

26~27쪽

대표 응용 1 사각형, 사각뿔 / 4 / 4, 5

1-1 7개 **1-2** 10개
1-3 22개 **1-4** 5개

대표 응용 2 1, 5 / 오각형, 오각뿔 / 5, 10

2-1 14개 **2-2** 10개
2-3 37개 **2-4** 십각뿔

1-1 밑면의 모양이 육각형이므로 육각뿔입니다.
육각뿔의 밑면의 변의 수는 6개이므로 면은 $6+1=7$(개)입니다.

1-2 밑면의 모양이 오각형이므로 오각뿔입니다.
오각뿔의 밑면의 변의 수는 5개이므로 모서리는 $5\times2=10$(개)입니다.

1-3 밑면의 모양이 칠각형이므로 칠각뿔입니다.
칠각뿔의 밑면의 변의 수는 7개이므로 모서리는 $7\times2=14$(개), 꼭짓점은 $7+1=8$(개)입니다.
➡ (칠각뿔의 모서리의 수와 꼭짓점의 수의 합)
$=14+8=22$(개)

1-4 가는 삼각형이므로 가를 밑면으로 하는 각뿔은 삼각뿔입니다. 삼각뿔의 밑면의 변의 수는 3개이므로 꼭짓점은 $3+1=4$(개)입니다.
나는 팔각형이므로 나를 밑면으로 하는 각뿔은 팔각뿔입니다. 팔각뿔의 밑면의 변의 수는 8개이므로 면은 $8+1=9$(개)입니다.
➡ (차)$=9-4=5$(개)

2-1 각뿔의 밑면의 변의 수를 □개라 하면
□$+1=8$, □$=7$입니다.
밑면의 모양이 칠각형이므로 칠각뿔입니다.
따라서 칠각뿔의 모서리는 $7\times2=14$(개)입니다.

2-2 각뿔의 밑면의 변의 수를 □개라 하면
□$\times2=18$, □$=9$입니다.
밑면의 모양이 구각형이므로 구각뿔입니다.
따라서 구각뿔의 꼭짓점은 $9+1=10$(개)입니다.

2-3 각뿔의 밑면의 변의 수를 □개라 하면
□$+1=13$, □$=12$입니다.
밑면의 모양이 십이각형이므로 십이각뿔입니다.
십이각뿔의 면은 $12+1=13$(개), 모서리는 $12\times2=24$(개)입니다.
➡ (십이각뿔의 면의 수와 모서리의 수의 합)
$=13+24=37$(개)

2-4 각뿔의 밑면의 변의 수를 □개라 하면
모서리의 수는 (□$\times2$)개, 꼭짓점의 수는 (□$+1$)개입니다.
□$\times2+$□$+1=31$, □$\times3=30$, □$=10$
밑면의 모양이 십각형이므로 십각뿔입니다.

수해력을 확장해요

28~29쪽

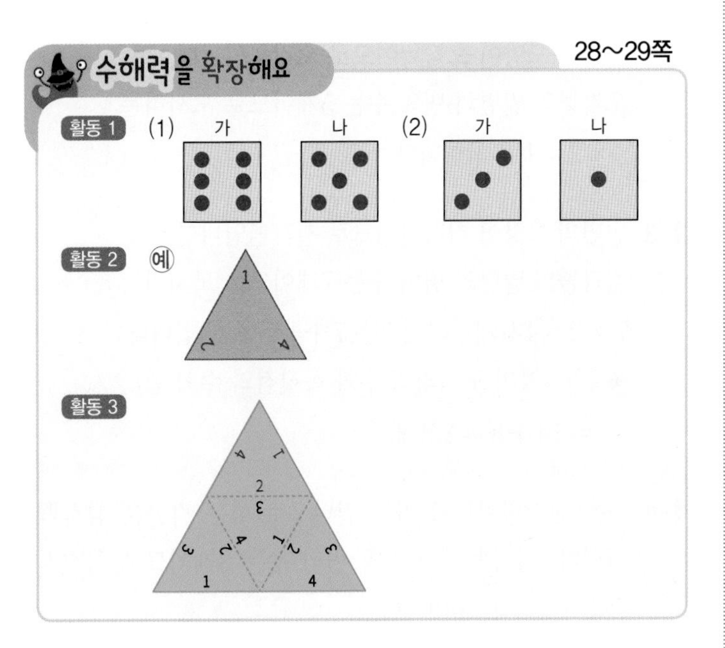

활동1 (1) 면 가와 마주 보는 면의 눈의 수는 1이므로 면 가의 눈의 수는 $7-1=6$입니다.

면 나와 마주 보는 면의 눈의 수는 2이므로 면 나의 눈의 수는 $7-2=5$입니다.

(2) 면 가와 마주 보는 면의 눈의 수는 4이므로 면 가의 눈의 수는 $7-4=3$입니다.

면 나와 마주 보는 면의 눈의 수는 6이므로 면 나의 눈의 수는 $7-6=1$입니다.

활동2 삼각뿔 주사위의 전개도는 다음과 같습니다.

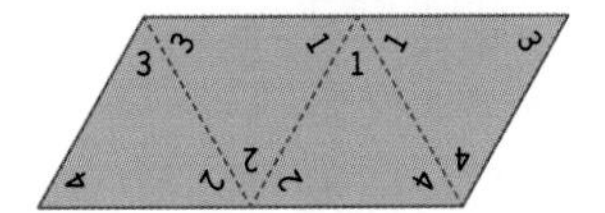

02 단원

직육면체의 부피와 겉넓이

1. 직육면체의 부피 비교

수해력을 확인해요

34쪽

01 (　)(○)
02 (○)(　)
03 (　)(○)
04 (○)(　)
05 (　)(○)
06 (　)(○)
07 (○)(　)
08 (　)(○)

08 (왼쪽 직육면체의 쌓기나무의 수)$=5\times4\times3=60$(개)

(오른쪽 직육면체의 쌓기나무의 수)$=5\times3\times5=75$(개)

➡ 쌓기나무의 수가 75개>60개이므로 오른쪽 직육면체의 부피가 더 큽니다.

수해력을 높여요

35쪽

01 가
02 가, 다
03 <
04 나
05 도은
06 다, 나, 가

01 직육면체 가와 나의 높이는 같고 가로와 세로는 각각 가가 더 짧습니다.

따라서 부피가 더 작은 직육면체는 가입니다.

02 상자의 부피를 비교하려면 모양과 크기가 같은 물건을 넣어 비교해야 합니다.

따라서 부피를 비교할 수 있는 상자는 지우개를 넣은 가, 다입니다.

03 해설 나침반

쌓기나무의 수가 많을수록 부피가 더 큽니다.

(가의 쌓기나무의 수)$=6\times5\times2=60$(개)

(나의 쌓기나무의 수)$=4\times5\times4=80$(개)

➡ 쌓기나무의 수가 60개<80개이므로

가의 부피<나의 부피입니다.

04 (상자 가에 넣을 수 있는 쌓기나무의 수)
$=4\times2\times3=24$(개)
(상자 나에 넣을 수 있는 쌓기나무의 수)
$=3\times3\times3=27$(개)
➡ 넣을 수 있는 쌓기나무의 수가 27개>24개이므로 상자 나의 부피가 더 큽니다.

05 (민재가 담은 과자 수)$=6\times4=24$(개)
(도은이가 담은 과자 수)$=3\times9=27$(개)
➡ 담은 과자 수가 27개>24개이므로 더 큰 상자에 과자를 담은 사람은 도은입니다.

06 가를 돌려 나와 비교하면 한 밑면의 넓이는 같고 높이는 나가 더 높으므로 나의 부피가 더 큽니다.
나와 다를 비교하면 높이는 같고 가로와 세로는 각각 다가 더 길므로 다의 부피가 더 큽니다.
따라서 재생비누의 부피가 큰 순서대로 기호를 쓰면 다, 나, 가입니다.

수해력을 완성해요

36~37쪽

대표 응용 1 나, 가, 다 / 나, 다, 나, 다

1-1 가, 다　**1-2** 나, 가
1-3 가, 다, 나　**1-4** 다, 가, 나

대표 응용 2 2, 5, 60 / 4, 4, 64 / 나, 나

2-1 나　**2-2** 나
2-3 가　**2-4** 나, 다, 가

1-1 직접 맞대어 부피를 비교할 수 있는 직육면체는 가와 다입니다. 가와 다의 한 밑면의 넓이가 같으므로 높이가 더 높은 가의 부피가 다의 부피보다 더 큽니다.

1-2 직접 맞대어 부피를 비교할 수 있는 직육면체는 가와 나입니다. 가와 나의 높이는 같고 한 밑면의 넓이가 가는 $3\times7=21\,(cm^2)$, 나는 $5\times5=25\,(cm^2)$이므로 한 밑면의 넓이가 더 넓은 나의 부피가 가의 부피보다 더 큽니다.

1-3 직육면체 가와 다의 높이는 같고 한 밑면의 넓이가 가는 $6\times7=42\,(cm^2)$, 다는 $4\times8=32\,(cm^2)$이므로 한 밑면의 넓이가 더 넓은 가의 부피가 더 큽니다.
직육면체 나와 다의 한 밑면의 넓이는 같으므로 높이가 더 높은 다의 부피가 더 큽니다.
따라서 부피가 큰 순서대로 기호를 쓰면 가, 다, 나입니다.

1-4 직육면체 가와 나의 가로와 높이는 같으므로 세로가 더 짧은 가의 부피가 더 작습니다.
직육면체 가와 다의 높이를 16 cm라 하면
한 밑면의 넓이가 가는 $15\times10=150\,(cm^2)$,
다는 $17\times8=136\,(cm^2)$이므로 한 밑면의 넓이가 더 좁은 다의 부피가 더 작습니다.
따라서 부피가 작은 순서대로 기호를 쓰면 다, 가, 나입니다.

2-1 (가에 사용한 상자의 수)$=5\times2\times5=50$(개)
(나에 사용한 상자의 수)$=3\times5\times4=60$(개)
➡ 사용한 상자의 수가 60개>50개이므로 부피가 더 큰 직육면체는 나입니다.

2-2 (상자 가에 넣을 수 있는 쌓기나무의 수)
$=4\times4\times5=80$(개)
(상자 나에 넣을 수 있는 쌓기나무의 수)
$=3\times4\times7=84$(개)
➡ 넣을 수 있는 쌓기나무의 수가 84개>80개이므로 상자 나의 부피가 더 큽니다.

2-3 (상자 가에 넣을 수 있는 쌓기나무의 수)
$=5\times5\times5=125$(개)
(상자 나에 넣을 수 있는 쌓기나무의 수)
$=4\times5\times6=120$(개)
➡ 넣을 수 있는 쌓기나무의 수가 125개>120개이므로 상자 가의 부피가 더 큽니다.

2-4 (가에 사용한 각설탕의 수)$=5\times6\times4=120$(개)
(나에 사용한 각설탕의 수)$=6\times4\times6=144$(개)
(다에 사용한 각설탕의 수)$=4\times7\times5=140$(개)
➡ 사용한 각설탕의 수가 144개>140개>120개이므로 부피가 큰 순서대로 기호를 쓰면 나, 다, 가입니다.

2. 직육면체의 부피 구하는 방법, m^3

수해력을 확인해요

42~43쪽

01 48, 48	05 126 cm^3
02 125, 125	06 560 cm^3
03 36, 36	07 180 cm^3
04 120, 120	08 1188 cm^3
09 125 cm^3	13 6000000
10 512 cm^3	14 10000000
11 729 cm^3	15 700000
12 1331 cm^3	16 4
	17 0.9
	18 21

수해력을 높여요

44~45쪽

01 ㉡, ㉣	02 84 cm^3
03 396 cm^3	04 288 cm^3
05 343 m^3	06 ③
07 (1)—㉢ (2)—㉡ (3)—㉠	08 8.4 m^3
09 12	10 8배
11 15000원	12 300 cm^3

01 한 모서리의 길이가 1 m인 정육면체의 부피를 1 m^3라 쓰고, 1 세제곱미터라고 읽습니다.

02 **해설 나침반**

쌓기나무의 수를 세어 직육면체의 부피를 구합니다.

쌓기나무의 수는 $7 \times 3 \times 4 = 84$(개)입니다.
쌓기나무 1개의 부피가 1 cm^3이므로 직육면체의 부피는 84 cm^3입니다.

03 (직육면체의 부피)=(가로)×(세로)×(높이)
$= 11 \times 4 \times 9 = 396\ (cm^3)$

04 (직육면체의 부피)=(한 밑면의 넓이)×(높이)
$= 36 \times 8 = 288\ (cm^3)$

05 정육면체의 면은 모두 정사각형이므로 한 모서리의 길이는 7 m입니다.
➡ (정육면체의 부피)
=(한 모서리의 길이)×(한 모서리의 길이)×(한 모서리의 길이)
$= 7 \times 7 \times 7 = 343\ (m^3)$

07 $1000000\ cm^3 = 1\ m^3$
(1) $8000000\ cm^3 = 8\ m^3$
(2) $800000\ cm^3 = 0.8\ m^3$
(3) $80000000\ cm^3 = 80\ m^3$

08 70 cm=0.7 m
(직육면체의 부피)$= 4 \times 3 \times 0.7 = 8.4\ (m^3)$

09 직육면체의 세로가 □ m이므로
$2 \times \square \times 9 = 216$, $2 \times \square = 24$, $\square = 12$입니다.

10 (처음 주사위의 부피)$= 3 \times 3 \times 3 = 27\ (cm^3)$
각 모서리의 길이를 2배로 늘이면 한 모서리의 길이는 $3 \times 2 = 6$ (cm)가 됩니다.
(늘인 주사위의 부피)$= 6 \times 6 \times 6 = 216\ (cm^3)$
따라서 늘인 주사위의 부피는 처음 주사위의 부피의 $216 \div 27 = 8$(배)가 됩니다.

해설 플러스

정육면체의 각 모서리의 길이를 2배, 3배, ...로 늘이면 부피는 $(2 \times 2 \times 2)$배, $(3 \times 3 \times 3)$배, ...가 됩니다.

11 종현이가 보내려고 하는 상자의 부피는
$30 \times 30 \times 10 = 9000\ (cm^3)$이므로 6000원의 요금을 내야 합니다.
예림이가 보내려고 하는 상자의 부피는
$50 \times 40 \times 35 = 70000\ (cm^3)$이므로 9000원의 요금을 내야 합니다.
따라서 두 사람이 내야 하는 요금의 합은
$6000 + 9000 = 15000$(원)입니다.

12 **해설 나침반**

추 2개의 부피는 늘어난 물의 부피와 같습니다.

추 2개를 넣었을 때 늘어난 물의 높이는
$8 - 5 = 3$ (cm)입니다.

(추 2개의 부피)=(늘어난 물의 부피)

$=20\times10\times3=600\,(\text{cm}^3)$

➡ (추 1개의 부피)$=600\div2=300\,(\text{cm}^3)$

수해력을 완성해요 46~47쪽

대표 응용 1 짧은에 ○표, 4 / 4, 4, 4, 64

1-1 125 cm^3	**1-2** 343 cm^3
1-3 512 cm^3	**1-4** 1000 cm^3

대표 응용 2 4, 5, 6, 120 / 8, 3, 120, 24, 120, 5 / 5

2-1 10 cm	**2-2** 8
2-3 6 m	**2-4** 144 m

1-1 만들 수 있는 가장 큰 정육면체의 한 모서리의 길이는 직육면체의 가장 짧은 모서리의 길이인 5 cm입니다.

➡ (만들 수 있는 가장 큰 정육면체의 부피)

$=5\times5\times5=125\,(\text{cm}^3)$

1-2

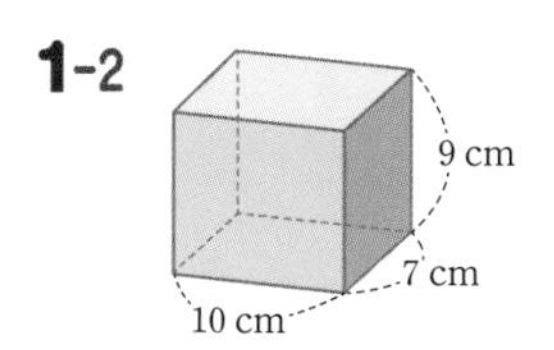

만들 수 있는 가장 큰 정육면체의 한 모서리의 길이는 직육면체의 가장 짧은 모서리의 길이인 7 cm입니다.

➡ (만들 수 있는 가장 큰 정육면체의 부피)

$=7\times7\times7=343\,(\text{cm}^3)$

1-3

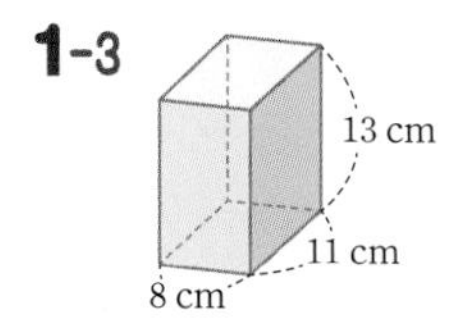

만들 수 있는 가장 큰 정육면체의 한 모서리의 길이는 직육면체의 가장 짧은 모서리의 길이인 8 cm입니다.

➡ (만들 수 있는 가장 큰 정육면체의 부피)

$=8\times8\times8=512\,(\text{cm}^3)$

1-4 직육면체의 높이를 □cm라 하면

$16\times\square=160$, $\square=10$입니다.

만들 수 있는 가장 큰 정육면체의 한 모서리의 길이는 직육면체의 가장 짧은 모서리의 길이인 10 cm입니다.

➡ (만들 수 있는 가장 큰 정육면체의 부피)

$=10\times10\times10=1000\,(\text{cm}^3)$

2-1 (직육면체 가의 부피)$=8\times10\times6=480\,(\text{cm}^3)$

직육면체 나의 높이를 □cm라 하면

$12\times4\times\square=480$, $48\times\square=480$, $\square=10$입니다.

따라서 직육면체 나의 높이는 10 cm입니다.

2-2 (정육면체의 부피)$=8\times8\times8=512\,(\text{cm}^3)$

직육면체의 세로가 □cm이므로

$16\times\square\times4=512$, $16\times\square=128$, $\square=8$입니다.

2-3 (직육면체의 부피)$=3\times9\times8=216\,(\text{m}^3)$

정육면체의 한 모서리의 길이를 □m라 하면

$\square\times\square\times\square=216$, $6\times6\times6=216$이므로 $\square=6$입니다.

따라서 정육면체의 한 모서리의 길이는 6 m입니다.

2-4 (직육면체의 부피)$=18\times6\times16=1728\,(\text{m}^3)$

정육면체의 한 모서리의 길이를 □m라 하면

$\square\times\square\times\square=1728$, $12\times12\times12=1728$이므로

$\square=12$입니다.

따라서 정육면체는 12개의 모서리의 길이가 모두 같으므로 모든 모서리의 길이의 합은 $12\times12=144\,(\text{m})$입니다.

3. 직육면체의 겉넓이 구하는 방법

수해력을 확인해요 52~53쪽

01 248 cm^2	05 152 cm^2
02 314 cm^2	06 318 cm^2
03 370 cm^2	07 276 cm^2
04 346 cm^2	08 752 cm^2
09 216 cm^2	13 96 cm^2
10 294 cm^2	14 486 cm^2
11 600 cm^2	15 726 cm^2
12 1176 cm^2	16 1014 cm^2

수해력을 높여요

54~55쪽

01 12, 6, 2, 72
02 용준
03 384 cm^2
04 332 cm^2
05 294 cm^2
06 54 cm^2
07 11 m
08 62 cm^2
09 12
10 938 cm^2
11 496 cm^2
12 22 m^2

01 (직육면체의 겉넓이)
=(한 꼭짓점에서 만나는 세 면의 넓이의 합)×2
$=(6\times3+6\times2+3\times2)\times2$
$=(18+12+6)\times2=72\,(cm^2)$

02 직육면체의 겉넓이는 여섯 면의 넓이의 합, (한 꼭짓점에서 만나는 세 면의 넓이의 합)×2, (한 밑면의 넓이)×2+(옆면의 넓이) 등으로 구할 수 있습니다.

03 (정육면체의 겉넓이)=(한 면의 넓이)×6
$=8\times8\times6=384\,(cm^2)$

04 (직육면체의 겉넓이)
$=(10\times4+10\times9+4\times9)\times2$
$=(40+90+36)\times2=332\,(cm^2)$

05 (정육면체의 겉넓이)=(한 면의 넓이)×6
$=49\times6=294\,(cm^2)$

06 해설 나침반

정육면체는 정사각형 6개로 둘러싸인 도형이므로 각 면은 정사각형입니다.

(정육면체의 한 모서리의 길이)$=12\div4=3\,(cm)$
➡ (정육면체의 겉넓이)$=3\times3\times6=54\,(cm^2)$

07 정육면체의 한 모서리의 길이를 □ m라 하면
□×□×6=726, □×□=121, □=11입니다.
따라서 정육면체의 한 모서리의 길이는 11 m입니다.

08 (직육면체 가의 겉넓이)
$=(5\times6+5\times5+6\times5)\times2$
$=(30+25+30)\times2=170\,(cm^2)$
(직육면체 나의 겉넓이)
$=(8\times7+8\times4+7\times4)\times2$
$=(56+32+28)\times2=232\,(cm^2)$
➡ (두 직육면체의 겉넓이의 차)
$=232-170=62\,(cm^2)$

09 직육면체의 높이가 □ cm이므로
14×7×2+(14+7+14+7)×□=700,
196+42×□=700, 42×□=504, □=12입니다.

10 직육면체의 한 꼭짓점에서 만나는 세 면은 다음과 같습니다.

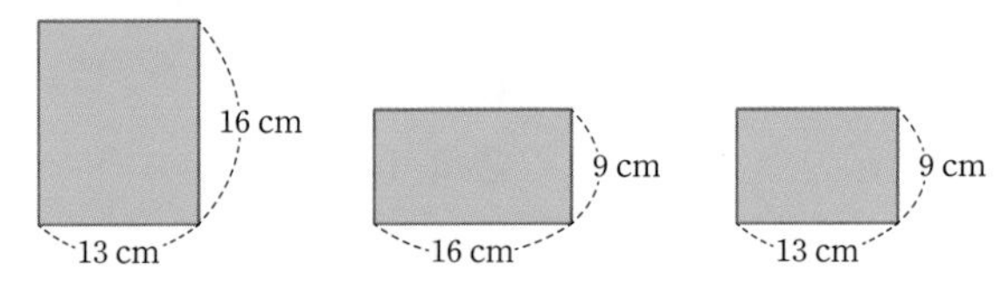

➡ (직육면체의 겉넓이)
$=(13\times16+16\times9+13\times9)\times2$
$=(208+144+117)\times2=938\,(cm^2)$

11 두부를 자른 한 조각의 세로는 $8\div2=4\,(cm)$, 높이는 $4\div2=2\,(cm)$입니다.

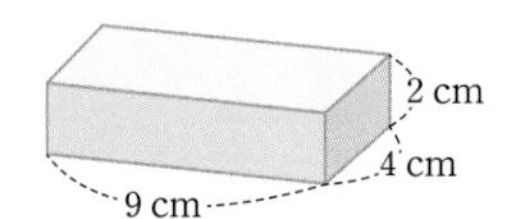

(두부 한 조각의 겉넓이)
$=(9\times4+9\times2+4\times2)\times2$
$=(36+18+8)\times2=124\,(cm^2)$
➡ (두부 4조각의 겉넓이의 합)
$=124\times4=496\,(cm^2)$

12 해설 나침반

매트 2개를 가장 넓은 면끼리 맞닿게 쌓으려면 가로가 300 cm, 세로가 200 cm인 면끼리 맞닿게 쌓아야 합니다.

매트 2개를 가장 넓은 면끼리 맞닿게 쌓은 모양은 다음과 같습니다.

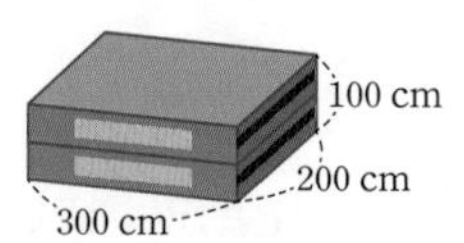

가로, 세로, 높이를 각각 m로 나타내면
300 cm=3 m, 200 cm=2 m, 100 cm=1 m입니다.

➡ (쌓은 매트 전체의 겉넓이)

$=(3\times2+3\times1+2\times1)\times2$

$=(6+3+2)\times2=22\,(m^2)$

수해력을 완성해요 56~57쪽

대표 응용 1 27, 3, 9 / 9, 9, 6, 486

1-1 216 cm² **1-2** 96 cm²

1-3 214 cm² **1-4** 10400 cm²

대표 응용 2 7, 8, 224, 56, 224, 4 / 28, 32, 2, 232

2-1 228 cm² **2-2** 512 cm³

2-3 980 cm³ **2-4** 726 cm²

1-1 (정육면체의 한 모서리의 길이)$=24\div4=6\,(cm)$

➡ (정육면체의 겉넓이)$=6\times6\times6=216\,(cm^2)$

1-2 전개도의 둘레는 정육면체의 한 모서리의 길이의 14배입니다.

(정육면체의 한 모서리의 길이)$=56\div14=4\,(cm)$

➡ (정육면체의 겉넓이)$=4\times4\times6=96\,(cm^2)$

1-3 직육면체의 길이가 다른 세 모서리의 길이는 각각 5 cm, 7 cm, $13-7=6\,(cm)$입니다.

➡ (직육면체의 겉넓이)

$=5\times7\times2+(5+7+5+7)\times6$

$=70+144=214\,(cm^2)$

1-4

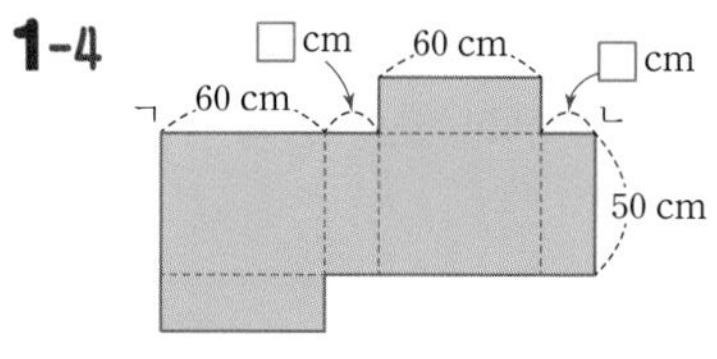

선분 ㄱㄴ이 160 cm이므로 직육면체의 세로를 □cm라 하면

$60+\square+60+\square=160$, $120+\square+\square=160$,

$\square+\square=40$, $\square=20$입니다.

➡ (직육면체의 겉넓이)

$=60\times20\times2+160\times50$

$=2400+8000=10400\,(cm^2)$

2-1 직육면체의 세로를 □cm라 하면

$6\times\square\times9=216$, $6\times\square=24$, $\square=4$입니다.

➡ (직육면체의 겉넓이)

$=(6\times4+6\times9+4\times9)\times2$

$=(24+54+36)\times2=228\,(cm^2)$

2-2 정육면체의 한 모서리의 길이를 □cm라 하면

$\square\times\square\times6=384$, $\square\times\square=64$, $\square=8$입니다.

➡ (정육면체의 부피)$=8\times8\times8=512\,(cm^3)$

2-3 직육면체의 높이를 □cm라 하면

$(14\times10+14\times\square+10\times\square)\times2=616$,

$(140+24\times\square)\times2=616$, $140+24\times\square=308$,

$24\times\square=168$, $\square=7$입니다.

➡ (직육면체의 부피)$=14\times10\times7=980\,(cm^3)$

2-4 정육면체의 한 모서리의 길이를 □cm라 하면

$\square\times\square\times\square=1331$, $11\times11\times11=1331$이므로

$\square=11$입니다.

➡ (정육면체의 겉넓이)$=11\times11\times6=726\,(cm^2)$

수해력을 확장해요 58~59쪽

활동 1

방법 1 15, 40, 15, 12000, 30000, 42000

방법 2 30, 30, 15, 60000, 18000, 42000

활동 2

방법 1 35, 5, 5, 7875, 9000, 7875, 24750

방법 2 35, 45, 30, 78750, 54000, 24750

03단원

공간과 입체

1. 어느 방향에서 보았을까요

수해력을 확인해요

64쪽

01 다	04 ④
02 라	05 ⑤
03 나	06 ③

04 컵의 손잡이가 왼쪽에 있고 컵의 뒷면이 보이므로 ④ 방향에서 찍은 것입니다.

05 컵의 안쪽 부분이 보이므로 ⑤ 방향에서 찍은 것입니다.

06 컵의 손잡이가 가운데에 보이므로 ③ 방향에서 찍은 것입니다.

수해력을 높여요

65쪽

01 ㉢	02 ㉡
03 ㉣	04 (　　)(○)(　　)
05 현우	06 민호

01 가로가 짧은 직사각형이 보이므로 ㉢ 방향에서 찍은 것입니다.

02 입구 2개가 보이므로 ㉡ 방향에서 찍은 것입니다.

03 트럭의 앞부분부터 비스듬히 보이므로 ㉣의 위치에서 찍은 것입니다.

04 위에서 내려다보면 사각뿔의 모서리가 가운데에서 만납니다.

05 현우: ㉢에서 아파트 쪽을 보면 연못은 아파트에 가려져 보이지 않으므로 아파트와 연못을 모두 볼 수 없습니다.

06 왼쪽에서부터 사과, 꽃병, 항아리, 컵 순서대로 보이므로 민호가 그린 것입니다.

수해력을 완성해요

66~67쪽

대표 응용 **1** 나 / 다 / 나, 다

1-1 가, 다　　**1**-2 나, 라

대표 응용 **2** 나, 가, 다 / 라

2-1 다　　**2**-2 라

1-1 지수의 위치에서 회전목마를 보고 찍을 수 있는 사진은 가입니다.
지수의 위치에서 의자를 보고 찍을 수 있는 사진은 다입니다.
따라서 지수가 찍을 수 있는 사진은 가, 다입니다.

1-2 은하의 위치에서 편의점을 보고 찍을 수 있는 사진은 나입니다.
은하의 위치에서 조각상을 보고 찍을 수 있는 사진은 라입니다.
따라서 은하가 찍을 수 있는 사진은 나, 라입니다.

2-1 해설 나침반

주전자, 컵, 냄비를 놓은 모습을 왼쪽, 오른쪽, 앞, 뒤에서 찍을 수 있는 사진을 찾아봅니다.

왼쪽에서 찍을 수 있는 사진은 가입니다.
앞에서 찍을 수 있는 사진은 나입니다.
뒤에서 찍을 수 있는 사진은 라입니다.
따라서 찍을 수 없는 사진은 다입니다.

2-2 해설 나침반

케이크, 물병, 초를 놓은 모습을 왼쪽, 오른쪽, 앞, 뒤에서 찍을 수 있는 사진을 찾아봅니다.

왼쪽에서 찍을 수 있는 사진은 다입니다.
오른쪽에서 찍을 수 있는 사진은 가입니다.
앞에서 찍을 수 있는 사진은 나입니다.
따라서 찍을 수 없는 사진은 라입니다.

해설 플러스

라에서 초는 케이크의 왼쪽에 있어야 하고 케이크에 일부가 가려져야 합니다.

2. 쌓은 모양과 쌓기나무의 개수 알아보기

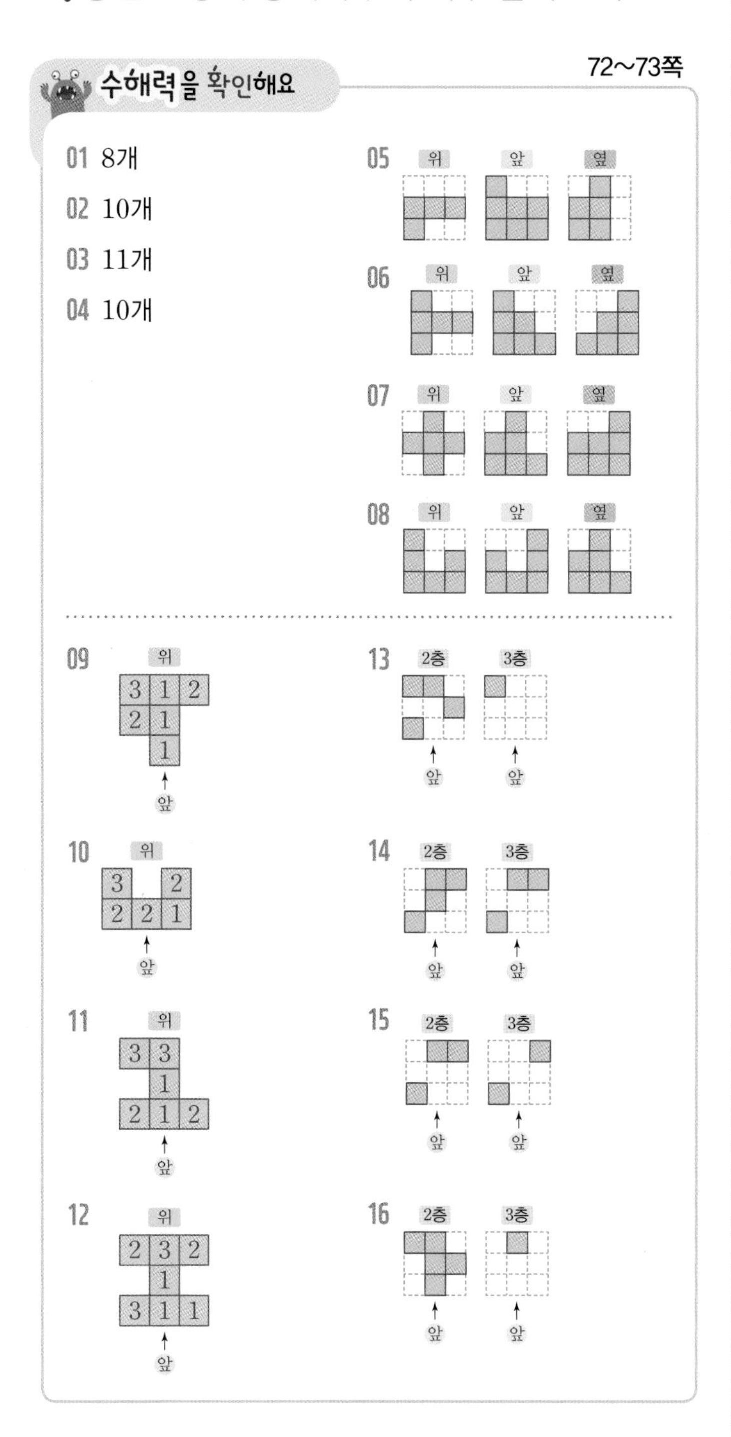

01 1층: 5개, 2층: 2개, 3층: 1개

➡ (필요한 쌓기나무의 개수)$=5+2+1=8$(개)

02 1층: 4개, 2층: 4개, 3층: 2개

➡ (필요한 쌓기나무의 개수)$=4+4+2=10$(개)

03 1층: 7개, 2층: 3개, 3층: 1개

➡ (필요한 쌓기나무의 개수)$=7+3+1=11$(개)

04 1층: 5개, 2층: 4개, 3층: 1개

➡ (필요한 쌓기나무의 개수)$=5+4+1=10$(개)

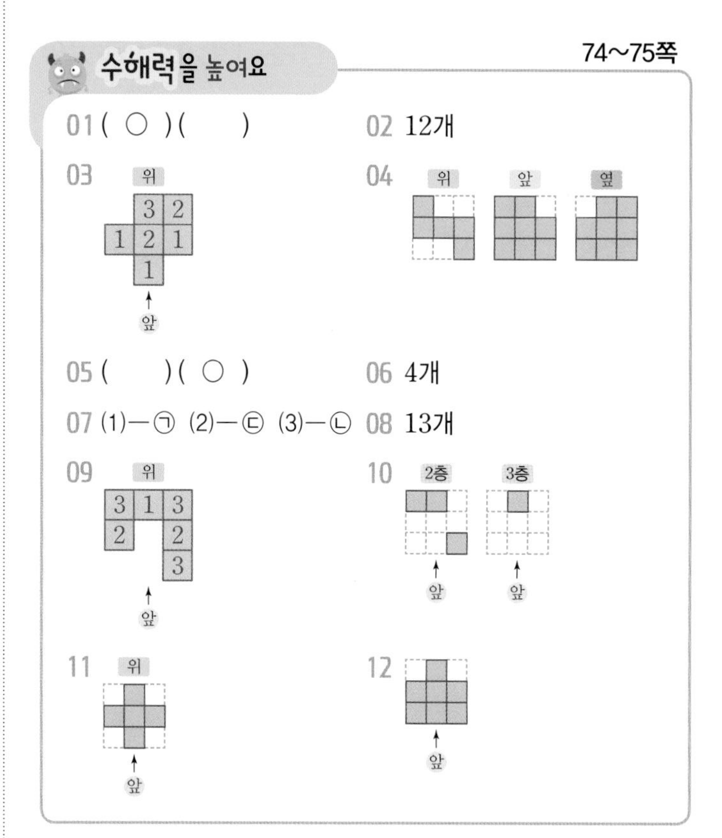

01 앞에서 보았을 때 보이는 쌓기나무는 8개이므로 보이지 않는 쌓기나무가 1개 있습니다.

02 1층: 7개, 2층: 4개, 3층: 1개

➡ (필요한 쌓기나무의 개수)$=7+4+1=12$(개)

03 보이지 않는 쌓기나무가 없으므로 위에서 본 모양의 각 자리에 쌓은 쌓기나무의 개수를 씁니다.

04 **해설 나침반**

쌓기나무 11개로 쌓았으므로 뒤에 보이지 않는 쌓기나무는 없습니다.

위에서 본 모양은 1층의 모양과 같습니다.

앞에서 보면 왼쪽에서부터 3층, 3층, 2층으로 보이고, 옆에서 보면 왼쪽에서부터 2층, 3층, 3층으로 보입니다.

05 위에서 본 모양의 각 자리에 쓰여 있는 수만큼 쌓기나무를 쌓아봅니다.

06 2층에 쌓은 쌓기나무의 개수는 2 이상인 수가 쓰여 있는 칸의 개수와 같으므로 4개입니다.

해설 플러스

■층에 쌓은 쌓기나무의 개수는 ■ 이상인 수가 쓰여 있는 칸의 개수와 같습니다.

07 (1) 앞에서 보면 왼쪽에서부터 3층, 1층, 1층으로 보입니다.
(2) 앞에서 보면 왼쪽에서부터 2층, 3층, 1층으로 보입니다.
(3) 앞에서 보면 왼쪽에서부터 3층, 1층, 2층으로 보입니다.

08 **해설 나침반**

층별로 쌓은 쌓기나무의 개수를 모두 더합니다.

1층: 6개, 2층: 4개, 3층: 3개

➡ (필요한 쌓기나무의 개수)$=6+4+3=13$(개)

09 1층 모양의 ○ 부분은 쌓기나무가 2층까지 있고, △ 부분은 쌓기나무가 3층까지 있습니다. 나머지 부분은 1층만 있습니다.

10 **해설 나침반**

빨간색 쌓기나무 3개를 빼내면 2층과 3층의 모양이 달라집니다.

빨간색 쌓기나무 3개를 빼낸 모양은 다음과 같습니다.

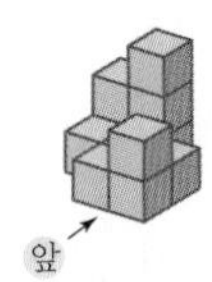

2층에 쌓기나무 3개, 3층에 쌓기나무 1개를 알맞은 위치에 그립니다.

11 거울에 비친 모습을 보면 보이지 않는 쌓기나무가 1개 있습니다.

해설 플러스

쌓기나무를 1층에 5개, 2층에 2개 쌓았으므로 쌓기나무 $5+2=7$(개)로 쌓은 모양입니다.

12 ㉠ 자리에 쌓기나무 2개를 더 쌓은 모양은 다음과 같습니다.

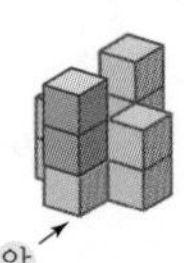

앞에서 손전등을 비추면 왼쪽에서부터 2층, 3층, 2층인 그림자가 생깁니다.

해설 플러스

㉠ 자리에 쌓기나무 2개를 더 쌓아도 앞에서 볼 때 가운데 줄은 가장 높은 층수가 3층으로 변함이 없습니다.

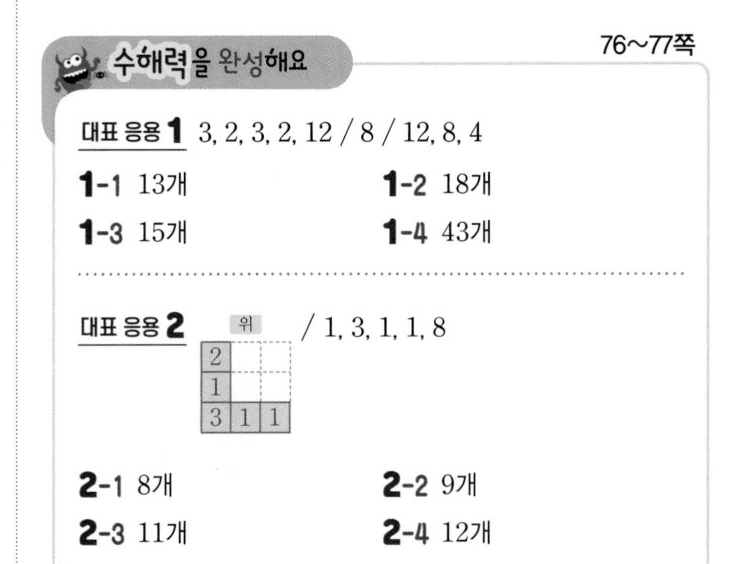

수해력을 완성해요

76~77쪽

대표 응용 1 3, 2, 3, 2, 12 / 8 / 12, 8, 4

1-1 13개 **1-2** 18개
1-3 15개 **1-4** 43개

대표 응용 2 / 1, 3, 1, 1, 8

2-1 8개 **2-2** 9개
2-3 11개 **2-4** 12개

1-1 만들 수 있는 가장 작은 직육면체는 가로 2개, 세로 4개, 높이 3개씩인 모양이므로 쌓기나무 $2\times4\times3=24$(개)로 쌓아야 합니다.
사용한 쌓기나무는 1층에 7개, 2층에 3개, 3층에 1개이므로 $7+3+1=11$(개)입니다.
따라서 더 필요한 쌓기나무는 $24-11=13$(개)입니다.

1-2 만들 수 있는 가장 작은 정육면체는 가로, 세로, 높이가 각각 3개씩인 모양이므로 쌓기나무 $3\times3\times3=27$(개)로 쌓아야 합니다.
사용한 쌓기나무는 1층에 5개, 2층에 3개, 3층에 1개이므로 $5+3+1=9$(개)입니다.
따라서 더 필요한 쌓기나무는 $27-9=18$(개)입니다.

1-3 만들 수 있는 가장 작은 정육면체는 가로, 세로, 높이가 각각 3개씩인 모양이므로 쌓기나무 $3\times3\times3=27$(개)로 쌓아야 합니다.
사용한 쌓기나무는 1층에 7개, 2층에 3개, 3층에 2개이므로 $7+3+2=12$(개)입니다.
따라서 더 필요한 쌓기나무는 $27-12=15$(개)입니다.

1-4 만들 수 있는 가장 작은 정육면체는 가로, 세로, 높이가 각각 4개씩인 모양이므로 쌓기나무 $4\times4\times4=64$(개)로 쌓아야 합니다.
사용한 쌓기나무는
$3+2+1+3+1+2+1+2+1+1+4=21$(개)
입니다.
따라서 더 필요한 쌓기나무는 $64-21=43$(개)입니다.

2-1 위에서 본 모양의 각 자리에 쌓인 쌓기나무의 개수를 써 넣으면 다음과 같습니다.

위

3	2	
	1	
	1	1

똑같은 모양으로 쌓는 데 필요한 쌓기나무는 $3+2+1+1+1=8$(개)입니다.

2-2 위에서 본 모양의 각 자리에 쌓인 쌓기나무의 개수를 써 넣으면 다음과 같습니다.

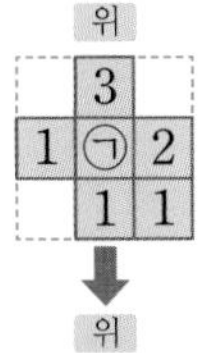

	3	
1	㉠	2
	1	1

㉠ 자리에는 쌓기나무를 1개 또는 2개 쌓을 수 있으므로 쌓기나무의 개수가 가장 적으려면 ㉠ 자리에 1개를 쌓아야 합니다.

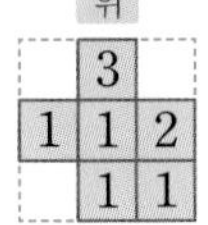

	3	
1	1	2
	1	1

똑같은 모양으로 쌓는 데 필요한 쌓기나무는 최소 $3+1+1+2+1+1=9$(개)입니다.

2-3 위에서 본 모양의 각 자리에 쌓인 쌓기나무의 개수를 써 넣으면 다음과 같습니다.

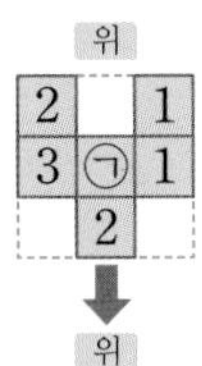

2		1
3	㉠	1
	2	

㉠ 자리에는 쌓기나무를 1개 또는 2개 쌓을 수 있으므로 쌓기나무의 개수가 가장 많으려면 ㉠ 자리에 2개를 쌓아야 합니다.

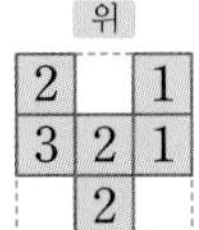

2		1
3	2	1
	2	

똑같은 모양으로 쌓는 데 필요한 쌓기나무는 최대 $2+1+3+2+1+2=11$(개)입니다.

2-4 해설 나침반

앞과 옆에서 보면 모두 왼쪽에서부터 3층, 3층, 3층으로 보입니다.

위에서 본 모양의 각 자리에 쌓인 쌓기나무의 개수를 써 넣으면 다음과 같습니다.

• 쌓기나무가 가장 많을 때

위

3	3	3
3	3	3
3	3	3

똑같은 모양으로 쌓는 데 필요한 쌓기나무는 $3+3+3+3+3+3+3+3+3=27$(개)입니다.

• 쌓기나무가 가장 적을 때

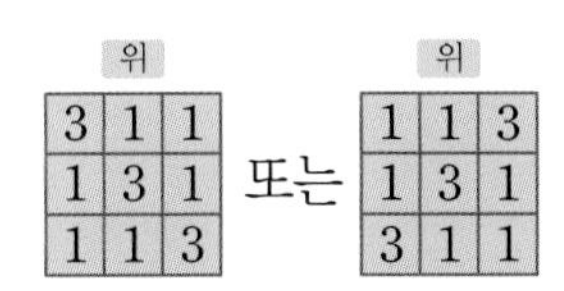

3	1	1
1	3	1
1	1	3

또는

1	1	3
1	3	1
3	1	1

똑같은 모양으로 쌓는 데 필요한 쌓기나무는 $3+1+1+1+3+1+1+1+3=15$(개)입니다.

따라서 쌓기나무가 가장 많을 때와 가장 적을 때의 개수의 차는 $27-15=12$(개)입니다.

3. 여러 가지 모양 만들어 보기

수해력을 확인해요 80쪽

01 가, 라 / 나, 다
02 가, 나 / 다, 라
03 가, 라 / 나, 다
04 가, 라 / 나, 다
05 가, 나
06 가, 다
07 나, 다
08 가, 나

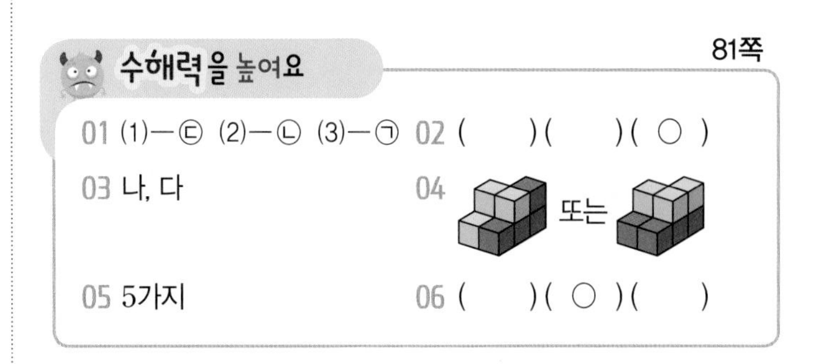

02

03 나와 다를 사용하여 만든 모양입니다.

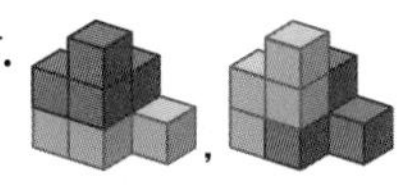

05 해설 나침반

모양에 상자 1개를 더 붙일 때에는 1층과 2층에 각각 붙일 수 있습니다.

새로운 상자 1개를 더 붙여서 만들 수 있는 모양은

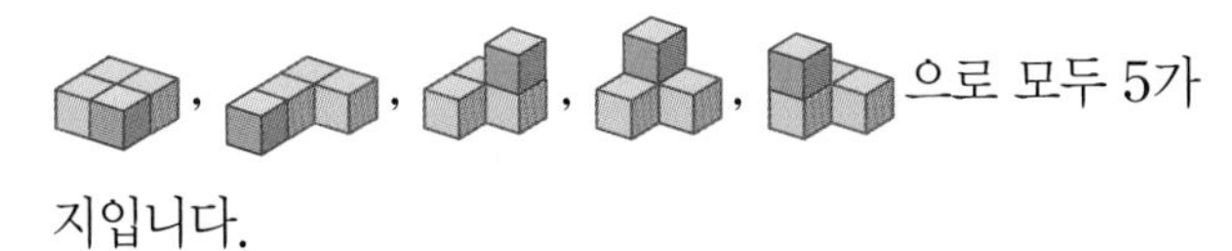

으로 모두 5가지입니다.

해설 플러스

모양과 모양은 뒤집었을 때 같은 모양이므로 한 가지로 생각합니다.

06 3가지 모양 모두 과 으로 만들 수 있는 모양이지만 자석이 있는 면이 맞닿게 만든 모양은 입니다.

수해력을 완성해요 82~83쪽

대표 응용 **1** 나, 사, 자 / 3

1-1 5개　**1-2** 4개
1-3 4개

대표 응용 **2** 가 나 /
가 나 / 나

2-1 가　**2-2** 다
2-3 나　**2-4** 가

1 1단계 나 사 자

1-1 가 나 마 아 자

따라서 모양에 쌓기나무 1개를 더 붙여서 만들 수 있는 모양은 모두 5개입니다.

1-2 마 바 아 자

따라서 모양에 쌓기나무 1개를 더 붙여서 만들 수 있는 모양은 모두 4개입니다.

1-3 가 다 라 사

따라서 모양에 쌓기나무 1개를 더 붙여서 만들 수 있는 모양은 모두 4개입니다.

2-1 가

2-2 다

2-3 나

2-4 나 다

따라서 두 가지 모양을 사용하여 만들 수 없는 모양은 가입니다.

수해력을 확장해요 84~85쪽

활동 1 (1) 가, 마 (2) 다, 라
활동 2 (1) 라, 마 (2) 가, 나
활동 3 (1) 가, 라 (2) 다, 마

활동1 (1) 가와 마를 사용하여 만들 수 있습니다.

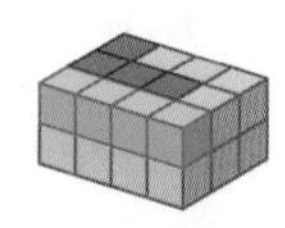

(2) 다와 라를 사용하여 만들 수 있습니다.

활동2 **해설 나침반**

위에서 본 모양의 각 자리에 쓰여 있는 수만큼 쌓기나무를 쌓은 다음 직육면체를 만들기 위해 필요한 모양을 알아봅니다.

(1) 라와 마를 사용하여 만들 수 있습니다.

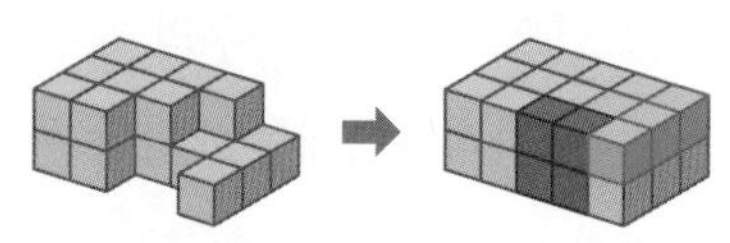

(2) 가와 나를 사용하여 만들 수 있습니다.

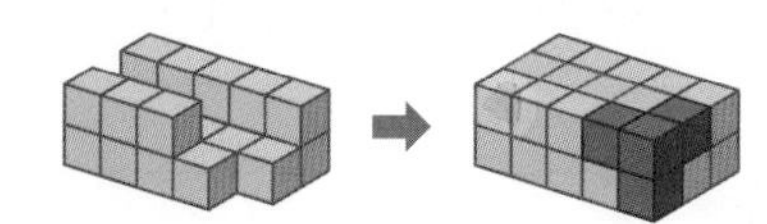

활동3 **해설 나침반**

층별로 나타낸 모양을 보고 쌓기나무를 쌓은 다음 직육면체를 만들기 위해 필요한 모양을 알아봅니다.

(1) 가와 라를 사용하여 만들 수 있습니다.

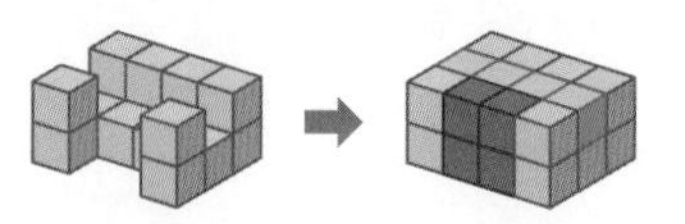

(2) 다와 마를 사용하여 만들 수 있습니다.

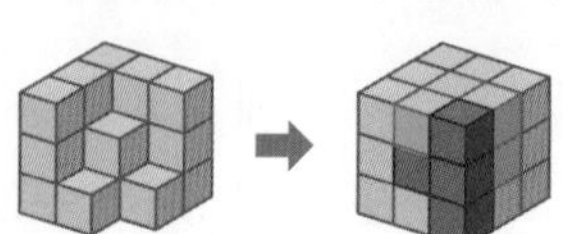

원의 넓이

1. 원주

수해력을 확인해요

92~93쪽

01 25.12 cm	05 31.4 cm
02 31.4 cm	06 43.96 cm
03 40.82 cm	07 69.08 cm
04 78.5 cm	08 125.6 cm
09 6	13 9
10 12	14 10
11 26	15 14
12 36	16 21

수해력을 높여요

94~95쪽

01 3, 4	02 3, 4
03 (1) ○ (2) ×	04 34.54 cm
05 =	06 ㉢, ㉣
07 25.12 cm	08 ㉠, ㉡, ㉢
09 5 cm	10 69.08 cm
11 21 cm	12 수민

01 (정육각형의 둘레)$=1\times6=6$ (cm)이고
$6=2\times3$이므로
(정육각형의 둘레)=(원의 지름)$\times3$입니다.
(정사각형의 둘레)$=2\times4=8$ (cm)이고
$8=2\times4$이므로
(정사각형의 둘레)=(원의 지름)$\times4$입니다.

02 정육각형의 둘레는 원주보다 짧으므로
(원의 지름)$\times3<$(원주),
정사각형의 둘레는 원주보다 길므로
(원주)$<$(원의 지름)$\times4$입니다.
따라서 원주는 원의 지름의 3배보다 길고, 원의 지름의 4배보다 짧습니다.

03 (2) 원주는 지름보다 깁니다.

04 (원주)=(지름)$\times3.14$
$=11\times3.14=34.54$ (cm)

05 해설 나침반
(원주율)=(원주)÷(지름)

왼쪽 원의 원주율: $50.24\div16=3.14$
오른쪽 원의 원주율: $75.36\div24=3.14$
➡ 두 원의 원주율은 3.14로 같습니다.

06 ㉠ 지름에 대한 원주의 비율을 원주율이라고 합니다.
㉡ 원주율은 원의 크기와 상관없이 일정합니다.

07 해설 나침반
컴퍼스를 벌린 길이는 원의 반지름입니다.

컴퍼스를 4 cm만큼 벌렸으므로 원의 반지름은 4 cm입니다.
➡ (그린 원의 원주)$=4\times2\times3.14=25.12$ (cm)

08 지름이 길수록 원주도 길어지므로 지름을 비교합니다.
㉠ (지름)$=8\times2=16$ (cm)
㉡ (지름)$=37.68\div3.14=12$ (cm)
㉢ (지름)$=10$ cm
➡ 16 cm$>$12 cm$>$10 cm이므로 원주가 긴 원부터 순서대로 기호를 쓰면 ㉠, ㉡, ㉢입니다.
[다른 풀이]
㉠ (원주)$=8\times2\times3.14=50.24$ (cm)
㉡ (원주)$=37.68$ cm
㉢ (원주)$=10\times3.14=31.4$ (cm)
➡ 50.24 cm$>$37.68 cm$>$31.4 cm이므로 원주가 긴 원부터 순서대로 기호를 쓰면 ㉠, ㉡, ㉢입니다.

09 (작은 원의 지름)$=28.26\div3.14=9$ (cm)
(큰 원의 지름)$=43.96\div3.14=14$ (cm)
➡ (두 원의 지름의 차)$=14-9=5$ (cm)

10 (큰 원의 반지름)$=5+1=6$ (cm)
(큰 원의 원주)$=6\times2\times3.14=37.68$ (cm)
(작은 원의 원주)$=5\times2\times3.14=31.4$ (cm)
➡ (큰 원과 작은 원의 원주의 합)
$=37.68+31.4=69.08$ (cm)

11 (시계의 지름)$=65.94 \div 3.14=21$ (cm)
따라서 상자 밑면의 한 변의 길이는 시계의 지름과 같거나 길어야 하므로 최소 21 cm이어야 합니다.

12 해설 나침반
굴렁쇠가 한 바퀴 굴러간 거리는 굴렁쇠의 원주와 같습니다.

(주은이의 굴렁쇠의 원주)$=30 \times 3.14=94.2$ (cm)
(주은이의 굴렁쇠의 속력)$=94.2 \div 2=47.1$
(수민이의 굴렁쇠의 원주)$=50 \times 3.14=157$ (cm)
(수민이의 굴렁쇠의 속력)$=157 \div 3=52.33\cdots$
➡ $52.33\cdots>47.1$이므로 수민이의 굴렁쇠가 속력이 더 빠릅니다.

수해력을 완성해요

96~99쪽

대표 응용 **1** 원주에 ○표 / 40, 3.14, 125.6 / 125.6, 5, 628

1-1 1695.6 cm **1-2** 80 cm
1-3 39 cm **1-4** 130바퀴

대표 응용 **2** 12, 37.68 / 12, 6, 6, 18.84, 18.84, 37.68 / 같으므로, 같습니다에 ○표

2-1 113.04 cm **2-2** 188.4 cm
2-3 13 cm **2-4** 21.98 cm

대표 응용 **3** 10, 10 / 10, 10, 4, 31.4, 40, 71.4

3-1 53.68 cm **3-2** 37.68 cm
3-3 102.8 cm **3-4** 110.24 cm

대표 응용 **4** 3, 2, 3.14, 18.84 / 4, 3, 4, 12 / 18.84, 12, 30.84

4-1 92.52 cm **4-2** 61.4 cm
4-3 61.12 cm **4-4** 29.28 cm

1-1 (바퀴가 한 바퀴 굴러간 거리)
$=60 \times 3.14=188.4$ (cm)
➡ (바퀴가 9바퀴 굴러간 거리)
$=188.4 \times 9=1695.6$ (cm)

1-2 (훌라후프가 한 바퀴 굴러간 거리)
$=1507.2 \div 6=251.2$ (cm)
➡ (훌라후프의 지름)$=251.2 \div 3.14=80$ (cm)

1-3 (훌라후프가 한 바퀴 굴러간 거리)
$=2449.2 \div 10=244.92$ (cm)
➡ (훌라후프의 반지름)
$=244.92 \div 3.14 \div 2=39$ (cm)

1-4 (외발자전거 바퀴가 한 바퀴 굴러간 거리)
$=40 \times 3.14=125.6$ (cm)
1 m$=$100 cm이므로 집에서 도서관까지의 거리는 163.28 m$=$16328 cm입니다.
➡ (바퀴가 굴러간 횟수)
$=16328 \div 125.6=130$(바퀴)

2-1 작은 원 3개의 지름의 합은 큰 원의 지름과 같으므로 작은 원 3개의 원주의 합은 큰 원의 원주와 같습니다.
(작은 원 3개의 원주의 합)$=$(큰 원의 원주)
$=18 \times 3.14=56.52$ (cm)
➡ (모든 원들의 원주의 합)
$=56.52 \times 2=113.04$ (cm)

2-2 가장 작은 원과 두 번째로 큰 원의 지름의 합이 가장 큰 원의 지름과 같으므로 가장 작은 원과 두 번째로 큰 원의 원주의 합은 가장 큰 원의 원주와 같습니다.
(가장 작은 원과 두 번째로 큰 원의 원주의 합)
$=$(가장 큰 원의 원주)
$=30 \times 3.14=94.2$ (cm)
➡ (모든 원들의 원주의 합)$=94.2 \times 2=188.4$ (cm)

2-3 작은 원 3개의 지름의 합은 큰 원의 지름과 같으므로 작은 원 3개의 원주의 합은 큰 원의 원주와 같습니다.
(작은 원 3개의 원주의 합)$=$(큰 원의 원주)
$=40.82$ (cm)
➡ (큰 원의 지름)$=40.82 \div 3.14=13$ (cm)

2-4 작은 원 4개의 지름의 합이 큰 원의 지름과 같으므로 작은 원 4개의 원주의 합은 큰 원의 원주와 같습니다.
(작은 원 4개의 원주의 합)$=$(큰 원의 원주)
$=87.92$ (cm)
➡ (작은 원 1개의 원주)$=87.92 \div 4=21.98$ (cm)

3-1 색칠한 부분의 둘레는 원의 반지름 2개와 반지름이 8 cm인 원의 원주의 $\frac{3}{4}$의 길이의 합으로 구합니다.

➡ (색칠한 부분의 둘레)

$=8\times2+8\times2\times3.14\times\frac{3}{4}$

$=16+37.68=53.68$ (cm)

3-2 색칠한 부분의 둘레는 반지름이 12 cm인 원의 원주의 $\frac{1}{4}$이 2개인 길이와 같습니다.

➡ (색칠한 부분의 둘레)

$=\left(12\times2\times3.14\times\frac{1}{4}\right)\times2$

$=18.84\times2=37.68$ (cm)

3-3 색칠한 부분의 둘레는 정사각형의 한 변의 길이 2개와 지름이 20 cm인 원의 원주의 합으로 구합니다.

➡ (색칠한 부분의 둘레)

$=20\times2+20\times3.14$

$=40+62.8=102.8$ (cm)

해설 플러스

곡선 부분은 지름이 20 cm인 원의 원주의 $\frac{1}{2}$이 2개이므로 지름이 20 cm인 원의 원주와 같습니다.

3-4 (곡선 부분의 길이)

$=\left(\text{반지름이 16 cm인 원의 원주의 }\frac{1}{2}\right)$

$=16\times2\times3.14\times\frac{1}{2}=50.24$ (cm)

(직선 부분의 길이)$=14+16\times2+14$

$=14+32+14=60$ (cm)

➡ (색칠한 부분의 둘레)

=(곡선 부분의 길이)+(직선 부분의 길이)

$=50.24+60=110.24$ (cm)

4-1 (곡선 부분의 길이)=(반지름이 9 cm인 원의 원주)

$=9\times2\times3.14=56.52$ (cm)

(직선 부분의 길이)$=9\times4=36$ (cm)

➡ (사용한 끈의 길이)

=(곡선 부분의 길이)+(직선 부분의 길이)

$=56.52+36=92.52$ (cm)

4-2 (곡선 부분의 길이)=(반지름이 5 cm인 원의 원주)

$=5\times2\times3.14=31.4$ (cm)

(직선 부분의 길이)$=5\times6=30$ (cm)

➡ (사용한 끈의 길이)

=(곡선 부분의 길이)+(직선 부분의 길이)

$=31.4+30=61.4$ (cm)

해설 플러스

곡선 부분(빨간색) 3개를 합치면 반지름이 5 cm인 원의 원주와 같고, 직선 부분(파란색) 3개의 길이는 반지름의 길이의 6배와 같습니다.

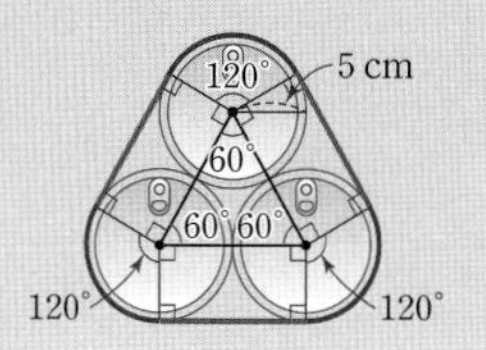

4-3 (곡선 부분의 길이)=(지름이 8 cm인 원의 원주)

$=8\times3.14=25.12$ (cm)

(직선 부분의 길이)$=8\times3=24$ (cm)

➡ (사용한 끈의 길이)

=(곡선 부분의 길이)+(직선 부분의 길이)

+(매듭의 길이)

$=25.12+24+12=61.12$ (cm)

4-4 (곡선 부분의 길이)=(지름이 2 cm인 원의 원주)

$=2\times3.14=6.28$ (cm)

(직선 부분의 길이)$=2\times4=8$ (cm)

➡ (사용한 끈의 길이)

=(곡선 부분의 길이)+(직선 부분의 길이)

+(매듭의 길이)

$=6.28+8+15=29.28$ (cm)

해설 플러스

곡선 부분(빨간색) 4개를 합치면 지름이 2 cm인 원의 원주와 같고, 직선 부분(초록색) 4개의 길이는 지름의 길이의 4배와 같습니다.

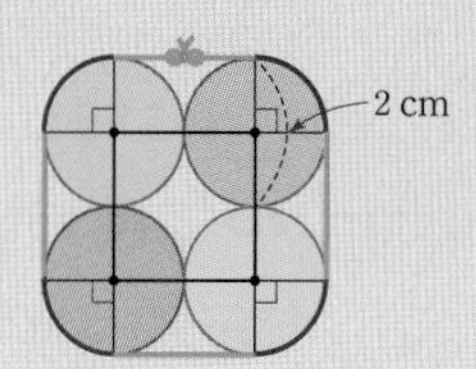

2. 원의 넓이

수해력을 확인해요 104~105쪽

01 (위에서부터) 5, 15.7
02 (위에서부터) 8, 25.12
03 (위에서부터) 10, 31.4
04 (위에서부터) 14, 43.96
05 113.04 cm^2
06 153.86 cm^2
07 254.34 cm^2
08 452.16 cm^2

09 78.5 cm^2
10 379.94 cm^2
11 200.96 cm^2
12 907.46 cm^2
13 6
14 10
15 15
16 20

09 (반지름)$=10\div2=5$(cm)
➡ (원의 넓이)$=5\times5\times3.14=78.5$(cm^2)

10 (반지름)$=22\div2=11$(cm)
➡ (원의 넓이)$=11\times11\times3.14=379.94$($cm^2$)

11 (반지름)$=16\div2=8$(cm)
➡ (원의 넓이)$=8\times8\times3.14=200.96$($cm^2$)

12 (반지름)$=34\div2=17$(cm)
➡ (원의 넓이)$=17\times17\times3.14=907.46$($cm^2$)

13 $\square\times\square\times3.14=113.04$, $\square\times\square=36$, $\square=6$

14 $\square\times\square\times3.14=314$, $\square\times\square=100$, $\square=10$

15 $\square\times\square\times3.14=706.5$, $\square\times\square=225$, $\square=15$

16 $\square\times\square\times3.14=1256$, $\square\times\square=400$, $\square=20$

수해력을 높여요 106~107쪽

01 288, 576
02 288, 576
03 32, 60
04 ㉣
05 803.84 cm^2
06 (위에서부터) 7, 21.98 / 153.86 cm^2
07 1962.5 / 50, $50\times50\times3.14$, 7850
08 4배
09 530.66 cm^2
10 ㉠, ㉢, ㉡
11 가
12 80 cm

01 (원 안에 있는 정사각형의 넓이)
$=24\times24\div2=288$(cm^2)
(원 밖에 있는 정사각형의 넓이)
$=24\times24=576$(cm^2)

02 원의 넓이는 원 안에 있는 정사각형의 넓이 288 cm^2보다 크고, 원 밖에 있는 정사각형의 넓이 576 cm^2보다 작습니다.

03 원 안의 노란색 모눈은 32칸, 원 밖의 빨간색 선 안쪽의 모눈은 60칸입니다.
따라서 원의 넓이는 32 cm^2보다 크고 60 cm^2보다 작습니다.

05 (원의 넓이)$=$(반지름)$\times$(반지름)$\times3.14$
$=16\times16\times3.14$
$=803.84$(cm^2)

06 (직사각형의 가로)$=$(원주)$\times\frac{1}{2}$
$=7\times2\times3.14\times\frac{1}{2}$
$=21.98$(cm)
(직사각형의 세로)$=$(반지름)$=7$ cm
➡ (원의 넓이)$=$(직사각형의 넓이)
$=21.98\times7=153.86$(cm^2)

07 (반지름이 25 cm인 원의 넓이)
$=25\times25\times3.14=1962.5$($cm^2$)
지름이 100 cm인 원의 반지름은
$100\div2=50$(cm)입니다.
➡ (반지름이 50 cm인 원의 넓이)
$=50\times50\times3.14=7850$($cm^2$)

08 (원 가의 반지름)$=6\div2=3$(cm)
(원 가의 넓이)$=3\times3\times3.14=28.26$($cm^2$)
(원 나의 반지름)$=12\div2=6$(cm)
(원 나의 넓이)$=6\times6\times3.14=113.04$($cm^2$)
➡ (원 나의 넓이)$\div$(원 가의 넓이)
$=113.04\div28.26=4$(배)

해설 플러스
반지름이 2배가 되면 원의 넓이는 (2×2)배가 됩니다.

09 해설 나침반

원의 반지름은 정사각형의 한 변의 길이와 같습니다.

(정사각형의 한 변의 길이)$=52\div4=13$ (cm)

원의 반지름은 정사각형의 한 변의 길이와 같으므로 13 cm입니다.

➡ (원의 넓이)$=13\times13\times3.14=530.66$ (cm^2)

10 반지름이 길수록 원의 넓이가 넓으므로 반지름을 비교합니다.

㉠ (반지름)$=75.36\div3.14\div2=12$ (cm)

㉡ (반지름)$=14\div2=7$ (cm)

㉢ 원의 반지름을 □cm라 하면

□×□$\times3.14=379.94$, □×□$=121$,

$11\times11=121$이므로 □$=11$입니다.

➡ 12 cm$>$11 cm$>$7 cm이므로 넓이가 넓은 원부터 순서대로 기호를 쓰면 ㉠, ㉢, ㉡입니다.

[다른 풀이]

㉠ (반지름)$=75.36\div3.14\div2=12$ (cm)

(원의 넓이)$=12\times12\times3.14=452.16$ (cm^2)

㉡ (반지름)$=14\div2=7$ (cm)

(원의 넓이)$=7\times7\times3.14=153.86$ (cm^2)

㉢ (원의 넓이)$=379.94$ cm^2

➡ 452.16 cm$^2>$379.94 cm$^2>$153.86 cm^{2}이므로 넓이가 넓은 원부터 순서대로 기호를 쓰면 ㉠, ㉢, ㉡입니다.

11 해설 나침반

가격이 같으므로 넓이가 더 넓은 피자를 선택해야 더 이득이 됩니다.

(피자 가의 넓이)$=18\times18=324$ (cm^2)

(피자 나의 넓이)$=10\times10\times3.14=314$ (cm^2)

➡ 324 cm$^2>$314 cm^{2}이므로 피자 가를 선택해야 더 이득이 됩니다.

12 그린 원의 반지름을 □cm라 하면

□×□$\times3.14=5024$, □×□$=1600$,

$40\times40=1600$이므로 □$=40$입니다.

따라서 그린 원의 지름은 $40\times2=80$ (cm)입니다.

수해력을 완성해요

108~111쪽

대표 응용 1 1, 2, 2 / 2, 2, 3.14, 12.56

1-1 113.04 cm^2 **1-2** 153.86 cm^2

1-3 200.96 cm^2 **1-4** 78.5 cm^2

대표 응용 2 14 / 14, 2, 7 / 7, 7, 3.14, 153.86

2-1 452.16 cm^2 **2-2** 78.5 cm^2

2-3 12.56 cm^2 **2-4** 113.04 cm^2

대표 응용 3 2, 3.14, 50.24, 6.28, 50.24, 8 / 8, 8, 3.14, 200.96

3-1 615.44 cm^2 **3-2** 379.94 cm^2

3-3 254.34 cm^2 **3-4** 11304 m^2

대표 응용 4 3.14, 28.26, 9, 3 / 3, 2, 3.14, 18.84

4-1 62.8 cm **4-2** 56.52 cm

4-3 50.24 cm **4-4** 188.4 cm

1-1 (큰 원의 반지름)$=3\times2=6$ (cm)

➡ (큰 원의 넓이)$=6\times6\times3.14=113.04$ (cm^2)

1-2 (큰 원의 반지름)$=2+5=7$ (cm)

➡ (큰 원의 넓이)$=7\times7\times3.14=153.86$ (cm^2)

1-3 (큰 원의 반지름)$=20\div2=10$ (cm)

(작은 원의 반지름)$=18-10=8$ (cm)

➡ (작은 원의 넓이)$=8\times8\times3.14=200.96$ (cm^2)

1-4 삼각형 ㄱㅇㄴ의 둘레가 19 cm이므로

(선분 ㅇㄱ)+(선분 ㅇㄴ)$=19-9=10$ (cm)입니다.

(선분 ㅇㄱ)=(선분 ㅇㄴ)=(반지름)

$=10\div2=5$ (cm)

➡ (원의 넓이)$=5\times5\times3.14=78.5$ (cm^2)

2-1 만들 수 있는 가장 큰 원의 지름은 직사각형의 짧은 변의 길이와 같은 24 cm입니다.

(만들 수 있는 가장 큰 원의 반지름)

$=24\div2=12$ (cm)

➡ (만들 수 있는 가장 큰 원의 넓이)

$=12\times12\times3.14=452.16$ (cm^2)

2-2 (정사각형의 한 변의 길이)$=40\div4=10$(cm)
만들 수 있는 가장 큰 원의 지름은 정사각형의 한 변의 길이와 같은 10 cm입니다.
(만들 수 있는 가장 큰 원의 반지름)$=10\div2=5$(cm)
➡ (만들 수 있는 가장 큰 원의 넓이)
$=5\times5\times3.14=78.5$(cm^2)

2-3 평행사변형의 높이를 □cm라 하면
$9\times$□$=36$, □$=4$입니다.
그릴 수 있는 가장 큰 원의 지름은 평행사변형의 높이와 같은 4 cm입니다.
(그릴 수 있는 가장 큰 원의 반지름)$=4\div2=2$(cm)
➡ (그릴 수 있는 가장 큰 원의 넓이)
$=2\times2\times3.14=12.56$(cm^2)

2-4 사다리꼴의 높이를 □cm라 하면
$(15+27)\times$□$\div2=252$, $42\times$□$\div2=252$,
$42\times$□$=504$, □$=12$입니다.
그릴 수 있는 가장 큰 원의 지름은 사다리꼴의 높이와 같은 12 cm입니다.
(그릴 수 있는 가장 큰 원의 반지름)$=12\div2=6$(cm)
➡ (그릴 수 있는 가장 큰 원의 넓이)
$=6\times6\times3.14=113.04$(cm^2)

3-1 원의 반지름을 □cm라 하면
□$\times2\times3.14=87.92$, □$\times6.28=87.92$, □$=14$입니다.
➡ (원의 넓이)$=14\times14\times3.14=615.44$(cm^2)

3-2 접시의 반지름을 □cm라 하면
□$\times2\times3.14=69.08$, □$\times6.28=69.08$, □$=11$입니다.
➡ (접시의 넓이)$=11\times11\times3.14=379.94$(cm^2)

3-3 (원 한 개를 만드는 데 사용한 철사의 길이)
=(원 한 개의 원주)
$=113.04\div2=56.52$(cm)
원의 반지름을 □cm라 하면
□$\times2\times3.14=56.52$, □$\times6.28=56.52$, □$=9$입니다.
➡ (원 한 개의 넓이)$=9\times9\times3.14=254.34$(cm^2)

3-4 (호수의 둘레)$=15.7\times24=376.8$(m)
호수의 반지름을 □m라 하면
□$\times2\times3.14=376.8$, □$\times6.28=376.8$, □$=60$입니다.
➡ (호수의 넓이)$=60\times60\times3.14=11304$(m^2)

해설 플러스
원 모양의 호수의 둘레는
(깃발을 꽂은 간격의 길이)×(깃발의 수)로 구합니다.

4-1 원의 반지름을 □cm라 하면
□×□$\times3.14=314$, □×□$=100$,
$10\times10=100$이므로 □$=10$입니다.
➡ (원주)$=10\times2\times3.14=62.8$(cm)

4-2 해설 나침반
컴퍼스를 벌린 길이는 원의 반지름입니다.

원의 반지름을 □cm라 하면
□×□$\times3.14=254.34$, □×□$=81$,
$9\times9=81$이므로 □$=9$입니다.
➡ (원주)$=9\times2\times3.14=56.52$(cm)

4-3 (반지름이 7 cm인 원의 원주)
$=7\times2\times3.14=43.96$(cm)
넓이가 706.5 cm^{2}인 원의 반지름을 □cm라 하면
□×□$\times3.14=706.5$, □×□$=225$,
$15\times15=225$이므로 □$=15$입니다.
➡ (원주)$=15\times2\times3.14=94.2$(cm)
따라서 두 원의 원주의 차는
$94.2-43.96=50.24$(cm)입니다.

4-4 해설 나침반
컵 받침이 한 바퀴 굴러간 거리는 컵 받침의 원주와 같습니다.

컵 받침의 반지름을 □cm라 하면
□×□$\times3.14=78.5$, □×□$=25$,
$5\times5=25$이므로 □$=5$입니다.
(컵 받침이 한 바퀴 굴러간 거리)
$=5\times2\times3.14=31.4$(cm)
➡ (컵 받침이 6바퀴 굴러간 거리)
$=31.4\times6=188.4$(cm)

3. 여러 가지 원의 넓이

수해력을 확인해요

114~115쪽

01 14.13 cm^2
02 76.93 cm^2
03 157 cm^2
04 307.72 cm^2
05 28.26 cm^2
06 50.24 cm^2
07 113.04 cm^2
08 254.34 cm^2

09 65.94 cm^2
10 226.08 cm^2
11 69.66 cm^2
12 258.94 cm^2
13 235.5 cm^2
14 795.99 cm^2
15 200.96 cm^2
16 42.14 cm^2
17 314 cm^2

09 (색칠한 부분의 넓이)
=(큰 원의 넓이)−(작은 원의 넓이)
$=5\times5\times3.14-2\times2\times3.14$
$=78.5-12.56=65.94\,(cm^2)$

10 (색칠한 부분의 넓이)
=(큰 원의 넓이)−(작은 원의 넓이)×2
$=12\times12\times3.14-(6\times6\times3.14)\times2$
$=452.16-226.08=226.08\,(cm^2)$

11 (색칠한 부분의 넓이)=(정사각형의 넓이)−(원의 넓이)
$=18\times18-9\times9\times3.14$
$=324-254.34=69.66\,(cm^2)$

12 (색칠한 부분의 넓이)=(원의 넓이)−(삼각형의 넓이)
$=11\times11\times3.14-22\times11\div2$
$=379.94-121$
$=258.94\,(cm^2)$

13 (색칠한 부분의 넓이)
=(큰 원의 넓이)−(작은 원의 넓이)
$=10\times10\times3.14-5\times5\times3.14$
$=314-78.5=235.5\,(cm^2)$

14 (색칠한 부분의 넓이)
=(큰 반원의 넓이)−(작은 반원의 넓이)
$=26\times26\times3.14\div2-13\times13\times3.14\div2$
$=1061.32-265.33=795.99\,(cm^2)$

15 (색칠한 부분의 넓이)=(지름이 16 cm인 원의 넓이)
$=8\times8\times3.14=200.96\,(cm^2)$

16 (색칠한 부분의 넓이)
=(정사각형의 넓이)
$-\left(\text{반지름이 14 cm인 원의 }\frac{1}{4}\text{의 넓이}\right)$
$=14\times14-14\times14\times3.14\div4$
$=196-153.86=42.14\,(cm^2)$

17 (색칠한 부분의 넓이)
=(지름이 40 cm인 반원의 넓이)
−(지름이 20 cm인 원의 넓이)
$=20\times20\times3.14\div2-10\times10\times3.14$
$=628-314=314\,(cm^2)$

수해력을 높여요

116~117쪽

01 12.56 cm^2, 50.24 cm^2, 113.04 cm^2
02 4, 9
03 235.5 cm^2
04 50.24 cm^2
05 62.8 cm^2
06 87.92 cm^2
07 226.08 cm^2
08 1064.56 cm^2
09 (위에서부터) = / 379.94, 379.94
10 461.58 cm^2
11 145.92 cm^2
12 316.935 m^2

01 (원 가의 넓이)$=2\times2\times3.14=12.56\,(cm^2)$
(원 나의 넓이)$=4\times4\times3.14=50.24\,(cm^2)$
(원 다의 넓이)$=6\times6\times3.14=113.04\,(cm^2)$

02 반지름이 2 cm에서 4 cm, 6 cm로 2배, 3배가 되면 넓이는 12.56 cm^2에서 50.24 cm^2, 113.04 cm^2로 4배, 9배가 됩니다.

03 (도형의 넓이)$=\left(\text{반지름이 10 cm인 원의 }\frac{3}{4}\text{의 넓이}\right)$
$=10\times10\times3.14\times\frac{3}{4}=235.5\,(cm^2)$

04 (빨간색 원의 반지름)$=8\div2=4\,(cm)$
➡ (빨간색 원의 넓이)$=4\times4\times3.14=50.24\,(cm^2)$

05 (노란색 부분의 넓이)

=(빨간색 원과 노란색 부분을 합한 넓이)

−(빨간색 원의 넓이)

$=6\times6\times3.14-50.24$

$=113.04-50.24=62.8\,(cm^2)$

06 (파란색 부분의 넓이)

=(가장 큰 원의 넓이)

−(빨간색 원과 노란색 부분을 합한 넓이)

$=8\times8\times3.14-113.04$

$=200.96-113.04=87.92\,(cm^2)$

07 색칠한 부분을 옮기면 다음과 같습니다.

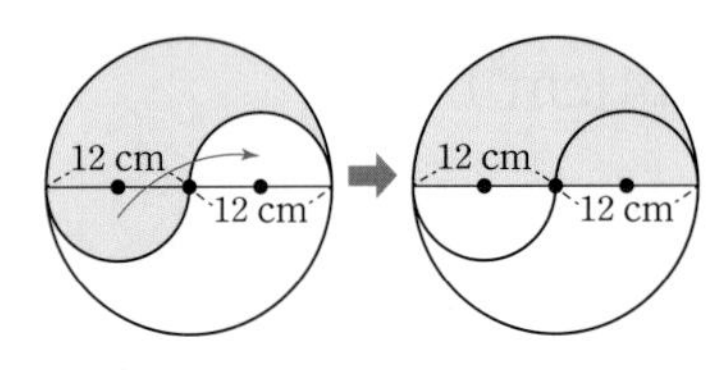

(색칠한 부분의 넓이)

=(반지름이 12 cm인 반원의 넓이)

$=12\times12\times3.14\div2=226.08\,(cm^2)$

08 해설 나침반

양쪽 반원 2개를 합치면 원 1개가 됩니다.

(색칠한 부분의 넓이)

=(직사각형의 넓이)−(지름이 28 cm인 원의 넓이)

$=60\times28-14\times14\times3.14$

$=1680-615.44=1064.56\,(cm^2)$

09 왼쪽: (색칠한 부분의 넓이)

$=11\times11\times3.14=379.94\,(cm^2)$

오른쪽: (색칠한 부분의 넓이)

$=22\times22\times3.14\div4=379.94\,(cm^2)$

10 해설 나침반

반원 2개를 합치면 원 1개가 됩니다.

(도형의 넓이)

=(지름이 14 cm인 원의 넓이)

+(반지름이 14 cm인 반원의 넓이)

$=7\times7\times3.14+14\times14\times3.14\div2$

$=153.86+307.72=461.58\,(cm^2)$

11 해설 나침반

(▨의 넓이)=(◺의 넓이)×2

(보라색 부분의 넓이)

=((반지름이 16 cm인 원의 $\frac{1}{4}$의 넓이)

−(삼각형의 넓이))×2

$=(16\times16\times3.14\div4-16\times16\div2)\times2$

$=(200.96-128)\times2$

$=72.96\times2=145.92\,(cm^2)$

12 (빨간색으로 표시한 경기장의 넓이)

=(정사각형 모양 티볼 경기장의 넓이)

−(티볼 경기장 내부의 안전존의 넓이)

반지름이 3 m인 원의 $\frac{1}{4}$의 넓이

$=18\times18-3\times3\times3.14\div4$

$=324-7.065=316.935\,(m^2)$

수해력을 완성해요

118~121쪽

대표 응용 1 2, 2, 4 / 28.26, 4, 113.04

1-1 1017.36 cm² **1-2** 50.24 cm²

1-3 여섯 번째 **1-4** 9

대표 응용 2 9, 9, 2, 127.17 / 2, 2, 2, 6.28 / 127.17, 6.28, 120.89

2-1 65.94 cm² **2-2** 59.465 cm²

2-3 271.755 cm² **2-4** 295.16 cm²

대표 응용 3 10, 10, 2 / 5, 5, 2, 78.5, 2, 157

3-1 37.68 cm² **3-2** 50.24 cm²

3-3 200 cm² **3-4** 72 cm²

대표 응용 4 40, 20, 20, 3.14, 1256 / 65, 40, 2600 / 1256, 2600, 3856

4-1 1434 m² **4-2** 80

4-3 610.24 m² **4-4** 1051.2 m²

1-1 반지름을 3배로 늘이면 원의 넓이는 처음 원의 넓이의 $3\times3=9$(배)가 됩니다.
따라서 늘인 원의 넓이는
$113.04\times9=1017.36\,(\text{cm}^2)$입니다.

1-2 반지름을 4배로 늘이면 원의 넓이는 처음 원의 넓이의 $4\times4=16$(배)가 됩니다. 늘인 원의 넓이가 803.84 cm^2이므로 처음 원의 넓이는 늘인 원의 넓이의 $\frac{1}{16}$입니다.
➡ (처음 원의 넓이)$=803.84\times\frac{1}{16}=50.24\,(\text{cm}^2)$

1-3 첫 번째 원의 지름은 5 cm, 두 번째 원의 지름은 $5+2=7$ (cm), 세 번째 원의 지름은 $5+2+2=9$ (cm), ...이므로 지름이 5 cm부터 시작하여 2 cm씩 늘어나는 규칙이 있습니다.
원의 넓이가 첫 번째 원의 넓이의 9배가 되려면 $3\times3=9$에서 반지름이 첫 번째 원의 반지름의 3배이어야 하므로 지름도 3배이어야 합니다.
따라서 지름이 $5\times3=15$ (cm)인 원은
5 cm, 7 cm, 9 cm, 11 cm, 13 cm, 15 cm, ...
에서 여섯 번째 원입니다.

1-4 (첫 번째 원의 반지름)$=24\div2=12$ (cm)
다섯 번째 원의 넓이가 첫 번째 원의 넓이의 16배이므로 $4\times4=16$에서 다섯 번째 원의 반지름은 첫 번째 원의 반지름의 4배입니다.
다섯 번째 원의 반지름은 $12\times4=48$ (cm)이고, 반지름이 12 cm에서 □cm씩 4번 커지므로
$12+\square\times4=48$, $\square\times4=36$, $\square=9$입니다.

2-1 (색칠한 부분의 넓이)
$=\left(\text{큰 원의 }\frac{1}{4}\text{의 넓이}\right)-\left(\text{작은 원의 }\frac{1}{4}\text{의 넓이}\right)$
$=10\times10\times3.14\div4-4\times4\times3.14\div4$
$=78.5-12.56=65.94\,(\text{cm}^2)$

2-2 (도형의 넓이)
$=\left(\text{반지름이 7 cm인 원의 }\frac{1}{4}\text{의 넓이}\right)$
$+$(직사각형의 넓이)
$=7\times7\times3.14\div4+3\times7$
$=38.465+21=59.465\,(\text{cm}^2)$

2-3 해설 나침반
원의 반지름은 정사각형의 한 변의 길이와 같습니다.

(정사각형의 한 변의 길이)$=36\div4=9$ (cm)
원의 반지름은 정사각형의 한 변의 길이와 같으므로 9 cm입니다.
➡ (도형의 넓이)
$=\left(\text{반지름이 9 cm인 원의 }\frac{3}{4}\text{의 넓이}\right)$
$+$(정사각형의 넓이)
$=9\times9\times3.14\times\frac{3}{4}+9\times9$
$=190.755+81=271.755\,(\text{cm}^2)$

2-4 (분홍색 부분의 넓이)
$=$(큰 원의 넓이)$-$(노란색 부분의 넓이)
$=13\times13\times3.14-10\times10\times3.14\times\frac{3}{4}$
$=530.66-235.5=295.16\,(\text{cm}^2)$

3-1 해설 나침반
색칠하지 않은 반원 2개를 합치면 원 1개가 됩니다.

(색칠한 부분의 넓이)
$=$(반지름이 4 cm인 원의 넓이)
$-$(지름이 4 cm인 원의 넓이)
$=4\times4\times3.14-2\times2\times3.14$
$=50.24-12.56=37.68\,(\text{cm}^2)$

3-2 색칠한 부분을 옮기면 다음과 같습니다.

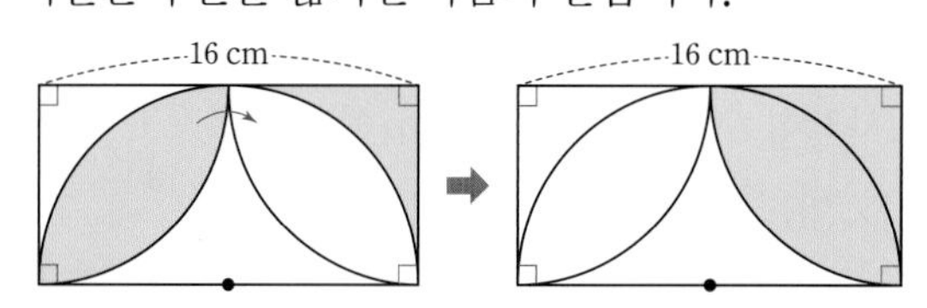

(색칠한 부분의 넓이)
$=\left(\text{반지름이 8 cm인 원의 }\frac{1}{4}\text{의 넓이}\right)$
$=8\times8\times3.14\div4=50.24\,(\text{cm}^2)$

해설 플러스
색칠한 부분을 다음과 같이 옮겨도 됩니다.

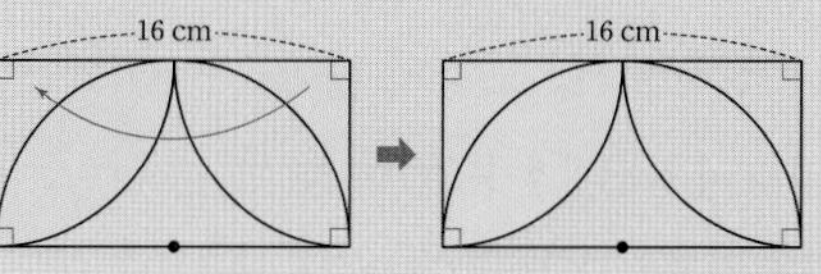

3-3 색칠한 부분을 옮기면 다음과 같습니다.

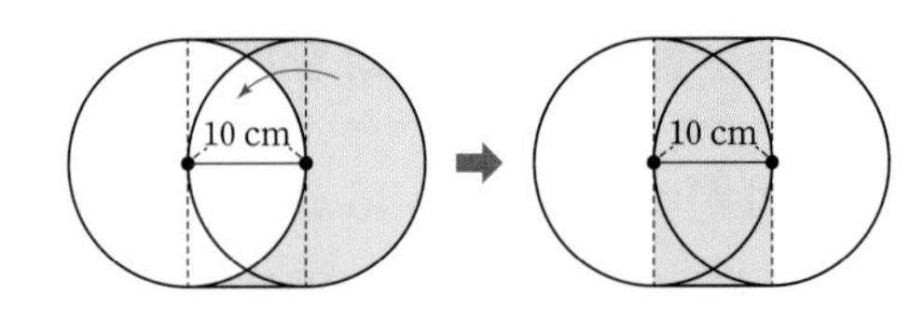

(색칠한 부분의 넓이)=(직사각형의 넓이)

$=10\times20=200\,(\text{cm}^2)$

3-4 색칠한 부분을 옮기면 다음과 같습니다.

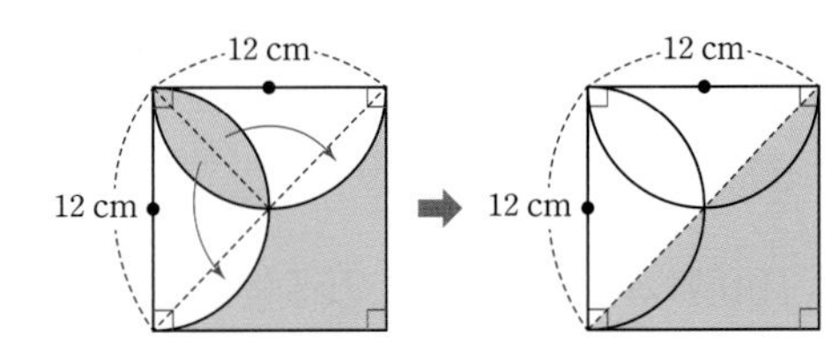

(색칠한 부분의 넓이)=(삼각형의 넓이)

$=12\times12\div2=72\,(\text{cm}^2)$

4-1 해설 나침반

양쪽 반원 2개를 합치면 원 1개가 됩니다.

(운동장의 넓이)

=(양쪽 반원 2개의 넓이의 합)

+(직사각형 모양의 넓이)

$=10\times10\times3.14+56\times20$

$=314+1120=1434\,(\text{m}^2)$

4-2 (양쪽 반원 2개의 넓이의 합)

$=18\times18\times3.14=1017.36\,(\text{m}^2)$

(직사각형 모양의 넓이)

$=3897.36-1017.36=2880\,(\text{m}^2)$

직사각형 모양의 가로가 □ m이므로

□$\times36=2880$, □$=80$입니다.

4-3 노란색 부분은 다음과 같습니다.

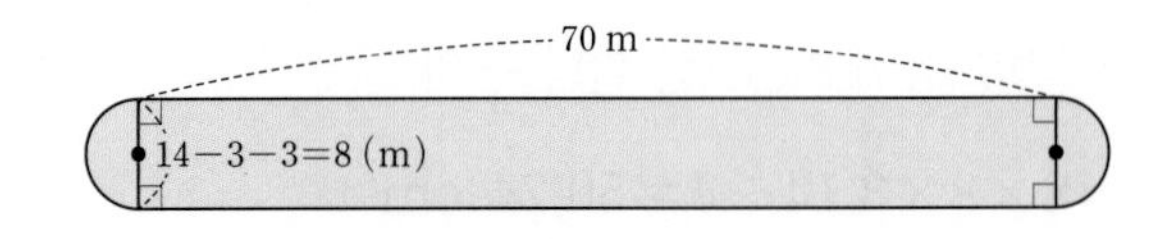

(노란색 부분의 넓이)

=(양쪽 반원 2개의 넓이의 합)

+(직사각형 모양의 넓이)

$=4\times4\times3.14+70\times8$

$=50.24+560=610.24\,(\text{m}^2)$

4-4 해설 나침반

보라색 부분의 넓이는 전체 경기장의 넓이에서 안쪽 경기장의 넓이를 빼서 구합니다.

(전체 경기장의 넓이)

$=12\times12\times3.14+100\times24$

$=452.16+2400=2852.16\,(\text{m}^2)$

(안쪽 경기장의 넓이)

$=8\times8\times3.14+100\times16$

$=200.96+1600=1800.96\,(\text{m}^2)$

➡ (보라색 부분의 넓이)

=(전체 경기장의 넓이)−(안쪽 경기장의 넓이)

$=2852.16-1800.96=1051.2\,(\text{m}^2)$

수해력을 확장해요

122~123쪽

활동 1 (1) 약 63 cm^2

(2) 63.585 cm^2

(3) 약 0.585 cm^2

활동 2 (1) 3.1408

(2) 3.1428

(3) 예 거의 비슷합니다.

활동 3 3.1, 3.14, 3.141, 0.04, 0.001

활동1 (1) (원의 넓이)

$=\frac{9}{2}+9+\frac{9}{2}+9+9+9+\frac{9}{2}+9+\frac{9}{2}$

$=63\,(\text{cm}^2)$

(2) (원의 넓이)

$=4.5\times4.5\times3.14=63.585\,(\text{cm}^2)$

(3) $63.585-63=0.585\,(\text{cm}^2)$

활동2 (1) $3\frac{10}{71}=3.1408\cdots$

(2) $3\frac{1}{7}=3.1428\cdots$

활동3 ① $1\times3.1=3.1\,(\text{m})$

② $1\times3.14=3.14\,(\text{m})$

③ $1\times3.141=3.141\,(\text{m})$

①과 ②의 차: $3.14-3.1=0.04\,(\text{m})$

②와 ③의 차: $3.141-3.14=0.001\,(\text{m})$

원기둥, 원뿔, 구

1. 원기둥, 원기둥의 전개도

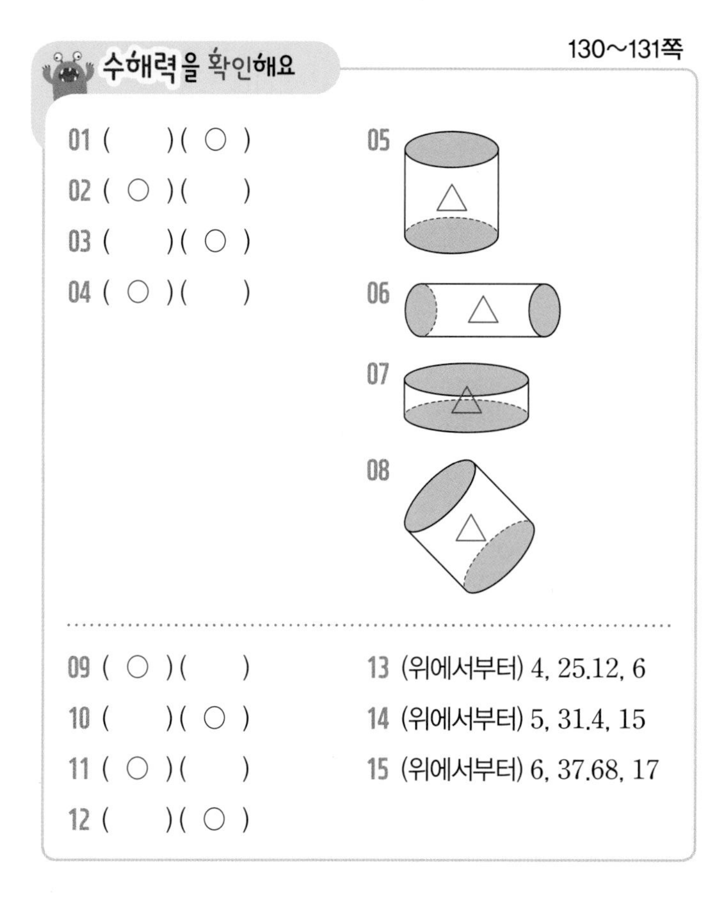

수해력을 높여요 132~133쪽

01 ③, ⑤
02 (위에서부터) 밑면, 옆면, 높이, 밑면
03 12 cm
04 다
05 4 cm, 6 cm
06 선분 ㄱㄹ, 선분 ㄴㄷ
07 ㉠, ㉢
08 31.4 cm, 9 cm
09 4
10 97.36 cm
11 68 cm
12 376.8 cm^2

01 서로 평행하고 합동인 두 원이 있는 기둥 모양의 입체도형은 ③, ⑤입니다.

02 원기둥에서 서로 평행하고 합동인 두 면을 밑면, 두 밑면과 만나는 면을 옆면, 두 밑면에 수직인 선분의 길이를 높이라고 합니다.

03 두 밑면에 수직인 선분의 길이는 12 cm이므로 원기둥의 높이는 12 cm입니다.

04 다는 옆면이 직사각형이 아닙니다.

05 원기둥의 밑면의 반지름은 돌리기 전의 직사각형의 가로와 같으므로 밑면의 지름은 $2\times2=4$ (cm)입니다. 원기둥의 높이는 돌리기 전의 직사각형의 세로와 같으므로 6 cm입니다.

06 원기둥의 전개도에서 옆면의 가로는 밑면의 둘레와 길이가 같습니다.

07 ㉡ 원기둥의 옆면은 굽은 면이고 각기둥의 옆면은 직사각형입니다.
㉣ 원기둥은 모서리가 없고 각기둥은 모서리가 있습니다.

08 (옆면의 가로)=(밑면의 둘레)
$=5\times2\times3.14=31.4$ (cm)
(옆면의 세로)=(원기둥의 높이)=9 cm

09 원기둥의 밑면의 반지름이 □ cm이므로
$\square\times2\times3.14=25.12$, $\square\times6.28=25.12$,
$\square=4$입니다.

10 (옆면의 가로)$=6\times2\times3.14=37.68$ (cm)
(옆면의 세로)=11 cm
➡ (옆면의 둘레)
$=(37.68+11)\times2=97.36$ (cm)

11 케이크를 앞에서 본 모양은 가로가 $12\times2=24$ (cm), 세로가 10 cm인 직사각형입니다.
➡ (앞에서 본 모양의 둘레)
$=(24+10)\times2=68$ (cm)

12 해설 나침반
롤러를 한 바퀴 굴렸을 때 물감이 묻은 부분의 넓이는 롤러의 옆면의 넓이와 같습니다.

(옆면의 가로)$=3\times2\times3.14=18.84$ (cm)
(옆면의 세로)=20 cm
➡ (물감이 묻은 부분의 넓이)
=(롤러의 옆면의 넓이)
$=18.84\times20=376.8$ (cm^2)

수해력을 완성해요

134~137쪽

대표 응용 1 4, 8 / 8, 8 / 8, 8, 64

1-1 100 cm^2 **1-2** 530.66 cm^2

1-3 153.86 cm^2 **1-4** 144 cm^2

대표 응용 2 직사각형에 ○표, (위에서부터) 3, 5 / 3, 5, 15

2-1 80 cm^2 **2-2** 24

2-3 17 **2-4** 90 cm^2

대표 응용 3 5, 5, 18.84 / 18.84, 3.14, 3

3-1 4 cm **3-2** 2 cm

3-3 4 cm **3-4** 314 cm^2

대표 응용 4 4, 2 / 4, 2, 2, 3.14, 4, 2, 100.48, 12, 112.48

4-1 195.84 cm **4-2** 141.6 cm

4-3 12 cm **4-4** 162.72 cm

1-1 밑면의 반지름이 10 cm, 높이가 5 cm인 원기둥이 만들어집니다.

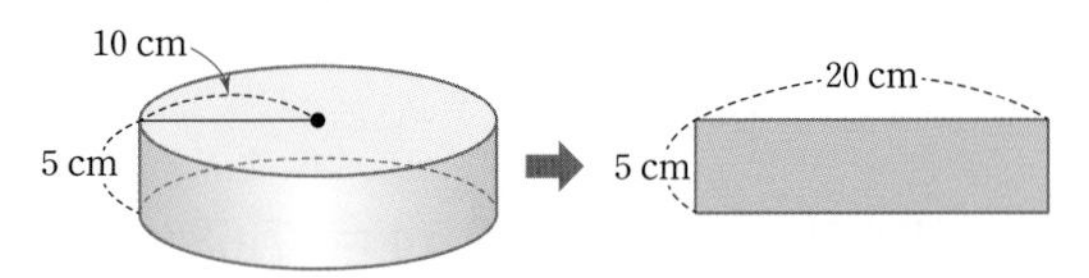

앞에서 본 모양

원기둥을 앞에서 본 모양은 가로가 20 cm, 세로가 5 cm인 직사각형이므로 앞에서 본 모양의 넓이는 $20 \times 5 = 100\,(cm^2)$입니다.

1-2 밑면의 반지름이 13 cm, 높이가 9 cm인 원기둥이 만들어집니다.

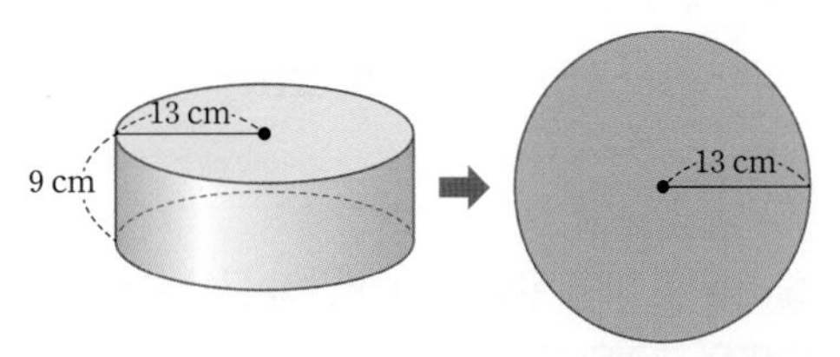

위에서 본 모양

원기둥을 위에서 본 모양은 반지름이 13 cm인 원이므로 위에서 본 모양의 넓이는 $13 \times 13 \times 3.14 = 530.66\,(cm^2)$입니다.

1-3 밑면의 반지름이 7 cm, 높이가 11 cm인 원기둥이 만들어집니다.

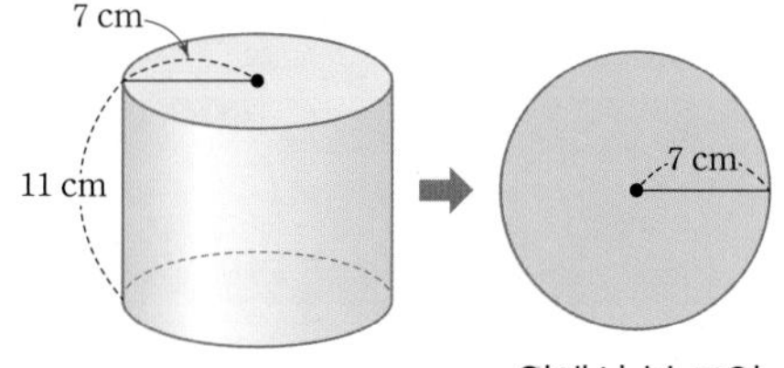

위에서 본 모양

원기둥을 위에서 본 모양은 반지름이 7 cm인 원이므로 위에서 본 모양의 넓이는 $7 \times 7 \times 3.14 = 153.86\,(cm^2)$입니다.

해설 플러스

변 ㄱㄹ이나 변 ㄴㄷ을 기준으로 직사각형을 한 바퀴 돌리면 밑면의 반지름이 11 cm, 높이가 7 cm인 원기둥이 만들어집니다.

1-4 가

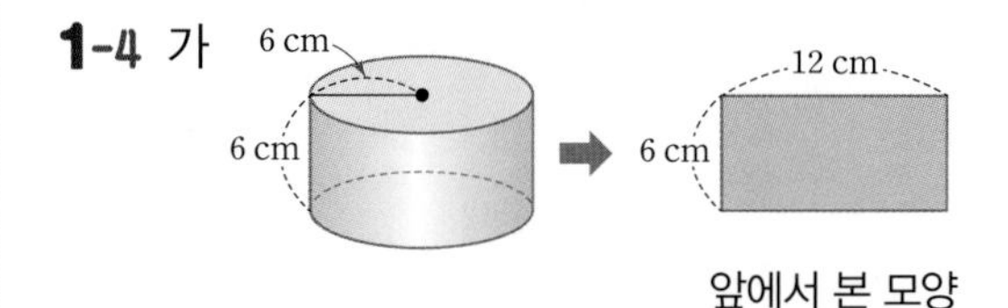

앞에서 본 모양

(앞에서 본 모양의 넓이)$=12 \times 6 = 72\,(cm^2)$

나

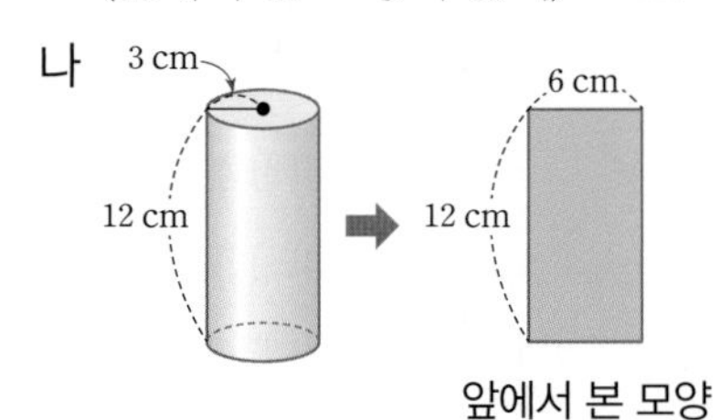

앞에서 본 모양

(앞에서 본 모양의 넓이)$=12 \times 6 = 72\,(cm^2)$

➡ (앞에서 본 모양의 넓이의 합)

$=72+72=144\,(cm^2)$

2-1 돌리기 전의 평면도형은 다음과 같은 직사각형입니다.

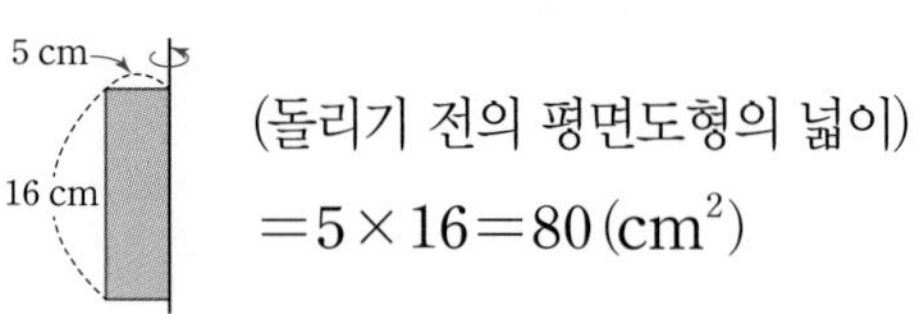

(돌리기 전의 평면도형의 넓이)

$=5 \times 16 = 80\,(cm^2)$

2-2 돌리기 전의 평면도형은 다음과 같은 직사각형입니다.

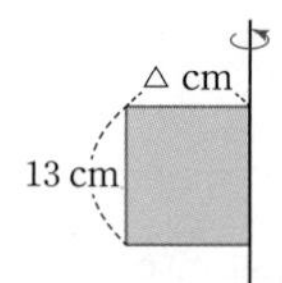

돌리기 전의 직사각형의 가로를 △ cm라 하면 $△ \times 13 = 156$, $△ = 12$입니다.

➡ (밑면의 지름)$=12 \times 2 = 24\,(cm)$

2-3 돌리기 전의 평면도형은 다음과 같은 직사각형입니다.

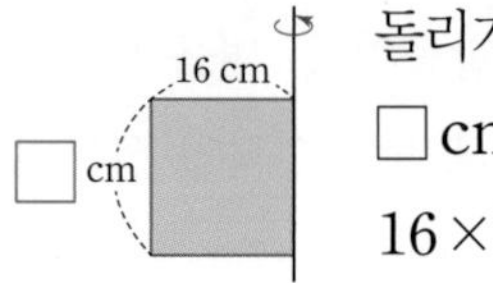

돌리기 전의 직사각형의 세로를 □cm라 하면

$16 \times □ = 272$, $□ = 17$입니다.

2-4 돌리기 전의 평면도형은 각각 다음과 같은 직사각형입니다.

가 6 cm 15 cm

(돌리기 전의 평면도형의 넓이)

$=6\times15=90\,(cm^2)$

나 10 cm 18 cm

(돌리기 전의 평면도형의 넓이)

$=10\times18=180\,(cm^2)$

➡ (돌리기 전의 두 평면도형의 넓이의 차)

$=180-90=90\,(cm^2)$

3-1 옆면의 세로가 7 cm이므로 옆면의 가로는

$175.84\div7=25.12\,(cm)$입니다.

➡ (밑면의 반지름)$=25.12\div3.14\div2=4\,(cm)$

3-2 (옆면의 가로)$=10\times3.14=31.4\,(cm)$

➡ (원기둥의 높이)$=62.8\div31.4=2\,(cm)$

3-3 (옆면의 가로)$=7\times2\times3.14=43.96\,(cm)$

➡ (원기둥의 높이)$=175.84\div43.96=4\,(cm)$

3-4 옆면의 세로가 15 cm이므로 옆면의 가로는

$942\div15=62.8\,(cm)$입니다.

(밑면의 반지름)$=62.8\div3.14\div2=10\,(cm)$

➡ (한 밑면의 넓이)$=10\times10\times3.14=314\,(cm^2)$

4-1 원기둥의 전개도의 둘레에는 밑면의 둘레와 길이가 같은 부분이 4군데, 원기둥의 높이와 길이가 같은 부분이 2군데 있습니다.

➡ (원기둥의 전개도의 둘레)

$=$(한 밑면의 둘레)$\times4+$(높이)$\times2$

$=(7\times2\times3.14)\times4+10\times2$

$=175.84+20=195.84\,(cm)$

4-2 원기둥의 전개도의 둘레에는 밑면의 둘레와 길이가 같은 부분이 4군데, 원기둥의 높이와 길이가 같은 부분이 2군데 있습니다.

➡ (원기둥의 전개도의 둘레)

$=$(한 밑면의 둘레)$\times4+$(높이)$\times2$

$=(5\times2\times3.14)\times4+8\times2$

$=125.6+16=141.6\,(cm)$

4-3 원기둥의 전개도의 둘레에는 밑면의 둘레와 길이가 같은 부분이 4군데, 원기둥의 높이와 길이가 같은 부분이 2군데 있습니다.

(한 밑면의 둘레)$=9\times2\times3.14=56.52\,(cm)$

원기둥의 높이를 □cm라 하면

$56.52\times4+□\times2=250.08$,

$226.08+□\times2=250.08$,

$□\times2=24$, $□=12$입니다.

따라서 원기둥의 높이는 12 cm입니다.

4-4 원기둥의 전개도의 둘레에는 밑면의 둘레와 길이가 같은 부분이 4군데, 원기둥의 높이와 길이가 같은 부분이 2군데 있습니다.

옆면의 세로가 6 cm이므로 옆면의 가로는

$226.08\div6=37.68\,(cm)$입니다.

➡ (원기둥의 전개도의 둘레)

$=37.68\times4+6\times2$

$=150.72+12=162.72\,(cm)$

2. 원뿔, 구

142~143쪽

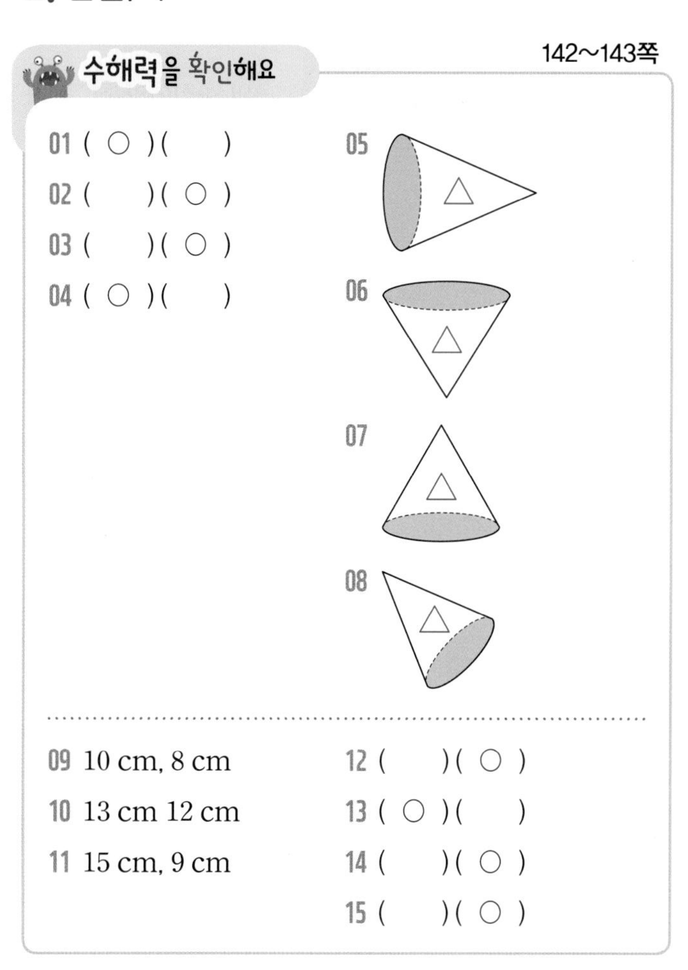

수해력을 확인해요

01 (○)(　)

02 (　)(○)

03 (　)(○)

04 (○)(　)

05 △

06 △

07 △

08 △

09 10 cm, 8 cm

10 13 cm 12 cm

11 15 cm, 9 cm

12 (　)(○)

13 (○)(　)

14 (　)(○)

15 (　)(○)

수해력을 높여요

144~145쪽

01 ③, ④ 02 모선의 길이
03 (위에서부터) 반지름, 중심 04 2 cm, 3 cm
05 (왼쪽에서부터) 원, 2 / 원, 1
06 ㉡ 07 구
08 3 cm 09 다
10 4개 11 96 cm
12 50.24 cm^2

01 한 면이 원인 뿔 모양의 입체도형은 ③, ④입니다.

02 원뿔의 꼭짓점과 밑면인 원의 둘레의 한 점을 이은 선분의 길이를 재는 것이므로 모선의 길이를 재는 그림입니다.

해설 플러스

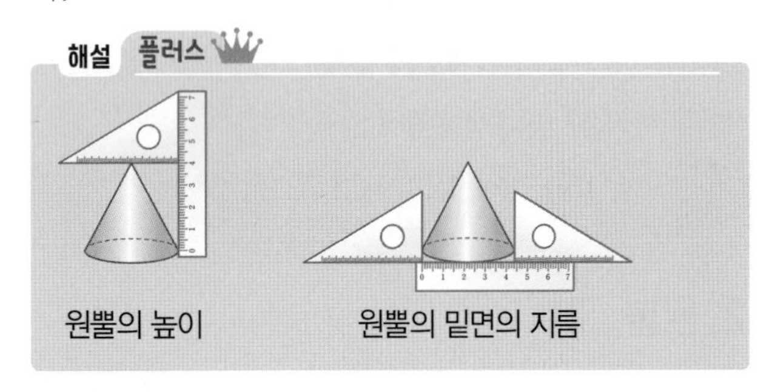

03 구에서 가장 안쪽에 있는 점을 구의 중심이라 하고, 구의 중심에서 구의 겉면의 한 점을 이은 선분을 구의 반지름이라고 합니다.

04 직각삼각형의 밑변의 길이는 원뿔의 밑면의 반지름이 되므로 밑면의 지름은 $1\times2=2$(cm)입니다.
직각삼각형의 높이는 원뿔의 높이가 되므로 원뿔의 높이는 3 cm입니다.

05 원기둥은 밑면이 원이고 2개입니다.
원뿔은 밑면이 원이고 1개입니다.

06 ㉡ 한 원뿔에서 모선은 무수히 많습니다.

07 지름을 기준으로 반원을 한 바퀴 돌리면 구가 만들어집니다.

08 반원의 반지름이 구의 반지름이 되므로 구의 반지름은 $6\div2=3$(cm)입니다.

09 어느 방향에서 보아도 모양이 같은 입체도형은 구입니다.

해설 플러스

원기둥, 원뿔, 구를 위, 앞, 옆에서 본 모양

입체도형	원기둥	원뿔	구
위에서 본 모양	원	원	원
앞에서 본 모양	직사각형	삼각형	원
옆에서 본 모양	직사각형	삼각형	원

10 ㉠ 2개, ㉡ 1개, ㉢ 1개
➡ ㉠+㉡+㉢$=2+1+1=4$(개)

11 모자를 앞에서 본 모양은 다음과 같습니다.

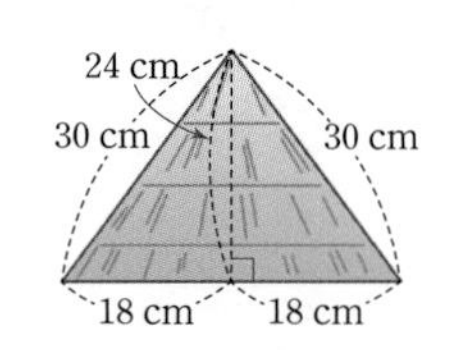

➡ (앞에서 본 모양의 둘레)
$=30+18+18+30=96$ (cm)

12 해설 나침반

원기둥 안에 구가 꼭 맞게 들어가므로 구의 반지름은 원기둥의 밑면의 반지름과 같습니다.

구를 위에서 본 모양은 반지름이 4 cm인 원입니다.
➡ (위에서 본 모양의 넓이)
$=4\times4\times3.14=50.24$ (cm^2)

수해력을 완성해요

146~147쪽

대표 응용 1 3, 4 / 6, 4 / 6, 4, 2, 12
1-1 48 cm^2 1-2 314 cm^2
1-3 153.86 cm^2 1-4 28.26 cm^2

대표 응용 2 직각삼각형에 ○표, (왼쪽에서부터) 6, 8 / 6, 8, 2, 24
2-1 120 cm^2 2-2 307.72 cm^2
2-3 12 2-4 3 cm

1-1 밑면의 반지름이 6 cm, 높이가 8 cm인 원뿔이 만들어집니다.

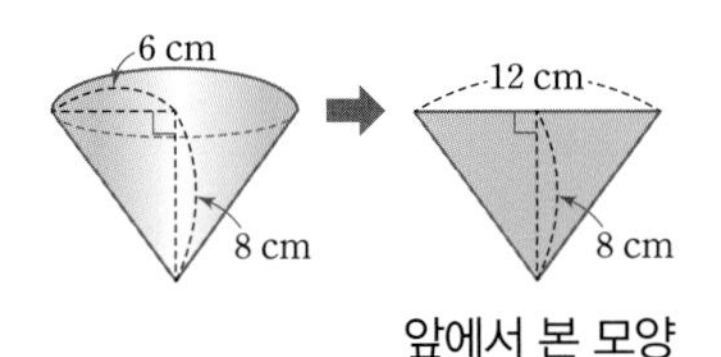

앞에서 본 모양

원뿔을 앞에서 본 모양은 밑변의 길이가 12 cm, 높이가 8 cm인 삼각형이므로 앞에서 본 모양의 넓이는 $12\times8\div2=48\,(\mathrm{cm}^2)$입니다.

1-2 반지름이 10 cm인 구가 만들어집니다.

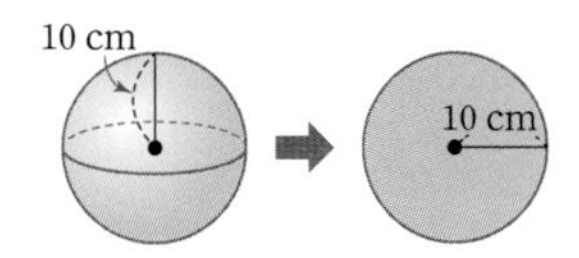

앞에서 본 모양

구를 앞에서 본 모양은 반지름이 10 cm인 원이므로 앞에서 본 모양의 넓이는

$10\times10\times3.14=314\,(\mathrm{cm}^2)$입니다.

1-3 지름이 14 cm인 구가 만들어집니다.

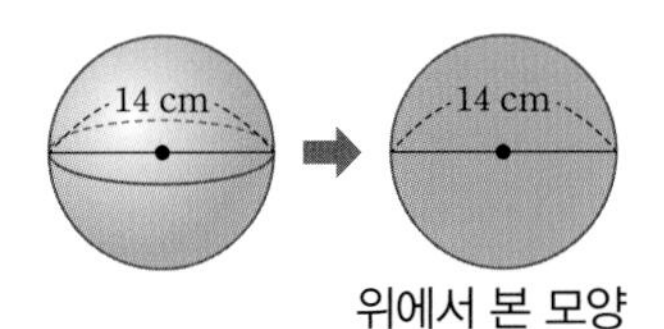

위에서 본 모양

구를 위에서 본 모양은 반지름이 7 cm인 원이므로 위에서 본 모양의 넓이는

$7\times7\times3.14=153.86\,(\mathrm{cm}^2)$입니다.

1-4 해설 나침반

가는 원뿔, 나는 구가 만들어집니다.

가

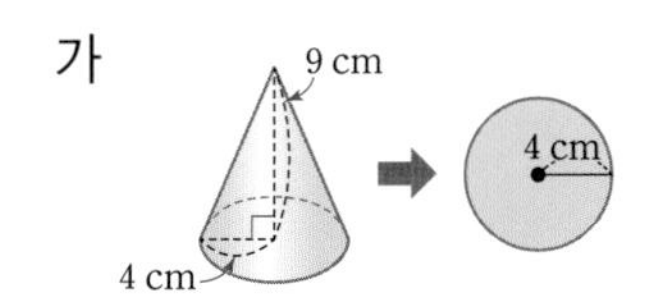

위에서 본 모양

(위에서 본 모양의 넓이)$=4\times4\times3.14$

$=50.24\,(\mathrm{cm}^2)$

나

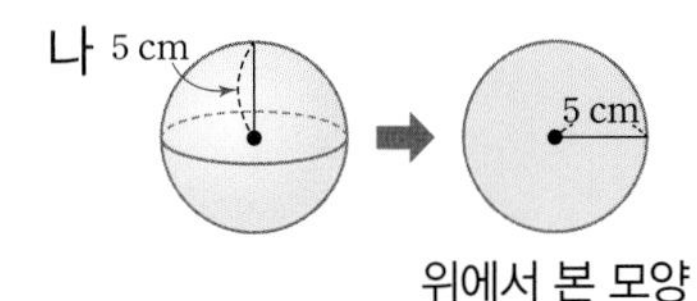

위에서 본 모양

(위에서 본 모양의 넓이)$=5\times5\times3.14$

$=78.5\,(\mathrm{cm}^2)$

➡ (위에서 본 모양의 넓이의 차)

$=78.5-50.24=28.26\,(\mathrm{cm}^2)$

2-1 돌리기 전의 평면도형은 다음과 같은 직각삼각형입니다.

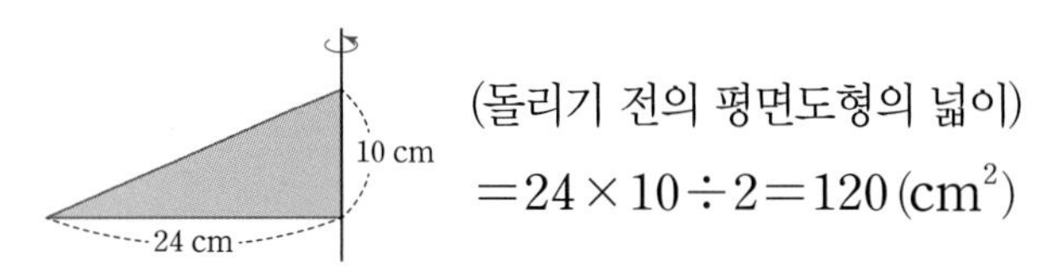

(돌리기 전의 평면도형의 넓이)

$=24\times10\div2=120\,(\mathrm{cm}^2)$

2-2 돌리기 전의 평면도형은 다음과 같은 반원입니다.

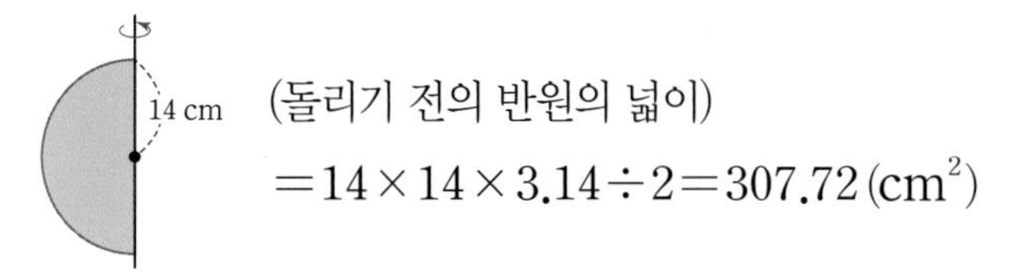

(돌리기 전의 반원의 넓이)

$=14\times14\times3.14\div2=307.72\,(\mathrm{cm}^2)$

2-3 돌리기 전의 평면도형은 다음과 같은 직각삼각형입니다.

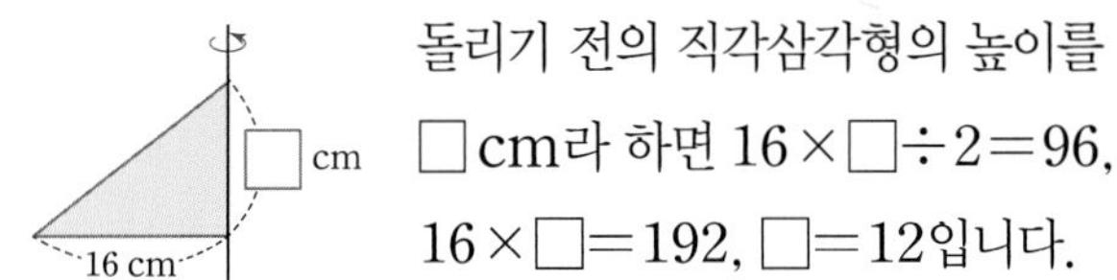

돌리기 전의 직각삼각형의 높이를 $\square$ cm라 하면 $16\times\square\div2=96$, $16\times\square=192$, $\square=12$입니다.

2-4 가

(돌리기 전의 평면도형의 넓이)

$=3\times4=12\,(\mathrm{cm}^2)$

나

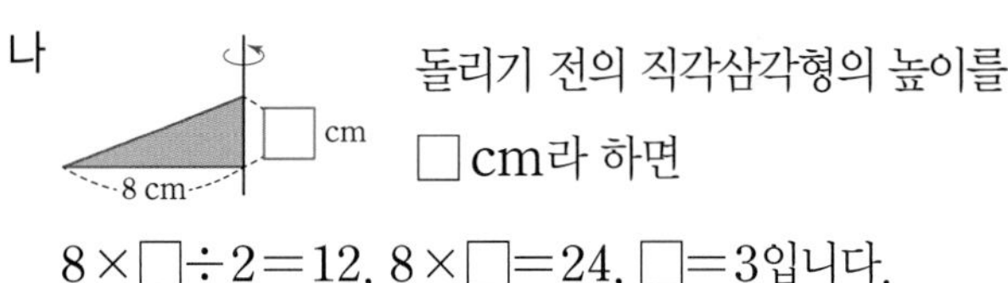

돌리기 전의 직각삼각형의 높이를 $\square$ cm라 하면

$8\times\square\div2=12$, $8\times\square=24$, $\square=3$입니다.

따라서 나의 높이는 3 cm입니다.

수해력을 확장해요 148~149쪽

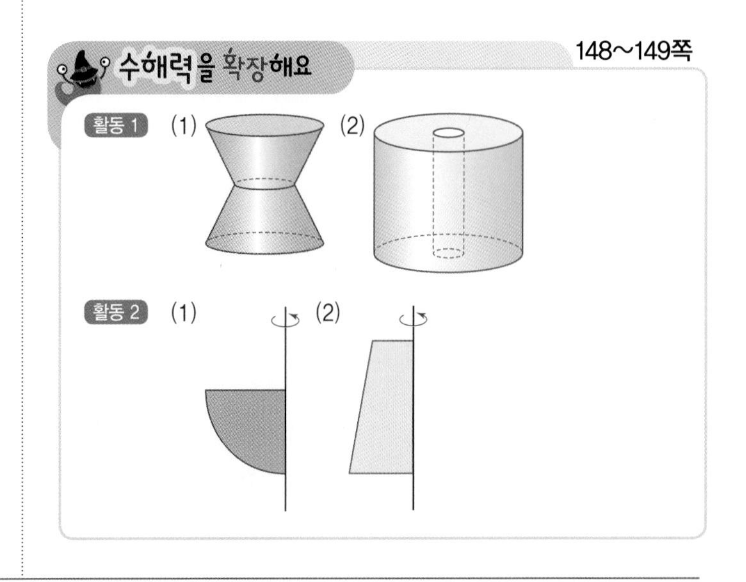

MEMO

초등 수해력 6단계

수·연산 도형·측정

EBS

'초등 수해력'과 함께하면
다음 학년 수학이 쉬워지는 이유

1 기초부터 응용까지 체계적으로 구성된
문제 해결 능력을 키우는 단계별 문항 체제

2 학교 선생님들이 모여 교육과정을 기반으로
학습자가 걸려 넘어지기 쉬운 내용 요소 선별

3 모든 수학 개념을 이전에 배운 개념과 연결하여
새로운 개념으로 확장 학습 할 수 있도록 구성

정답과 풀이

평생을 살아가는 힘, **문해력**을 키워 주세요!

문해력을 가장 잘 아는 EBS가 만든 문해력 시리즈

예비 초등 ~ 중학

문해력을 이루는 핵심 분야별/학습 단계별 교재

우리 아이의 **문해력 수준은?**

더욱 효과적인 문해력 학습을 위한

EBS 문해력 진단 테스트

등급으로 확인하는 문해력 수준

문해력 등급 평가

초1 - 중1

EBS 초등 수해력 시리즈

권장 학년	예비 초등	초등 1학년	초등 2학년	초등 3학년	초등 4학년	초등 5학년	초등 6학년
수·연산	P단계	1단계	2단계	3단계	4단계	5단계	6단계
도형·측정	P단계	1단계	2단계	3단계	4단계	5단계	6단계